高等职业院校大数据技术与应用规划教材

大数据导论

戴海东 周 苏 主编

DASHUJU DAOLUN

中国铁道出版社有限公司
CHINA RAILWAY PUBLISHING HOUSE CO., LTD.

内容简介

这是一个大数据爆发的时代。面对信息的激流、多元化数据的涌现,大数据为个人生活、企业经营,甚至国家与社会的发展带来了机遇和挑战,大数据已经成为IT信息产业中最具潜力的蓝海。

"大数据导论"是一门理论性和实践性都很强的课程。本书是为高等职业院校相关专业"大数据导论"课程全新设计编写的,具有丰富的实践特色。针对高等职业院校学生的发展需求,本书分8个项目,系统、全面地介绍了关于大数据技术与应用的基本知识和技能,详细介绍了大数据与大数据时代、大数据时代思维变革、大数据促进行业发展、大数据方法的驱动力、大数据存储技术、大数据处理技术、大数据分析技术、大数据在云端等内容,具有较强的系统性、可读性和实用性。

图书在版编目(CIP)数据

大数据导论/戴海东,周苏主编.—北京:中国铁道出版社,2018.10(2022.7重印)
高等职业院校大数据技术与应用规划教材
ISBN 978-7-113-24907-6

Ⅰ.①大… Ⅱ.①戴… ②周… Ⅲ.①数据处理-高等职业教育-教材
Ⅳ.①TP274

中国版本图书馆CIP数据核字(2018)第215974号

书　　名:大数据导论
作　　者:戴海东　周　苏

策　　划:汪　敏　　**编辑部电话:**(010)51873628
责任编辑:汪　敏　贾淑媛
封面设计:郑春鹏
责任校对:张玉华
责任印制:樊启鹏

出版发行:中国铁道出版社有限公司(100054,北京市西城区右安门西街8号)
网　　址:http://www.tdpress.com/51eds/
印　　刷:三河市兴达印务有限公司
版　　次:2018年10月第1版　2022年7月第7次印刷
开　　本:787 mm×1 092 mm　1/16　**印张:**20.5　**字数:**472千
书　　号:ISBN 978-7-113-24907-6
定　　价:59.80元

前言

PREFACE

大数据(Big Data)的力量,正在积极地影响着人们社会生活的方方面面,它冲击着许多主要行业,包括零售业、电子商务和金融服务业等,同时也正在彻底地改变人们的学习和日常生活,比如改变人们的教育方式、生活方式、工作方式,甚至是人们寻找爱情的方式。如今,通过简单、易用的移动应用和基于云端的数据服务,人们能够追踪自己的行为以及饮食习惯,还能提升个人的健康状况。因此,我们有必要真正理解大数据这个极其重要的议题。

中国是大数据最大的潜在市场之一,这就意味着中国的企业拥有绝佳的机会来更好地了解其客户并提供更个性化的服务,同时,为企业增加收入并提高利润。阿里巴巴就是一个很好的例子。阿里巴巴不但在其商业模式上具有颠覆性,而且还掌握了与购买行为、产品需求和库存供应相关的海量数据。除了阿里巴巴高层的领导能力之外,大数据必然是其成功的一个关键因素。

然而,仅有数据是不够的。对于身处大数据时代的企业而言,成功的关键还在于找出大数据所隐含的真知灼见。“以前,人们总说信息就是力量,但如今,对数据进行分析、利用和挖掘才是力量之所在。”

很多年前,人们就开始对数据进行利用。例如:航空公司利用数据为机票定价,银行利用数据搞清楚贷款对象,信用卡公司则利用数据侦破信用卡诈骗等。但是直到最近,数据,或者用现今的说法就是大数据,才真正成为人们日常生活的一部分。随着脸书(Facebook)、谷歌(Google)、推特(Twitter)以及QQ、微信、淘宝等的出现,大数据游戏被改变了。你和我,或者任何一个享受这些服务的用户都生成了一条数据足迹,它能够反映出我们的行为。每次我们进行搜索,例如查找某个人或者访问某个网站,都加深了这条足迹。互联网企业开始创建新技术来存储、分析激增的数据——结果就迎来了“大数据”的创新爆炸。

由于互联网和信息行业的快速发展,大数据越来越引起人们的关注,已经引发自云计算、互联网之后IT行业的又一大颠覆性的技术革命。人们用大数据来描述和定义信息爆炸时代产生的海量数据,并命名与之相关的技术发展与创新。云计算主要为数据资产提供了保管、访问的场所和渠道,而数据才是真正有价值的资产。企业内部的经营信息、互联网世界中的商品物流信息,人与人之间的交互信息、位置信息等,其数量将远远超越现有企业IT架构和基础设施的承载能力,实时性要求也将大大超越现有的计算能力。如何盘活这些数据资产,使其为国家治理、企业决策乃至个人生活服务,是大数据的核心议题,也是云计算内在的灵魂和必然的升级方向。

对于在校大学生来说,大数据的理念、技术与应用是一门理论性和实践性都很强的必修课程。在长期的教学实践中,我们体会到,坚持因材施教的重要原则,把实践环节与理论教学相融合,抓实践教学促进理论知识的学习,是有效地改善教学效果和提高教学水平的重要方法之一。本书的主要特色是:理论联系实际,结合一系列大数据理念、技术与应用的学习,以及实践活动,把大数据的相关概念、基础知识和技术技巧融入在实践当中,使学生保持浓厚的学习热情,加深对大数据技术的兴趣,在认识的基础上达到理解和掌握的目标。

本书为高等职业院校相关专业"大数据导论"相关课程而编写,具有丰富的实践特色,也可供有一定实践经验的IT应用人员、管理人员参考,亦可作为继续教育的教材。

本书系统、全面地介绍了大数据的基本知识和应用技能,详细介绍了大数据与大数据时代、大数据时代思维变革、大数据促进行业发展、大数据方法的驱动力、大数据存储技术、大数据处理技术、大数据分析技术、大数据在云端等内容,具有较强的系统性、可读性和实用性。

结合课堂教学方法改革的要求,全书设计了课程教学过程,教学内容按"项目－任务"模式安排,为每个任务都针对性地安排了导读案例、任务描述、知识准备、作业和实训操作等环节,要求和指导学生在课前阅读导读案例和在课后完成相应的作业,在网络搜索浏览的基础上,延伸阅读,深入理解课程知识内涵。

虽然已经进入电子时代,但我们仍然竭力倡导读书。为每个任务设计的作业(四选一标准选择题)其实并不难,学生只要认真阅读知识准备,所有题目都能准确回答。在书的附录部分列举了部分习题与实训的参考答案,供阅读者对比思考。

对于本书各项目－任务的实训操作,建议可以让学生自由组织(头脑风暴)学习小组,以小组讨论和个人相结合的形式积极参与,努力完成实训任务。

本课程的教学进度设计见《课程教学进度表》,该表可作为教师授课参考和学生课程学习的概要。实际执行时,应按照教学大纲编排的教学进度和校历中关于本学期节假日的安排,实际确定本课程的教学进度。本课程的教学评测可以从下面几个方面入手:

(1)每个项目中任务的导读案例(18 项)。

(2)每个项目中任务的作业(紧密结合课文教学内容的标准选择题)。

(3)每个项目中任务的课后"实训操作"(18 项)。

(4)课程学习与实训总结(任务8.2)。

(5)结合平时考勤。

(6)任课老师认为必要的其他考核方法。

与本书配套的教学PPT课件等文档可从中国铁道出版社网站(http://www.tdpress.com/51eds/)的下载区下载,欢迎教师与作者交流并索取为本书教学配套的相关资料并交流。邮箱:zhousu@qq.com;QQ:81505050;个人博客:http://blog.sina.com.cn/zhousu58。

本书编写得到浙江安防职业技术学院2018年度教材建设项目的支持,也得到了浙江商业职业技术学院、温州商学院、浙大城市学院等多所院校师生的支持,在此一并表示感谢!

编　者

2018年8月

课程教学进度表

（20　—20　学年第　　学期）

课程号：__________　　课程名称：______大数据导论______　　学分：______　　学时：______

总学时：__________　　（其中理论学时（课内）：__________　　（课外）实践学时：__________

主讲教师：__________________

序号	校历周次	名称与内容	学时	教学方法	课后作业布置
1	1	任务 1.1　进入大数据时代	2	导读案例 知识准备 作业 实训操作	作业与实训操作
2	2	任务 1.2　熟悉大数据的定义	2		作业与实训操作
3	3	任务 2.1 ~ 2.3　理解思维转变之一、二、三	2		加强课外阅读 作业与实训操作
4	4	任务 3.1　理解大数据促进医疗与健康	2		作业与实训操作
5	5	任务 3.2　理解大数据激发创造力	2		作业与实训操作
6	6	任务 4.1　理解采用大数据的商业动机	2		作业与实训操作
7	7	任务 4.2　大数据规划考虑	2		作业与实训操作
8	8	任务 4.3　熟悉大数据商务智能	2		作业与实训操作
9	9	任务 5.1　熟悉大数据存储概念	2		作业与实训操作
10	10	任务 5.2　了解大数据存储技术	2		作业与实训操作
11	11	任务 6.1　熟悉大数据处理技术	2		作业与实训操作
12	12	任务 7.1　了解大数据预测分析	2		作业与实训操作
13	13	任务 7.2　数据的内在预测性	2		作业与实训操作
14	14	任务 7.3　大数据分析的生命周期	2		作业与实训操作
15	15	任务 8.1　熟悉云时代背景下的大数据	2		作业与实训操作
16	16	任务 8.2　把握大数据发展的未来	2		作业与实训操作 课程学习实训总结

填表人（签字）：　　　　　　　　　　　　　　　　日期：

系（教研室）主任（签字）：　　　　　　　　　　　日期：

目 录

CONTENTS

项目1

大数据与大数据时代

任务1.1 进入大数据时代

导读案例 准确预测地震

我们已经知道,地震是由构造板块(即偶尔会漂移的陆地板块)相互挤压造成的,这种板块挤压发生在地球深处,并且各个板块的相互运动极其复杂。因此,有用的地震数据来之不易,而要弄明白是什么地质运动导致了地震,基本上是不现实的。每年,世界各地约有7 000次里氏4.0或更高级别的地震发生,每年有成千上万的人因此遇难,而一次地震带来的物质损失更是巨大。

虽然地震有预兆,“但是我们仍然无法通过它们可靠、有效地预测地震”。相反,我们能做的就是尽可能地为地震做好准备,包括在设计、修建桥梁和其他建筑的时候就把地震考虑在内,并且准备好地震应急包等,一旦发生大地震,人们能有更充足的准备。

如今,科学家们只能预报某个地方、某个具体的时间段内发生某级地震的可能性(图1-1所示为全球实时地震监测)。例如,他们只能说未来30年,某个地区有80%的可能性会发生里氏8.4级地震,但他们无法完全确定地说出何时何地会发生地震,或者发生几级地震。

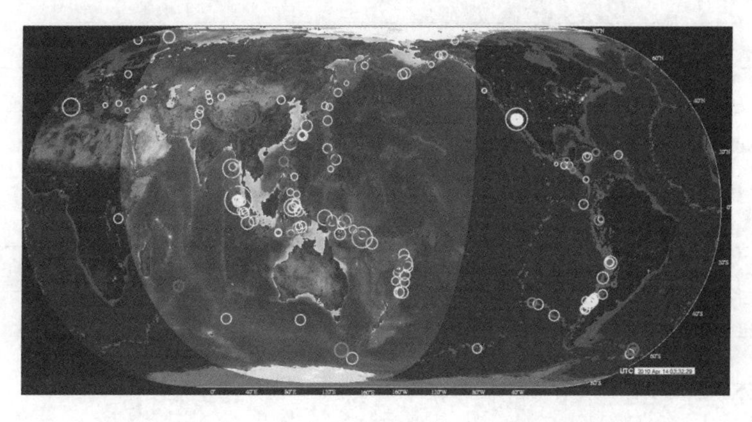

图1-1 全球实时地震监测

科学家能预测地震，但是他们无法预报地震。归根结底，准确地预报地震，就要回答何时、何地、何种震级这三个关键问题，需要掌握导致地震发生的不同自然因素，以及揭示它们之间复杂的相互运动的更多、更好的数据。

预测不同于预报。不过，虽然准确预测地震还有很长的路要走，但科学家已经越来越多地为地震受害者争取到几秒的时间。例如，斯坦福大学的“地震捕捉者网络”就是一个会生成大量数据的廉价监测网络的典型例子，它由参与分布式地震检测网络的大约200个志愿者的计算机组成。有时候，这个监测网络能提前10秒提醒可能会受灾的人群。这10秒，就意味着你可以选择是搭乘电梯还是走楼梯，是走到开阔处去还是躲到桌子下面。

技术的进步使得捕捉和存储如此多数据的成本大大降低。能得到更多、更好的数据不只为计算机实现更精明的决策提供了更多的可能性，也使人类变得更聪明了。从本质上来说，准确预测地震既是大数据的机遇又是挑战。单纯拥有数据还远远不够。我们既要掌握足够多的相关数据，又要具备快速分析并处理这些数据的能力，只有这样，我们才能争取到足够多的行动时间。越是即将逼近的事情，越需要我们快速地实现准确预测。

阅读上文，请思考、分析并简单记录：

(1)请记录下你曾经亲历或者听说过的地震事件。

答：____

(2)针对地球上频发的地震灾害，请尽可能多地列举你所认为的地震大数据内容。

答：____

(3)认识大数据对地震活动的方方面面(预报、预测与灾害减轻等)有什么意义？

答：____

(4)请简单记述你所知道的上一周内发生的国际、国内或者身边的大事。

答：____

任务描述

(1)熟悉大数据与大数据时代的发生和发展。

(2)深入理解:为什么说“数据已经成为一种商业资本,一项重要的经济投入,可以创造新的经济利益”。

(3)熟悉大数据的描述性分析、诊断性分析、预测性分析和规范性分析。

知识准备 进入大数据时代

信息社会所带来的好处是显而易见的:每个人口袋里都揣有一部手机,每台办公桌上都放着一台计算机,每间办公室内都连接到局域网甚至互联网。半个世纪以来,随着计算机技术全面和深度地融入社会生活,信息爆炸已经积累到了一个开始引发变革的程度。它不仅使世界充斥着比以往更多的信息,而且其增长速度也在加快。信息总量的变化还导致了信息形态的变化——量变引起了质变。

1.1.1 天文学——信息爆炸的起源

综合观察社会各个方面的变化趋势,我们能真正意识到信息爆炸或者说大数据的时代已经到来。以天文学为例,2000 年斯隆数字巡天[①]项目(见图 1-2)启动的时候,位于新墨西哥州的望远镜在短短几周内收集到的数据,就比世界天文学历史上总共收集的数据还要多。到了 2010 年,信息档案已经高达 1.4×2^{42} B。不过,2016 年在智利投入使用的大型视场全景巡天望远镜能在五天之内就获得同样多的信息。

图 1-2 美国斯隆数字巡天望远镜

天文学领域发生的变化在社会各个领域都在发生。2003 年,人类第一次破译人体基因密码的时候,辛苦工作了 10 年才完成了 30 亿对碱基对的排序。大约 10 年之后,世界范围内的基因仪每 15 分钟就可以完成同样的工作。在金融领域,美国股市每天的成交量高达 70 亿股,而其中 2/3 的交易都是由建立在数学模型和算法之上的计算机程序自动完成的,这些程序运用海量数据来预测利益和

① 斯隆数字巡天(Sloan Digital Sky Survey,SDSS):是使用位于新墨西哥州阿帕奇山顶天文台的 2.5 m 口径望远镜进行的红移巡天项目。以阿尔弗雷德·斯隆的名字命名,计划观测 25% 的天空,获取超过 100 万个天体的多色测光资料和光谱数据。2006 年,斯隆数字巡天进入了名为 SDSS-II 的新阶段,进一步探索银河系的结构和组成。

降低风险。

互联网公司更是要被数据淹没了。谷歌(Google)每天要处理超过 24 PB(1 PB = 2^{50} B)的数据，这意味着其每天的数据处理量是美国国家图书馆所有纸质出版物所含数据量的上千倍。脸书(Facebook)这个创立不过十来年的公司，每天更新的照片量超过 1 000 万张，每天人们在网站上点击“喜欢”(Like)按钮或者写评论大约有 30 亿次，这就为脸书公司挖掘用户喜好提供了大量的数据线索。与此同时，谷歌的子公司 YouTube① 每月接待多达 8 亿的访客，平均每秒就会有一段长度在一小时以上的视频上传。推特(Twitter)② 上的信息量几乎每年翻一番，每天都会发布超过 4 亿条微博。

从科学研究到医疗保险，从银行业到互联网，各个不同的领域都在讲述着一个类似的故事，那就是爆发式增长的数据量。这种增长超过了我们创造机器的速度，甚至超过了我们的想象。

我们到底有多少数据？增长的速度有多快？许多人试图测量出一个确切的数字。尽管测量的对象和方法有所不同，但他们都获得了不同程度的成功。南加利福尼亚大学安嫩伯格通信学院的马丁·希尔伯特进行了一个比较全面的研究，他试图得出人类所创造、存储和传播的一切信息的确切数目。他的研究范围不仅包括书籍、图画、电子邮件、照片、音乐、视频(模拟和数字)，还包括电子游戏、电话、汽车导航和信件。马丁·希尔伯特还以收视率和收听率为基础，对电视、电台这些广播媒体进行了研究。

据他估算，仅在 2007 年，人类存储的数据就超过了 300 EB(1 EB = 2^{60} B)。下面这个比喻应该可以帮助人们更容易地理解这意味着什么：一部完整的数字电影可以压缩成 1 GB 的文件，而 1 EB 相当于 10 亿 GB，1 ZB(1 ZB = 2^{70} B)等于 1 024 EB。总之，这是一个非常庞大的数量。

有趣的是，在 2007 年的数据中，只有 7% 是存储在报纸、书籍、图片等媒介上的模拟数据，其余全部是数字数据。模拟数据又称模拟量，相对于数字量而言，指的是取值范围是连续的变量或者数值，例如声音、图像、温度、压力等。模拟数据一般采用模拟信号，例如用一系列连续变化的电磁波或电压信号来表示。数字数据又称数字量，相对于模拟量而言，指的是取值范围是离散的变量或者数值。数字数据采用数字信号，例如用一系列断续变化的电压脉冲(如用恒定的正电压表示二进制数 1，用恒定的负电压表示二进制数 0)或光脉冲来表示。

但在不久之前，情况却完全不是这样的。虽然 1960 年就有了“信息时代”和“数字村镇”的概念，在 2000 年的时候，数字存储信息仍只占全球数据量的 1/4，当时，另外 3/4 的信息都存储在报纸、胶片、黑胶唱片和盒式磁带这类媒介上。

早期数字信息的数量并不多。对于长期在网上冲浪和购书的人来说，那只是一个微小的部分。事实上，在 1986 年的时候，世界上约 40% 的计算能力都在袖珍计算器上运行，那时候，所有个人计算机的处理能力之和还没有所有袖珍计算器处理能力之和高。但是因为数字数据的快速增长，整个局势很快就颠倒过来了。按照希尔伯特的说法，数字数据的数量每三年多就会翻一倍。相反，模拟数据的数量则基本上没有增加。

---

① YouTube 是世界上最大的视频网站，于 2005 年 2 月 15 日注册，早期总部位于加利福尼亚州的圣布鲁诺。2006 年 11 月，谷歌公司以 16.5 亿美元收购了 YouTube，并把其当作一家子公司来经营。

② 推特是一家美国社交网络及微博客服务的网站，是全球互联网上访问量最大的十个网站之一，是微博客的典型应用，其消息称为“推文(Tweet)”。推特被形容为“互联网的短信服务”。

到2013年，世界上存储的数据达到约1.2 ZB，其中非数字数据只占不到2%。这样大的数据量意味着什么？如果把这些数据全部记录在书中，这些书可以覆盖整个美国52次。如果将其存储在只读光盘上，这些光盘可以堆成五堆，每一堆都可以伸到月球。

公元前3世纪，埃及的托勒密二世竭力收集了当时所有的书写作品，所以伟大的亚历山大图书馆[①]（见图1－3）可以代表世界上所有的知识量。亚历山大图书馆藏书丰富，有据可考的超过50 000卷（纸草卷），包括《荷马史诗》《几何原本》等。但是，当数字数据洪流席卷世界之后，每个人都可以获得大量的数据信息，相当于当时亚历山大图书馆存储的数据总量的320倍之多。

图1－3　举世闻名的古代文化中心——亚历山大图书馆，毁于3世纪末的战火

事情真的在快速发展。人类存储信息量的增长速度比世界经济的增长速度快4倍，而计算机数据处理能力的增长速度则比世界经济的增长速度快9倍。难怪人们会抱怨信息过量，因为每个人都受到了这种极速发展的冲击。

历史学家伊丽莎白·爱森斯坦发现，1453—1503年，这50年之间大约印刷了800万本书籍，比1 200年之前君士坦丁堡建立以来整个欧洲所有的手抄书还要多。换言之，欧洲的信息存储量花了50年才增长了一倍（当时的欧洲还占据了世界上相当部分的信息存储份额），而如今大约每三年就能增长一倍。

这种增长意味着什么呢？彼特·诺维格是谷歌的人工智能专家，也曾任职于美国宇航局喷气推进实验室，他喜欢把这种增长与图画进行类比。首先，他要我们想想来自法国拉斯科洞穴壁画[②]上的标志性的马（见图1－4）。这些画可以追溯到一万七千年之前的旧石器时代。然后，再想想毕加

① 亚历山大图书馆建成之时正是中国战国时代的末期，此时百家争鸣，较有影响的十大家（儒、道、墨、法、名、阴阳、纵横、杂、农、小说）多有著述，且已出现如《诗经》《楚辞》《离骚》等文学作品，虽没有像亚历山大图书馆一样的集中式藏书中心，但也占据了世界知识量的相当份额。

② 法国拉斯科洞穴壁画：1940年，法国西南部道尔多尼州乡村的四个儿童带着狗在追捉野兔。突然野兔不见了，紧追的狗也不见了。孩子们这才发现兔和狗跑进一个山洞，他们带着电筒和绳索也进入洞里，结果发现一个原始人庞大的画廊。它由一条长长的、宽狭不等的通道组成，其中有一个外形不规则的圆厅最为壮观，洞顶画有65头大型动物形象，有2～3 m长的野马、野牛、鹿，有4头巨大公牛，最长的约5 m，真是惊世的杰作。这就是同阿尔塔米拉洞齐名的拉斯科洞穴壁画。它被誉为“史前的卢浮宫”。

索画的马，看起来和那些洞穴壁画没有多大的差别。事实上，毕加索看到那些洞穴壁画的时候就曾开玩笑说："自那以后，我们就再也没有创造出什么东西了。"

图 1-4　拉斯科洞穴壁画

回想一下壁画上的那匹马。当时要画一幅马需要花费很久的时间，而现在不需要那么久了。这就是一种改变，虽然改变的可能不是最核心的部分——毕竟这仍然是一幅马的图像。但是诺维格说，想象一下，现在我们能每秒播放 24 幅不同形态的马的图片，这就是一种由量变导致的质变：一部电影与一幅静态的画有本质上的区别！大数据也一样，量变导致质变。物理学和生物学都告诉我们，当我们改变规模时，事物的状态有时也会发生改变。

以纳米技术为例。纳米技术专注于把东西变小而不是变大。其原理就是当事物到达分子级别时，它的物理性质就会发生改变。一旦你知道这些新的性质，你就可以用同样的原料来做以前无法做的事情。铜本来是用来导电的物质，但它一旦到达纳米级别就不能在磁场中导电了。银离子具有抗菌性，但当它以分子形式存在的时候，这种性质会消失。一旦到达纳米级别，金属可以变得柔软，陶土可以具有弹性。同样，当我们增加所利用的数据量时，也就可以做很多在小数据量的基础上无法完成的事情。

有时候，我们认为约束自己生活的那些限制，对于世间万物都有着同样的约束力。事实上，尽管规律相同，但是我们能够感受到的约束，很可能只对我们这样尺度的事物起作用。对于人类来说，唯一一个最重要的物理定律便是万有引力定律。这个定律无时无刻不在控制着我们。但对于细小的昆虫来说，重力是无关紧要的。对它们而言，物理宇宙中有效的约束是表面张力，这个张力可以让它们在水上自由行走而不会掉下去。但人类对于表面张力毫不在意。

大数据的科学价值和社会价值正是体现在这里。一方面，对大数据的掌握程度可以转化为经济价值的来源；另一方面，大数据已经撼动了世界的方方面面，从商业科技到医疗、政府、教育、经济、人文以及社会的其他各个领域。尽管我们还处在大数据时代的初期，但我们的日常生活已经离不开它了。

1.1.2 大数据的发展

如果仅仅是从数据量的角度来看的话，大数据在过去就已经存在了。例如，波音的喷气发动机每30分钟就会产生10 TB的运行信息数据，安装有4台发动机的大型客机，每次飞越大西洋就会产生640 TB的数据。世界各地每天有超过2.5万架的飞机在工作，可见其数据量是何等庞大。生物技术领域中的基因组分析，以及以NASA（美国国家航空航天局）为中心的太空开发领域，从很早就开始使用十分昂贵的高端超级计算机来对庞大的数据进行分析和处理了。

现在和过去的区别之一，就是大数据已经不仅产生于特定领域中，而且还产生于我们每天的日常生活中，脸书、推特、领英（LinkedIn）、微信、QQ等社交媒体上的文本数据就是最好的例子。而且，尽管我们无法得到全部数据，但大部分数据可以通过公开的API（应用程序编程接口）相对容易地进行采集。在B2C（商家对顾客）企业中，使用文本挖掘（text mining）和情感分析等技术，就可以分析消费者对于自家产品的评价。

1. 硬件性价比提高与软件技术进步

计算机性价比的提高，磁盘价格的下降，利用通用服务器对大量数据进行高速处理的软件技术Hadoop的诞生，以及随着云计算的兴起，甚至已经无须自行搭建这样的大规模环境——上述这些因素，大幅降低了大数据存储和处理的门槛。因此，过去只有像NASA这样的研究机构以及屈指可数的几家特大企业才能做到的对大量数据的深入分析，现在只要极小的成本和时间就可以完成。无论是刚刚创业的公司还是存在多年的公司，也无论是中小企业还是大企业，都可以对大数据进行充分利用。

（1）计算机性价比的提高。承担数据处理任务的计算机，其处理能力遵循摩尔定律一直在不断进化。所谓摩尔定律是美国英特尔公司共同创始人之一的戈登·摩尔（Gordon Moore，1929— ）于1965年提出的一个观点，即“半导体芯片的集成度，大约每18个月会翻一番”。从家电卖场中所陈列的计算机规格指标就可以一目了然地看出，现在以同样的价格能够买到的计算机，其处理能力已经和过去不可同日而语了。

（2）磁盘价格的下降。除了CPU性能的提高，硬盘等存储器（数据的存储装置）的价格也明显下降。2000年的硬盘驱动器平均每GB容量的单价为16~19美元，而现在却只有7美分（换算成人民币的话，就相当于4~5角钱）。

除了价格，存储器在质量方面也产生了巨大的进步。1982年日立最早开发的1.2 GB硬盘驱动器质量约为113 kg。而现在，32 GB的微型SD卡质量却只有0.5 g左右，技术进步的速度相当惊人。

（3）大规模数据分布式处理技术Hadoop。这是一种可以在通用服务器上运行的开源分布式处理技术，它的诞生成为目前大数据浪潮的第一推动力。如果只是结构化数据不断增长，用传统的关系型数据库和数据仓库，或者是其衍生技术，就可以进行存储和处理了，但这样的技术无法对非结构化数据进行处理。Hadoop的最大特征，就是能够对大量非结构化数据进行高速处理。

2. 云计算的普及

大数据的处理环境现在在很多情况下并不一定要自行搭建了。例如，使用亚马逊的云计算服务EC2（Elastic Compute Cloud）和S3（Simple Storage Service），就可以在无须自行搭建大规模数据处理环境的前提下,以按用量付费的方式,来使用由计算机集群组成的计算处理环境和大规模数据存储环境。此外,在EC2和S3上还利用预先配置的Hadoop工作环境提供了EMR(Elastic Map Reduce)服务。利用这样的云计算环境,即使是资金不太充裕的创业型公司,也可以进行大数据分析。

实际上,在美国,新的IT创业公司如雨后春笋般不断出现,它们通过利用亚马逊的云计算环境,对大数据进行处理,从而催生出新型的服务。这些公司如网络广告公司Razorfish、提供预测航班起飞晚点等"航班预报"服务的FlightCaster、对消费电子产品价格走势进行预测的Decide.com等。

3. 大数据作为BI的进化形式

认识大数据,我们还需要理解BI(Business Intelligence,商业智能)的潮流和大数据之间的关系。对企业内外所存储的数据进行系统的集中、整理和分析,从而获得对各种商务决策有价值的知识和观点,这样的概念、技术及行为称为BI。大数据作为BI的进化形式,充分利用后不仅能够高效地预测未来,也能够提高预测的准确率。

BI的概念是1989年由时任美国高德纳(Gartner)咨询公司的分析师Howard Dresner所提出的。Dresner当时提出的观点是:应该将过去100%依赖信息系统部门来完成的销售分析、客户分析等业务,通过让作为数据使用者的管理人员以及一般商务人员等最终用户来亲自参与,来实现决策的迅速化以及生产效率的提高。

BI通过分析由业务过程和信息系统生成的数据让一个组织能够获取企业绩效的内在认识。分析的结果可以用于改进组织绩效,或者通过修正检测出的问题来管理和引导业务过程。BI在企业中使用大数据分析,并且这种分析通常会被整合到企业数据仓库中以执行分析查询。如图1-5所示,BI的输出能以仪表板显示,它允许管理者访问和分析数据,且可以潜在地改进分析查询,从而对数据进行深入挖掘。

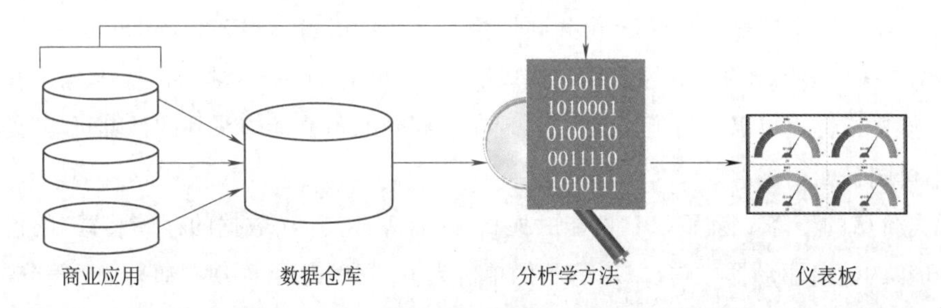

图1-5 BI用于改善商业应用,将数据仓库中的数据以及仪表板的分析查询结合起来

BI的主要目的是分析从过去到现在发生了什么、为什么会发生,并做出报告。也就是说,是将过去和现在进行可视化的一种方式。例如,过去一年中商品A的销售额如何,它在各个门店中的销售额又分别如何。

然而,现在的商业环境变化十分剧烈。对于企业今后的活动来说,在将过去和现在进行可视化的基础上,预测出接下来会发生什么显得更为重要。也就是说,从看到现在到预测未来,BI也正在经历着不断的进化。

要对未来进行预测,从庞大的数据中发现有价值的规则和模式的数据挖掘(Data Mining)是一种非常有用的手段。为了让数据挖掘的执行更加高效,就要使用能够从大量数据中自动学习知识和有用规则的机器学习技术。从特性上来说,机器学习对数据的要求是越多越好。也就是说,它和大数据可谓是天生一对。一直以来,机器学习的瓶颈在于如何存储并高效处理学习所需的大量数据。然而,随着硬盘单价的大幅下降、Hadoop 的诞生,以及云计算的普及,这些问题正逐步得以解决。现实中,对大数据应用机器学习的实例正在不断涌现。

4. 从交易数据分析到交互数据分析

对从像“卖出了一件商品”“一位客户解除了合同”这样的交易数据中得到的“点”信息进行统计还不够,我们想要得到的是“为什么卖出了这件商品”“为什么这个客户离开了”这样的上下文(背景)信息。而这样的信息,需要从与客户之间产生的交互数据这种“线”信息中来探索。以非结构化数据为中心的大数据分析需求的不断高涨,也正是这种趋势的一个反映。

例如,像亚马逊这样运营电商网站的企业,可以通过网站的点击流数据,追踪用户在网站内的行为,从而对用户从访问网站到最终购买商品的行为路线进行分析。这种点击流数据,正是表现客户与公司网站之间相互作用的一种交互数据。

举个例子,如果知道通过点击站内广告最终购买产品的客户比例较高,那么针对其他客户,就可以根据其过去的点击记录来展示他可能感兴趣的商品广告,从而提高其最终购买商品的概率。或者,如果知道很多用户都会从某一个特定的页面离开网站,就可以下功夫来改善这个页面的可用性。通过交互数据分析所得到的价值是非常之大的。

对于消费品公司来说,可以通过客户的会员数据、购物记录、呼叫中心通话记录等数据来寻找客户解约的原因。随着“社交化 CRM”呼声的高涨,越来越多的企业都开始利用微信、Twitter 等社交媒体来提供客户支持服务了。上述这些都是表现与客户之间交流的交互数据,只要推进对这些交互数据的分析,就可以越来越清晰地掌握客户离开的原因。

一般来说,网络上的数据比真实世界中的数据更加容易收集,因此来自网络的交互数据也得到了越来越多的利用。不过,今后随着传感器等物态探测技术的发展和普及,在真实世界中对交互数据的利用也将不断推进。

例如,在超市中,可以将由植入购物车中的 IC 标签收集到的顾客行动路线数据和 POS 等销售数据相结合,从而分析出顾客买或不买某种商品的理由,这样的应用现在已经开始出现了。或者,也可以通过分析监控摄像机的视频资料,来分析店内顾客的行为。以前也并不是没有对店内的购买行为进行分析的方法,不过,那种分析大多是由调查员肉眼观察并记录的,这种记录是非数字化的,成本很高,而且收集到的数据也比较有限。

进一步讲,今后更为重要的是对连接网络世界和真实世界的交互数据进行分析。在市场营销中,O2O(Online to Offline,线上与线下的结合)已经逐步成为一个热门的关键词。所谓 O2O,就是指网络上的信息(在线)对真实世界(线下)的购买行为产生的影响。举例来说,很多人在准备购买一种商品时会先到评论网站去查询商品的价格和评价,然后再到实体店去购买该商品。在 O2O 中,网络上的哪些信息会对实际来店顾客的消费行为产生关联,对这种线索的分析,即对交互数据的分析,显得尤为重要。

1.1.3 重新认识数据

如今,人们不再认为数据是静止和陈旧的。但在以前,一旦完成了收集数据的目的之后,数据就会被认为已经没有用处了。比方说,在飞机降落之后,票价数据就没有用了(对谷歌而言,则是一个检索命令完成之后)。譬如某城市的公交车因为价格不依赖于起点和终点,所以能够反映重要通勤信息的数据被工作人员"自作主张"地丢弃了——设计人员如果没有大数据的理念,就会丢失掉很多有价值的数据。

数据已经成为一种商业资本,一项重要的经济投入,可以创造新的经济利益。事实上,一旦思维转变过来,数据就能被巧妙地用来激发新产品和新型服务。数据的奥妙只为谦逊、愿意聆听且掌握了聆听手段的人所知。

最初,大数据这个概念是指需要处理的信息量过大,已经超出了一般计算机在处理数据时所能使用的内存量,因此工程师们必须改进处理数据的工具。这促进新的处理技术的诞生,例如谷歌的MapReduce和开源Hadoop平台。这些技术使得人们可以处理的数据量大大增加。更重要的是,这些数据不再需要用传统的数据库表格来整齐地排列,这些都是传统数据库结构化查询语言(SQL)的要求,而非关系型数据库(NoSQL)就不再有这些要求。一些可以消除僵化的层次结构和一致性的技术也出现了。同时,因为互联网公司可以收集大量有价值的数据,而且有利用这些数据的强烈的利益驱动力,所以互联网公司顺理成章地成为最新处理技术的领衔实践者。

今天,大数据是人们获得新的认知、创造新的价值的源泉,大数据还是改变市场、组织机构,以及政府与公民关系的方法。大数据时代对人们的生活,以及与世界交流的方式都提出了挑战。

1.1.4 数据集与数据分析

我们把一组或者一个集合的相关联的数据称为数据集。数据集中的每个成员数据,都应与数据集中的其他成员拥有相同的特征或者属性。以下是一些数据集的例子:

- 存储在一个文本文件中的推文。
- 一个文件夹中的图像文件。
- 存储在一个CSV格式文件中的从数据库中提取出来的行数据。
- 存储在一个XML文件中的历史气象观测数据。

例如XML数据、关系型数据和图像数据就是三种不同数据格式的数据集。

数据分析是一个通过处理数据,从数据中发现一些深层知识、模式、关系或趋势的过程。数据分析的总体目标是做出更好的决策。举个简单的例子:通过分析冰淇淋的销售额数据,发现一天中冰淇淋甜筒的销量与当天气温的关系。这个分析结果可以帮助商店根据天气预报来决定每天应该订购多少冰淇淋。通过数据分析,我们可以对分析过的数据建立起关系与模式。

数据分析学是一个包含数据分析,且比数据分析更为宽泛的概念。数据分析学这门学科涵盖了对整个数据生命周期的管理,而数据生命周期包含了数据收集、数据清理、数据组织、数据分析、数据存储以及数据管理等过程。此外,数据分析学还涵盖了分析方法、科学技术、自动化分析工具等。在大数据环境下,数据分析学发展了数据分析在高度可扩展的、大量分布式技术和框架中的应用,使之有能力处理大量来自不同信息源的数据。

大数据分析(学)的生命周期通常会对大量非结构化且未经处理过的数据进行识别、获取、准备和分析等操作,从这些数据中提取出能够作为模式识别的输入,或者加入现有的企业数据库的有效信息。

不同的行业会以不同的方式使用大数据分析工具和技术,例如:

- 在商业组织中,利用大数据的分析结果能降低运营开销,还有助于优化决策。
- 在科研领域,大数据分析能够确认一个现象的起因,并且能基于此提出更为精确的预测。
- 在服务业领域,比如公众行业,大数据分析有助于人们以更低的开销提供更好的服务。

大数据分析使得决策有了科学基础,现在做决策可以基于实际的数据而不仅仅依赖于过去的经验或者直觉。根据分析结果的不同,我们大致可以将分析归为4类,即描述性分析、诊断性分析、预测性分析和规范性分析。

不同的分析类型将需要不同的技术和分析算法。这意味着在传递多种类型的分析结果的时候,可能会有大量不同的数据、存储、处理要求。如图1-6所示,生成高质量的分析结果将加大分析环境的复杂性和开销。

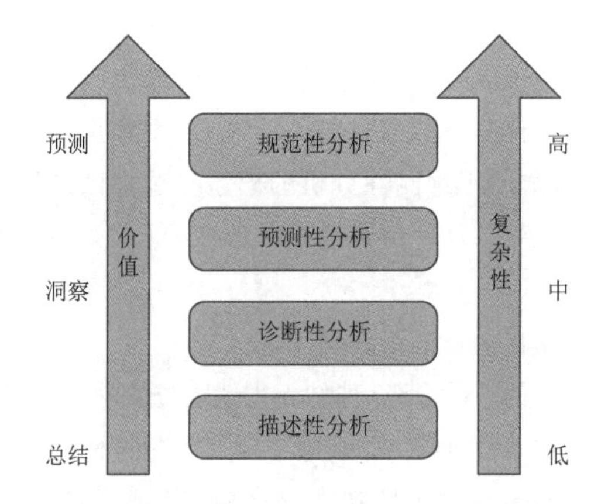

图1-6 从描述性分析到规范性分析,价值和复杂性都在不断提升

1. 描述性分析

描述性分析往往是对已经发生的事件进行问答和总结。这种形式的分析需要将数据置于生成信息的上下文中考虑。

相关问题可能包括:

- 过去12个月的销售量如何?
- 根据事件严重程度和地理位置分类,收到的求助电话的数量如何?
- 每一位销售经理的月销售额是多少?

据估计,生成的分析结果80%都是自然可描述的。描述性分析提供了较低的价值,但也只需要相对基础的训练集。

进行描述性分析常常借助OLTP、CRM、ERP等信息系统经过描述性分析工具的处理生成的即席报表或者数据仪表板(dashboard)。报表常常是静态的,并且是以数据表格或图表形式呈现的历史数据。查询处理往往基于企业内部存储的可操作数据,例如客户关系管理系统(CRM)或者企业资源规划系统(ERP)。

2. 诊断性分析

诊断性分析旨在寻求一个已经发生的事件的发生原因。这类分析的目标是通过获取一些与事件相关的信息来回答有关的问题,最后得出事件发生的原因。

相关的问题可能包括:

- 为什么 Q2 商品比 Q1 卖得多?
- 为什么来自东部地区的求助电话比来自西部地区的要多?
- 为什么最近三个月内病人再入院的比率有所提升?

诊断性分析比描述性分析提供了更加有价值的信息,但同时也要求更加高级的训练集。诊断性分析常常需要从不同的信息源搜集数据,并将它们以一种易于进行下钻和上卷分析的结构加以保存。而诊断性分析的结果可以由交互式可视化界面显示,让用户能够清晰地了解模式与趋势。诊断性分析是基于分析处理系统中的多维数据进行的,而且,与描述性分析相比,它的查询处理更加复杂。

3. 预测性分析

预测性分析常在需要预测一个事件的结果时使用。通过预测性分析,信息将得到增值,这种增值主要表现在信息之间是如何相关的。这种相关性的强度和重要性构成了基于过去事件对未来进行预测的模型的基础。这些用于预测性分析的模型与过去已经发生的事件的潜在条件是隐式相关的,理解这一点很重要。如果这些潜在的条件改变了,那么用于预测性分析的模型也需要进行更新。

预测性分析提出的问题常常以假设的形式出现,例如:

- 如果消费者错过了一个月的还款,那么他们无力偿还贷款的概率有多大?
- 如果以药品 B 来代替药品 A 的使用,那么这个病人生存的概率有多大?
- 如果一个消费者购买了商品 A 和商品 B,那么他购买商品 C 的概率有多大?

预测性分析尝试着预测事件的结果,而预测则基于模式、趋势以及来自于历史数据和当前数据的期望。这将让我们能够分辨风险与机遇。

这种类型的分析涉及包含外部数据和内部数据的大数据集以及多种分析方法。与描述性分析和诊断性分析相比,这种分析显得更有价值,同时也要求更加高级的训练集。如图 1-7 所示,这种工具通常通过提供用户友好的前端接口对潜在的错综复杂的数据进行抽象。

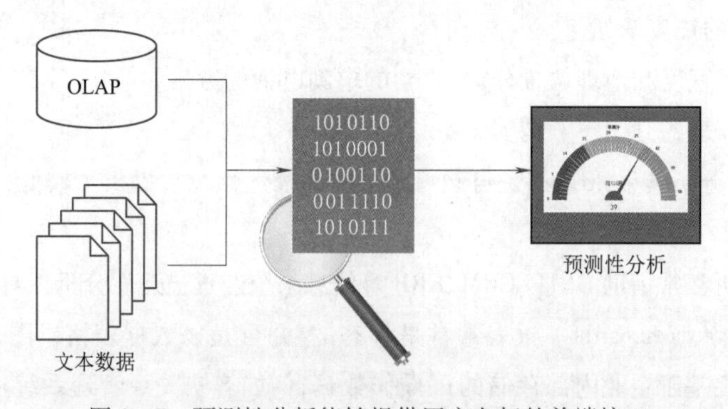

图 1-7 预测性分析能够提供用户友好的前端接口

4. 规范性分析

规范性分析建立在预测性分析的结果之上，用来规范需要执行的行动。其注重的不仅是哪项操作最佳，还包括了其原因。换句话说，规范性分析提供了经得起质询的结果，因为它们嵌入了情境理解的元素。因此，这种分析常常用来建立优势或者降低风险。

下面是两个这类问题的样例：

- 这三种药品中，哪一种能提供最好的疗效？
- 何时才是抛售一只股票的最佳时机？

规范性分析比其他三种分析的价值都高，同时还要求最高级的训练集，甚至是专门的分析软件和工具。这种分析将计算大量可能出现的结果，并且推荐出最佳选项。解决方案从解释性的到建议性的均有，同时还能包括各种不同情境的模拟。

这种分析能将内部数据与外部数据结合起来。内部数据可能包括当前和过去的销售数据、消费者信息、产品数据和商业规则。外部数据可能包括社会媒体数据、天气情况、政府公文等。如图1-8所示，规范性分析涉及利用商业规则和大量的内外部数据来模拟事件结果，并且提供最佳的做法。

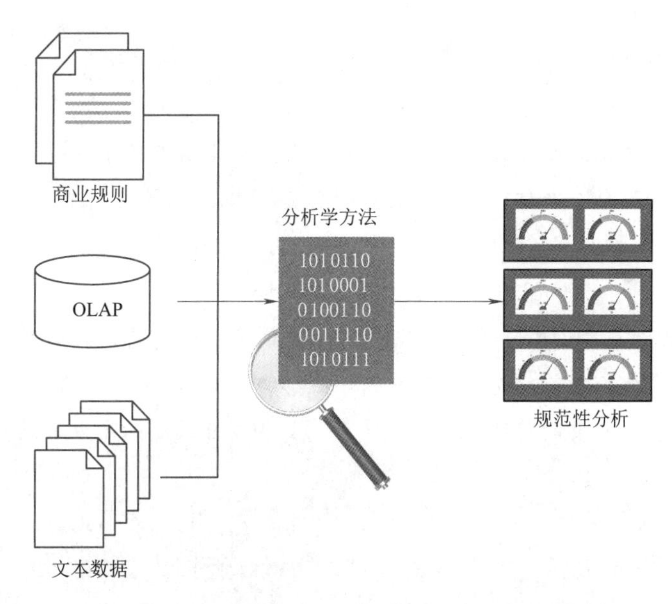

图1-8 规范性分析通过引入商业规则、内部数据以及外部数据来进行深入彻底的分析

5. 关键绩效指标

关键绩效指标(KPI)是一种用来衡量一次业务过程是否成功的度量标准。它与企业整体的战略目标和任务相联系。同时，它常常用来识别经营业绩中的一些问题，以及阐释一些执行标准。因此，KPI通常是一个测量企业整体绩效的特定方面的定量参考指标。KPI常常通过专门的仪表板显示。仪表板将多个关键绩效指标联合起来展示，并且将实测值与关键绩效指标阈值相比较。

【作　业】

1. 随着计算机技术全面和深度地融入社会生活，信息爆炸不仅使世界充斥着比以往更多的信息，而且其增长速度也在加快。信息总量的变化导致了(　　)——量变引起了质变。

A. 数据库的出现　　B. 信息形态的变化

C. 网络技术的发展　　D. 软件开发技术的进步

2. 综合观察社会各个方面的变化趋势，我们能真正意识到信息爆炸或者说大数据的时代已经到来。不过，下面(　　)不是课文中提到的典型领域或行业。

A. 天文学　　B. 互联网公司　　C. 医疗保险　　D. 医疗器械

3. 南加利福尼亚大学安嫩伯格通信学院的马丁·希尔伯特进行了一个比较全面的研究，他试图得出人类所创造、存储和传播的一切信息的确切数目。有趣的是，根据马丁·希尔伯特的研究，在2007年的数据中，(　　)。

A. 只有7%是模拟数据，其余全部是数字数据

B. 只有7%是数字数据，其余全部是模拟数据

C. 几乎全部都是模拟数据

D. 几乎全部都是数字数据

4. 公元前3世纪，伟大的亚历山大图书馆可以代表世界上所有的知识量。但是，当数字数据洪流席卷世界之后，每个人都可以获得大量的数据信息，相当于当时亚历山大图书馆存储的数据总量的(　　)倍之多。

A. 3　　B. 320　　C. 30　　D. 3 200

5. 人们常常认为约束自己生活的那些限制，对于世间万物都有着同样的约束力。事实上，尽管规律相同，但是我们能够感受到的约束，很可能只对我们这样尺度的事物起作用。对于人类来说，唯一一个最重要的物理定律便是(　　)。但对于细小的昆虫来说，物理宇宙中有效的约束是(　　)。

A. 表面张力，万有引力　　B. 万有引力，表面张力

C. 万有引力，万有引力　　D. 能量守恒，表面张力

6. 如果仅仅是从数据量的角度来看的话，大数据在过去就已经存在了。现在和过去的区别之一，就是大数据已经不仅产生于特定领域中，而且还产生于我们每天的日常生活中。但是，下面(　　)不是促进大数据时代到来的主要动力。

A. 硬件性价比提高与软件技术进步　　B. 云计算的普及

C. 大数据作为BI的进化形式　　D. 贸易保护促进了地区经济的发展

7. 我们把一组或者一个集合的相关联的数据称为数据集。数据集中的每个成员数据，都应与数据集中的其他成员拥有(　　)。

A. 相同的特征或者属性　　B. 不同的特征或者属性

C. 相同的特征不同的属性　　D. 不同的特征相同的属性

8. 数据分析是一个通过处理数据,从数据中发现一些深层知识、模式、关系或趋势的过程。数据分析的总体目标是(　　)。

A. 做出唯一的决策　　B. 做出最好的决策

C. 做出更好的决策　　D. 产生完整的数据集

9. 数据分析学是一个包含数据分析,且比数据分析更为宽泛的概念。数据分析学这门学科涵盖了对整个数据生命周期的管理,而数据生命周期包含了数据收集、(　　)、数据组织、数据分析、数据存储以及数据管理等过程。

A. 数据完善　　B. 数据清理

C. 数据编辑　　D. 数据增减

10. 大数据分析使得决策有了科学基础。根据分析结果的不同,我们大致可以将分析归为4类,即描述性分析、(　　)、预测性分析和规范性分析。

A. 原则性分析　　B. 容错性分析　　C. 提炼性分析　　D. 诊断性分析

实训操作 ETI公司的背景信息

在本书各个项目-任务的“实训操作”中,我们经常接触到实训案例企业——成立于50多年前的ETI(Ensure to Insure)公司,这是一家领先的专业做健康保险计划的保险公司,为全球超过2 500万客户提供健康、建筑、海事、航空等保险计划。该公司拥有超过5 000名员工,年利润超过3.5亿美元。

1. ETI公司的发展

在过去30年的不断收购过程中,ETI已经发展成了覆盖航空、航海、建筑等多个领域的财产险和意外险的保险公司。这几类保险中每一类都有一个核心团队,包括专业的、经验丰富的保险代理人、精算师、担保人、理赔人等。

精算师负责评估风险,设计新的保险计划并优化现有保险计划,同时代理人则通过推销保险来为公司赚取利润。精算师也会利用仪表板和计分板来对场景进行假设评估分析。担保人则评估保险产品,并决定附加的保险费。理赔人则主要去寻找可能对保险政策不利的赔付声明并且最终决定保险政策。

ETI的一些核心部门包括担保部门、理赔部门、客户服务部门、法律部门、市场部门、人力资源部门、会计部门和IT部门。潜在的客户和现有的客户均通过客户服务部门的电话联系ETI,同时,通过电子邮件和社交平台的联系在近年来也在不断增加。

ETI通过提供富有竞争性的保险条款和终生有效的保险客户服务从众多保险公司中脱颖而出。其管理方针认为这样做能够有效地保留客户群体。ETI在很大程度上依赖于其精算师制定保险计划来反映其客户的需求。

2. 技术基础和自动化环境

ETI公司的IT环境由客户服务器和主机平台组合构成,支持多个系统的执行政策。这些执行系统包括政策报价系统、政策管理系统、理赔管理系统、风险评估系统、文件管理系统、账单系统、企业资源规划(ERP)系统和客户关系管理(CRM)系统。

政策报价系统用作创建新的保险计划,并提供报价给潜在客户。它集成了网站和客户服务门户网站,为网站访问者和客户服务代理提供获取保险报价的能力。政策管理系统处理所有政策生命周期方面的管理,包括政策的发布、更新、续订和取消。理赔管理系统主要处理理赔操作行为。一次理赔行为的成立,需要经过如下流程:法定赔偿人提交报告申请,然后理赔人将根据被一同提交上来的直接信息和来源于内外部资源的背景信息对这份报告进行分析,其后理赔才能成立。基于分析的数据,这次理赔行为将会根据固定的一系列商业规则来处理。风险评估系统则被精算师们用来评估任何潜在的风险,例如一次暴风或者洪水可能导致投保人索赔。风险评估系统使得基于概率的风险评估能利用数学和统计学模型量化分析。

文件管理系统是所有文件的存储中心,这些文件包括保险政策、理赔信息、扫描文档以及客户通信。账单系统持续跟踪客户的保险费,同时自动生成电子邮件对未交保险费的客户进行催款。ERP系统用来每日运作ETI,包括人力资源管理和财务管理。而CRM系统则全面地记录所有客户的交流信息,从电话到电子邮件等,同时也能为电话中心代理人提供解决客户问题的桥梁。更进一步地,它能让市场小组进行一次完整的市场活动。从这些操作系统中得到的数据将被输送到企业数据仓库(EDW),该数据仓库则根据这些数据生成财务和业绩报告。EDW同时还被用于为不同的监管部门生成报告,确保监管的持续有效执行。

3. 商业目标和障碍

过去的几十年里,该公司的利润一直在递减,于是任命了一个由多名高级经理组成的委员会,对该情况进行调查和提议。委员会发现,财政衰减的主要原因是不断增加的欺诈型理赔以及对这些理赔的赔偿。这些发现表明欺诈行为十分复杂,并且很难检测,因为诈骗犯越来越富有经验和组织化。除了遭受的直接经济损失,对诈骗行为的检测流程也造成了相当一部分的间接损失。

另一个需要考虑的因素是,近期多发的洪水、龙卷风和流感等增加真实赔付案例的灾害。其他财政衰减的原因还有由于慢速理赔处理导致的客户流失、保险产品不符合消费者现有需求。此外,一些精通技术的竞争者使用信息技术提供个性化的保险政策,这也是本公司目前不具备的优势。

委员会指出,近期现有法规的更改和新法规出台的频率有所增加。不幸的是,公司对此反应迟缓,并且没有能够确保全面且持续地遵守这些法规。由于这些问题,ETI不得不支付巨额罚金。

委员会强调,公司财政状况恶化的原因还包括在制作保险计划和提出保险政策时,担保人未能完整详尽地评估风险。这导致了错误的保险费设置以及比预期更高的理赔金额。近来,收取的保险费和支出的亏空与投资相抵消。然而这不是一个长久的解决方案,因为这样会冲淡投资带来的利润。更进一步地,保险计划常常是基于精算师的经验完成的,而精算师的经验只能应用于普遍的人群,也就是平均情况。这样,一些情况特殊的消费者可能不会对这些保险计划感兴趣。

上述因素同样也是导致ETI股价下跌并且失去市场地位的原因。

基于委员会的发现,ETI的执行总裁设定了以下的战略目标:

(1)通过三种方法降低损失:① 加强风险评估,最大化平息风险,将这点应用到创建新保险计划中,并且应用在讨论新的保险政策时;② 实行积极主动的灾难管理体系,降低潜在的因为灾难导致的理赔;③ 检测诈骗性理赔行为。

(2)通过以下两种方法降低客户流失,加强客户保留率:① 加速理赔处理;② 基于不同的个体情况出台个性化保险政策。

(3)通过加强风险管理技术,可以更好地预测风险,在任何时候都要实现和维持全面的监管合规性,因为大多数法规需要对风险的精确认识来确保。

咨询过公司的IT团队后,委员会建议采取数据驱动的策略。因为在对多种商业操作加强分析时,不同的商业操作均需要考虑相关的内部和外部数据。在数据驱动的策略下,决策的产生将基于证据而不是经验或直觉。尤其是大量结构化与非结构化数据的增长对深入而及时的数据分析的良好表现的支持。

委员会询问IT团队是否还有可能阻碍实行上述策略的因素。IT团队考虑到了操作的经济约束。作为对此的回应,小组准备了一份可行性报告用来强调下述三个技术难题:

- 获取、存储和处理来自内部和外部的非结构化数据——目前,只有结构化数据能够被存储、处理,因为现存的技术并不支持对非结构化数据的处理。
- 在短时间内处理大量数据——虽然EDW能用来生成基于历史数据的报告,但处理的数据量非常大,而且生成报告需要花费很长时间。
- 处理包含结构化数据和非结构化数据的多种数据——非结构化数据生成后,诸如文本文档和电话中心记录不能直接被处理。其次,结构化数据在所有种类的分析中会被独立地使用。

IT小组得出了结论:ETI需要采取大数据作为主要的技术来解决以上问题,并且实现执行总裁所给出的目标。

请分析并记录:

(1)请简单描述,本书中用于系列实训操作的案例公司是一家什么公司?

答:____

____

____

____

(2)ETI公司的IT环境由客户服务器和主机平台组合构成,支持多个系统的执行政策。这些执行系统包哪些内容?

答:____

____

____

____

(3)过去的几十年里,该公司的利润一直在递减。新任命的委员会对该情况进行调查和提议。委员会发现,财政衰减的主要原因是什么?

答:____

____

____

____

____

(4)基于委员会的发现,ETI 的执行总裁设定了战略目标。

① 通过哪三种方法降低损失?

答:______

② 通过哪两种方法降低客户流失,加强客户保留率?

答:______

③ 其他战略目标是什么?

答:______

(5)请简单阐述:为回复委员会的询问,IT 团队准备的一份可行性报告中强调的三个技术难题。

答 1:______

答 2:______

答 3:______

IT 小组得出的结论是:______

4. 实训总结

5. 教师实训评价

任务1.2 熟悉大数据的定义

导读案例 得数据者得天下

我们的衣食住行都与大数据有关，每天的生活都离不开大数据，每个人都被大数据裹挟着。大数据提高了我们的生活品质，为每个人提供创新平台和机会。

大数据通过数据整合分析和深度挖掘，发现规律，创造价值，进而建立起物理世界到数字世界到网络世界的无缝连接。大数据时代，线上与线下，虚拟与现实、软件与硬件、跨界融合，将重塑我们的认知和实践模式，开启一场新的产业突进与经济转型。

国家行政学院原常务副院长马建堂说，大数据其实就是海量的、非结构化的、电子形态存在的数据，通过数据分析，能产生价值，带来商机的数据。而《大数据时代》的作者维克多·舍恩伯格这样定义大数据，“大数据是人们在大规模数据的基础上可以做到的事情，而这些事情在小规模数据的基础上无法完成。”

大数据是“21世纪的石油和金矿”

工业和信息化部原部长苗圩在为《大数据领导干部读本》作序时形容大数据为“21世纪的石油和金矿”，是一个国家提升综合竞争力的又一关键资源。

“从资源的角度看，大数据是‘未来的石油’；从国家治理的角度看，大数据可以提升治理效率、重构治理模式，将掀起一场国家治理革命；从经济增长角度看，大数据是全球经济低迷环境下的产业亮点；从国家安全角度看，大数据能成为大国之间博弈和较量的利器。”马建堂在《大数据领导干部读本》序言中这样界定大数据的战略意义。

马建堂指出，大数据可以大幅提升人类认识和改造世界的能力，正以前所未有的速度颠覆着人类探索世界的方法，焕发出变革经济社会的巨大力量。“得数据者得天下”已成全球普遍共识。

总之，国家竞争焦点因大数据而改变，国家间竞争将从资本、土地、人口、资源转向对大数据的争夺，全球竞争版图将分成数据强国和数据弱国两大新阵营。

苗圩说，数据强国主要表现为拥有数据的规模、活跃程度及解释、处置、运用的能力。数字主权将成为继边防、海防、空防之后另一大国博弈的空间。谁掌握了数据的主动权和主导权，谁就能赢得未来。新一轮的大国竞争，并不只是在硝烟弥漫的战场，更是通过大数据增强对整个世界局势的影响力和主导权。

大数据可促进国家治理变革

专家们普遍认为，大数据的渗透力远超人们想象，它正改变甚至颠覆我们所处的时代，将对经济社会发展、企业经营和政府治理等方方面面产生深远影响。

的确，大数据不仅是一场技术革命，还是一场管理革命。它提升人们的认知能力，是促进国家治理变革的基础性力量。在国家治理领域，打造阳光政府、责任政府、智慧政府都离不开大数据，大数据为解决以往的“顽疾”和“痛点”提供强大支撑；大数据还能将精准医疗、个性化教育、社会监管、舆情检测预警等以往无法实现的环节变得简单、可操作。

中国行政体制改革研究会副会长周文彰认同大数据是一场治理革命。他说:"大数据将通过全息数据呈现,使政府从'主观主义''经验主义'的模糊治理方式,迈向'实事求是''数据驱动'的精准治理方式。在大数据条件下,'人在干、云在算、天在看',数据驱动的'精准治理体系''智慧决策体系''阳光权力平台'都将逐渐成为现实。"

马建堂也说,对于决策者而言,大数据能实现整个苍穹尽收眼底,可以解决"坐井观天""一叶障目""瞎子摸象""城门失火,殃及池鱼"问题。另外,大数据是人类认识世界和改造世界能力的升华,它能提升人类"一叶知秋""运筹帷幄,决胜千里"的能力。

专家们认为,大数据时代开辟了政府治理现代化的新途径:大数据助力决策科学化,公共服务个性化、精准化;实现信息共享融合,推动治理结构变革,从一元主导到多元合作;大数据催生社会发展和商业模式变革,加速产业融合。

中国具备数据强国潜力,2020 年数据规模将位居世界第一

2015 年是中国建设制造强国和网络强国承前启后的关键之年。今后的中国,大数据将充当越来越重要的角色,中国也具备成为数据强国的优势条件。

马建堂说,近年来,党中央、国务院高度重视大数据的创新发展,准确把握大融合、大变革的发展趋势,制定发布了"互联网 +"行动计划,出台了《关于促进大数据发展的行动纲要》,为我国大数据的发展指明了方向,可以看作大数据发展的"顶层设计"和"战略部署",具有划时代的深远影响。

工信部为正在构建大数据产业链,推动公共数据资源开放共享,将大数据打造成经济提质增效的新引擎。另外,中国是人口大国、制造业大国、互联网大国、物联网大国,这些都是最活跃的数据生产主体,未来几年成为数据大国也是逻辑上的必然结果。中国成为数据强国的潜力极为突出,2010 年中国数据占全球比例为 10%,2013 年占比为 13%,2020 年占比将达 18%。届时,中国的数据规模将超过美国,位居世界第一。专家指出,中国许多应用领域已与主要发达国家处于同一起跑线上,具备了厚积薄发、登高望远的条件,在新一轮国际竞争和大国博弈中具有超越的潜在优势。中国应顺应时代发展趋势,抓住大数据发展带来的契机,拥抱大数据,充分利用大数据提升国家治理能力和国际竞争力。

(资料来源:数据科学家网)

阅读上文,请思考、分析并简单记录:

(1) 为什么工业和信息化部原部长苗圩说"大数据是'21 世纪的石油和金矿'"?

答:______________________________

____

____

____

(2) 中国是人口大国、制造业大国、互联网大国、物联网大国,为什么说"中国具备数据强国潜力,2020 年数据规模将位居世界第一"?

答:______________________________

____

____

____

(3)为什么说“得数据者得天下”?

答:____

____

____

(4)请简单记述你所知道的上一周内发生的国际、国内或者身边的大事:

答:____

____

____

任务描述

(1)熟悉大数据的狭义与广义的定义。

(2)熟悉大数据的3V与5V特征。

(3)熟悉大数据的数据结构类型。

知识准备 定义大数据

最先经历信息爆炸的学科,如天文学和基因学,创造出了“大数据”(Big Data)这个概念。如今,这个概念几乎应用到了所有人类致力于发展的领域中。

1.2.1 大数据的定义

所谓大数据,狭义上可以定义为:用现有的一般技术难以管理的大量数据的集合。对大量数据进行分析,并从中获得有用观点,这种做法在一部分研究机构和大企业中,过去就已经存在了。现在的大数据和过去相比,主要有三点区别:第一,随着社交媒体和传感器网络等的发展,在我们身边正产生出大量且多样的数据;第二,随着硬件和软件技术的发展,数据的存储、处理成本大幅下降;第三,随着云计算的兴起,大数据的存储、处理环境已经没有必要自行搭建。

所谓“用现有的一般技术难以管理”,是指用目前在企业数据库占据主流地位的关系型数据库无法进行管理的、具有复杂结构的数据。或者也可以说,是指由于数据量的增大,导致对数据的查询(Query)响应时间超出允许范围的庞大数据。

研究机构Gartner给出了这样的定义:“大数据”是需要新处理模式才能具有更强的决策力、洞察发现力和流程优化能力的海量、高增长率和多样化的信息资产。

麦肯锡[①]说:“大数据指的是所涉及的数据集规模已经超过了传统数据库软件获取、存储、管理

① 麦肯锡公司:是世界级领先的全球管理咨询公司。自1926年成立以来,公司的使命就是帮助领先的企业机构实现显著、持久的经营业绩改善,打造能够吸引、培育和激励杰出人才的优秀组织机构。麦肯锡在全球52个国家有94个分公司。在过去十年中,麦肯锡在大中华区完成了800多个项目,涉及公司整体与业务单元战略、企业金融、营销/销售与渠道、组织架构、制造/采购/供应链、技术、产品研发等领域。麦肯锡的经验是:关键是找那些企业的领导们,他们能够认识到公司必须不断变革以适应环境变化,并且愿意接受外部的建议,这些建议在帮助他们决定作何种变革和怎样变革方面大有裨益。

和分析的能力。这是一个被故意设计成主观性的定义，并且是一个关于多大的数据集才能被认为是大数据的可变定义，即并不定义大于一个特定数字的TB才叫大数据。因为随着技术的不断发展，符合大数据标准的数据集容量也会增长；并且定义随不同的行业也有变化，这依赖于在一个特定行业通常使用何种软件和数据集有多大。因此，大数据在今天不同行业中的范围可以从几十TB到几PB。”

随着“大数据”的出现，数据仓库、数据安全、数据分析、数据挖掘等围绕大数据商业价值的利用正逐渐成为行业人士争相追捧的利润焦点，在全球引领了又一轮数据技术革新的浪潮。

1.2.2 大数据的3V和5V特征

从字面来看，“大数据”这个词可能会让人觉得只是容量非常大的数据集合而已。但容量只不过是大数据特征的一个方面，如果只拘泥于数据量，就无法深入理解当前围绕大数据所进行的讨论。因为“用现有的一般技术难以管理”这样的状况，并不仅仅是由于数据量增大这一个因素所造成的。

IBM说：可以用3个特征相结合来定义大数据——数量（Volume，或称容量）、种类（Variety，或称多样性）和速度（Velocity），或者就是简单的3V，即庞大容量、极快速度和种类丰富的数据（见图1－9）。

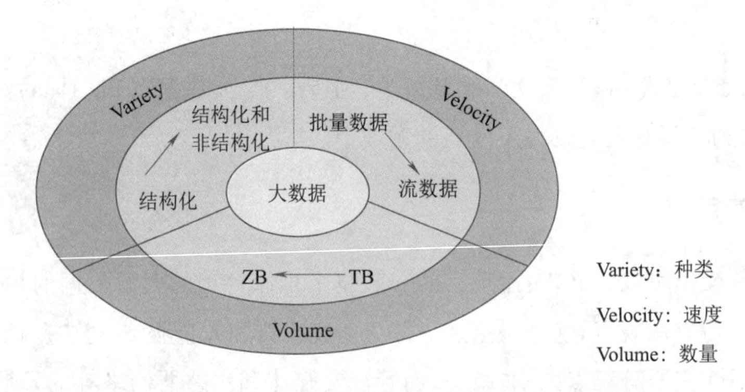

图1－9　按数量、种类和速度来定义大数据

1. Volume（数量）

用现有技术无法管理的数据量，从现状来看，基本上是指从几十TB到几PB这样的数量级。当然，随着技术的进步，这个数值也会不断变化。

最初考虑到数据的容量，是指被大数据解决方案所处理的数据量大，并且在持续增长。数据容量大能够影响数据的独立存储和处理需求，同时还能对数据准备、数据恢复、数据管理的操作产生影响。如今，存储的数据数量正在急剧增长中，我们存储所有事物，包括：环境数据、财务数据、医疗数据、监控数据等。有关数据量的对话已从TB级别转向PB级别，并且不可避免地会转向ZB级别。可是，随着可供企业使用的数据量不断增长，可处理、理解和分析的数据的比例却不断下降。

典型的生成大量数据的数据源包括：

- 在线交易，例如官方在线销售点和网银。
- 科研实验，例如大型强子对撞机和阿塔卡玛大型毫米及次毫米波阵列望远镜。
- 传感器，例如GPS传感器、RFID标签、智能仪表或者信息技术。
- 社交媒体，例如脸书、推特、微信、QQ等。

2. Variety(种类、多样性)

数据多样性指的是大数据解决方案需要支持多种不同格式、不同类型的数据。数据多样性给企业带来的挑战包括数据聚合、数据交换、数据处理和数据存储等。

随着传感器、智能设备以及社交协作技术的激增,企业中的数据也变得更加复杂,因为它不仅包含传统的关系型数据,还包含来自网页、互联网日志文件(包括点击流数据)、搜索索引、社交媒体论坛、电子邮件、文档、主动和被动系统的传感器数据等原始、半结构化和非结构化数据。

种类表示所有的数据类型。其中,爆发式增长的一些数据,如互联网上的文本数据、位置信息、传感器数据、视频等,用企业主流的关系型数据库是很难存储的,它们都属于非结构化数据。

当然,在这些数据中,有一些是过去就一直存在并保存下来的。和过去不同的是,除了存储,还需要对这些大数据进行分析,并从中获得有用的信息,例如监控摄像机中的视频数据。近年来,超市、便利店等零售企业几乎都配备了监控摄像机,最初目的是防范盗窃,但现在也出现了使用监控摄像机的视频数据来分析顾客购买行为的案例。例如,美国高级文具制造商万宝龙(Montblanc)过去是凭经验和直觉来决定商品陈列布局的,现在尝试利用监控摄像头对顾客在店内的行为进行分析。通过分析监控摄像机的数据,将最想卖出去的商品移动到最容易吸引顾客目光的位置,使得销售额提高了20%。

美国移动运营商T-Mobile也在其全美1 000家店中安装了带视频分析功能的监控摄像机,可以统计来店人数,还可以追踪顾客在店内的行动路线、在展台前停留的时间,甚至是试用了哪一款手机、试用了多长时间等,对顾客在店内的购买行为进行分析。

3. Velocity(速度,速率)

数据产生和更新的频率,也是衡量大数据的一个重要特征。在大数据环境中,数据产生得很快,在极短的时间内就能聚集起大量的数据集。从企业的角度来说,数据的速率代表数据从进入企业边缘到能够马上进行处理的时间。处理快速的数据输入流,需要企业设计出弹性的数据处理方案,同时也需要强大的数据存储能力。有效处理大数据需要在数据变化的过程中对它的数量和种类进行分析,而不只是在它静止后进行分析。

根据数据源的不同,速率不可能一直很快。例如,核磁共振扫描图像不会像高流量Web服务器的日志条目生成速度那么快。例如一分钟内能够生成下列数据:35万条推文、300小时的YouTube视频、1.71亿份电子邮件,以及330 GB飞机引擎的传感器数据。

又如,遍布全国的便利店在24小时内产生的POS机数据,电商网站中由用户访问所产生的网站点击流数据,高峰时达到每秒近万条的微信短文,全国公路上安装的交通堵塞探测传感器和路面状况传感器(可检测结冰、积雪等路面状态)等,每天都在产生着庞大的数据。

IBM在3V的基础上又归纳总结了第四个V——Veracity(真实和准确)。“只有真实而准确的数据才能让对数据的管控和治理真正有意义。随着社交数据、企业内容、交易与应用数据等新数据源的兴起,传统数据源的局限性被打破,企业愈发需要有效的信息治理以确保其真实性及安全性。”

IDC(互联网数据中心)说:“大数据是一个貌似不知道从哪里冒出来的大的动力。但是实际上,大数据并不是新生事物。然而,它确实正在进入主流,并得到重大关注,这是有原因的。廉价的存储、传感器和数据采集技术的快速发展、通过云和虚拟化存储设施增加的信息链路,以及创新软件和分析工具,正在驱动着大数据。大数据不是一个'事物',而是一个跨多个信息技术领域的动力/活动。大数据技术描述了新一代的技术和架构,其被设计用于:通过使用高速(Velocity)的采集、发现和/或分析,从超大容量(Volume)的多样(Variety)数据中经济地提取价值(Value)。"

这个定义除了揭示大数据传统的3V基本特征,即大数据量、多样性和高速之外,还增添了一个新特征:价值。考虑到非结构化数据的较低信噪比需要,数据真实性(Veracity)随后也被添加到这个特征列表中。最终,其目的是执行能够及时向企业传递高价值、高质量结果的分析。

除了数据真实性和时间,价值也受如下几个生命周期相关因素的影响:

- 数据是否存储良好?
- 数据有价值的部分是否在数据清洗的时候被删除了?
- 数据分析时我们提出的问题是正确的吗?
- 数据分析的结果是否准确地传达给了做决策的人员?

大数据实现的主要价值可以基于下面3个评价准则中的一个或多个进行评判:

- 它提供了更有用的信息吗?
- 它改进了信息的精确性吗?
- 它改进了响应的及时性吗?

总之,大数据是个动态的定义,不同行业根据其应用的不同有着不同的理解,其衡量标准也在随着技术的进步而改变。

1.2.3 广义的大数据

狭义上,大数据的定义着眼点于数据的性质上,我们在广义层面上再为大数据下一个定义(见图1-10)。

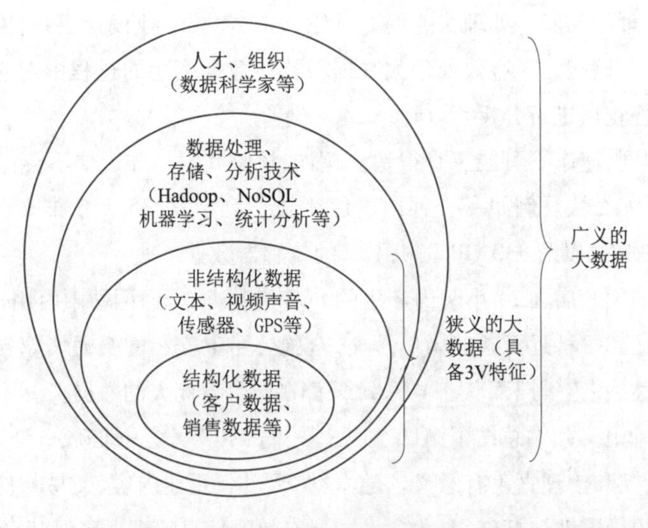

图1-10 广义的大数据

"所谓大数据,是一个综合性概念,它包括因具备3V(Volume、Variety、Velocity)特征而难以进行管理的数据,对这些数据进行存储、处理、分析的技术,以及能够通过分析这些数据获得实用意义和观点的人才和组织。”

“存储、处理、分析的技术”，指的是用于大规模数据分布式处理的框架 Hadoop、具备良好扩展性的 NoSQL 数据库，以及机器学习和统计分析等；“能够通过分析这些数据获得实用意义和观点的人才和组织”，指的是目前十分紧俏的“数据科学家”这类人才，以及能够对大数据进行有效运用的组织。

1.2.4　大数据的结构类型

大数据具有多种形式，从高度结构化的财务数据，到文本文件、多媒体文件和基因定位图的任何数据，都可以称为大数据。数据量大是大数据的一致特征。由于数据自身的复杂性，作为一个必然的结果，处理大数据的首选方法就是在并行计算的环境中进行大规模并行处理（Massively Parallel Processing，MPP），这使得同时发生的并行摄取、并行数据装载和分析成为可能。实际上，大多数的大数据都是非结构化或半结构化的，这需要不同的技术和工具来处理和分析。

大数据最突出的特征是其结构。图 1 - 11 显示了几种不同数据结构类型数据的增长趋势，未来数据增长的 80% ～90% 将来自于不是结构化的数据类型（半、准和非结构化）。

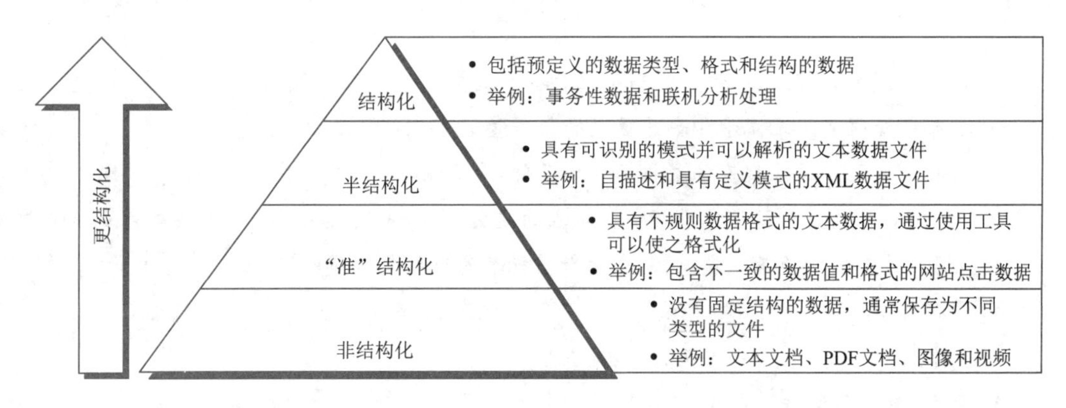

图 1 - 11　数据增长日益趋向非结构化

虽然图 1 - 11 显示了 4 种不同的、相分离的数据类型，实际上，有时这些数据类型是可以被混合在一起的。例如，有一个传统的关系数据库管理系统保存着一个软件支持呼叫中心的通话日志，这里有典型的结构化数据，比如日期/时间戳、机器类型、问题类型、操作系统，这些都是在线支持人员通过图形用户界面上的下拉式菜单输入的。另外，还有非结构化数据或半结构化数据，比如自由形式的通话日志信息，这些可能来自包含问题的电子邮件，或者技术问题和解决方案的实际通话描述。另外一种可能是与结构化数据有关的实际通话的语音日志或者音频文字实录。即使是现在，大多数分析人员还无法分析这种通话日志历史数据库中的最普通和高度结构化的数据，因为挖掘文本信息是一项强度很大的工作，并且无法简单地实现自动化。

人们通常最熟悉结构化数据的分析，然而，半结构化数据（XML）、“准”结构化数据（网站地址字符串）和非结构化数据代表了不同的挑战，需要不同的技术来分析。

除了三种基本的数据类型以外，还有一种重要的数据类型为元数据。元数据提供了一个数据集的特征和结构信息。这种数据主要由机器生成，并且能够添加到数据集中。搜寻元数据对于大数据存储、处理和分析是至关重要的一步，因为元数据提供了数据系谱信息，以及数据处理的起源。元数据的例子包括：

- XML 文件中提供作者和创建日期信息的标签。
- 数码照片中提供文件大小和分辨率的属性文件。

【作　业】

1. 所谓大数据，狭义上可以定义为(　　)。

   A. 用现有的一般技术难以管理的大量数据的集合

   B. 随着互联网的发展，在我们身边产生的大量数据

   C. 随着硬件和软件技术的发展，数据的存储、处理成本大幅下降，从而促进数据大量产生

   D. 随着云计算的兴起而产生的大量数据

2. 所谓"用现有的一般技术难以管理"，是指(　　)。

   A. 用目前在企业数据库占据主流地位的关系型数据库无法进行管理的、具有复杂结构的数据

   B. 由于数据量的增大，导致对非结构化数据的查询产生了数据丢失

   C. 分布式处理系统无法承担如此巨大的数据量

   D. 数据太少无法适应现有的数据库处理条件

3. 大数据的定义是一个被故意设计成主观性的定义，即并不定义大于一个特定数字的 TB 才叫大数据。随着技术的不断发展，符合大数据标准的数据集容量(　　)。

   A. 稳定不变　　B. 略有精简　　C. 也会增长　　D. 大幅压缩

4. 可以用 3 个特征相结合来定义大数据：即(　　)。

   A. 数量、数值和速度

   B. 庞大容量、极快速度和丰富的数据

   C. 数量、速度和价值

   D. 丰富的数据、极快的速度、极大的能量

5. 数据多样性指的是大数据解决方案需要支持多种(　　)、不同类型的数据。数据多样性给企业带来的挑战包括数据聚合、数据交换、数据处理和数据存储等。

   A. 不同大小　　B. 不同方向　　C. 不同格式　　D. 不同语言

6. 数据产生和更新的频率，也是衡量大数据的一个重要特征。在下列选项中，(　　)更能说明大数据速度(速率)这一特征。

   A. 在大数据环境中，数据产生得很快，在极短的时间内就能聚集起大量的数据集

   B. 从企业的角度来说，数据的速率代表数据从进入企业边缘到能够马上进行处理的时间

   C. 处理快速的数据输入流，需要企业设计出弹性的数据处理方案，同时也需要强大的数据存储能力

   D. A、B、C 选项以及有效处理大数据需要在数据变化的过程中对它的数量和种类进行分析，而不只是在它静止后进行分析

7. (　　)、传感器和数据采集技术的快速发展、通过云和虚拟化存储设施增加的信息链路，以及创新软件和分析工具，正在驱动着大数据。

A. 廉价的存储　　B. 昂贵的存储

C. 小而精的存储　　D. 昂贵且精准的存储

8. 除大数据的3V特征之外，大数据5V特征中的另外两个特征是指(　　)。

A. Veracity(数据真实性)和Velocity(高速)

B. Variety(多样性)和Veracity(数据真实性)

C. Volume(大数据量)和Value(价值)

D. Value(价值)和数据真实性(Veracity)

9. 在广义层面上为大数据下的定义是："所谓大数据，是一个综合性概念，它包括因具备3V特征而难以进行管理的数据，(　　)。"

A. 对这些数据进行存储、处理、分析的技术，以及能够通过分析这些数据获得实用意义和观点的人才和组织

B. 对这些数据进行存储、处理、分析的技术

C. 能够通过分析这些数据获得实用意义和观点的人才和组织

D. 数据科学家、数据工程师和数据工作者

10. 实际上，大多数的大数据都是(　　)。

A. 结构化的　　B. 非结构化的

C. 非结构化或半结构化的　　D. 半结构化的

11. 人们通常最熟悉结构化数据的分析，然而，半结构化数据(XML)、"准"结构化数据(网站地址字符串)和非结构化数据代表了不同的挑战，需要不同的技术来分析。除了三种基本的数据类型以外，还有一种重要的数据类型为元数据。元数据主要由(　　)，并且能够添加到数据集中。

A. 人工输入　　B. 机器生成

C. 自然产生　　D. 分析计算

实训操作　为ETI公司确定数据特征与类型

ETI公司已经确定选择大数据技术作为实现它们战略目标的手段，但ETI目前还没有大数据技术团队，因此，需要在雇佣大数据咨询团队还是让自己的IT团队进行大数据训练中进行选择。最终它们选择了后者。然而，只有高级的成员接受了完整的学习，并且转换为公司永久的大数据咨询员工，同时由他们去训练初级团队，在公司内部进行进一步大数据训练。

1. 案例分析

接受了大数据学习之后，受训小组的成员强调他们需要一个常用的术语词典，这样整个小组在讨论大数据内容时才能处于同一个频道。其后，他们选择了一个案例驱动的方案。当讨论数据集的时候，小组成员将会指出一些相关的数据集，这些数据集包括理赔、政策、报价、消费者档案、普查档案。虽然这些数据分析和分析学概念很快被接受了，但是一些缺乏商务经验的小组成员在理解BI

和建立合适的KPI上依旧有困难。一个接受过训练的IT团队成员以生成月报的过程为例来解释BI。这个过程需要将信息系统中的数据输入到EDW中，并生成诸如保险销售、理赔提交处理的KPI在不同的仪表板和计分板上。

就分析方法而言，ETI同时使用描述性分析和诊断性分析。描述性分析包括通过政策管理系统决定每天卖的保险份数，通过理赔管理系统统计每天的理赔提交数，通过账单系统统计客户的欠款数量。诊断性分析作为BI活动的一部分，例如回答为什么上个月的销售目标没有达成这类问题。分析将销售划分为不同的类型和不同的地区，以便发现哪些地区的哪些类型的销售表现得不尽人意。

目前，ETI并没有使用预测性分析和规范性分析手法。然而，对大数据技术的实行将会使他们最终能够使用这些分析手法，正如他们现在能够处理非结构化数据，让其跟结构化数据一同为分析手法提供支持一样。ETI决定循序渐进地开始使用这两种分析方法，首先应用预测性分析，锻炼了熟练使用该分析的能力后再开始实施规范性分析。

在这个阶段，ETI计划利用预测性分析来支持他们实现目标。举个例子，预测性分析能够通过预测可能的欺诈理赔来检测理赔欺诈行为，或者通过对客户流失的案例分析，来找到可能流失的客户。在未来的一段时间内，通过规范性分析，可以确定ETI能够更加接近他们的目标。例如，规范性分析能够帮助他们在考虑所有可能的风险因素下确立正确的保险费，也能帮助他们在诸如洪水和龙卷风的自然灾害下减少损失。

请分析并记录：

(1)受训小组首先确定了一个术语词典，请分析它们为什么要这样做。

答：____________________

它们确定的数据集包括哪些内容？

答：____________________

(2)ETI使用的描述性分析是什么？

答：____________________

它们确定的数据集包括哪些内容？

答：____________________

ETI 使用的诊断性分析是什么？

答：____

____

____

(3)ETI 是否使用预测性分析和规范性分析手法？

答：____

____

____

ETI 使用预测性分析的作用有哪些？

答：____

____

____

ETI 使用规范性分析的作用有哪些？

答：____

____

____

2. 确定数据特征

IT 团队想要从容量、速率、多样性、真实性、价值这 5 个方面对公司内部和外部的数据进行评估，以得到这些数据对公司利益的影响。于是小组轮流讨论这些特征，考虑不同的数据集如何表现出这些特征。

(1)容量。小组强调，在处理理赔、销售新的保险产品以及更改现有产品的过程中，会有大量的转移数据产生。然而，小组在讨论中发现，大量的非结构化数据，无论是来自公司的内部还是外部，都会帮助公司达成目标。这些数据包括健康记录、客户提交保险申请时提交的文件、财产计划、临时数据、社交媒体数据以及天气信息。

(2)速率。考虑所有输入流的数据，有的数据速率很低，例如理赔提交的数据和新政策讨论的数据。但是像网页服务日志和保险费又是速率高的数据。纵观公司外部数据，IT 小组预计社交媒体数据和天气数据将以极快的高频到达。此外，预测还表示灾难管理和诈骗理赔检测的时候数据必须尽快处理，以最小化损失。

(3)多样性。在实现目标的时候，ETI 需要将大量多种不同的数据集联合起来考虑，包括健康记录、策略数据、理赔数据、保险费、社交媒体数据、电话中心数据、理赔人记录、事件图片、天气信息、人口普查数据、网页服务日志以及电子邮件。

(4)真实性。从信息系统和 EDW 中获得的数据样本显示有极高的真实性。于是 IT 小组把这一点添加到数据真实性表现中。数据的真实性体现在多个阶段，包括数据进入公司的阶段、多个应用处理数据的阶段，以及数据稳定存储在数据库中的阶段。考虑 ETI 的外部数据，对一些来自媒体和天气的数据阐明了真实性的递减会导致数据确认和数据清洗的需求增加，因为最终要获得高保真性的数据。

(5)价值。针对这个特征，从目前的情况来看，IT 团队的所有成员都认同他们需要通过确保数据存储的原有格式以及用合适的分析类型来使数据集的价值最大化。

请分析并记录：

IT 团队是从哪 5 个方面对公司内部和外部的数据进行评估，以得到这些数据对公司利益的影响。这 5 个方面分别表现出什么特点？

答：____

____

① ____

____

② ____

____

③ ____

____

④ ____

____

⑤ ____

____

3. 确定数据类型

IT 小组成员对多种数据集进行了分类训练，并得出如下分类：

- 结构化数据：策略数据、理赔数据、客户档案数据、保险费数据。
- 非结构化数据：社交媒体数据、保险应用档案、电话中心记录、理赔人记录、事件照片。
- 半结构化数据：健康记录、客户档案数据、天气记录、人口普查数据、网页日志及电子邮件。

元数据对于 ETI 现在的数据管理过程是一个全新的概念。同样的，即使元数据真实存在，目前的数据处理也没有考虑过元数据的情况。IT 小组指出其中一个原因：公司内部几乎所有的需要处理的数据都是结构化数据。因此，数据的源和特征能很轻易地得知。经过考虑后，成员们意识到对于结构化数据来说，数据字典、上次更新数据的时间戳和上次更新时不同关系数据表中的用户编号可以作为其元数据使用。

请分析并记录：

(1) 什么是元数据？

答：____

____

(2) 公司内部能找到哪些元数据？

答：____

____

4. 实训总结

____

____

5. 教师实训评价

____

____

项目2

大数据时代思维变革

任务2.1　理解思维转变之一：样本＝总体

导读案例　亚马逊推荐系统

虽然亚马逊的故事大多数人都耳熟能详，但只有少数人知道它早期的书评内容最初是由人工完成的。当时，它聘请了一个由20多名书评家和编辑组成的团队，他们写书评、推荐新书，挑选非常有特色的新书标题放在亚马逊的网页上。这个团队创立了“亚马逊的声音”这个版块，成为当时公司皇冠上的一颗宝石，是其竞争优势的重要来源。《华尔街日报》的一篇文章中热情地称他们为全美最有影响力的书评家，因为他们使得书籍销量猛增。

亚马逊公司的创始人及总裁杰夫·贝索斯（见图2－1）决定尝试一个极富创造力的想法：根据客户个人以前的购物喜好，为其推荐相关的书籍。

图2－1　杰夫·贝索斯

从一开始，亚马逊就从每个客户那里收集了大量的数据。比如说，他们购买了什么书籍？哪些书他们只浏览却没有购买？他们浏览了多久？哪些书是他们一起购买的？客户的信息数据量非常大，所以亚马逊必须先用传统的方法对其进行处理，通过样本分析找到客户之间的相似性。但这些推荐信息是非常原始的，就如同你在买一件婴儿用品时，会被淹没在一堆差不多的婴儿用品中一样。

詹姆斯·马库斯回忆说:“推荐信息往往为你提供与你以前购买物品有微小差异的产品,并且循环往复。”

亚马逊的格雷格·林登很快就找到了一个解决方案。他意识到,推荐系统实际上并没有必要把顾客与其他顾客进行对比,这样做其实在技术上也比较烦琐。它需要做的是找到产品之间的关联性。1998年,林登和他的同事申请了著名的“item-to-item”协同过滤技术的专利。方法的转变使技术发生了翻天覆地的变化。

因为估算可以提前进行,所以推荐系统不仅快,而且适用于各种各样的产品。因此,当亚马逊跨界销售除书以外的其他商品时,也可以对电影或烤面包机这些产品进行推荐。由于系统中使用了所有的数据,推荐会更理想。林登回忆道:“在组里有句玩笑话,说的是如果系统运作良好,亚马逊应该只推荐你一本书,而这本书就是你将要买的下一本书。”

现在,公司必须决定什么应该出现在网站上。是亚马逊内部书评家写的个人建议和评论,还是由机器生成的个性化推荐和畅销书排行榜?

林登做了一个关于评论家所创造的销售业绩和计算机生成内容所产生的销售业绩的对比测试,结果他发现两者之间相差甚远。他解释说,通过数据推荐产品所增加的销售远远超过书评家的贡献。计算机可能不知道为什么喜欢海明威作品的客户会购买菲茨杰拉德的书。但是这似乎并不重要,重要的是销量。最后,编辑们看到了销售额分析,亚马逊也不得不放弃每次的在线评论,最终,书评组被解散了。林登回忆说:“书评团队被打败、被解散,我感到非常难过。但是,数据没有说谎,人工评论的成本是非常高的。”

如今,据说亚马逊销售额的1/3都来自于它的个性化推荐系统。有了它,亚马逊不仅使很多大型书店和音乐唱片商店歇业,而且当地数百个自认为有自己风格的书商也难免受转型之风的影响。

知道人们为什么对这些信息感兴趣可能是有用的,但这个问题目前并不是很重要。但是,知道“是什么”可以创造点击率,这种洞察力足以重塑很多行业,不仅仅只是电子商务。所有行业中的销售人员早就被告知,他们需要了解是什么让客户做出了选择,要把握客户做决定背后的真正原因,因此专业技能和多年的经验受到高度重视。大数据却显示,还有另外一个在某些方面更有用的方法。亚马逊的推荐系统梳理出了有趣的相关关系,但不知道背后的原因——知道是什么就够了,没必要知道为什么。

阅读上文,请思考、分析并简单记录:

(1)你熟悉亚马逊等电商网站的推荐系统吗?请列举一个这样的实例(你选择购买什么商品,网站又给你推荐了其他什么商品)。

答:______________________________

____

____

(2)亚马逊书评组和林登推荐系统各自成功的基础是什么?

答:______________________________

____

____

(3)为什么书评组最终输给了推荐系统?请说说你的观点。

答:____

____

____

____

(4)请简单描述你所知道的上一周内发生的国际、国内或者身边的大事。

答:____

____

____

____

任务描述

(1)熟悉大数据时代思维变革的基本概念和主要内容。

(2)回顾在传统情况下,人们分析信息、了解世界的主要方法。

(3)熟悉大数据时代人们思维变革的第一个转变,即“分析更多数据而不再是只依赖于随机采样”。

知识准备 分析更多数据而不再是只依赖于随机采样

人类使用数据已经有相当长一段时间了,无论是日常进行的大量非正式观察,还是过去几个世纪以来在专业层面上用高级算法进行的量化研究,都与数据有关。

在数字化时代,数据处理变得更加容易、更加快速,人们能够在瞬间处理成千上万的数据。而“大数据”的作用在于发现和理解信息内容及信息与信息之间的关系。

实际上,大数据的精髓在于我们分析信息时的三个转变,这些转变将改变我们理解和组建社会的方法,这三个转变是相互联系和相互作用的。

19世纪以来,当面临大量数据时,社会都依赖于采样分析。但是采样分析是信息缺乏时代和信息流通受限制的模拟数据时代的产物。以前我们通常把这看成是理所当然的限制,但高性能数字技术的流行让我们意识到,这其实是一种人为的限制。与局限在小数据范围相比,使用一切数据为我们带来了更高的精确性,也让我们看到了一些以前无法发现的细节——大数据让我们更清楚地看到了样本无法揭示的细节信息。

大数据时代的第一个转变,是要分析与某事物相关的所有数据,而不是依靠分析少量的数据样本。

很长时间以来,因为记录、存储和分析数据的工具不够好,为了让分析变得简单,人们会把数据量缩减到最少,人们依据少量数据进行分析,而准确分析大量数据一直都是一种挑战。如今,信息技术的条件已经有了非常大的提高,虽然人类可以处理的数据依然是有限的,但是可以处理的数据量已经大大地增加,而且未来会越来越多。

在某些方面,人们依然没有完全意识到自己拥有了能够收集和处理更大规模数据的能力,还是在信息匮乏的假设下做很多事情，假定自己只能收集到少量信息。人们甚至发展了一些使用尽可能少的信息的技术。例如，统计学的一个目的就是用尽可能少的数据来证实尽可能重大的发现。事实上，我们形成了一种习惯，那就是在制度、处理过程和激励机制中尽可能地减少数据的使用。

2.1.1 小数据时代的随机采样

数千年来，政府一直都试图通过收集信息来管理国民，只是到最近，小企业和个人才有可能拥有大规模收集和分类数据的能力，而此前，大规模的计数则是政府的事情。

以人口普查为例。据说古代埃及曾进行过人口普查，《旧约》和《新约》中对此都有所提及。那次由奥古斯都恺撒[①]（见图2-2）主导实施的人口普查，提出了“每个人都必须纳税”。

图2-2 奥古斯都恺撒

1086年的《末日审判书》对当时英国的人口、土地和财产做了一个前所未有的全面记载。皇家委员穿越整个国家对每个人、每件事都做了记载，后来这本书用《圣经》中的《末日审判书》命名，因为每个人的生活都被赤裸裸地记载下来的过程就像接受“最后的审判”一样。然而，人口普查是一项耗资且费时的事情，尽管如此，当时收集的信息也只是一个大概情况，实施人口普查的人也知道他们不可能准确记录下每个人的信息。实际上，“人口普查”这个词来源于拉丁语的“censere”，本意就是推测、估算。

三百多年前，一个名叫约翰·格朗特的英国缝纫用品商提出了一个很有新意的方法，来推算出鼠疫时期[②]伦敦的人口数，这种方法就是后来的统计学。这个方法不需要一个人一个人地计算。虽

---

① 盖乌斯·屋大维，全名盖乌斯·尤里乌斯·恺撒·奥古斯都（公元前63年9月23日—公元14年8月19日），原名盖乌斯·屋大维·图里努斯，罗马帝国的开国君主，元首政治的创始人，统治罗马长达43年，是世界历史上最为重要的人物之一。他是恺撒的甥孙，公元前44年被恺撒收为养子并指定为继承人，恺撒被刺后登上政治舞台。公元前1世纪，他平息了企图分裂罗马共和国的内战，被元老院赐封为“奥古斯都”，并改组罗马政府，给罗马世界带来了两个世纪的和平与繁荣。公元14年8月，在他去世后，罗马元老院决定将他列入“神”的行列。

② 鼠疫时期：鼠疫又称黑死病，它第一次袭击英国是在1348年，此后断断续续延续了300多年，当时英国有近1/3的人口死于鼠疫。到1665年，这场鼠疫肆虐了整个欧洲，几近疯狂。仅伦敦地区，就死亡六七万人以上。1665年的6月至8月的仅仅3个月内，伦敦的人口就减少了十分之一。到1665年8月，每周死亡达2 000人，9月竟达8 000人。鼠疫由伦敦向外蔓延，英国王室逃出伦敦，市内的富人也携家带口匆匆出逃，居民纷纷用马车装载着行李，疏散到了乡间。

然这个方法比较粗糙，但采用这个方法，人们可以利用少量有用的样本信息来获取人口的整体情况。虽然后来证实他能够得出正确的数据仅仅是因为运气好，但在当时他的方法大受欢迎。样本分析法一直都有较大的漏洞，因此，无论是进行人口普查还是其他大数据类的任务，人们还是一直使用清点这种“野蛮”的方法。

考虑到人口普查的复杂性以及耗时耗费的特点，政府极少进行普查。古罗马在拥有数十万人口时每5年普查一次。美国宪法规定每10年进行一次人口普查，而随着国家人口越来越多，只能以百万计数。但是到19世纪为止，即使这样不频繁的人口普查依然很困难，因为数据变化的速度超过了人口普查局统计分析的能力。

中国的人口调查有近4 000年的历史，留下了丰富的人口史料。但是，在封建制度下，历代政府都是为了征税、抽丁等才进行人口调查，因而隐瞒匿报人口的现象十分严重，调查统计的口径也很不一致。具有近代意义的人口普查，在1949年以前有过两次：一次是清宣统元年（1909年）进行的人口清查，另一次是民国17年（1928年）国民政府试行的全国人口调查。前者多数省仅调查户数而无人口数，推算出当时中国人口约为3.7亿多人，包括边民户数总计约为4亿人口。后者只规定调查常住人口，没有规定标准时间。经过3年时间，也只对13个省进行了调查，其他未调查的省的人数只进行了估算。调查加估算的结果，全国人口约为4.75亿人。

中华人民共和国建立后，先后于1953、1964和1982年举行过3次人口普查，1990年进行了第4次全国人口普查。前3次人口普查是不定期进行的，自1990年开始改为定期进行。根据《中华人民共和国统计法实施细则》和国务院的决定以及国务院2010年颁布的《全国人口普查条例》规定，人口普查每10年进行一次，尾数逢0的年份为普查年度。两次普查之间，进行一次简易人口普查。2020年为第七次全国人口普查时间。图2－3所示为中国人口普查情况。

图2－3　中国人口普查情况

中华人民共和国第一次人口普查的标准时间是1953年6月30日24时，所谓人口普查的标准时间，就是规定一个时间点，无论普查员入户登记在哪一天进行，登记的人口及其各种特征都是反映那个时间点上的情况。根据上述规定，不管普查员在哪天进行入户登记，普查对象所申报的都应该是标准时间的情况。通过这个标准时间，所有普查员普查登记完成后，经过汇总就可以得到全国人口的总数和各种人口状况的数据。1953 年 11 月 1 日发布了人口普查的主要数据,当时全国人口总数为 601 938 035 人。

第六次人口普查的标准时间是 2010 年 11 月 1 日零时。2011 年 4 月,发布了第六次全国人口普查主要数据。此次人口普查登记的全国总人口为 1 339 724 852 人。与 2000 年第五次人口普查相比,10 年增加 7 390 万人,增长 5. 84% ,年平均增长 0. 57% ,比 1990 年到 2000 年年均 1. 07% 的增长率下降了 0. 5 个百分点。

美国在 1880 年进行的人口普查,耗时 8 年才完成数据汇总。因此,他们获得的很多数据都是过时的。1890 年进行的人口普查,估计要花费 13 年的时间来汇总数据。然而,因为税收分摊和国会代表人数确定都是建立在人口基础上的,必须获得正确且及时的数据。很明显,当人们被数据淹没的时候,已有的数据处理工具已经难以应付了,所以就需要有新技术。后来,美国人口普查局就和美国发明家赫尔曼 · 霍尔瑞斯(被称为现代自动计算之父)签订了一个协议,用他的穿孔卡片制表机(又称霍尔瑞斯普查机,见图 2 -4)来完成 1890 年的人口普查。

图 2 -4　霍尔瑞斯普查机

经过大量的努力,霍尔瑞斯成功地在 1 年时间内完成了人口普查的数据汇总工作。这简直就是一个奇迹,它标志着自动处理数据的开端,也为后来 IBM 公司的成立奠定了基础。但是,将其作为收集处理大数据的方法依然过于昂贵。毕竟,每个美国人都必须填一张可制成穿孔卡片的表格,然后再进行统计。这么麻烦的情况下,很难想象如果不足十年就要进行一次人口普查应该怎么办。对于一个跨越式发展的国家而言,十年一次的人口普查的滞后性已经让普查失去了大部分意义。

这就是问题所在,是利用所有的数据还是仅仅采用一部分呢? 最明智的自然是得到有关被分析事物的所有数据,但是当数量无比庞大时,这又不太现实。那如何选择样本呢? 有人提出有目的地选择最具代表性的样本是最恰当的方法。1934 年,波兰统计学家耶日 · 奈曼指出,这只会导致更多更大的漏洞。事实证明,问题的关键是选择样本时的随机性。

统计学家们证明:采样分析的精确性随着采样随机性的增加而大幅提高,但与样本数量的增加关系不大。虽然听起来很不可思议,但事实上,研究表明,当样本数量达到了某个值之后,我们从新个体身上得到的信息会越来越少,就如同经济学中的边际效应递减一样。

认为样本选择的随机性比样本数量更重要,这种观点是非常有见地的。这种观点为我们开辟了一条收集信息的新道路。通过收集随机样本,我们可以用较少的花费做出高精准度的推断。因此,政府每年都可以用随机采样的方法进行小规模的人口普查,而不是只在每十年进行一次。事实上,政府也这样做了。例如,除了十年一次的人口大普查,美国人口普查局每年都会用随机采样的方法对经济和人口进行200多次小规模的调查。当收集和分析数据都不容易时,随机采样就成为应对信息采集困难的办法。

在商业领域,随机采样被用来监管商品质量。这使得监管商品质量和提升商品品质变得更容易,花费也更少。以前,全面的质量监管要求对生产出来的每个产品进行检查,而现在只需从一批商品中随机抽取部分样品进行检查就可以了。本质上来说,随机采样让大数据问题变得更加切实可行。同理,它将客户调查引进了零售行业,将焦点讨论引进了政治界,也将许多人文问题变成了社会科学问题。

随机采样取得了巨大的成功,成为现代社会、现代测量领域的主心骨。但这只是一条捷径,是在不可收集和分析全部数据的情况下的选择,它本身存在许多固有的缺陷。它的成功依赖于采样的绝对随机性,但是实现采样的随机性非常困难。一旦采样过程中存在任何偏见,分析结果就会相去甚远。

在美国总统大选中,以固定电话用户为基础进行投票民调就面临了这样的问题,采样缺乏随机性,因为没有考虑到只使用移动电话的用户——这些用户一般更年轻和更热爱自由,不考虑这些用户,自然就得不到正确的预测。2008年在奥巴马与麦凯恩之间进行的美国总统大选中,盖洛普咨询公司、皮尤研究中心、美国广播公司和《华盛顿邮报》社这些主要的民调组织都发现,如果不把移动用户考虑进来,民意测试的结果就会出现三个点的偏差,而一旦考虑进来,偏差就只有一个点。鉴于这次大选的票数差距极其微弱,这已经是非常大的偏差了。

更糟糕的是,随机采样不适合考察子类别的情况。因为一旦继续细分,随机采样结果的错误率会大大增加。因此,当人们想了解更深层次的细分领域的情况时,随机采样的方法就不可取了。在宏观领域起作用的方法在微观领域失去了作用。随机采样就像是模拟照片打印,远看很不错,但是一旦聚焦某个点,就会变得模糊不清。

随机采样也需要严密的安排和执行。人们只能从采样数据中得出事先设计好的问题的结果。所以虽说随机采样是一条捷径,但它并不适用于一切情况,因为这种调查结果缺乏延展性,即调查得出的数据不可以重新分析以实现计划之外的目的。

2.1.2 大数据与乔布斯的癌症治疗

我们来看一下DNA分析。由于技术成本大幅下跌以及在医学方面的广阔前景,个人基因排序成为一门新兴产业。从2007年起,硅谷的新兴科技公司23andme就开始分析人类基因,价格仅为几百美元。这可以揭示出人类遗传密码中一些会导致其对某些疾病抵抗力差的特征,如乳腺癌和心脏病。23andme希望能通过整合顾客的DNA和健康信息,了解到用其他方式不能获取的新信息。公司对某人的一小部分DNA进行排序,标注出几十个特定的基因缺陷。这只是该人整个基因密码的样本,还有几十亿个基因碱基对未排序。最后,23andme只能回答其标注过的基因组表现出来的问题。发现新标注时,该人的DNA必须重新排序,更准确地说,是相关的部分必须重新排列。只研究样本而不是整体,有利有弊:能更快更容易地发现问题,但不能回答事先未考虑到的问题。

苹果公司的传奇总裁史蒂夫·乔布斯在与癌症斗争的过程中采用了不同的方式,成为世界上第一个对自身所有 DNA 和肿瘤 DNA 进行排序的人。为此,他支付了高达几十万美元的费用,这是 23andme 报价的几百倍之多。所以,他得到的不是一个只有一系列标记的样本,他得到了包括整个基因密码的数据文档。

对于一个普通的癌症患者,医生只能期望他的 DNA 排列同试验中使用的样本足够相似。但是,史蒂夫·乔布斯的医生们能够基于乔布斯的特定基因组成,按所需效果用药。如果癌症病变导致药物失效,医生可以及时更换另一种药。乔布斯曾经开玩笑地说:"我要么是第一个通过这种方式战胜癌症的人,要么就是最后一个因为这种方式死于癌症的人。"虽然他的愿望都没有实现,但是这种获得所有数据而不仅是样本的方法还是将他的生命延长了好几年。

2.1.3 全数据模式:样本=总体

采样的目的是用最少的数据得到最多的信息,而当我们可以获得海量数据的时候,采样就没有什么意义了。如今,计算和制表已经不再困难,感应器、手机导航、网站点击和微信等被动地收集了大量数据,而计算机可以轻易地对这些数据进行处理。数据处理技术已经发生了翻天覆地的改变,而我们的方法和思维却没有跟上这种改变。

在很多领域,从收集部分数据到收集尽可能多的数据的转变已经发生。如果可能的话,我们会收集所有的数据,即"样本=总体"。

"样本=总体"是指我们能对数据进行深度探讨。在上面提到的有关采样的例子中,用采样的方法分析情况,正确率可达97%。对于某些事物来说,3%的错误率是可以接受的。但是你无法得到一些微观细节的信息,甚至还会失去对某些特定子类别进行进一步研究的能力。我们不能满足于正态分布一般中庸平凡的景象。生活中有很多事情经常藏匿在细节之中,而采样分析法却无法捕捉到这些细节。

谷歌流感趋势预测不是依赖于随机样本,而是分析了全美国几十亿条互联网检索记录。分析整个数据库,而不是对一个小样本进行分析,能够提高微观层面分析的准确性,甚至能够推测出某个特定城市的流感状况。所以,我们现在经常会放弃样本分析这条捷径,选择收集全面而完整的数据。我们需要足够的数据处理和存储能力,也需要最先进的分析技术。同时,简单廉价的数据收集方法也很重要。过去,这些问题中的任何一个都很棘手。在一个资源有限的时代,要解决这些问题需要付出很高的代价。但是现在,解决这些难题已经变得简单容易得多。曾经只有大公司才能做到的事情,现在绝大部分公司都可以做到了。

通过使用所有的数据,我们可以发现如若不然则将会在大量数据中淹没掉的情况。例如,信用卡诈骗是通过观察异常情况来识别的,只有掌握了所有的数据才能做到这一点。在这种情况下,异常值是最有用的信息,你可以把它与正常交易情况进行对比。这是一个大数据问题。而且,因为交易是即时的,所以你的数据分析也应该是即时的。

然而,使用所有的数据并不代表这是一项艰巨的任务。大数据中的"大"不是绝对意义上的大,虽然在大多数情况下是这个意思。谷歌流感趋势预测建立在数亿的数学模型上,而它们又建立在数十亿数据结点的基础之上。完整的人体基因组有约30亿个碱基对。但这只是单纯的数据结点的绝对数量，不代表它们就是大数据。大数据是指不用随机分析法这样的捷径，而采用所有数据的方法。谷歌流感趋势和乔布斯的医生们采取的就是大数据的方法。

因为大数据是建立在掌握所有数据，至少是尽可能多的数据的基础上的，所以我们就可以正确地考察细节并进行新的分析。在任何细微的层面，我们都可以用大数据去论证新的假设。是大数据让我们发现了流感的传播区域和对抗癌症需要针对的那部分DNA。它让我们能清楚地分析微观层面的情况。

当然，有些时候，我们还是可以使用样本分析法，毕竟我们仍然活在一个资源有限的时代。但是更多时候，利用手中掌握的所有数据成为最好也是可行的选择。

社会科学是被“样本 = 总体”撼动得最厉害的学科。随着大数据分析取代了样本分析，社会科学不再单纯依赖于分析实证数据。这门学科过去曾非常依赖样本分析、研究和调查问卷。当记录下来的是人们的平常状态，也就不用担心在做研究和调查问卷时存在的偏见了。现在，我们可以收集过去无法收集到的信息，不管是通过移动电话表现出的关系，还是通过推特信息表现出的感情。更重要的是，我们现在也不再依赖抽样调查了。

我们总是习惯把统计抽样看作文明得以建立的牢固基石，就如同几何学定理和万有引力定律一样。但是统计抽样其实只是为了在技术受限的特定时期，解决当时存在的一些特定问题而产生的，其历史尚不足一百年。如今，技术环境已经有了很大的改善。在大数据时代进行抽样分析就像是在汽车时代骑马一样。在某些特定的情况下，我们依然可以使用样本分析法，但这不再是我们分析数据的主要方式。慢慢地，我们会完全抛弃样本分析。

【作 业】

1. 人类使用数据已经有相当长一段时间了。在数字化时代，数据处理变得更加(　　)。

   A. 困难　　B. 容易　　C. 复杂　　D. 难以理解

2. 19 世纪以来，当面临大量数据时，社会都依赖于采样分析。但是采样分析是(　　)的产物。

   A. 计算机时代　　B. 青铜器时代　　C. 模拟数据时代　　D. 云时代

3. 大数据时代的第一个转变，(　　)。

   A. 是要分析与某事物相关的所有数据，而不是依靠分析少量的数据样本

   B. 是人们乐于接受数据的纷繁复杂，而不再一味追求其精确性

   C. 是人们尝试着不再探求难以捉摸的因果关系，转而关注事物的相关关系

   D. 是加强统计学应用，重视算法的复杂性

4. 长期以来，人们已经发展了一些使用尽可能少的信息的技术。例如，统计学的一个目的就是(　　)

   A. 用尽可能多的数据来验证一般的发现

   B. 同尽可能少的数据来验证尽可能简单的发现

   C. 用尽可能少的数据来证实尽可能重大的发现

   D. 用尽可能少的数据来验证一般的发现

5. 数千年来,政府一直都试图通过收集信息来管理国民。由奥古斯都恺撒主导实施的人口普查,其目的是“(　　)”。

A. 为每个国民进行分配　　B. 安排全民的生产活动

C. 为了方便官吏统治　　D. 每个人都必须纳税

6. 三百多年前,一个名叫约翰·格朗特的英国缝纫用品商提出了一个很有新意的方法,来推算出鼠疫时期伦敦的人口数,这种方法就是后来的统计学的雏形。采用这个方法,(　　)。

A. 人们可以利用大量有用的详细信息来获取人口的整体情况

B. 人们可以利用少量有用的详细信息来获取人口的个别情况

C. 人们可以利用大量有用的详细信息来获取人口的个别情况

D. 人们可以利用少量有用的样本信息来获取人口的整体情况

7. 统计学家们证明:(　　)。

A. 采样分析的精确性随着采样随机性的增加而大幅降低,但与样本数量的增加关系不大

B. 采样分析的精确性随着采样精确性的增加而大幅提高,但与样本数量的增加关系不大

C. 采样分析的精确性随着采样随机性的增加而大幅提高,但与样本数量的增加关系不大

D. 采样分析的精确性随着采样随机性的增加而大幅提高,但与样本数量的增加密切相关

8. 只研究样本而不是整体,有利有弊:(　　)。

A. 能更快更容易地发现问题,但不能回答事先未考虑到的问题

B. 能更快更容易地发现问题,也能回答事先未考虑到的问题

C. 虽然发现问题比较困难,但能回答事先未考虑到的问题

D. 发现问题比较困难,也不能回答事先未考虑到的问题

9. 如今,在很多领域中,从收集部分数据到收集尽可能多的数据的转变已经发生了。如果可能的话,我们会收集所有的数据,即“样本=总体”。“样本=总体”是指(　　)。

A. 人们能对数据进行浅层探讨,分析问题的广度

B. 人们能对数据进行深度探讨,捕捉问题的细节

C. 人们能对数据进行深度探讨,抓住问题的重点

D. 人们能对数据进行浅层探讨,抓住问题的细节

10. 因为大数据是建立在(　　),所以我们就可以正确地考察细节并进行新的分析。

A. 在掌握少量精确数据的基础上,尽可能多地收集其他数据

B. 掌握少量数据,至少是尽可能精确的数据的基础上的

C. 掌握所有数据,至少是尽可能多的数据的基础上的

D. 尽可能掌握精确数据的基础上

实训操作　搜索与分析,体验“样本=总体”

1. 网络搜索与分析

(1)请通过网络搜索,寻找至少三则“小数据时代随机采样”的案例并进行简单分析。

答1:______

答2:______

答3:______

(2)请通过网络搜索,寻找至少二则“DNA基因分析”的案例并进行简单分析,探索其中大数据分析的因素与作用。

答1:______

答2:______

(3)请阐述:在大数据时代,为什么要“分析与某事物相关的所有数据,而不是依靠分析少量的数据样本”?

答:______

2. 实训总结

3. 教师实训评价

任务 2.2　理解思维转变之二：接受数据的混杂性

导读案例　数据驱动≠大数据

数据驱动这样一种商业模式是在大数据的基础上产生的，它需要利用大数据的技术手段，对企业海量的数据进行分析处理，挖掘出这些海量数据所蕴含的价值，从而指导企业进行生产、销售、经营、管理。

1. 数据驱动与大数据有区别

数据驱动与大数据无论是从产生背景还是从内涵来说，都具有很大的不同。

(1) 产生背景不同。21 世纪第二个十年，伴随着移动互联网、云计算、大数据、物联网和社交化技术的发展，一切皆可数据化，全球正逐步进入数据社会阶段，企业也存储了海量的数据。在这样的进程中，曾经能获得竞争优势的定位、效率和产业结构均不能保证企业在残酷的商业竞争中保证自身竞争优势，诺基亚、索尼等就是很好的例子。在这样的背景之下，数据驱动产生了，未来谁能更好地由数据驱动企业生产、经营、管理，谁才有可能在残酷的竞争中立于不败之地。

大数据早于数据驱动产生，但是都出于相同的时代，都是在互联网、移动互联网、云计算、物联网之后。随着这些技术的应用，积累了海量的数据，单个数据没有任何价值，但是海量的数据则蕴含着不可估量的价值，通过挖掘、分析，可从中提取出相应的价值，而大数据就是为解决这一类问题而产生的。

由以上分析可知，数据驱动与大数据产生的背景及目的是有差别的，不可以认为数据驱动就是大数据。

(2) 内涵不同。数据驱动是一种新的运营模式。

在传统的商业模式之下，企业通过差异化的战略定位、高效率的经营管理以及低成本优势，可以保证企业在商业竞争中占据有利位置，这些可以通过对流程的不断优化实现，而在移动互联网时代以及正在进入的数据社会时代，这些优势都将不能保证企业的竞争优势，只有企业的数据才能保证企业的竞争优势，也就是说，企业只有由数据驱动才能保证其竞争优势。

在这样的环境之下，传统的经营管理模式都将改变以数据为中心，由数据驱动。数据驱动的企业，这实际上是技术对商业界、对企业界的一个改变。正如王文京总裁所说，消费电子产品经历了一个从模拟走向数字化的革命历程。与此类似,企业的经营管理也将从现有模式转向数据驱动的企业。这样一个转变,实际上也是全球企业面临的一场新变革。

2. 大数据是数据及相关技术工具的统称

Gartner认为大数据是需要新处理模式才能具有更强的决策力、洞察发现力和流程优化能力的海量、高增长率和多样化的信息资产。维基百科认为,大数据是指无法在可承受的时间范围内用常规软件工具进行捕捉、管理、处理的数据集合。从产业角度,常常把这些数据与采集它们的工具、平台、分析系统一起称为“大数据”。

数据驱动是一种全新的商业模式,而大数据是海量的数据以及对这些数据进行处理的工具的统称。二者具有本质上的差别,不能一概而论。

3. 数据驱动与大数据有联系

虽然数据驱动与大数据有着众多的不同,但是由上面阐述我们可以知道,数据驱动与大数据不是完全的两码事,二者还是有着一定的联系的。大数据是数据驱动的基础,而数据驱动是大数据的应用体现。

如前所述,数据驱动这样一种商业模式是在大数据的基础上产生的,它需要利用大数据的技术手段,对企业海量的数据进行分析处理,挖掘出这些海量数据所蕴含的价值,从而指导企业进行生产、销售、经营、管理。

同样的,再先进的技术,如果不用于生产实践,则其对于社会是没有太大价值的,大数据技术应用于数据驱动企业的这样一种商业模式之下,正好体现其应用价值。

(资料来源:佚名,畅想网,2013/12/20)

阅读上文,请思考、分析并简单记录:

(1)请在理解的基础上简单阐述:什么是数据驱动?

答:______________________________

____

____

____

____

____

(2)请简单阐述:本文为什么说“数据驱动≠大数据”?

答:______________________________

____

____

____

____

____

(3)请简单分析数据驱动与大数据的联系与区别。

答：______________________________

(4)请简单描述你所知道的上一周内发生的国际、国内或者身边的大事。

答：______________________________

任务描述

(1)熟悉大数据时代思维变革的基本概念和主要内容。

(2)回顾在传统情况下，人们分析信息、了解世界的主要方法。

(3)熟悉大数据时代人们思维变革的第二个转变，即“不再热衷于追求精确度”。

知识准备 不再热衷于追求精确度

当我们测量事物的能力受限时，关注最重要的事情和获取最精确的结果是可取的。直到今天，我们的数字技术依然建立在精准的基础上。我们假设只要电子数据表格把数据排序，数据库引擎就可以找出和我们检索的内容完全一致的检索记录。

这种思维方式适用于掌握“小数据量”的情况，因为需要分析的数据很少，所以我们必须尽可能精准地量化我们的记录。在某些方面，我们已经意识到了差别。例如，一个小商店在晚上打烊的时候要把收银台里的每分钱都数清楚，但是我们不会、也不可能用“分”这个单位去精确度量国民生产总值。随着规模的扩大，对精确度的痴迷将减弱。

达到精确需要有专业的数据库。针对小数据量和特定事情，追求精确性依然是可行的，比如一个人的银行账户上是否有足够的钱开具支票。但是，在这个大数据时代，很多时候，追求精确度已经变得不可行，甚至不受欢迎了。当我们拥有海量即时数据时，绝对的精准不再是我们追求的主要目标。大数据纷繁多样，优劣掺杂，分布在全球多个服务器上。拥有了大数据，我们不再需要对一个现象刨根究底，只要掌握大体的发展方向即可。当然，我们也不是完全放弃了精确度，只是不再沉迷于此。适当忽略微观层面上的精确度会让我们在宏观层面拥有更好的洞察力。

大数据时代的第二个转变，是我们乐于接受数据的纷繁复杂，而不再一味追求其精确性。在越来越多的情况下,使用所有可获取的数据变得更为可能,但为此也要付出一定的代价。数据量的大幅增加会造成结果的不准确,与此同时,一些错误的数据也会混进数据库。然而,重点是我们能够努力避免这些问题。我们从不认为这些问题是无法避免的,而且也正在学会接受它们。

2.2.1 允许不精确

对“小数据”而言,最基本、最重要的要求就是减少错误,保证质量。因为收集的信息量比较少,所以我们必须确保记录下来的数据尽量精确。无论是确定天体的位置还是观测显微镜下物体的大小,为了使结果更加准确,很多科学家都致力于优化测量的工具。在采样的时候,对精确度的要求就更高更苛刻了。因为收集信息的有限意味着细微的错误会被放大,甚至有可能影响整个结果的准确性。

历史上很多时候,人们会把通过测量世界来征服世界视为最大的成就。事实上,对精确度的高要求始于13世纪中期的欧洲。那时候,天文学家和学者对时间、空间的研究采取了比以往更为精确的量化方式,用历史学家阿尔弗雷德·克罗斯比的话来说就是“测量现实”。后来,测量方法逐渐被运用到科学观察、解释方法中,体现为一种进行量化研究、记录,并呈现可重复结果的能力。伟大的物理学家开尔文曾说过:“测量就是认知。”这已成为一条至理名言。同时,很多数学家以及后来的精算师和会计师都发展了可以准确收集、记录和管理数据的方法。

然而,在不断涌现的新情况里,允许不精确的出现已经成为一个亮点,而非缺点。因为放松了容错的标准,人们掌握的数据也多了起来,还可以利用这些数据做更多新的事情。这样就不是大量数据优于少量数据那么简单了,而是大量数据创造了更好的结果。

同时,我们需要与各种各样的混乱做斗争。混乱,简单地说就是随着数据的增加,错误率也会相应增加。所以,如果桥梁的压力数据量增加1 000倍的话,其中的部分读数就可能是错误的,而且随着读数量的增加,错误率可能也会继续增加。在整合来源不同的各类信息的时候,因为它们通常不完全一致,所以也会加大混乱程度。

混乱还可以指格式的不一致性,因为要达到格式一致,就需要在进行数据处理之前仔细地清洗数据,而这在大数据背景下很难做到。例如,I. B. M.、T. J. Watson Labs、International Business Machines都可以用来指代IBM,甚至可能有成千上万种方法称呼IBM。

当然,在萃取或处理数据的时候,混乱也会发生。因为在进行数据转化的时候,我们是在把它变成另外的事物。

例如,温度是葡萄生长发育的重要因素。葡萄是温带植物,对热量要求高,但不同发育阶段对温度的要求不同。当气温升到10 ℃以上时,欧洲品种先开始萌芽。新梢生长的最适温度为25~30 ℃;开花期的最适温度为20~28 ℃,品种间稍有差异,夜间最低温不低于14 ℃,否则授粉受精不良;浆果生长不低于20 ℃,低于20 ℃,浆果生长缓慢,成熟期推迟;果实成熟期为25~30 ℃,当低于14 ℃时不能正常成熟,成熟期的昼夜温差应大于10 ℃,这样有利于糖分的积累和品质的提高。生长期温度高于40 ℃,对葡萄会造成伤害。-5 ℃以下低温根部会受冻。葡萄的生长发育还受大于10 ℃以上活动积温的影响。不同成熟期的品种对活动积温的要求不同。在露地条件下,寒冷地区由于活动积温量低,晚熟和极晚熟品种不能正常成熟,只能栽植早熟和中熟品种。在温室条件下可不受此限制。

假设你要测量一个葡萄园的温度，但是整个葡萄园只有一个温度测量仪，那你就必须确保这个测量仪是精确的而且能够一直工作。反过来，如果每100棵葡萄树就有一个测量仪，有些测试的数据可能会是错误的，可能会更加混乱，但众多的读数合起来就可以提供一个更加准确的结果。因为这里面包含了更多的数据，而它不仅能抵消掉错误数据造成的影响，还能提供更多的额外价值。

再来想想增加读数频率这件事。如果每隔一分钟就测量一下温度，我们至少还能够保证测量结果是按照时间有序排列的。如果变成每分钟测量十次甚至百次的话，不仅读数可能出错，连时间先后都可能混淆。试想，如果信息在网络中流动，那么一条记录很可能在传输过程中被延迟，在其到达的时候已经没有意义了，甚至干脆在奔涌的信息洪流中彻底迷失。虽然我们得到的信息不再那么准确，但收集到的数量庞大的信息让我们放弃严格精确的选择变得更为划算。

可见，为了获得更广泛的数据而牺牲了精确性，也因此看到了很多如若不然无法被关注到的细节。或者，为了高频率而放弃了精确性，结果观察到了一些本可能被错过的变化。虽然如果我们能够下足够多的工夫，这些错误是可以避免的，但在很多情况下，与致力于避免错误相比，对错误的包容会带给我们更多好处。

"大数据"通常用概率说话。我们可以通过大量数据在计算机之外的其他领域进步的重要性上看到类似的变化。我们都知道，如摩尔定律所预测的，过去一段时间里计算机的数据处理能力得到了很大的提高。摩尔定律认为，每块芯片上晶体管的数量每两年就会翻一倍。这使得计算机运行速度更快了，存储空间更大了。大家没有意识到的是，驱动各类系统的算法也进步了，有报告显示，在很多领域这些算法带来的进步还要胜过芯片的进步。然而，社会从"大数据"中所能得到的，并非来自运行更快的芯片或更好的算法，而是更多的数据。

由于象棋的规则家喻户晓，且走子限制多，在过去的几十年里，象棋算法的变化很小。计算机象棋程序总是步步为营，是由于对残局掌握得更好了，而之所以能做到这一点也只是因为往系统里加入了更多的数据。实际上，当棋盘上只剩下六枚棋子或更少的时候，这个残局得到了全面的分析，并且接下来所有可能的走法（样本=总体）都被制入到一个庞大的数据表格。这个数据表格如果不压缩的话，会有1 TB那么多。所以，计算机在这些重要的象棋残局中表现得完美无缺和不可战胜。

大数据在多大程度上优于算法，这个问题在自然语言处理上表现得很明显（这是关于计算机如何学习和领悟我们在日常生活中使用语言的学科方向）。2000年，微软研究中心的米歇尔·班科和埃里克·布里尔一直在寻求改进Word程序中语法检查的方法。但是他们不能确定是努力改进现有的算法、研发新的方法，还是添加更加细腻精致的特点更有效。所以，在实施这些措施之前，他们决定往现有的算法中添加更多的数据，看看会有什么不同的变化。很多对计算机学习算法的研究都建立在百万字节左右的语料库基础上。最后，他们决定往4种常见的算法中添加数据，先是一千万字节节，再到一亿字节，最后到十亿字节。

结果有点令人吃惊。他们发现，随着数据的增多，4种算法的表现都大幅提高了。当数据只有500万字节时，有一种简单的算法表现得很差，但当数据达10亿字节时，它变成了表现最好的，准确率从原来的75%提高到了95%以上。与之相反，在少量数据情况下运行得最好的算法，当加入更多的数据时，也会像其他的算法一样有所提高，但是却变成了在大量数据条件下运行得最不好的，它的准确率会从 86% 提高到 94%。

后来，班科和布里尔在他们发表的研究论文中写到，“如此一来，我们得重新衡量一下更多的人力物力是应该消耗在算法发展上还是在语料库发展上。”

2.2.2　大数据的简单算法与小数据的复杂算法

20 世纪 40 年代，计算机由真空管制成，要占据整个房间这么大的空间。而机器翻译也只是计算机开发人员的一个想法。在冷战时期，美国掌握了大量关于苏联的各种资料，但缺少翻译这些资料的人手。所以，计算机翻译也成了亟待解决的问题。

最初，计算机研发人员打算将语法规则和双语词典结合在一起。1954 年，IBM 以计算机中的 250 个词语和六条语法规则为基础，将 60 个俄语词组翻译成了英语，结果振奋人心。IBM 701 通过穿孔卡片读取了一句话，并将其译成了“我们通过语言来交流思想”。在庆祝这个成就的发布会上，一篇报道就有提到，这 60 句话翻译得很流畅。这个程序的指挥官利昂·多斯特尔特表示，他相信“在三五年后，机器翻译将会变得很成熟”。

事实证明，计算机翻译最初的成功误导了人们。1966 年，一群机器翻译的研究人员意识到，翻译比他们想象得更困难，他们不得不承认自己的失败。机器翻译不能只是让计算机熟悉常用规则，还必须教会计算机处理特殊的语言情况。毕竟，翻译不仅仅只是记忆和复述，也涉及选词，而明确地教会计算机这些非常不现实。

在 20 世纪 80 年代后期，IBM 的研发人员提出了一个新的想法。与单纯教给计算机语言规则和词汇相比，他们试图让计算机自己估算一个词或一个词组适合于用来翻译另一种语言中的一个词和词组的可能性，然后再决定某个词和词组在另一种语言中的对等词和词组。

20 世纪 90 年代，IBM 这个名为 Candide 的项目花费了大概十年的时间，将大约有 300 万句之多的加拿大议会资料译成了英语和法语并出版。由于是官方文件，翻译的标准就非常高。用那个时候的标准来看，数据量非常之庞大。统计机器学习从诞生之日起，就聪明地把翻译的挑战变成了一个数学问题，而这似乎很有效！计算机翻译能力在短时间内就提高了很多。然而，在这次飞跃之后，IBM 公司尽管投入了很多资金，但取得的成效不大。最终，IBM 公司停止了这个项目。

2006 年，谷歌公司也开始涉足机器翻译。这被当作实现“收集全世界的数据资源，并让人人都可享受这些资源”这个目标的一个步骤。谷歌翻译开始利用一个更大更繁杂的数据库，也就是全球的互联网，而不再只利用两种语言之间的文本翻译。

为了训练计算机，谷歌翻译系统会吸收它能找到的所有翻译。它会从各种各样语言的公司网站上寻找对译文档，还会去寻找联合国和欧盟这些国际组织发布的官方文件和报告的译本。它甚至会吸收速读项目中的书籍翻译。谷歌翻译部的负责人弗朗兹·奥齐是机器翻译界的权威，他指出，“谷歌的翻译系统不会像 Candide 一样只是仔细地翻译 300 万句话，它会掌握用不同语言翻译的质量参差不齐的数十亿页的文档。”不考虑翻译质量的话，上万亿的语料库就相当于 950 亿句英语。

尽管其输入源很混乱，但较其他翻译系统而言，谷歌的翻译质量相对而言还是最好的，而且可翻译的内容更多。到 2012 年年中，谷歌数据库涵盖了 60 多种语言，甚至能够接受 14 种语言的语音输入，并有很流利的对等翻译。之所以能做到这些，是因为它将语言视为能够判别可能性的数据，而不是语言本身。如果要将印度语译成加泰罗尼亚语,谷歌就会把英语作为中介语言。因为在翻译的时候它能适当增减词汇,所以谷歌的翻译比其他系统的翻译灵活很多(见图2-5)。

图2-5 谷歌翻译

谷歌的翻译之所以更好,并不是因为它拥有一个更好的算法机制。与微软的班科和布里尔一样,这是因为谷歌翻译增加了很多各种各样的数据。从谷歌的例子来看,它之所以能比IBM的Candide系统多利用成千上万的数据,是因为它接受了有错误的数据。2006年,谷歌发布的上万亿的语料库,就是来自于互联网的一些废弃内容。这就是"训练集",可以正确地推算出英语词汇搭配在一起的可能性。

谷歌公司人工智能专家彼得·诺维格在一篇题为《数据的非理性效果》的文章中写道,"大数据基础上的简单算法比小数据基础上的复杂算法更加有效。"他指出,混杂是关键。

"由于谷歌语料库的内容来自于未经过滤的网页内容,所以会包含一些不完整的句子、拼写错误、语法错误以及其他各种错误。况且,它也没有详细的人工纠错后的注解。但是,谷歌语料库的数据优势完全压倒了缺点。"

2.2.3 纷繁的数据越多越好

通常,传统的统计学家都很难容忍错误数据的存在,在收集样本的时候,他们会用一整套的策略来减少错误发生的概率。在结果公布之前,他们也会测试样本是否存在潜在的系统性偏差。这些策略包括根据协议或通过受过专门训练的专家来采集样本。但是,即使只是少量的数据,这些规避错误的策略实施起来还是耗费巨大。尤其是当我们收集所有数据的时候,这就行不通了。不仅是因为耗费巨大,还因为在大规模的基础上保持数据收集标准的一致性不太现实。

大数据时代要求我们重新审视数据精确性的优劣。如果将传统的思维模式运用于数字化、网络化的21世纪,就有可能错过重要的信息。

如今,我们已经生活在信息时代。我们掌握的数据库越来越全面,它包括了与这些现象相关的大量甚至全部数据。我们不再需要那么担心某个数据点对整套分析的不利影响。我们要做的就是要接受这些纷繁的数据并从中受益,而不是以高昂的代价消除所有的不确定性。

在华盛顿州布莱恩市的英国石油公司(BP)切里波因特炼油厂(见图2-6)里,无线感应器遍布于整个工厂,形成无形的网络,能够产生大量实时数据。在这里,酷热的恶劣环境和电气设备的存在有时会对感应器读数有所影响,形成错误的数据。但是数据生成的数量之多可以弥补这些小错误。随时监测管道的承压使得BP能够了解到,有些种类的原油比其他种类更具有腐蚀性。以前,这都是无法发现也无法防止的。

图2-6　切里波因特炼油厂

有时候，当我们掌握了大量新型数据时，精确性就不那么重要了，我们同样可以掌握事情的发展趋势。大数据不仅让我们不再期待精确性，也让我们无法实现精确性。然而，除了一开始会与我们的直觉相矛盾之外，接受数据的不精确和不完美，我们反而能够更好地进行预测，也能够更好地理解这个世界。

值得注意的是，错误性并不是大数据本身固有的特性，而是一个急需我们去处理的现实问题，并且有可能长期存在。它只是我们用来测量、记录和交流数据的工具的一个缺陷。如果说哪天技术变得完美无缺了，不精确的问题也就不复存在了。因为拥有更大数据量所能带来的商业利益远远超过增加一点精确性，所以通常我们不会再花大力气去提升数据的精确性。这又是一个关注焦点的转变，正如以前，统计学家们总是把他们的兴趣放在提高样本的随机性而不是数量上。如今，大数据给我们带来的利益，让我们能够接受不精确的存在了。

2.2.4　混杂性是标准途径

长期以来，人们一直用分类法和索引法来帮助自己存储和检索数据资源。这样的分级系统通常都不完善。而在“小数据”范围内，这些方法就很有效，但一旦把数据规模增加好几个数量级，这些预设一切都各就各位的系统就会崩溃。

相片分享网站Flickr[①]在2011年就已经拥有来自大概1亿用户的60亿张照片。根据预先设定好的分类来标注每张照片就没有意义了。恰恰相反，清楚的分类被更混乱却更灵活的机制所取代了，这些机制才能适应改变着的世界。

当我们上传照片到Flickr网站的时候，我们会给照片添加标签，也就是使用一组文本标签来编组和搜索这些资源。人们用自己的方式创造和使用标签，所以它是没有标准、没有预先设定的排列

---

① Flickr，一家图片分享网站。由加拿大Ludicorp公司开发设计，2004年2月正式发布。早期的Flickr是一个具有即时交换照片功能的多人聊天室，可供分享照片。后来，研发工作都集中在使用者的上传和归档功能，聊天室渐渐被忽略了。除了许多使用者在Flickr上分享他们的私人照片，该服务也可作为网络图片的存放空间，受到许多网络作者喜爱。2013年5月，Flick进行了大幅改版，彻底改变了外观和感觉，并增加了存储空间。

和分类，也没有我们所必须遵守的类别规定。任何人都可以输入新的标签，标签内容事实上就成为网络资源的分类标准。标签被广泛地应用于脸书、博客等社交网络上。因为它们的存在，互联网上的资源变得更加容易找到，特别是像图片、视频和音乐这些无法用关键词搜索的非文本类资源。

当然，有时人们错标的标签会导致资源编组的不准确，这会让习惯了精确性的人们很痛苦。但是，我们用来编组照片集的混乱方法给我们带来了很多好处。比如，我们拥有了更加丰富的标签内容，同时能更深更广地获得各种照片。我们可以通过合并多个搜索标签来过滤我们需要寻找的照片，这在以前是无法完成的。我们添加标签时所带来的不准确性从某种意义上说明我们能够接受世界的纷繁复杂。这是对更加精确系统的一种对抗。这些精确的系统试图让我们接受一个世界贫乏而规整的惨象——假装世间万物都是整齐地排列的。而事实上现实是纷繁复杂的，天地间存在的事物也远远多于系统所设想的。

互联网上最火的网址都表明，它们欣赏不精确而不会假装精确。当一个人在网站上见到一个脸书的“喜欢”按钮时，可以看到有多少其他人也在点击。当数量不多时，会显示像“63”这种精确的数字。当数量很大时，则只会显示近似值，比方说“4000”。这并不代表系统不知道正确的数据是多少，只是当数量规模变大的时候，确切的数量已经不那么重要了。另外，数据更新得非常快，甚至在刚刚显示出来的时候可能就已经过时了。所以，同样的原理适用于时间的显示。电子邮箱会确切标注在很短时间内收到的信件，比方说“11 分钟之前”。但是，对于已经收到一段时间的信件，则会标注如“两个小时之前”这种不太确切的时间信息。

如今，要想获得大规模数据带来的好处，混乱应该是一种标准途径，而不应该是竭力避免的。

2.2.5 新的数据库设计

传统的关系数据库是为小数据的时代设计的，所以能够也需要仔细策划。在那个时代，人们遇到的问题无比清晰，数据库被设计用来有效地回答这些问题。

传统的数据库引擎要求数据高度精确和准确排列。数据不是单纯地被存储，它往往被划分为包含“域”（字段）的记录，每个域都包含了特定种类和特定长度的信息。比方说，某个数值域被设定为 7 位数长，一个 1 000 万或者更大的数值就无法被记录。一个人想在某个记录手机号码的域中输入一串汉字是“不被允许”的。想要被允许，则需要改变数据库结构才可以。索引是事先就设定好了的，这也就限制了人们的搜索。增加一个新的索引往往很耗费时间，因为需要改变底层的设计。最普遍的数据库查询语言是结构化查询语言（SQL）。

但是，这种数据存储和分析的方法越来越和现实相冲突。我们发现，不精确已经开始渗入数据库设计这个最不能容忍错误的领域。我们现在拥有各种各样、参差不齐的海量数据。很少有数据完全符合预先设定的数据种类。而且，我们想要数据回答的问题，也只有在我们收集和处理数据的过程中才全知道。这些现实条件导致了新的数据库设计的诞生。

近年的大转变是非关系型数据库的出现，它不需要预先设定记录结构，允许处理超大量五花八门的数据。因为包容了结构多样性，这些数据库设计要求更多地处理和存储资源。帕特·赫兰德是来自微软的世界上最权威的数据库设计专家之一，他把这称为一个重大的转变。他分析了被各种各样质量参差不齐的数据所侵蚀的传统数据库设计的核心原则，他认为，处理海量数据会不可避免地导致部分信息的缺失。虽然这本来就是有"损耗性"的,但是能快速得到想要的结果弥补了这个缺陷。

传统数据库的设计要求在不同的时间提供一致的结果。比方说,如果你查询你的账户结余,它会提供给你确切的数目;而你几秒之后查询的时候,系统应该提供给你同样的结果,没有任何改变。但是,随着数据数量的大幅增加以及系统用户的增加,这种一致性将越来越难保持。

大的数据库并不是固定在某个地方的,它一般分散在多个硬盘和多台计算机上。为了确保其运行的稳定性和速度,一个记录可能会分开存储在两三个地方。如果一个地方的记录更新了,其他地方的记录则只有同步更新才不会产生错误。传统的系统会一直等到所有地方的记录都更新,然而,当数据广泛地分布在多台服务器上而且服务器每秒都会接受成千上万条搜索指令的时候,同步更新就比较不现实了。因此,多样性是一种解决的方法。

最能代表这个转变的,就是Hadoop的流行。Hadoop是与谷歌的MapReduce系统相对应的开源式分布系统的基础架构,它非常善于处理超大量的数据。通过把大数据变成小模块,然后分配给其他机器进行分析,它实现了对超大量数据的处理。它预见到硬件可能会瘫痪,所以在内部建立了数据的副本,它还假定数据量之大导致数据在处理之前不可能整齐排列。典型的数据分析需要经过"萃取、转移和下载"这样一个操作流程,但是Hadoop不拘泥于这样的方式。相反,它假定了数据量的巨大使得数据完全无法移动,所以人们必须在本地进行数据分析。

Hadoop的输出结果没有关系型数据库输出结果那么精确,它不能用于卫星发射、开具银行账户明细这种精确度要求很高的任务。但是对于不要求极端精确的任务,它就比其他系统运行得快很多,比如说把顾客分群,然后分别进行不同的营销活动。

信用卡公司VISA使用Hadoop,能够将处理两年内730亿单交易所需的时间,从一个月缩减至仅仅13分钟。这样大规模处理时间上的缩减足以变革商业了。也许Hadoop不适合正规记账,但是当可以允许少量错误的时候它就非常实用。接受混乱,我们就能享受极其有用的服务,这些服务如果使用传统方法和工具是不可能做到的,因为那些方法和工具处理不了这么大规模的数据。

2.2.6 5%的数字数据与95%的非结构化数据

据估计,只有5%的数字数据是结构化的且能适用于传统数据库。如果不接受混乱,剩下95%的非结构化数据都无法被利用,比如网页和视频资源。通过接受不精确性,我们打开了一个从未涉足的世界的窗户。

我们怎么看待使用所有数据和使用部分数据的差别,以及我们怎样选择放松要求并取代严格的精确性,将会对我们与世界的沟通产生深刻的影响。随着大数据技术成为日常生活中的一部分,我们应该开始从一个比以前更大更全面的角度来理解事物,也就是说应该将"样本=总体"植入我们的思维中。

现在,我们能够容忍模糊和不确定出现在一些过去依赖于清晰和精确的领域,当然过去可能也只是有清晰的假象和不完全的精确。只要我们能够得到一个事物更完整的概念,我们就能接受模糊和不确定的存在。就像印象派的画风一样(见图2-7),近看画中的每一笔都感觉是混乱的,但是退后一步你就会发现这是一幅伟大的作品,因为你退后一步的时候就能看出画作的整体思路了。

图2-7　印象派画作

相比依赖于小数据和精确性的时代，大数据因为更强调数据的完整性和混杂性，帮助我们进一步接近事实的真相。“部分”和“确切”的吸引力是可以理解的。但是，当我们的视野局限在我们可以分析和能够确定的数据上时，我们对世界的整体理解就可能产生偏差和错误。不仅失去了去尽力收集一切数据的动力，也失去了从各个不同角度来观察事物的权利。所以，局限于狭隘的小数据中，我们可以自豪于对精确性的追求，但是就算我们可以分析得到细节中的细节，也依然会错过事物的全貌。

大数据要求我们有所改变，我们必须能够接受混乱和不确定性。精确性似乎一直是我们生活的支撑，但认为每个问题只有一个答案的想法是站不住脚的。

【作　业】

1. 当我们测量事物的能力受限时，关注最重要的事情和获取最精确的结果是可取的。直到今天，我们的数字技术依然建立在精准的基础上。这种思维方式适用于掌握(　　)的情况。

   A. 小数据量　　B. 大数据量　　C. 无数据　　D. 多数据

2. 当人们拥有海量即时数据时，绝对的精准不再是人们追求的主要目标。当然，(　　)。适当忽略微观层面上的精确度会让我们在宏观层面拥有更好的洞察力。

   A. 我们应该完全放弃精确度，不再沉迷于此

   B. 我们不能放弃精确度，需要努力追求精确度

   C. 我们也不是完全放弃了精确度，只是不再沉迷于此

   D. 我们是确保精确度的前提下，适当寻求更多数据

3. 历史上很多时候，人们会把通过测量世界来征服世界视为最大的成就。然而，在不断涌现的新情况里，(　　)。因为放松了容错的标准，人们掌握的数据也多了起来，还可以利用这些数据做更多新的事情。

   A. 允许不精确的出现已经成为一个缺点，而非优点

   B. 允许不精确的出现已经成为一个亮点，而非缺点

   C. 允许不精确的出现已经成为一个历史

   D. 允许不精确的出现已经得到控制

4. 温度是葡萄生长发育的重要因素。葡萄是温带植物，对热量要求高，但(　　)。
   A. 不同发育阶段对温度的要求一致
   B. 同一发育阶段对温度的要求不同
   C. 有的发育阶段对温度没有要求
   D. 不同发育阶段对温度的要求不同
5. 为了获得更广泛的数据而牺牲了精确性，也因此看到了很多如若不然无法被关注到的细节。在很多情况下，(　　)。
   A. 在很多情况下，与致力于避免错误相比，对错误的包容会带给我们更多问题
   B. 在很多情况下，与致力于避免错误相比，对错误的包容会带给我们更多好处
   C. 无论什么情况，我们都不能容忍错误的存在
   D. 无论什么情况，我们都可以包容错误
6. 以前，统计学家们总是把他们的兴趣放在提高样本的随机性而不是数量上。这时因为(　　)。
   A. 提高样本随机性可以减少对数据量的需求
   B. 样本随机性优于对大数据的分析
   C. 可以获取的数据少，提高样本随机性可以提高分析准确率
   D. 提高样本随机性是为了减少统计分析的工作量
7. 研究表明，在少量数据情况下运行得最好的算法，当加入更多的数据时，(　　)。
   A. 也会像其他算法一样有所提高，但是却变成了在大量数据条件下运行得最不好的
   B. 与其他算法一样有所提高，仍然是在大量数据条件下运行得最好的
   C. 与其他算法一样有所提高，在大量数据条件下运行得还是比较好的
   D. 虽然没有提高，还是在大量数据条件下运行得最好的
8. “大数据基础上的简单算法比小数据基础上的复杂算法更加有效。”谷歌公司人工智能专家的研究指出，其中(　　)。
   A. 精确是关键　　B. 混杂是关键
   C. 并没有特别之处　　D. 精确和混杂同样重要
9. 如今，要想获得大规模数据带来的好处，混乱应该是一种(　　)。
   A. 不正确途径，需要竭力避免的
   B. 非标准途径，应该尽量避免的
   C. 非标准途径，但可以勉强接受的
   D. 标准途径，而不应该是竭力避免的
10. 传统的关系数据库能够也需要仔细策划。在小数据时代，(　　)。
   A. 人们遇到的问题无比清晰，数据库被设计用来有效地回答这些问题
   B. 人们遇到的问题很模糊，数据库被设计用来尽力回答这些问题
   C. 人们遇到的问题很模糊，数据库无须有效地回答这些问题
   D. 人们遇到的问题无比清晰，但数据库设计很复杂，无法有效地回答这些问题

11. 研究表明，只有(　　)的数字数据是结构化的且能适用于传统数据库。如果不接受混乱，剩下(　　)的非结构化数据都无法被利用。

A. 95%，5%　　B. 30%，70%　　C. 5%，95%　　D. 70%，30%

实训操作　搜索与分析，体验“接受数据的混杂性”

1. 网络搜索与分析

(1)请通过网络搜索，举例说明为什么“大数据的简单算法要优于小数据的复杂算法”。

答：

(2)请通过网络搜索，举例说明“5% 的是数字数据(结构化数据)，95% 的是非结构化数据”。

答：

(3)请简述，在大数据时代，为什么“我们乐于接受数据的纷繁复杂，而不再一味追求其精确性”。

答：

2. 实训总结

3. 教师实训评价

任务2.3 理解思维转变之三:数据的相关关系

导读案例 美国百亿美元望远镜主镜安装完毕

哈勃太空望远镜(Hubble Space Telescope,HST,见图2-8)是以天文学家爱德温·哈勃为名,在轨道上环绕着地球的望远镜,它的位置在地球的大气层之上,因此影像不会受到大气湍流的扰动,视相度绝佳又没有大气散射造成的背景光,还能观测会被臭氧层吸收的紫外线。它于1990年成功发射,弥补了地面观测的不足,帮助天文学家解决了许多天文学上的基本问题,使得人类对天文物理有更多的认识。2013年12月,天文学家利用哈勃太空望远镜在太阳系外发现5颗行星,它们的大气层中都有水存在的迹象,首次能确定性地测量多个系外行星的大气光谱信号特征与强度,并进行比较。

图2-8 哈勃太空望远镜

据国外媒体报道,美国宇航局即将在2021年发射的詹姆斯·韦伯太空望远镜是哈勃望远镜的继承者,这具价值88亿美元的空间望远镜有望揭开宇宙的奥秘,因此它素有"时间机器"的美名。

在位于马里兰州的美国宇航局戈达德航天飞行中心的洁净室内,研究团队使用机械手对韦伯望远镜进行组装。经过机械臂测量,韦伯望远镜的每一片六角形镜片的对角线都大于4.2英尺,相当于1.3 m,这个尺寸大约和咖啡桌一般大小,每片镜片的重量大约重88磅,相当于40 kg(见图2-9)。

图2-9 詹姆斯·韦伯太空望远镜

美国宇航局副局长约翰·格伦费尔德表示,工程师们孜孜不倦地完成了这些不可思议、近乎完美的镜片的安装,人类距离解开宇宙形成奥秘的神秘面纱又近了一步(见图2-10)。

图 2-10　安装镜片

美国宇航局韦伯望远镜的最大特点是它拥有一个网球场大小的五层遮阳板，能够将太阳的灼热减弱至一百万分之一。为了保证科学探索的成功，韦伯望远镜的镜片需要精确排列。在极寒条件下，当温度介于 -406 ~ -343 ℉时（约 -208 ~ -173 ℃），望远镜的底板位移不得超过 38 nm，大约是人类毛发直径的千分之一（见图 2-11）。

图 2-11　安装底板

韦伯望远镜预计于 2021 年发射，它将成为世界规模最大、功能最强的望远镜。它的能力将达到哈勃望远镜的 100 倍，能够观察到宇宙大爆炸后两亿年的场景。一旦完成太空全面部署，18 片基本镜片将和一片直径为 21.3 英尺（6.5 m）的大镜片一道运作。

与目前在地球近地轨道上运行的哈勃望远镜不同，韦伯望远镜的目的地更加遥远。它将被发射到一个被称为 L2 的地方，即日地拉格朗日点 2，该点位于距离地球表面大约 930 000 英里（150 万千米）的高度（见图 2-12）。

美国宇航局表示，韦伯太空望远镜是一部拥有红外视觉的强大的时间机器，它能够回到 135 亿年前的宇宙，探索在早期宇宙的黑暗中形成的第一批星球与星系。150 万千米的超远轨道使得它能够保持低温运作，以免其观测受到自身红外线和外界辐射的影响（见图 2-13）。

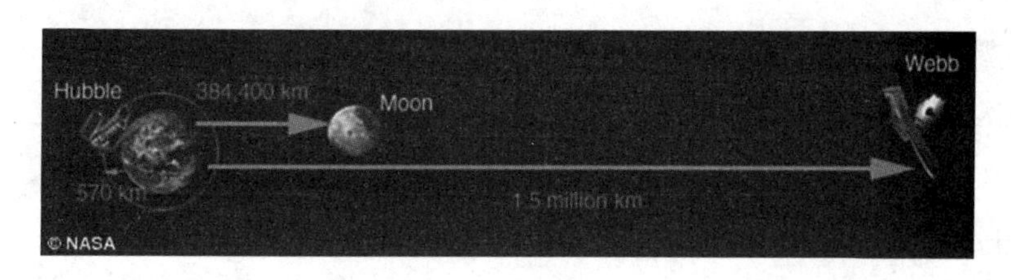

图2-12 发射地点

图2-13 探索135亿年前的宇宙

尽管韦伯望远镜拥有许多科技成果,它的总体造价高达88亿美元,远远超过了最初3.5亿美元,堪称是史上最昂贵的空间望远镜。

(资料来源:罗辑编译,腾讯太空,2016年2月7日)

阅读上文,请思考、分析并简单记录:

(1)你是否了解中国在天文望远镜建设方面的最新成就?是什么?

答:______________________________

(2)人类为什么要一再斥巨资建设观天设施和发展航天事业?

答:______________________________

(3)以你的理解,天文学及其积累的大数据会大到什么程度?

答:______________________________

(4)请简单描述你所知道的上一周内发生的国际、国内或者身边的大事。

答:______________________________

任务描述

(1)熟悉大数据时代思维变革的基本概念和主要内容。

(2)理解在传统情况下人们分析信息、了解世界的主要方法。

(3)熟悉大数据时代人们思维变革的第三个转变,即“不再热衷于寻找因果关系”。

知识准备 不再热衷于寻找因果关系

这是因前两个转变而促成的。寻找因果关系是人类长久以来的习惯,即使确定因果关系很困难而且用途不大,人类还是习惯性地寻找缘由。相反,在大数据时代,我们无须再紧盯事物之间的因果关系,而应该寻找事物之间的相关关系,这会给我们提供非常新颖且有价值的观点。相关关系也许不能准确地告知我们某件事情为何会发生,但是它会提醒我们这件事情正在发生。在许多情况下,这种提醒的帮助已经足够大了。

例如,如果数百万条电子医疗记录都显示橙汁和阿司匹林的特定组合可以治疗癌症,那么找出具体的药理机制就没有这种治疗方法本身来得重要。同样,只要我们知道什么时候是买机票的最佳时机,就算不知道机票价格疯狂变动的原因也无所谓了。大数据告诉我们“是什么”而不是“为什么”。在大数据时代,我们不必知道现象背后的原因,只要让数据自己发声。我们不再需要在还没有收集数据之前,就把分析建立在早已设立的少量假设的基础之上。让数据发声,我们会注意到很多以前从来没有意识到的联系的存在。

在传统观念下,人们总是致力于找到一切事情发生背后的原因。然而在很多时候,寻找数据间的关联并利用这种关联就足够了。这些思想上的重大转变导致了**第三个变革,我们尝试着不再探求难以捉摸的因果关系,转而关注事物的相关关系。**

2.3.1 关联物,预测的关键

虽然在小数据世界中相关关系也是有用的,但如今在大数据的背景下,相关关系大放异彩。通过应用相关关系,我们可以比以前更容易、更快捷、更清楚地分析事物。

所谓相关关系,其核心是指量化两个数据值之间的数理关系。相关关系强是指当一个数据值增加时,另一个数据值很有可能也会随之增加。我们已经看到过这种很强的相关关系,比如谷歌流感趋势:在一个特定的地理位置,越多的人通过谷歌搜索特定的词条,该地区就有更多的人患了流感。相反,相关关系弱就意味着当一个数据值增加时,另一个数据值几乎不会发生变化。例如,我们可以寻找关于个人的鞋码和幸福的相关关系,但会发现它们几乎扯不上什么关系。

相关关系通过识别有用的关联物来帮助我们分析一个现象,而不是通过揭示其内部的运作机制。当然,即使是很强的相关关系也不一定能解释每一种情况,比如两个事物看上去行为相似,但很有可能只是巧合。相关关系没有绝对,只有可能性。也就是说,不是亚马逊推荐的每本书都是顾客想买的书。但是,如果相关关系强,一个相关链接成功的概率是很高的。这一点很多人可以证明,他们的书架上有很多书都是因为亚马逊推荐而购买的。

通过找到一个现象的良好的关联物,相关关系可以帮助我们捕捉现在和预测未来。如果A和B经常一起发生,我们只需要注意到B发生了,就可以预测A也发生了。这有助于我们捕捉可能和A一起发生的事情,即使我们不能直接测量或观察到A。更重要的是,它还可以帮助我们预测未来可能发生什么。当然,相关关系是无法预知未来的,它们只能预测可能发生的事情。但是,这已经极其珍贵了。

2004年,沃尔玛对历史交易记录这个庞大的数据库进行了观察,这个数据库记录的不仅包括每一个顾客的购物清单以及消费额,还包括购物篮中的物品、具体购买时间,甚至购买当日的天气。沃尔玛公司注意到,每当在季节性台风来临之前,不仅手电筒销售量增加了,而且POP-Tarts蛋挞(美式含糖早餐零食)的销量也增加了。因此,当季节性风暴来临时,沃尔玛会把库存的蛋挞放在靠着防台用品的位置,以方便行色匆匆的顾客购买,从而增加销量。

在大数据时代来临前很久,相关关系就已经被证明大有用途。这个观点是1888年查尔斯·达尔文的表弟弗朗西斯·高尔顿爵士提出的,因为他注意到人的身高和前臂的长度有关系。相关关系背后的数学计算是直接而又有活力的,这是相关关系的本质特征,也是让相关关系成为最广泛应用的统计计量方法的原因。但是在大数据时代之前,相关关系的应用很少。因为数据很少而且收集数据很费时费力,所以统计学家们喜欢找到一个关联物,然后收集与之相关的数据进行相关关系分析来评测这个关联物的优劣。那么,如何寻找这个关联物呢?

除了仅仅依靠相关关系,专家们还会使用一些建立在理论基础上的假想来指导自己选择适当的关联物。这些理论就是一些抽象的观点,关于事物是怎样运作的。然后收集与关联物相关的数据来进行相关关系分析,以证明这个关联物是否真的合适。如果不合适,人们通常会固执地再次尝试,因为担心可能是数据收集的错误,而最终却不得不承认一开始的假想甚至假想建立的基础都是有缺陷和必须修改的。这种对假想的反复试验促进了学科的发展。但是这种发展非常缓慢,因为个人以及团体的偏见会蒙蔽人们的双眼,导致人们在设立假想、应用假想和选择关联物的过程中犯错误。总之,这是一个烦琐的过程,只适用于小数据时代。

在大数据时代,通过建立在人的偏见基础上的关联物监测法已经不再可行,因为数据库太大而且需要考虑的领域太复杂。幸运的是,许多迫使我们选择假想分析法的限制条件也逐渐消失了。我们现在拥有如此多的数据,这么好的机器计算能力,因而不再需要人工选择一个关联物或者一小部分相似数据来逐一分析了。复杂的机器分析有助于我们做出准确的判断,就像在谷歌流感趋势中,计算机把检索词条在5亿个数学模型上进行测试之后,准确地找出了哪些是与流感传播最相关的词条。

我们理解世界不再需要建立在假设的基础上,这个假设是指针对现象建立的有关其产生机制和内在机理的假设。因此,我们也不需要建立这样一个假设,关于哪些词条可以表示流感在何时何地传播;我们不需要了解航空公司怎样给机票定价;我们不需要知道沃尔玛顾客的烹饪喜好。取而代之的是,我们可以对大数据进行相关关系分析,从而知道哪些检索词条是最能显示流感的传播的,飞机票的价格是否会飞涨,哪些食物是台风期间待在家里的人最想吃的。我们用数据驱动的关于大数据的相关关系分析法,取代了基于假想的易出错的方法。大数据的相关关系分析法更准确、更快,而且不易受偏见的影响。

建立在相关关系分析法基础上的预测是大数据的核心。这种预测发生的频率非常高,以至于我们经常忽略了它的创新性。当然,它的应用会越来越多。

大数据相关关系分析的极致,非美国折扣零售商塔吉特(TARGET,见图2-14)莫属了。该公司使用大数据的相关关系分析已经有多年。《纽约时报》的记者查尔奢·杜西格就在一份报道中阐述了塔吉特公司怎样在完全不和准妈妈对话的前提下,预测一个女性会在什么时候怀孕。基本上来说,就是收集一个人可以收集到的所有数据,然后通过相关关系分析得出事情的真实状况。

对于零售商来说,知道一个顾客是否怀孕是非常重要的。因为这是一对夫妻改变消费观念的开始,也是一对夫妻生活的分水岭。他们会开始光顾以前不会去的商店,渐渐对新的品牌建立忠诚。塔吉特公司的市场专员们向分析部求助,看是否有办法能够通过一个人的购物方式发现她是否怀孕。公司的分析团队首先查看了签署婴儿礼物登记簿的女性的消费记录。塔吉特公司注意到,登记簿上的妇女会在怀孕大概第三个月的时候买很多无香乳液。几个月之后,她们会买一些营养品,比如镁、钙、锌。公司最终找出了大概20多种关联物,这些关联物可以给顾客进行"怀孕趋势"评分。这些相关关系甚至使得零售商能够比较准确地预测预产期,这样就能够在孕期的每个阶段给客户寄送相应的优惠券,这才是塔吉特公司的目的。

图2-14　折扣零售商塔吉特

在社会环境下寻找关联物只是大数据分析法采取的一种方式。同样有用的一种方法是，通过找出新种类数据之间的相互联系来解决日常需要。比如说，一种称为预测分析法的方法就被广泛地应用于商业领域，它可以预测事件的发生。这可以指一个能发现可能的流行歌曲的算法系统——音乐界广泛采用这种方法来确保它们看好的歌曲真的会流行；也可以指那些用来防止机器失效和建筑倒塌的方法。现在，在机器、发动机和桥梁等基础设施上放置传感器变得越来越平常了，这些传感器被用来记录散发的热量、振幅、承压和发出的声音等。

一个东西要出故障，不会是瞬间的，而是慢慢地出问题的。通过收集所有的数据，我们可以预先捕捉到事物要出故障的信号，比方说发动机的嗡嗡声、引擎过热都说明它们可能要出故障了。系统把这些异常情况与正常情况进行对比，就会知道什么地方出了毛病。通过尽早地发现异常，系统可以提醒我们在故障之前更换零件或者修复问题。通过找出一个关联物并监控它，我们就能预测未来。

2.3.2　“是什么”，而不是“为什么”

在小数据时代，相关关系分析和因果分析都不容易，耗费巨大，都要从建立假设开始，然后进行实验——这个假设要么被证实，要么被推翻。但是，由于两者都始于假设，这些分析就都有受偏见影响的可能，极易导致错误。与此同时，用来做相关关系分析的数据很难得到。

另一方面，在小数据时代，由于计算机能力的不足，大部分相关关系分析仅限于寻求线性关系。而事实上，实际情况远比我们所想象的要复杂。经过复杂的分析，我们能够发现数据的“非线性关系”。

多年来，经济学家和政治家一直认为收入水平和幸福感是成正比的。从数据图表上可以看到，虽然统计工具呈现的是一种线性关系，但事实上，它们之间存在一种更复杂的动态关系：例如，对于收入水平在1万美元以下的人来说，一旦收入增加，幸福感会随之提升；但对于收入水平在1万美元以上的人来说，幸福感并不会随着收入水平提高而提升。如果能发现这层关系，我们看到的就应该是一条曲线，而不是统计工具分析出来的直线。

这个发现对决策者来说非常重要。如果只看到线性关系的话，那么政策重心应完全放在增加收入上，因为这样才能增加全民的幸福感。而一旦察觉到这种非线性关系，策略的重心就会变成提高低收入人群的收入水平，因为这样明显更划算。

当相关关系变得更复杂时，一切就更混乱了。比如，各地麻疹疫苗接种率的差别与人们在医疗保健上的花费似乎有关联。但是，哈佛与麻省理工的联合研究小组发现，这种关联不是简单的线性关系，而是一个复杂的曲线图。和预期相同的是，随着人们在医疗上花费的增多，麻疹疫苗接种率的差别会变小；但令人惊讶的是，当增加到一定程度时，这种差别又会变大。发现这种关系对公共卫生官员来说非常重要，但是普通的线性关系分析无法捕捉到这个重要信息。

大数据时代，专家们正在研发能发现并对比分析非线性关系的技术工具。一系列飞速发展的新技术和新软件也从多方面提高了相关关系分析工具发现非因果关系的能力。这些新的分析工具和思路为我们展现了一系列新的视野，我们看到了很多以前不曾注意到的联系，还掌握了以前无法理解的复杂技术和社会动态。但最重要的是，通过去探求“是什么”而不是“为什么”，相关关系帮助我们更好地了解了这个世界。

2.3.3 通过因果关系了解世界

传统情况下,人类是通过因果关系了解世界的。

首先,我们的直接愿望就是了解因果关系。即使无因果联系存在,我们也还是会假定其存在。研究证明,这只是我们的认知方式,与每个人的文化背景、生长环境以及教育水平无关。当我们看到两件事情接连发生的时候,我们会习惯性地从因果关系的角度来看待它们。看看下面的三句话:"弗雷德的父母迟到了。""供应商快到了。""弗雷德生气了。"

读到这里时,我们可能立马就会想到弗雷德生气并不是因为供应商快到了,而是因为他父母迟到了。实际上,我们也不知道到底是什么情况。即便如此,我们还是不禁认为这些假设的因果关系是成立的。

普林斯顿大学心理学专家,同时也是2002年诺贝尔经济学奖得主丹尼尔·卡尼曼就是用这个例子证明了人有两种思维模式。第一种是不费力的快速思维,通过这种思维方式几秒就能得出结果;另一种是比较费力的慢性思维,对于特定的问题,需要考虑到位。

快速思维模式使人们偏向用因果联系来看待周围的一切,即使这种关系并不存在。这是我们对已有的知识和信仰的执着。在古代,这种快速思维模式是很有用的,它能帮助我们在信息量缺乏却必须快速做出决定的危险情况下化险为夷。但是,通常这种因果关系都是并不存在的。

卡尼曼指出,平时生活中,由于惰性,我们很少慢条斯理地思考问题,所以快速思维模式就占据了上风。因此,我们会经常臆想出一些因果关系,最终导致了对世界的错误理解。

父母经常告诉孩子,天冷时不戴帽子和手套就会感冒。然而,事实上,感冒和穿戴之间却没有直接的联系。有时,我们在某个餐馆用餐后生病了的话,我们就会自然而然地觉得这是餐馆食物的问题,以后可能就不再去这家餐馆了。事实上,我们肚子痛也许是因为其他的传染途径,比如和患者握过手之类。然而,我们的快速思维模式使我们直接将其归于任何我们能在第一时间想起来的因果关系,因此,这经常导致我们做出错误的决定。

与常识相反,经常凭借直觉而来的因果关系并没有帮助我们加深对这个世界的理解。很多时候,这种认知捷径只是给了我们一种自己已经理解的错觉,但实际上,我们因此完全陷入了理解误区之中。就像采样是我们无法处理全部数据时的捷径一样,这种找因果关系的方法也是我们大脑用来避免辛苦思考的捷径。

在小数据时代,很难证明由直觉而来的因果联系是错误的。现在,情况不一样了,大数据之间的相关关系,将经常会用来证明直觉的因果联系是错误的。最终也能表明,统计关系也不蕴含多少真实的因果关系。总之,我们的快速思维模式将会遭受各种各样的现实考验。

为了更好地了解世界,我们会因此更加努力地思考。但是,即使是我们用来发现因果关系的第二种思维方式——慢性思维,也将因为大数据之间的相关关系迎来大的改变。

日常生活中,我们习惯性地用因果关系来考虑事情,所以会认为,因果联系是浅显易寻的。但事实却并非如此。与相关关系不一样,即使用数学这种比较直接的方式,因果联系也很难被轻易证明。我们也不能用标准的等式将因果关系表达清楚。因此,即使我们慢慢思考,想要发现因果关系也是很困难的。因为我们已经习惯了信息的匮乏,故此亦习惯了在少量数据的基础上进行推理思考,即使大部分时候很多因素都会削弱特定的因果关系。

就拿狂犬疫苗这个例子来说,1885年7月6日,法国化学家路易·巴斯德接诊了一个9岁的小孩约瑟夫·梅斯特,他被带有狂犬病毒的狗咬了。那时,巴斯德刚刚研发出狂犬疫苗,也实验验证过效果了。梅斯特的父母就恳求巴斯德给他们的儿子注射一针。巴斯德做了,梅斯特活了下来。发布会上,巴斯德因为把一个小男孩从死神手中救出而大受褒奖。

但真的是因为他吗?事实证明,一般来说,人被狂犬病狗咬后患上狂犬病的概率只有七分之一。即使巴斯德的疫苗有效,这也只适用于七分之一的案例中。无论如何,就算没有狂犬疫苗,这个小男孩活下来的概率还是有85%。

在这个例子中,大家都认为是注射疫苗救了梅斯特一命。但这里却有两个因果关系值得商榷。第一个是疫苗和狂犬病毒之间的因果关系,第二个就是被带有狂犬病毒的狗咬和患狂犬病之间的因果关系。即便是说疫苗能够医好狂犬病,第二个因果关系也只适用于极少数情况。

不过,科学家已经克服了用实验来证明因果关系的难题。实验是通过是否有诱因这两种情况,分别来观察所产生的结果是不是和真实情况相符,如果相符就说明确实存在因果关系。这个衡量假说的验证情况控制得越严格,你就会发现因果关系越有可能是真实存在的。

因此,与相关关系一样,因果关系被完全证实的可能几乎是没有的,我们只能说,某两者之间很有可能存在因果关系。但两者之间又有不同,证明因果关系的实验要么不切实际,要么违背社会伦理道德。比方说,我们怎么从5亿词条中找出和流感传播最相关的呢?我们难道真能为了找出被咬和患病之间的因果关系而置成百上千的病人的生命于不顾吗?因为实验会要求把部分病人当成未被咬的"控制组"成员来对待,但是就算给这些病人打了疫苗,我们又能保证万无一失吗?而且就算这些实验可以操作,操作成本也非常昂贵。

2.3.4 通过相关关系了解世界

不像因果关系,证明相关关系的实验耗资少,费时也少。与之相比,分析相关关系,我们既有数学方法,也有统计学方法,同时,数字工具也能帮我们准确地找出相关关系。

相关关系分析本身意义重大,同时它也为研究因果关系奠定了基础。通过找出可能相关的事物,我们可以在此基础上进行进一步的因果关系分析。如果存在因果关系的话,我们再进一步找出原因。这种便捷的机制通过实验降低了因果分析的成本。我们也可以从相互联系中找到一些重要的变量,这些变量可以用到验证因果关系的实验中去。

可是,我们必须非常认真。相关关系很有用,不仅仅是因为它能为我们提供新的视角,而且提供的视角都很清晰。而我们一旦把因果关系考虑进来,这些视角就有可能被蒙蔽掉。

例如,Kaggle是一家为所有人提供数据挖掘竞赛平台的公司,举办了关于二手车的质量竞赛。二手车经销商将二手车数据提供给参加比赛的统计学家,统计学家们用这些数据建立一个算法系统来预测经销商拍卖的哪些车有可能出现质量问题。相关关系分析表明,橙色的车有质量问题的可能性只有其他车的一半。

当我们读到这里的时候,不禁也会思考其中的原因。难道是因为橙色车的车主更爱车,所以车被保护得更好吗？或是这种颜色的车子在制造方面更精良些吗？还是因为橙色的车更显眼、出车祸的概率更小，所以转手的时候，各方面的性能保持得更好？

马上，我们就陷入了各种各样谜一样的假设中。若要找出相关关系，我们可以用数学方法，但如果是因果关系的话，这却是行不通的。所以，我们没必要一定要找出相关关系背后的原因，当我们知道了“是什么”的时候，“为什么”其实没那么重要了，否则就会催生一些滑稽的想法。比方说上面提到的例子里，我们是不是应该建议车主把车漆成橙色呢？毕竟，这样就说明车子的质量更过硬啊！

考虑到这些，如果把以确凿数据为基础的相关关系和通过快速思维构想出的因果关系相比的话，前者就更具有说服力。但在越来越多的情况下，快速清晰的相关关系分析甚至比慢速的因果分析更有用和更有效。慢速的因果分析集中体现为通过严格控制的实验来验证的因果关系，而这必然是非常耗时耗力的。

近年来，科学家一直在试图减少这些实验的花费，比如说，通过巧妙地结合相似的调查，做成“类似实验”。这样一来，因果关系的调查成本就会降低，但还是很难与相关关系体现的优越性相抗衡。还有，正如我们之前提到的，在专家进行因果关系的调查时，相关关系分析本来就会起到帮助的作用。

在大多数情况下，一旦我们完成了对大数据的相关关系分析，而又不再满足于仅仅知道“是什么”时，我们就会继续向更深层次研究因果关系，找出背后的“为什么”。

因果关系还是有用的，但是它将不再被看成是意义来源的基础。在大数据时代，即使很多情况下，我们依然指望用因果关系来说明我们所发现的相互联系，但是，我们知道因果关系只是一种特殊的相关关系。相反，大数据推动了相关关系分析。相关关系分析通常情况下能取代因果关系起作用，即使不可取代的情况下，它也能指导因果关系起作用。

【作　业】

1. 在传统观念下，人们总是致力于找到一切事情发生背后的原因。寻找(　　)是人类长久以来的习惯，即使确定这样的关系很困难而且用途不大，人类还是习惯性地寻找缘由。

A. 相关关系　　B. 因果关系　　C. 信息关系　　D. 组织关系

2. 在大数据时代，我们无须再紧盯事物之间的(　　)，而应该寻找事物之间的(　　)，这会给我们提供非常新颖且有价值的观点。

A. 因果关系，相关关系　　B. 相关关系，因果关系

C. 复杂关系，简单关系　　D. 简单关系，复杂关系

3. 所谓相关关系，其核心是指量化两个数据值之间的数理关系。相关关系强是指当一个数据值增加时，另一个数据值很有可能会随之(　　)。

A. 减少　　B. 显现　　C. 增加　　D. 隐藏

4. 通过找到一个现象的(　　)，相关关系可以帮助我们捕捉现在和预测未来。

A. 出现原因　　B. 隐藏原因　　C. 一般的关联物　　D. 良好的关联物

5. 相关关系背后的(　　)是直接而又有活力的,这是相关关系的本质特征,也是让相关关系成为最广泛应用的统计计量方法的原因。

A. 逻辑计算　　B. 符号计算　　C. 数学计算　　D. 字符计算

6. 在大数据时代之前,相关关系的应用很少。(　　),所以统计学家们喜欢找到一个关联物,然后收集与之相关的数据进行相关关系分析来评测这个关联物的优劣。

A. 因为数据太多而使数据处理很困难

B. 因为数据很少而且收集数据很费时费力

C. 因为数据很少但收集数据很方便

D. 因为数据太多但收集数据很方便

7. 在大数据时代,人们现在拥有如此多的数据,这么好的机器计算能力,因而(　　),复杂的机器分析有助于我们做出准确的判断。

A. 仍然需要人工选择一个关联物或者一小部分相似数据来逐一分析

B. 仍然需要通过机器分析选择一个关联物或者一小部分相似数据来逐一分析

C. 不再需要人工或机器选择一个关联物或者一小部分相似数据来逐一分析

D. 不再需要人工选择一个关联物或者一小部分相似数据来逐一分析

8. 建立在相关关系分析法基础上的(　　)是大数据的核心。这种活动发生的频率非常高,以至于我们经常忽略了它的创新性。当然,它的应用会越来越多。

A. 预测　　B. 规划　　C. 决策　　D. 处理

9. 在小数据时代,相关关系分析和因果分析(　　)。

A. 都很容易　　B. 都不容易

C. 前者容易后者不容易　　D. 前者不容易后者容易

10. 大数据时代,专家们正在研发能发现并对比分析非线性关系的技术工具。通过(　　),相关关系帮助我们更好地了解了这个世界。

A. 探求"是什么"而不是"为什么"　　B. 探求"为什么"而不是"是什么"

C. 探求"原因"而不是"结果"　　D. 探求"结果"而不是"原因"

实训操作　搜索与分析,体验"数据的相关关系"

1. 网络搜索与分析

(1)大数据时代人们分析信息、理解世界的三大转变是什么?

答:

①______________________________

____

②______________________________

____

③______________________________

____

(2)什么是数据的因果关系？什么是数据的相关关系？

答:

(3)请简述,在大数据时代,为什么“我们不再探求难以捉摸的因果关系,转而关注事物的相关关系”。

答:

2. 实训总结

3. 教师实训评价

项目 3

大数据促进行业发展

任务 3.1　理解大数据促进医疗与健康

导读案例　大数据变革公共卫生

2009 年出现了一种新的流感病毒甲型 H1N1，这种流感结合了导致禽流感和猪流感的病毒的特点，在短短几周之内迅速传播开来(见图 3－1)。全球的公共卫生机构都担心一场致命的流行病即将来袭。有的评论家甚至警告说，可能会爆发大规模流感，类似于 1918 年在西班牙爆发的影响了 5 亿人口并夺走了数千万人性命的大规模流感。更糟糕的是，我们还没有研发出对抗这种新型流感病毒的疫苗。公共卫生专家能做的只是减慢它传播的速度。但要做到这一点，他们必须先知道这种流感出现在哪里。

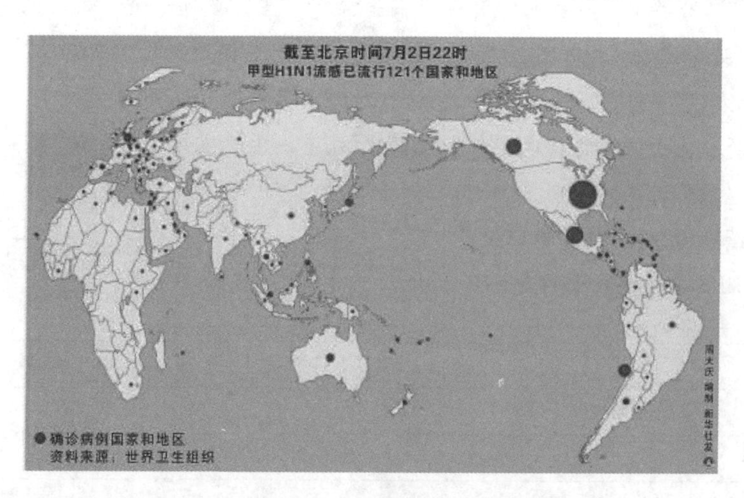

图 3－1　甲型 H1N1 流感疫情全球流行示意图

美国和所有其他国家一样，都要求医生在发现新型流感病例时告知疾病控制与预防中心。但由于人们可能患病多日实在受不了了才会去医院，同时这个信息传达回疾控中心也需要时间，因此，通告新流感病例时往往会有一两周的延迟，而且，疾控中心每周只进行一次数据汇总。然而，对于一种飞速传播的疾病，信息滞后两周的后果将是致命的。这种滞后导致公共卫生机构在疫情爆发的关键时期反而无所适从。

在甲型 H1N1 流感爆发的几周前,互联网巨头谷歌公司的工程师们在《自然》杂志上发表了一篇引人注目的论文,它令公共卫生官员们和计算机科学家们感到震惊。文中解释了谷歌为什么能够预测冬季流感的传播:不仅是全美范围的传播,而且可以具体到特定的地区和州。谷歌通过观察人们在网上的搜索记录来完成这个预测,而这种方法以前一直是被忽略的。谷歌保存了多年来所有的搜索记录,而且每天都会收到来自全球超过 30 亿条的搜索指令,如此庞大的数据资源足以支撑和帮助它完成这项工作。

谷歌公司把 5 000 万条美国人最频繁检索的词条和美国疾控中心在 2003 年至 2008 年间季节性流感传播时期的数据进行了比较。他们希望通过分析人们的搜索记录来判断这些人是否患上了流感,其他公司也曾试图确定这些相关的词条,但是他们缺乏像谷歌公司一样庞大的数据资源、处理能力和统计技术。

虽然谷歌公司的员工猜测,特定的检索词条是为了在网络上得到关于流感的信息,如“哪些是治疗咳嗽和发热的药物”,但是找出这些词条并不是重点,他们也不知道哪些词条更重要,更关键的是,他们建立的系统并不依赖于这样的语义理解,他们设立的这个系统唯一关注的就是特定检索词条的使用频率与流感在时间和空间上的传播之间的联系。谷歌公司为了测试这些检索词条,总共处理了 4.5 亿个不同的数学模型,在将得出的预测与 2007 年、2008 年美国疾控中心记录的实际流感病例进行对比后,谷歌公司发现,他们的软件发现了 45 条检索词条的组合,将它们用于一个特定的数学模型后,他们的预测与官方数据的相关性高达 97%。和疾控中心一样,他们也能判断出流感是从哪里传播出来的,而且判断非常及时,不会像疾控中心一样要在流感爆发一两周之后才可以做到。

所以,2009 年甲型 H1N1 流感爆发的时候,与习惯性滞后的官方数据相比,谷歌成为了一个更有效、更及时的指标。公共卫生机构的官员获得了非常有价值的数据信息。惊人的是,谷歌公司的方法甚至不需要分发口腔试纸和联系医生——它是建立在大数据的基础之上的。这是当今社会所独有的一种新型能力;以一种前所未有的方式,通过对海量数据进行分析,获得有巨大价值的产品和服务,或深刻的见解。基于这样的技术理念和数据储备,下一次流感来袭的时候,世界将会拥有一种更好的预测工具,以预防流感的传播。

阅读上文,请思考、分析并简单记录:

(1)谷歌预测流感主要采用的是什么方法?

答:____

____

____

____

(2)谷歌预测流感爆发的方法与传统的医学手段有什么不同?

答:____

____

____

____

(3)在现代医学的发展中,你认为大数据还会有哪些用武之地?

答:______

______

______

______

(4)请简单描述你所知道的上一周内发生的国际、国内或者身边的大事。

答:______

______

______

______

任务描述

(1)了解循证医学,理解大数据对循证医学的促进作用。

(2)通过因特网搜索与浏览,了解更多大数据变革公共卫生的典型案例。

(3)加深理解大数据在医疗与健康领域的应用前景。

知识准备 大数据促进医疗与健康

循证医学(Evidence-based medicine,EBM),意为“遵循证据的医学”,又称实证医学,其核心思想是医疗决策(即病人的处理、治疗指南和医疗政策的制定等)应在现有的最好的临床研究依据基础上做出,同时也重视结合个人的临床经验(见图3-2)。

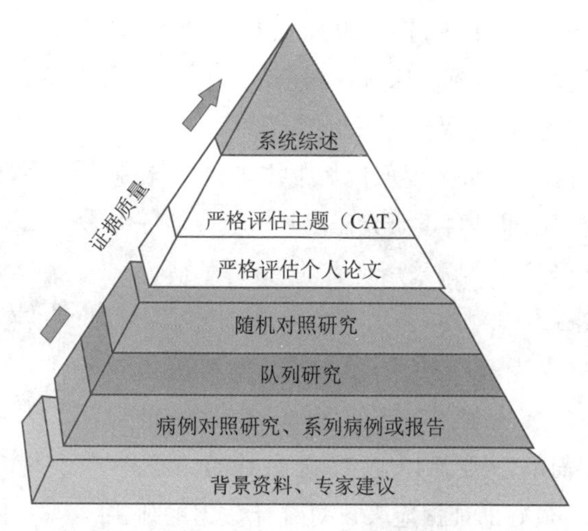

图3-2 循证医学金字塔

3.1.1 大数据促进循证医学发展

传统医学以个人经验、经验医学为主,即根据非实验性的临床经验、临床资料和对疾病基础知识的理解来诊治病人(见图3-3)。在传统医学下,医生根据自己的实践经验、高年资医师的指导,教科书和医学期刊上零散的研究报告为依据来处理病人。其结果是:一些真正有效的疗法因不为公众所了解而长期未被临床采用;一些实践无效甚至有害的疗法因从理论上推断可能有效而长期广泛使用。

图 3-3　传统医学是以经验医学为主

循证医学的第一位创始人科克伦(1909—1988),是英国的内科医生和流行病学家,他 1972 年在牛津大学提出了循证医学思想。循证医学的第二位创始人费恩斯坦(1923—),是美国耶鲁大学的内科学与流行病学教授,他是现代临床流行病学的开山鼻祖之一。循证医学的第三位创始人萨科特(1934—)也是美国人,他曾经以肾脏病和高血压为研究课题,先进行实验室研究,后又进行临床研究,最后转向临床流行病学的研究。

循证医学的方法与内容实际上来源于临床流行病学。费恩斯坦在美国的《临床药理学与治疗学》杂志上,以"临床生物统计学"为题,从 1970 年到 1981 年的 11 年间,共发表了 57 篇连载论文,他的论文将数理统计学与逻辑学导入到临床流行病学,系统地构建了临床流行病学的体系,被认为富含极其敏锐的洞察能力,因此为医学界所推崇。

循证医学不同于传统医学,它并非要取代临床技能、临床经验、临床资料和医学专业知识,它只是强调任何医疗决策应建立在最佳科学研究证据基础上。循证医学实践既重视个人临床经验又强调采用现有的、最好的研究证据,两者缺一不可(见图 3-4)。

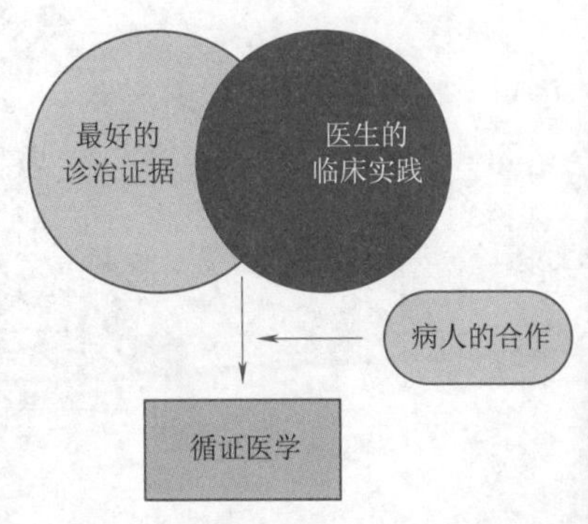

图 3-4　循证医学重视个人临床经验,也强调研究证据

1992 年,来自安大略麦克马斯特大学的两名内科医生戈登·盖伊特和大卫·萨基特发表了呼吁使用"循证医学"的宣言。他们的核心思想很简单,医学治疗应该基于最好的证据,而且如果有统计数据的话,最好的证据应来自对统计数据的研究。但是,盖伊特和萨基特并非主张医生要完全受制于统计分析,他们只是希望统计数据在医疗诊断中起到更大的作用。

医生应该特别重视统计数据的这种观点,直到今天仍颇受争议。从广义上来说,努力推广循证医学,就是在努力推广大数据分析,事关统计分析对实际决策的影响。由于循证医学运动的成功,一些医生在把数据分析结果与医疗诊断相结合方面已经加快了步伐。互联网在信息追溯方面的进步促进了一项影响深远的技术的发展,而且利用数据做出决策的过程也达到了前所未有的速度。

3.1.2　大数据带来医疗保健新突破

根据美国疾病控制中心(CDC)的研究,心脏病是美国的第一大致命杀手,每年 250 万的死亡人数中,约有 60 万人死于心脏病,而癌症紧随其后(在中国,癌症是第一致命杀手,心血管疾病排名第二)。在 25～44 岁的美国人群中,1995 年,艾滋病是致死的头号原因(现在已降至第六位)。死者中每年仅有 2/3 的人死于自然原因。那么那些情况不严重但影响深远的疾病(比如普通感冒)又如何呢?据统计,美国民众每年总共会得 10 亿次感冒,平均每人 3 次。普通感冒是各种鼻病毒引起的,其中大约有 99 种已经排序,种类之多是普通感冒长久以来如此难治的根源所在。

在医疗保健方面的应用,除了分析并指出非自然死亡的原因之外,大数据同样也可以增加医疗保健的机会,提升生活质量,减少因身体素质差造成的时间和生产力损失。

以美国为例,通常一年在医疗保健上要花费 27 万亿美元,即人均 8 650 美元。随着人均寿命增长,婴儿出生死亡率降低,更多的人患上了慢性病并长期受其困扰。如今,因为注射疫苗的小孩增多,所以减少了五岁以下小孩的死亡数。而除了非洲地区,肥胖症已成为比营养不良更严重的问题。在比尔与美琳达·盖茨基金会以及其他人资助的研究中,科学家发现,虽然世界人口寿命变长,但大家的身体素质却下降了。所有这些都表明我们急需提供更高效的医疗保健,尽可能地帮助人们跟踪并改善身体健康。

1. 量化自我,关注个人健康

谷歌联合创始人谢尔盖·布林的妻子安妮·沃西基(同时也是公司的首席执行官)2006 年创办了 DNA[①](见图 3－5)测试和数据分析公司 23andMe。公司并非仅限于个人健康信息的收集和分析,而是将眼光放得更远,将大数据应用到了个人遗传学上(见图 3－6),至今已分析了数十万人的唾液。

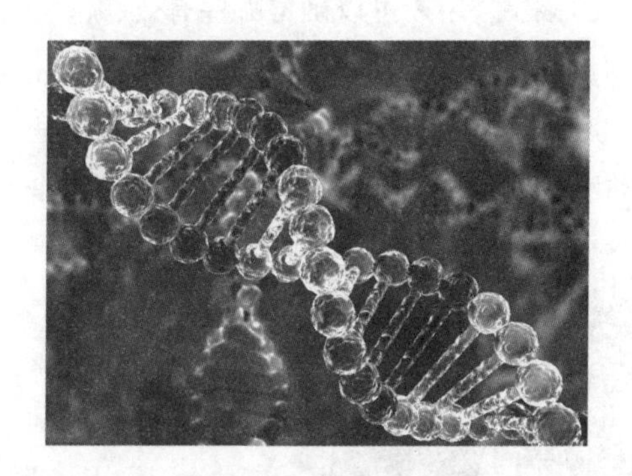

图 3－5　基因 DNA 图片

图 3－6　23andMe 的 DNA 测试

通过分析人们的基因组数据,公司确认了个体的遗传性疾病,如帕金森氏病和肥胖症等遗传倾向。通过收集和分析大量的人体遗传信息数据,该公司不仅希望可以识别个人遗传风险因素以帮助

① DNA:脱氧核糖核酸(Deoxyribonucleic acid),又称去氧核糖核酸,是一种分子,可组成遗传指令,以引导生物发育与生命机能运作。

人们增强体质并延年益寿,而且希望能识别更普遍的趋势。通过分析,公司已确定了约180个新的特征,例如所谓的“见光喷嚏反射”,即人们从阴暗处移动到阳光明媚的地方时会有打喷嚏的倾向;还有一个特征则与人们对药草、香菜的喜恶有关。

事实上,利用基因组数据来为医疗保健提供更好的洞悉是合情合理的。人类基因计划组(HGP)绘制出总数约有23 000组的基因组,而这所有的基因组也最终构成了人类的DNA。这一项目费时13年,耗资38亿美元。

值得一提的是,存储人类基因数据并不需要多少空间。有分析显示,人类基因存储空间仅占20兆字节,和在iPod中存几首歌所占的空间差不多。其实随意挑选两个人,他们的DNA约99.5%都完全一样。因此,通过参考人类基因组的序列,我们也许可以只存储那些个人特有序列所必需的基因信息。

DNA最初的序列在捕捉的高分辨率图像中显示为一列DNA片段。虽然个人的DNA信息以及最初的序列形式会占据很大空间,但是,一旦序列转化,任何人的基因序列就都可以被高效地存储下来。

数据规模大并不一定能称其为大数据。真正体现大数据能量的是不仅要具备收集数据的能力,还要具备低成本分析数据的能力。虽然人类最初的基因组序列分析耗资约38亿美元,不过,如今个人只需花大概99美元就能在23andMe网站上获取自己的DNA分析。业内专家认为,基因测序成本在短短10年内跌了几个数量级。

当然,仅有DNA测序不足以提升我们的健康,我们也需要在日常生活中做出改变。

2. 可穿戴的个人健康设备

Fitbit是美国的一家移动电子医疗公司(见图3-7),致力于研发和推广健康生活产品,从而帮助人们改变生活方式,其目标是通过使保持健康变得有趣来让其变得更简单。2015年6月19日Fitbit上市,成为纽约证券交易所可穿戴设备的第一股。该公司所售的一款设备可以跟踪你一天的身体活动,还有晚间的睡眠模式。Fitbit公司还提供一项免费的苹果手机应用程序,可以让用户记录他们的食物和液体摄入量。通过对活动水平和营养摄入的跟踪,用户可以确定哪些有效、哪些无效。营养学家建议,准确记录我们的食物和活动量是控制体重的最重要一环,因为数字明确且具有说服力。Fitbit公司正在收集关于人们身体状况、个人习惯的大量信息。如此一来,它就能将图表呈现给用户,从而帮助用户直观地了解自己的营养状况和活动水平,而且,它能就可改善的方面提出建议。

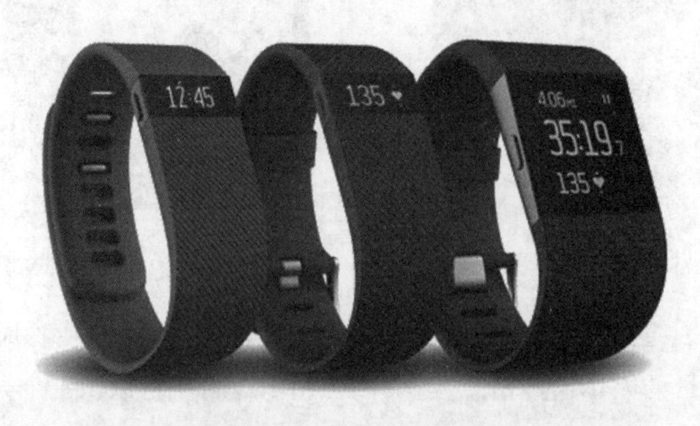

图3-7 Fitbit设备

耐克公司推出了类似的产品 Nike + FuelBand，即一条可以戴在手腕上收集每日活动数据的手环。这一设备采用了内置加速传感器来检测和跟踪每日的活动，诸如跑步、散步以及其他体育运动。加上 Nike Plus 网站和手机应用程序的辅助，这一设备令用户可以更加方便地跟踪自己的活动行为、设定目标并改变习惯。耐克公司也为其知名的游戏系统提供训练计划，使用户在家也能健身。使用这一款软件，用户就可以和朋友或其他人在健身区一起训练。这一想法旨在让健身活动更有乐趣、更加轻松，同时也更社交化。

另一款设备是可穿戴技术商身体媒体公司（Body Media）推出的 BodyMedia 臂带，它每分钟可捕捉到 5 000 多个数据点，包括体温、汗液、步伐、卡路里消耗及睡眠质量等。

Strava 公司将挑战搬到室外，把现实世界的运动和虚拟的比赛结合在一起。公司推出的适用于苹果手机和安卓系统的跑步和骑车程序，为充分利用体育活动的竞技属性而经过了专门的设计。健身爱好者可以通过拍摄各种真实的运动片段来角逐排行榜，比如挑战单车上险坡等，并在 Strava 网站上对他们的情况进行比较。

据出自美国心脏协会的文章《非活动状态的代价》称，65% 的成年人不是肥胖就是超重。自 1950 年以来，久坐不动的工作岗位增加了 83%，而仅有 25% 的劳动者从事的是身体活动多的工作。美国人平均每周工作 47 个小时，相比 20 年前，每年的工作时间增加了 164 个小时。据估计，肥胖造成美国公司每年与健康相关的生产力损失高达 2 258 亿美元。

另一个苹果手机的应用程序可以通过审视面部或检测指尖上脉搏跳动的频率来检查心率。生理反馈应用程序公司 Azumio 的程序被下载了 2 000 多万次，这些程序几乎无所不能，从检测心率到承压水平测试都可以。随着前来体验测量的用户数据不断增加，公司就足以提供更多建设性的保健建议。

Azumio 公司已推出了一款叫“健身达人”的健身应用程序，还有一款叫作“睡眠时间”的应用，它可以通过苹果手机检测睡眠周期，这样的应用程序为大数据和保健相结合提供了可能性。通过这些应用程序收集到的数据，我们可以了解正在发生什么以及我们的身体状况走势怎样。比如说，如果心律不齐，就表示健康状况出现了某种问题。通过分析数百万人的健康数据，科学家们可以开发更好的算法来预测我们未来的健康状况。将这种数据收集能力、低成本的分析、可视化云服务与大数据以及个人健康领域相结合，将在提升健康状况和减低医疗成本方面发挥出巨大的潜力。

回溯过去，检测身体健康发展情况需要用到特殊的设备，或是不辞辛苦、花费高额就诊费去医生办公室问诊。新型应用程序最引人瞩目的一面是，它们使得健康信息的检测变得更简单易行。低成本的个人健康检测程序以及相关技术甚至“唤醒”了全民对个人健康的关注。

就如大数据的其他领域一样，改善医疗和普及医疗的进展前景位于两者的交汇处——相对低价的数据收集感应器的持续增多，如苹果手机和为其定制的医疗附加软件，以及这些感应器生成的大数据量的攀升。通过把病例数字化和能为医生提供更优信息的智能系统相结合，不管是在家还是医诊室，大数据都有望对我们的身体健康产生重大影响。

3. 大数据时代的医疗信息

就算有了这些可穿戴设备与应用程序，我们依然需要去看医生。大量的医疗信息收集工作依然靠纸笔进行。纸笔记录的优势在于方便、快捷、成本低廉。但是，因为纸笔做的记录会分散在多处，这就会导致医疗工作者难以找到患者的关键医疗信息。

2009年颁布的美国《卫生信息技术促进经济和临床健康法案》(HITECH)旨在促进医疗信息技术的应用,尤其是电子健康档案(EHRs)的推广。法案也在2015年给予医疗工作者经济上的激励,鼓励他们采用电子健康档案,同时会对不采用者施以处罚。电子病历(EMRs,见图3-8)是纸质记录的电子档,如今许多医生都在使用。相比之下,电子健康档案意图打造病人健康概况的普通档案,这使得它能被医疗工作者轻易接触到。医生还可以使用一些新的APP应用程序,在苹果平板电脑、苹果手机、搭载安卓系统的设备或网页浏览器上收集病人的信息。除了可以收集过去用纸笔记录的信息之外,医生们还将通过这些程序实现从语言转换到文本的听写、收集图像和视频等其他功能。

电子健康档案、DNA测试和新的成像技术在不断产生大量数据。收集和存储这些数据对于医疗工作者而言是一项挑战,也是一个机遇。不同于以往采用的封闭式的医院IT系统,更新、更开放的系统与数字化的病人信息相结合可以带来医疗突破。

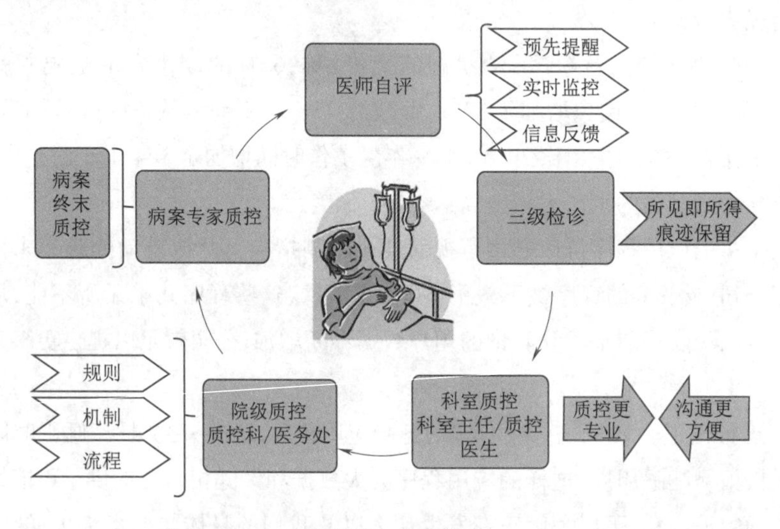

图3-8 电子病历

如此种种分析也会给人们带来别样的见解。比如说,智能系统可以提醒医生使用与自己通常推荐的治疗方式相关的其他治疗方式和程序。这种系统也可以告知那些忙碌无暇的医生某一领域的最新研究成果。这些系统收集、存储的数据量大得惊人。越来越多的病患数据会采用数字化形式存储。不仅是我们填写在健康问卷上或医生记录在表格里的数据,还包括了苹果手机和苹果平板电脑等设备以及新的医疗成像系统(比如X光机和超音设备)生成的数字图像。

就大数据而言,这意味着未来将会出现更好、更有效的患者看护,更为普及的自我监控以及防护性养生保健,当然也意味着要处理更多的数据。其中的挑战在于,要确保所收集的数据能够为医疗工作者以及个人提供重要的见解。

4. CellMiner,对抗癌症的新工具

所谓PSA,即前列腺特异抗原,PSA偏高与前列腺癌症紧密相关。即使检查本身并没有显示有癌细胞,而PSA偏高的人通常会被诊断出患有前列腺癌。是否所有PSA高的人都患有癌症,这难以确诊。对此,一方面,患者可以选择不采取任何行动,但是必须得承受病症慢慢加重的心理压力,也许终有一日会遍至全身,而他已无力解决;另一方面,患者可以采取行动,比如进行一系列的治疗,从激素治疗到手术切除,再到完全切除前列腺,但结果也可能更糟。选择对于患者而言,既简单又复杂。

这其中包含两个数据使用方面的重要经验教训:

● 数据可以帮助我们看得更深入。数据可以传送更多的相关经验,使得计算机能够预知我们想看的电影、想买的书籍。但是,涉及医药治疗时,通常来说,就如何处理这些见解这一问题,制订决策可不容易。

● 数据提供的见解会不断变化发展。这些见解都是基于当时的最佳数据。正如试图通过模式识别出诈骗的诈骗检测系统在基于更多数据时能配备更好的算法并实现系统优化一样,当我们掌握了更多的数据后,对于不同的医疗情况会有不同的推荐方案。

对男性来说,致死的癌症主要是肺癌、前列腺癌、肝癌以及大肠癌,而对于女性来说,致死的癌症主要是肺癌、乳腺癌和大肠癌。抽烟是引起肺癌的首要原因。1946 年抽烟人数占美国人口的45%,1993 年降至25%,到了2010 年降至19.3%。但是,肺癌患者的五年生存率仅为15%,且这一数字已经维持40 年未变。尽管如今已经是全民抗癌,但目前仍没有癌症防治的通用方法,很大原因就在于癌症并不止一种——目前已发现200 多种不同种类的癌症。

美国国家癌症研究所(NCI)每年用于癌症研究的预算约为50 亿美元,他们取得的最重大进展就是开发了一些测试,可以检测出某些癌症,比如2004 年开发的预测结肠癌的简单血液测试,其他进展包括将癌症和某些特定病因联系在一起。比如1954 年一项研究首次表明吸烟和肺癌有很大关联,1955 年的一项研究则表明男性荷尔蒙睾丸素会促生前列腺癌,而女性雌激素会促生乳腺癌。当然,更大的进展还是在癌症治疗方法上。比如,发现了树突状细胞,这是提取癌症疫苗的基础;还发现了肿瘤通过生成一个血管网,为自己带来生长所需的氧气的过程。

NCI 研制的"细胞矿工"(CellMiner)是一个基于网络形式、涵盖了上千种药物的基因组靶点信息的工具,它为研究人员提供了大量的基因公式和化学复合物数据。这样的技术让癌症研究变得高效。该工具可帮助研究人员用于抗癌药物与其靶点的筛选,极大提高了工作效率。通过药物和基因靶点的海量数据相比较,研究者可更容易的辨别出针对不同的癌细胞具有不同效果的药物。过去,处理这些数据集意味着要处理运作不便的数据库,因而,分析和汇聚数据也就异常艰难。从历史角度来看,想用数据来解答疑问和可以接触到这些数据的人不重叠且有很大代沟。而如"细胞矿工"一样的科技正是缩小这一代沟的工具。研究者们用"细胞矿工"的前身,即一个名为"对比"(COMPARE)的程序来确认一种具备抗癌性的药物,事实证明,它确实有助于治疗一些淋巴瘤。而现在,研究者们使用"细胞矿工"弄清生物标记,以了解治疗方法有望对哪些患者起作用。

CellMiner 软件以60 种癌细胞为基础,其NCI-60 细胞系是目前使用最广泛地用于抗癌药物测试的癌细胞样本群(见图3-9)。用户可以通过它查询到NCI-60 细胞系中已确认的22 379个基因,以及20 503 个已分析的化合物的数据(包括102 种已获美国食品和药物监督局批准的药物)。

图 3-9　装载 NCI-60 细胞系的细胞板

研究者认为,影响力最大的因素之一是可以更容易地接触到数据。这对于癌症研究者,或是对那些想充分利用大数据的人而言是至关重要的一课——除非收集到的大量数据可以轻易为人所用,否则他们能发挥的作用就很有限。大数据民主化,即开放数据,至关重要。

3.1.3　医疗信息数字化

医疗领域的循证试验已经有一百多年的历史了。早在 19 世纪 40 年代,奥地利内科医生伊格纳茨·塞麦尔维斯就在维也纳完成了一项关于产科临床的详细的统计研究。塞麦尔维斯在维也纳大学总医院首次注意到,如果住院医生从验尸房出来后马上为产妇接生,产妇死亡的概率更大。当他的同事兼好朋友杰克伯·克莱斯卡死于剖腹产时的热毒症时,塞麦尔维斯得出一个结论:孕妇分娩时的发烧具有传染性。他发现,如果诊所里的医生和护士在给每位病人看病前用含氯石灰水洗手消毒,那么死亡率就会从 12% 下降到 2% 。

这一最终产生病理细菌理论的惊人发现遇到了强烈的阻力,塞麦尔维斯也受到其他医生的嘲笑。他主张的一些观点缺乏科学依据,因为他没有充分解释为什么洗手会降低死亡率,医生们不相信病人的死亡是由他们所引起的,他们还抱怨每天洗好几次手会浪费他们宝贵的时间。塞麦尔维斯最终被解雇,后来他精神严重失常,并在精神病院去世,享年 47 岁。

塞麦尔维斯的死是一个悲剧,成千上万产妇不必要的死亡更是一种悲剧,不过它们都已成为历史,现在的医生当然知道卫生的重要性。然而时至今日,医生们不愿洗手仍是一个致命的隐患。不过最重要的是,医生是否应该因为统计研究而改变自己的行为方式,至今仍颇受质疑。

唐·博威克是一名儿科医生,也是保健改良协会的会长,他鼓励进行一些大胆的对比试验。十几年以来,博威克一直致力于减少医疗事故,他也与塞麦尔维斯一样努力根据循证医学的结果提出简单的改革建议。

1999 年发生的两件不同寻常的事情,使得博威克开始对医院系统进行广泛的改革。第一件事是,医学协会公布的一份权威报告,记录了美国医疗领域普遍存在的治疗失误。据该报告估计,每年医院里有 98 000 人死于可预防的治疗失误。医学协会的报告使博威克确信治疗失误的确是一大隐患。第二件事是发生在博威克自己身上的事情。博威克的妻子安患有一种罕见的脊椎自体免疫功能紊乱症。在 3 个月的时间里,她从能够完成 28 km 的阿拉斯加跨国滑雪比赛变得几乎无法行走。

使博威克震惊的是，他妻子所在医院懒散的治疗态度。每次新换的医生都不断重复地询问同样的问题，甚至不断开出已经证明无效的药物。主治医生在决定使用化疗来延缓安的健康状况的“关键时刻”之后的足足60个小时，安才吃到最终开出的第一剂药。而且有3次，安被半夜留在医院地下室的担架床上，既惶恐不安又孤单寂寞。

安住院治疗，博威克就开始担心。他已经失去了耐性，他决定要做点什么了。2004年12月，他大胆地宣布了一项在未来一年半中挽救10万人生命的计划。“10万生命运动”是对医疗体系的挑战，敦促他们采取6项医疗改革来避免不必要的死亡。他并不仅仅希望进行细枝末节的微小变革，也不要求提高外科手术的精度。与之前的塞麦尔维斯一样，他希望医院能够对一些最基本的程序进行改革。例如，很多人做过手术后处于空调环境中会引发肺部感染。随机试验表明，简单地提高病床床头，以及经常清洗病人口腔，就可以大大降低感染的概率。博威克反复地观察临危病人的临床表现，并努力找出可能降低这些特定风险的干预方法的大规模统计数据。循证医学研究也建议进行检查和复查，以确保能够正确地开药和用药，能够采用最新的心脏电击疗法，以及确保在病人刚出现不良症状时就有快速反应小组马上赶到病榻前。因此，这些干预也都成为“10万生命运动”的一部分。

然而，博威克最令人吃惊的建议是针对最古老的传统。他注意到每年有数千位ICU(重症加强护理病房，见图3-10)病人在胸腔内放置中央动脉导管后感染而死。大约一半的重症看护病人有中央动脉导管，而ICU感染是致命的。于是，他想看看是否有统计数据能够支持降低感染概率的方法。

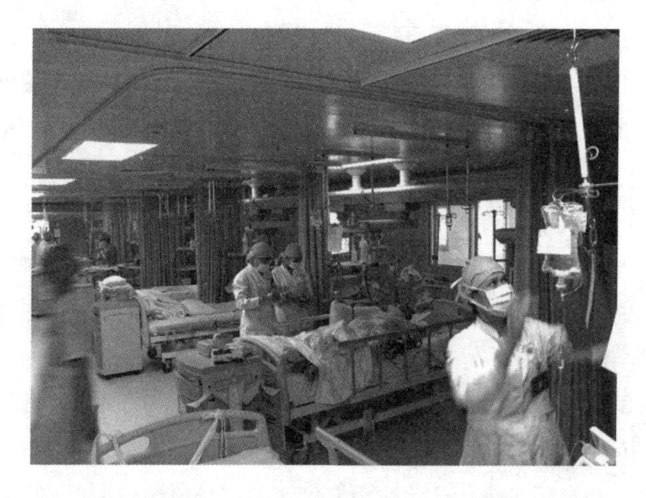

图3-10 ICU

他找到了《急救医学》杂志上2004年发表的一篇文章，文章表明系统地洗手(再配合一套改良的卫生清洁程序，比如，用一种叫做双氯苯双胍已烷的消毒液清洗病人的皮肤)能够减少中央动脉导管90%以上感染的风险。博威克预计，如果所有医院都实行这套卫生程序，就有可能每年挽救25 000个人的生命。

博威克认为，医学护理在很多方面可以学习航空业，现在的飞行员和乘务人员的自由度比以前少得多。他向联邦航空局提出，必须在每次航班起飞之前逐字逐句宣读安全警告。“研究得越多，我就越坚信,医生的自由度越少,病人就会越安全,”他说,“听到我这么说,医生会很讨厌我。”

博威克还制定了一套有力的推广策略。他不知疲倦地到处奔走,发表慷慨激昂的演说。他的演讲有时听起来就像是复兴大会上的宣讲。在一次会议上,他说:“在场的每一个人都将在会议期间挽救5个人的生命。”他不断地用现实世界的例子来解释自己的观点,他深深痴迷于数字。与没有明确目标的项目不同,他的“10万生命运动”是全美首个明确在特定时间内挽救特定数目生命的项目。该运动的口号是:“没有数字就没有时间。”

该运动与3 000多家医院签订了协议,涵盖全美75%的医院床位。大约有1/3的医院同意实施全部6项改革,一半以上的医院同意实施至少3项改革。该运动实施之前,美国医院承认的平均死亡率大约是2.3%。该运动中平均每家医院有200个床位,一年大约有10 000个床位,这就意味着每年大约有230个病人死亡。从目前的研究推断,博威克认为参与该运动的医院每8个床位就能挽救1个生命。或者说,200个床位的医院每年能够挽救大约25个病人的生命。

参与该运动的医院需要在参与之前提供18个月的死亡率数据,并且每个月都要更新实验过程中的死亡人数。很难估计某家有10 000个床位的医院的病人死亡率下降是否是纯粹因为运气。但是,如果分析3 000家医院实验前后的数据,就可能得到更加准确的估计。

实验结果非常令人振奋。2006年6月14日,博威克宣布该运动的结果已经超出了预定目标。在短短18个月里,这6项改革措施使死亡人数预计减少了122 342人。当然,我们不要相信这一确切数字。部分原因是许多医院在一些可以避免的治疗失误问题上取得的进展是独立的;即使没有该运动,这些医院也有可能会改变他们的工作方式,从而挽救很多生命。

无论从哪个角度看,这项运动对于循证医学来说都是一次重大胜利。可以看到,“10万生命运动”的核心就是大数据分析。博威克的6项干预并不是来自直觉,而是来自统计分析。博威克观察数字,发现导致人们死亡的真正原因,然后寻求统计上证明能够有效降低死亡风险的干预措施。

3.1.4 超级大数据的最佳伙伴——搜索

循证医学运动之前的医学实践受到了医学研究成果缓慢低效的传导机制的束缚。据美国医学协会的估计,“一项经过随机控制试验产生的新成果应用到医疗实践中,平均需要17年,而且这种应用还非常参差不齐。”医学科学的每次进步都伴随着巨大的麻烦。如果医生们没有在医学院或者住院实习期间学会这些东西,似乎永远也把握不住好机会。

如果医生不知道有什么样的统计结果,他就不可能根据统计结果进行决策。要使统计分析有影响力,就需要有一些能够将分析结果传达给决策制定者的传导机制。大数据分析的崛起往往伴随着并受益于传播技术的改进,这样,决策制定者就可以更加迅速地即时获取并分析数据。甚至在互联网试验的应用中,我们也已经看过传导环节的自动化。Google AdWords功能不仅能够即时报告测试结果,还可以自动切换到效果最好的那个网页。大数据分析速度越快,就越可能改变决策制定者的选择。

与其他使用大数据分析的情况相似,循证医学运动也在设法缩短传播重要研究结果的时间。循证医学最核心也最可能受抵制的要求是,提倡医生们研究和发现病人的问题。一直“跟踪研究”从业医生的学者们发现,新患者所提出的问题大约有2/3会对研究有益。这一比重在新住院的病人中更高。然而被“跟踪研究”的医生却很少有人愿意花时间去回答这些问题。

对于循证医学的批评往往集中在信息匮乏上。反对者声称,在很多情况下根本不存在能够为日常治疗决策所遇到的大量问题提供指导的高质量的统计研究。抵制循证医学的更深层原因其实恰恰相反:对于每个从业医生来说,有太多循证信息了,以至于无法合理地吸收利用。仅以冠心病为例,每年有3 600多篇统计方面的论文发表。这样,想跟踪这一领域的学者必须每天(包括周末)读十几篇文章。如果读一篇文章需要15分钟,那么关于每种疾病的文章每天就要花掉两个半小时。显然,要求医生投入如此多的时间去仔细查阅海量的统计研究资料,是行不通的。

循证医学的倡导者们从最开始就意识到信息追索技术的重要性,它使得从业医生可以从数量巨大且时时变化的医学研究资料中提取出高质量的相关信息。网络的信息提取技术使得医生更容易查到特定病人特定问题的相关结果。即使现在高质量的统计研究文献比以往都多,医生在大海里捞针的速度同时也提高了。现在有众多计算机辅助搜索引擎,可以使医生接触到相关的统计学研究。

对于研究结果的综述通常带有链接,这样医生在点开链接后就可以查看全文以及引用过该研究的所有后续研究。即使不点开链接,仅仅从“证据质量水平”中,医生也可以根据最初的搜索结果了解到很多。现在,每项研究都会得到牛津大学循证医学中心研发的15等级分类法中的一个等级,以便使读者迅速地了解证据的质量。最高等级(“1a”)只授给那些经过多个随机试验验证后都得到相似结果的研究,而最低等级则给那些仅仅根据专家意见而形成的疗法。

这种简洁标注证据质量的变化很可能成为循证医学运动最有影响力的部分。现在,从业医生评估统计研究提出的政策建议时,可以更好地了解自己能在多大程度上信赖这种建议。最酷的是,大数据回归分析不仅可以做预测,而且还可以告诉你预测的精度。证据质量水平也是如此。循证医学不仅提出治疗建议,同时还会告诉医生支撑这些建议的数据质量如何。

证据的评级有力地回应了反对循证医学的人——他们认为循证医学不会成功,因为没有足够的统计研究来回答医生所需回答的所有问题。评级使专家们在缺乏权威的统计证据时仍然能够回答紧迫的问题。证据评级标准也很简单,却是信息追索方面的重大进步。受到威胁的医生们现在可以浏览大量网络搜索的结果,并把道听途说与经过多重检验的研究结果区别开来。

互联网的开放性甚至改变了医学界的文化。回归分析和随机试验的结果都公布出来,不仅仅是医生,任何有时间用谷歌搜索几个关键词的人都可以看到。医生越来越感到学习的紧迫性,不是因为(较年轻的)同事们告诉他们要这样做,而是因为多学习可以使他们比病人懂得更多。正像买车的人在去展厅前会先上网查看一样,许多病人也会登录Medline[①]等网站去看看自己可能患上什么样的疾病。Medline网站最初是供医生和研究人员使用的。现在,1/3以上的浏览者是普通老百姓。互联网不仅仅改变着信息传导给医生的机制,也改变着科技的影响力,即病人影响医生的机制。

3.1.5 数据决策的成功崛起

循证医学的成功就是数据决策的成功,它使决策的制定不仅基于数据或个人经验,而且基于系

① Medline是美国国立医学图书馆生产的国际性综合生物医学信息书目数据库,是当前国际上最权威的生物医学文献数据库。

统的统计研究。正是大数据分析颠覆了传统的观念并发现受体阻滞剂对心脏病人有效,证明了雌性激素疗法不会延缓女性衰老,并导致了"10 万生命运动"的产生。

1. 数据辅助诊断

迄今为止,医学的数据决策还主要限于治疗问题。几乎可以肯定的是,下一个高峰会出现在诊断环节。我们称互联网为信息的数据库,它已经对诊断产生了巨大的影响。《新英格兰医学期刊》上发表了一篇文章,讲述纽约一家教学医院的教学情况。"一位患有过敏和免疫疾病的人,她患有罕见的皮疹('鳄鱼皮'),多种免疫系统异常,包括 T-cell 功能低下,(胃黏膜的)组织红血球以及末梢红血球,一种显然与 X 染色体有关的基因遗传方式(多个男性亲人幼年夭折)。"主治医师和其他住院医生经过长时间讨论后,仍然无法得出一致的正确诊断。最终,教授问这个病人是否做过诊断,她说她确实做过诊断,而且她的症状与一种罕见的名为 IPEX 的疾病完全吻合。当医生们问她怎么得到这个诊断结果时,她回答说:"我在谷歌上输入我的显著症状,答案马上就跳出来了。"主治医师惊得目瞪口呆。"你从谷歌上搜出了诊断结果? ……难道不再需要我们医生了吗?"互联网使得年轻医生不再依赖教授教学作为主要的知识来源。年轻医生不必顺从德高望重的前人的经验。他们可以利用那些不会给他们带来烦恼的资源。

2. 你考虑过……了吗

一个名叫"伊沙贝尔"的"诊断—决策支持"软件项目使医生可以在输入病人的症状后就得到一系列最可能的病因。它甚至还可以告诉医生病人的症状是否是由于过度服用药物,涉及药物达 4 000多种。"伊沙贝尔"数据库涉及 11 000 多种疾病的大量临床发现、实验室结果、病人的病史,以及其本身的症状。"伊沙贝尔"的项目设计人员创立了一套针对所有疾病的分类法,然后通过搜索报刊文章的关键词找出统计上与每个疾病最相关的文章,如此形成一个数据库。这种统计搜索程序显著地提高了给每个疾病/症状匹配编码的效率。而且如果有新的且高相关性的文章出现时,可以不断更新数据库。

"伊沙贝尔"项目的产生来自于一个股票经纪人被误诊的痛苦经历。1999 年,詹森·莫德 3 岁大的女儿伊沙贝尔被伦敦医院住院医生误诊为水痘,并遣送回家。只过了一天,她的器官便开始衰竭,该医院的主治医生约瑟夫·布里托马上意识到她实际上感染了一种潜在致命性食肉病毒。尽管伊沙贝尔最终康复,但是她父亲却非常后怕,他辞去了金融领域的工作,和布里托一起成立了一家公司,开始开发"伊沙贝尔"软件以抗击误诊。

研究表明,误诊占所有医疗事故的 1/3。尸体解剖报告也显示,相当一部分重大疾病是被误诊的。"如果看看已经开出的错误诊断记录,"布里托说,"诊断失误大约是处方失误的 2 倍到 3 倍。"至少有几百万病人被诊断成错误的疾病在接受治疗。更糟糕的是,2005 年刊登在《美国医学协会杂志》上的一篇社论给出结论:过去的几十年间,并未看到误诊率得到明显的改善。

"伊沙贝尔"项目的宏伟目标是改变诊断科学的停滞现状。莫德简单地解释道:"计算机比我们记得更多更好。"世界上有 11 000 多种疾病,而人类的大脑不可能熟练地记住引发每种疾病的所有症状。实际上,"伊沙贝尔"的推广策略类似用谷歌进行诊断,它可以帮助我们从一个庞大的数据库里搜索并提取信息。

误诊最大的原因是武断。医生认为他们已经做出了正确的诊断——正如住院医生认为伊沙贝尔·莫德得了水痘——因此他们不再思考其他的可能性。“伊沙贝尔”就是要提醒医生其他可能。它有一页会向医生提问,“你考虑过……了吗”就是在提醒其他的可能性,这可能会产生深远的影响。

2003 年,一个来自乔治亚州乡下的 4 岁男孩被送入亚特兰大的一家儿童医院。这个男孩已经病了好几个月了,一直高烧不退。血液化验结果表明这个孩子患有白血病,医生决定进行强度较大的化疗,并打算第二天就开始实施。

约翰·博格萨格是这家医院的资深肿瘤专家,他观察到孩子皮肤上有褐色的斑点,这不怎么符合白血病的典型症状。当然,博格萨格仍需要进行大量研究来证实,而且很容易信赖血液化验的结果,因为化验结果清楚地表明是白血病。“一旦你开始用这些临床方法的一种,就很难再去测量。”博格萨格说。很巧合的是,博格萨格刚刚看过一篇关于“伊沙贝尔”的文章,并签约成为软件测试者之一。因此,博格萨格没有忙着研究下一个病例,而是坐在计算机前输入了这个男孩的症状。靠近“你考虑过……了吗”上面的地方显示这是一种罕见的白血病,化疗不会起作用。博格萨格以前从没听说过这种病,但是可以很肯定的是,这种病常常会使皮肤出现褐色斑点。

研究人员发现,10% 的情况下,“伊沙贝尔”能够帮助医生把他们本来没有考虑的主要诊断考虑进来。“伊沙贝尔”坚持不懈地进行试验。《新英格兰医学期刊》上“伊沙贝尔”的专版每周都有一个诊断难题。简单地剪切、粘贴病人的病史,输入到“伊沙贝尔”中,就可以得到 10 ~ 30 个诊断列表。这些列表中 75% 的情况下涵盖了经过《新英格兰医学期刊》(往往通过尸体解剖)证实为正确的诊断。如果再进一步手动把搜索结果输入到更精细的对话框中,“伊沙贝尔”的正确率就可以提高到 96% 。“伊沙贝尔”不会挑选出一种诊断结果。“‘伊沙贝尔’不是万能的。”布里托说。“伊沙贝尔”甚至不能判断哪种诊断最有可能正确,或者给诊断结果排序。不过,把可能的病因从 11 000 种降低到 30 种未经排序的疾病已经是重大的进步了。

3. 大数据分析使数据决策崛起

大数据分析将使诊断预测更加准确。目前这些软件所分析的基本上仍是期刊文章。“伊沙贝尔”的数据库有成千上万的相关症状,但是它只不过是每天把医学期刊上的文章堆积起来而已。然后一组配有像谷歌这样的语言引擎辅助的医生,搜索与某个症状相关的已公布的症状,并把结果输入到诊断结果数据库中。

到目前为止,如果你去看病或者住院治疗,你看病的结果决不会对集体治疗知识有帮助——除非在极个别的情况下,医生决定把你的病例写成文章投到期刊或者你的病例恰好是一项特定研究的一部分。从信息的角度来看,我们当中大部分人都白白死掉了。我们的生或者死对后代起不到任何帮助。

医疗记录的迅速数字化意味着医生们可以利用包含在过去治疗经历中丰富的整体信息,这是前所未有的。未来一两年内,“伊沙贝尔”就能够针对患者的特定症状、病史及化验结果给出患某种疾病的概率,而不仅仅是给出不加区分的一系列可能的诊断结果。

有了数字化医疗记录,医生们不再需要输入病人的症状并向计算机求助。“伊沙贝尔”可以根据治疗记录自动提取信息并做出预测。实际上,“伊沙贝尔”近期已经与 NextGen 合作研发出一种结构灵活的输入区软件,以抓取最关键的信息。在传统的病历记录中,医生非系统地记下很多事后看来不太相关的信息,而 NextGen 系统地收集从头至尾的信息。从某种意义上来说,这使医生不再单纯地扮演记录数据的角色。医生得到的数据就比让他自己做病历记录所能得到的信息要丰富得多,因为医生自己记录得往往很简单。

大数据分析这些大量的新数据能够使医生历史上第一次有机会即时判断出流行性疾病。诊断时不应该仅仅根据专家筛选过的数据,还根据使用该医疗保健体系的数百万民众的看病经历,数据分析最终的确可以更好地决定如何诊断。

大数据分析使数据决策崛起。它让你在回归方程的统计预测和随机试验的指导下进行决策——这是循证医学真正想要的。大多数医生(正如我们已经看过和即将看到的其他决策者一样)仍然固守成见,认为诊断是一门经验和直觉最为重要的艺术。但对于大数据天才来说,诊断只不过是另一种预测而已。

【作 业】

1. 传统医学以个人经验、经验医学为主,即根据(　　)的临床经验、临床资料和对疾病基础知识的理解来诊治病人。

   A. 实验性　　B. 经验性　　C. 非经验性　　D. 非实验性

2. 循证医学意为“遵循证据的医学”,其核心思想是医疗决策(即病人的处理,治疗指南和医疗政策的制定等)应(　　)。

   A. 重视医生个人的临床实践

   B. 在现有的最好的临床研究依据基础上做出,同时也重视结合个人的临床经验

   C. 在现有的最好的临床研究依据基础上做出诊断

   D. 根据医院 X 光、CT 等医疗检测设备的检查

3. 医生应该特别重视统计数据的这种观点,直到今天(　　)。

   A. 仍颇受争议　　B. 被广泛认同　　C. 无人知晓　　D. 病人不欢迎

4. 在医疗保健方面的应用,除了分析并指出非自然死亡的原因之外,(　　)数据同样也可以增加医疗保健的机会、提升生活质量、减少因身体素质差造成的时间和生产力损失。

   A. 小　　B. 大　　C. 非结构化　　D. 结构化

5. 谷歌联合创始人谢尔盖·布林的妻子安妮·沃西基(同时也是公司的首席执行官)2006 年创办了 DNA 测试和数据分析公司(　　)。公司并非仅限于个人健康信息的收集和分析,而是将眼光放得更远,将大数据应用到了个人遗传学上。

   A. 23andMe　　B. 23andDNA

   C. 48andYou　　D. GoogleAndDna

6. 值得一提的是,存储人类基因数据(　　)。

   A. 需要占据很大的空间　　B. 并不需要多少空间

   C. 几乎不占空间　　D. 目前的计算技术无法承担

7. 过去,检测身体健康发展情况需要用到特殊的设备,或是不辞辛苦去医院就诊。(　　)使得健康信息的检测变得更简单易行。低成本的个人健康检测程序以及相关技术甚至“唤醒”了全民对个人健康的关注。

A. 报纸上刊载的自我检测表格　　B. 手机上流传的健康保健段子

C. 可穿戴的个人健康设备　　D. 现代化大医院的门诊检查

8. 电子健康档案、DNA测试和新的成像技术在不断产生大量数据。收集和存储这些数据对于医疗工作者而言是(　　)。

A. 是容易实现的机遇　　B. 是难以接受的挑战

C. 是一件额外的工作　　D. 既是挑战也是机遇

9. 唐·博威克是一名儿科医生,长期以来他一直致力于减少医疗事故。博威克认为,医学护理在很多方面可以学习航空业,(　　)。

A. 医生的自由度越大,病人就会越安全

B. 医生的自由度越少,病人就会越安全

C. 医生的自由度与病人无关

D. 乘务员和空姐享有很大的自由度

10. 循证医学运动之前的医学实践受到了医学研究成果缓慢低效的传导机制的束缚,要使统计分析有影响力,就需要有一些能够将分析结果传达给决策制定者的传导机制。(　　)的崛起往往伴随着并受益于传播技术的改进。

A. 算法分析　　B. 盈利分析

C. 气候分析　　D. 大数据分析

实训操作　熟悉大数据在医疗健康领域的应用

1. 实训步骤

(1)在本节课文中例举了哪些大数据促进医疗与健康的典型案例,这些案例带给你哪些启发?

答:____

____

____

____

____

(2)请思考并分析:大数据环境下的医疗信息数字化,与传统医学的医院管理信息系统(HMIS)有什么不同?

答:____

____

____

____

____

(3)为什么说:在大数据时代,循证医学的成功就是数据决策的成功?请简述之。

答:______

(4)“谷歌预测流感”是众多大数据相关文献中的经典案例,请认真阅读与分析此案例,并简单叙述你对这个案例的理解。

答:______

2. 实训总结

______

3. 教师实训评价

______

任务 3.2　理解大数据激发创造力

导读案例　脸书的设计决策

脸书(Facebook)是全球第一大社交网络服务网站(见图3-11),拥有约9亿用户,于2004年2月4日上线,主要创始人为美国人马克·扎克伯格。据说,网站的名字Facebook来自传统的纸质“花名册”,通常美国的大学和预科学校把这种印有学校社区所有成员的“花名册”发放给新来的学生和教职员工,帮助大家认识学校的其他成员。

图3-11　Facebook

这样一个公司，其任何设计决策都影响了很多人。因此，大多数情况下，当脸书改变其设计决策时，用户一般都不会接受这种改变。事实上，他们还会讨厌这种改变。

2006年，当脸书首次推出新闻供稿功能(News Feed)时，几十万名学生对这一举措提出了抗议，而当时，社交网站的用户仅有800万人。然而在后来，新闻供稿功能发展成为该网站最受欢迎的功能之一。脸书的产品总监亚当·莫瑟里曾这样说过，新闻供稿功能是网站流量和参与度的主要驱动力。这就解释了为什么脸书在做决策时会采取莫瑟里提到的数据启示方法，而不是数据驱动型方法。莫瑟里指出，许多竞争因素会启示产品的设计决策，并强调了6种因素：定量数据、定性数据、战略利益、用户利益、网络利益和商业利益。

定量数据揭示了人们实际上是如何使用脸书产品的。例如，上传照片用户的百分比，或一次上传多张照片的用户的百分比。

据莫瑟里称，85%的网站内容是由20%的脸书用户(每月登录时间超过25天的用户)生成的。因此，保证更多的用户会在网站上生成内容(例如上传照片)至关重要。

定性数据是类似于眼球追踪研究结果这类的数据。当你浏览网页时，眼球追踪研究会对眼球的运动情况进行观察。眼球追踪研究还会为产品设计师提供关键的信息，使他们了解到网页元素是否可被发现以及发布的信息是否有用。这种研究会为观察者提供两种以上的不同设计，让他们看到哪种设计会产生更多的信息保留，这对数字书籍设计或新闻网站建设非常重要。

莫瑟里还强调了脸书的问答服务，即向好友提出问题并获得答案，它是战略利益的一个有效例子。这些利益可能会与其他利益竞争，或对其他利益造成强烈的冲击。在问答服务中，回答问题所需输入的字段将会对"用户在思考什么?"造成强烈的冲击。

网络利益包含许多因素，如市场竞争以及私人群体或政府带来的监管问题。比方说，脸书必须将欧盟的输入功能并入其地址功能中。最后，还要提到商业利益因素，这些因素会影响创收和营利能力。

创收可能会与用户增长和参与度相互竞争。网站上发布的广告越多，在短期内可能会产生更多的收入，但是从长期来看，用户的参与度会下降。

莫瑟里指出，专门依靠数据驱动做决策所面临的挑战之一是局部最大化的优化风险。他举了两个例子来说明这一问题：脸书的照片和应用程序。

脸书上传原始照片的设备是一个可供下载的软件，用户必须将这种软件安装在他们的网页浏览器中。在使用苹果Macintosh计算机的Safari浏览器时，用户会接收到这样一个可怕的警告："脸书的一个小程序请求访问您的计算机。"在使用IE浏览器时，用户必须下载一个ActiveX控件，这是一种在浏览器内部运行的软件。但是，要想安装这种控件，他们必须首先找到一个11像素的黄色条形框——当控件存在时，这个黄色条形框会向他们发出提醒。

设计团队发现，大约有120万名用户收到安装上传软件的要求，但只有37%的用户会照做。所以，Facebook要尽可能地优化这种照片上传体验。设计团队不得不重新审视照片上传的整个过程，他们必须保证整个过程的操作更加便捷。在这种情况下，大数据可以帮助脸书实现增量改进，但它并不能为这个团队提供一种全新的设计，即一个基于全新上传工具的设计。

而随着脸书应用程序的出现，比如像《黑帮战争》和《边境小镇》这类广为人知的游戏，脸书在其网站上设置了导航栏,这种设计反而限制了这些应用程序的访问量。虽然设计团队在现有的布局中实现增量改进,但是这种改进的影响不是很大。

正如莫瑟里所言,"真正的创新通常会导致数据变差"。虽然数据变差往往会导致短期的不适应(新闻供稿功能就是这样的例子),但从长远来看,这些活动会带来深远的影响。脸书的设计不受这些短期数据的支配。在谈到脸书以往的设计时,莫瑟里强调说:"我们已经自主设计了很多产品。"如果你感觉这些话听起来有点耳熟,那是因为另一家知名的技术企业也是用这种方式来设计产品的。

阅读上文,请思考、分析并简单记录:

(1)你怎么理解"大多数情况下,当脸书改变其设计决策时,用户一般都不会接受这种改变。事实上,他们还会讨厌这种改变"?你还能举出类似这样的例子吗?(考虑QQ、微信、网游、手游的发展。)

答:____

(2)哪6种因素会影响到脸书的产品设计决策?

答:____

(3)"真正的创新通常会导致数据变差",那为什么还要创新设计?

答:____

(4)请简单描述你所知道的上一周发生的国际、国内或者身边的大事。

答:____

任务描述

(1)熟悉大数据改善设计的主要途径和方法。

(2)了解大数据催生崭新应用程序所带来的市场与商机。

(3)熟悉大数据操作回路和反馈回路的概念,掌握数据驱动的设计方法。

知识准备 大数据激发创造力

通常,设计师往往认为创造力与数据格格不入,甚至会阻碍创造力的发展。但实际情况是,数据在确定设计改变是否可以帮助更多的人完成他们的任务或实现更高的转换方面,可谓大有裨益。

数据可以帮助改善现有的设计,但并不能为设计者提供一种全新的设计;它可以改善网站,但它不能从无到有地创造出一个全新的网站。换句话说,在提到设计时,数据可能会有助于实现局部最大化,而不是全局最大化。当设计无法正常运作时,数据也会向你做出提醒。

3.2.1 大数据帮助改善设计

不管是游戏、汽车还是建筑物,这些不同领域的设计有一个共同的特点,就是其设计过程在不断变化。从设计到最终进行测试,这一过程会随着大数据的使用而逐渐缩短。从现有的设计中获取数据,并搞清楚问题所在,或弄懂如何大幅度改善的过程也在逐渐加快。低成本的数据采集和计算机资源,在加快设计、测试和重新设计这一过程中发挥了很大的作用。反过来说,不仅人们自己研发的设计能够接收启示,设计程序本身也会如此。

1. 与玩家共同设计游戏

大数据在高科技的游戏设计领域中也发挥着至关重要的作用。通过分析,游戏设计者可以对新保留率和商业化机会进行评估,即使是在现有的游戏基础之上,也能为用户提供令人更加满意的游戏体验。通过对游戏费用等指标的分析,游戏设计师们能吸引游戏玩家,提高保留率、每日活跃用户和每月活跃用户数、每个游戏玩家支付的费用以及游戏玩家每次玩游戏花费的时间。Kontagent 公司为收集这类数据提供辅助工具,该公司曾与成千上万的游戏工作室合作过,以帮助他们测试和改进他们发明的游戏。游戏公司通过定制的组件来发明游戏。他们采用的是内容管道方法(Content Pipeline),其中的游戏引擎可以导入游戏要素,这些要素包括图形、级别、目标和挑战,以供游戏玩家攻克。这种管道方法意味着,游戏公司会区分不同种类的工作,比如对软件工程师、图形艺术家和级别设计师的工作进行区分。通过设置更多的关卡,游戏设计者更容易对现有的游戏进行拓展,而无须重新编写整个游戏。

相反,设计师和图形艺术家只需创建新级别的脚本、添加新挑战、创造新图形和元素。这也就意味着,不仅游戏设计者可以添加新级别,游戏玩家也可以这么做,或者至少可以设计新图形。

游戏设计者斯科特·休梅克还表明,利用数据驱动来设计游戏,可以减少游戏创造过程中的相关风险。不仅是因为许多游戏很难通关成功,而且,就财务方面而言,通关成功的游戏往往并不成功。正如休梅克曾指出的,好的游戏不仅关乎良好的图形和级别设计,还与游戏的趣味性和吸引力有关。在游戏发行之前,游戏设计师很难对这些因素进行正确的评估,所以游戏设计的推行、测试和调整至关重要。通过将游戏数据和游戏引擎进行区分,很容易对这些游戏元素进行调整,如《吃豆人》游戏中小精灵吃豆的速度。

2. 以人为本的汽车设计理念

福特汽车的首席大数据分析师约翰·金德认为,汽车企业坐拥海量的数据信息,“消费者、大众及福特自身都能受益匪浅”。

2006年左右,随着金融危机的爆发以及新任首席执行官的就职,福特公司开始更加乐于接受基于数据得出的决策,而不再单纯凭直觉做出决策,公司在数据分析和模拟的基础上提出了更多新的方法。

福特公司的不同职能部门都会配备数据分析小组,如信贷部门的风险分析小组、市场营销分析小组、研发部门的汽车研究分析小组。数据在公司发挥了重大作用,因为数据和数据分析不仅可以解决个别战术问题,而且对公司持续战略的制订来说也是一笔重要的资产。公司强调数据驱动文化的重要性,这种自上而下的度量重点对公司的数据使用和周转产生了巨大的影响。

福特还在硅谷建立了一个实验室,以帮助公司发展科技创新。公司获取的数据主要来自于大约400万辆配备有车载传感设备的汽车。通过对这些数据进行分析,工程师能够了解人们驾驶汽车的情况、汽车驾驶环境及车辆响应情况。所有这些数据都能帮助改善车辆的操作性、燃油的经济性和车辆的排气质量。利用这些数据,公司对汽车的设计进行改良,降低车内噪声,还能确定扬声器的最佳位置,以便接收语音指示。

设计师还能利用数据分析做出决策,如赛车改良决策和影响消费者购买汽车的决策。举例来说,潘世奇车队设计的赛车不断在比赛中失利。为了弄清失利的原因,工程师为该车队的赛车配备了传感器,这种传感器能收集到20多种不同变量的数据,如轮胎温度和转向等。虽然工程师已对这些数据进行了两年的分析,他们仍然无法弄清楚赛车手在比赛中失利的原因。

而数据分析型公司Event Horizon也收集了同样的数据,但其对数据的处理方式完全不同。该公司没有从原始数字入手,而是通过可视化模拟来重视赛车改装后在比赛中的情况。通过可视化模拟,他们很快就了解到,赛车手转动方向盘和赛车启动之间存在一段滞后时间。赛车手在这段时间内会做出很多微小的调整,所有这些微小的调整加起来就占据了不少时间。

由此可以看出,仅仅拥有真实的数据是远远不够的。就大数据的设计和其他方面而言,能够以正确的方式观察数据才是至关重要的。

3. 寻找最佳音响效果

大数据还能帮助我们设计更好的音乐厅。在20世纪末,哈佛大学的讲师W·C. 萨宾开创了建筑声学这一新领域。

研究之初,萨宾将福格演讲厅(听众认为其声学效果不明显)和附近的桑德斯剧院(声学效果显著)进行了对比。在助手的协助下,萨宾将坐垫之类的物品从桑德斯剧院移到了福格演讲厅,以判断这类物品对音乐厅的声学效果会产生怎样的影响。萨宾和他的助手在夜间开始工作,经过仔细测量后,他们会在早晨到来之前将所有物品放回原位,从而不影响两个音乐厅的日间运作。

经过大量的研究,萨宾对混响时间(或称“回声效应”)做出了这样一个定义:它是声音从其原始水平下降60分贝所需的秒数。萨宾发现,声学效果最好的音乐厅的混响时间为2~2.25秒。混响时间太长的音乐厅会被认为过于“活跃”,而混响时间太短的音乐厅会被认为过于“平淡”。混响时间的长短主要取决于两个因素:房间的容积和总吸收面积或现有吸收面积。在福格演讲厅中,所听到的说话声大约能延长5.5秒,萨宾减少了其回音效果并改善了它的声学效果。后来,萨宾还参与了波士顿音乐厅(见图3-12)的设计。

图3-12 波士顿音乐厅

继萨宾之后,该领域开始呈现出蓬勃的发展趋势。如今,借助模型,数据分析师不仅对现有音乐厅的声学问题进行评估,还能模拟新音乐厅的设计。同时,还能对具有可重新配置几何形状及材料的音乐厅进行调整,以满足音乐或演讲等不同的用途,这就是其创新所在。

具有讽刺意味的是,许多建于19世纪后期的古典音乐厅的音响效果可谓完美,而那些近期建造的音乐厅则达不到这种效果。这主要是因为如今的音乐厅渴望容纳更多的席位,同时还引进了许多新型建材以使建筑师设计出几乎任何形状和大小的音乐厅,而不再受限于木材的强度和硬度。现在建筑师正试图设计新的音乐厅,以期能与波士顿和维也纳音乐殿堂的音响效果匹敌。音质、音乐厅容量和音乐厅的形状可能会出现冲突。而通过利用大数据,建筑师可能会设计出跟以前类似的音响效果,同时还能使用现代化的建筑材料来满足当今的座席要求。

4. 建筑,数据取代直觉

建筑师还在不断将数据驱动型设计推广至更广泛的领域。正如LMN建筑事务所的萨姆·米勒指出的,老建筑的设计周期是:设计、记录、构建和重复。只有经过多年的实践,你才能完全领会这一过程,一个拥有20多年设计经验的建筑师或许只见证过十几个这样的设计周期。随着数据驱动型架构的实现,建筑师已经可以用一种迭代循环过程来取代上述过程了,该迭代循环过程即模型、模拟、分析、综合、优化和重复。就像发动机设计人员可以使用模型来模拟发动机的性能一样,建筑师如今也可以使用模型来模拟建筑物的结构。

据米勒讲,他的设计组如今只需短短几天的时间就可以模拟成百上千种设计,他们还可以找出哪些因素会对设计产生最大的影响。米勒说:“直觉在数据驱动型设计程序中发挥的作用在逐渐减少。”而且,建筑物的性能要更加良好。

建筑师并不能保证研究和设计会花费多少时间,但米勒说,数据驱动型方法使这种投资变得更加有意义,因为它保证了公司的竞争优势。通过将数据应用于节能和节水的实践中,大数据也有助于绿色建筑的设计。通过评估基准数据,建筑师如今可以来判断出某个特定的建筑物与其他绿色建筑的区别所在。美国环保署(EPA)的在线工具“投资组合经理”就应用了这一方法。它的主要功能是互动能源管理,它可以让业主、管理者和投资者对所有建筑物耗费的能源和用水进行跟踪和评估。

Safaira 公司还设计了一种基于 Web 的软件,软件利用专业物理知识,能够提供设计分析、知识管理和决策支持。有了这种软件,用户就可以对不同战略设计中的能源、水、碳和经济利益进行测量和优化。

3.2.2 大数据操作回路

几十年来,理解数据是数据分析师、统计学家们的事情。业务经理要想提取数据,不仅要等 IT 部门收集到主要数据,还要等分析师们将数据汇聚并分析理解之后才能处理。大数据应用程序的前景不仅是收集数据的能力,还有利用数据的能力,而且对数据的利用不需要采用只有统计学家们才会使用的一系列工具。通过让数据变得更易获取,大数据应用程序将使组织机构一个产品线、一个产品线地变得更依赖于数据驱动。不过,即使我们有了数据和利用数据所需的相关工具,要做到数据化还是有相应的难度的。

数据驱动要求我们不仅要掌握数据、挑出数据,还必须基于相关数据来制订决策。这样的话,我们既要有信心,即相信数据,也要有足够的信念,即使大众的意见与之相左,也要基于数据来进行决策。我们将其称为大数据操作回路(见图 3-13)。

1. 信号与噪声

从历史的角度看,获取和处理数据都很麻烦,因为通常数据并不集中在一个地方。公司内部数据分布在一系列不同的数据库、数据存储器和文件服务器之中,而外部数据则分布在市场报告、网络以及其他难以获取数据的地方。

大数据的挑战和优势就在于,它通常会将所有数据集中到一个地方,这就意味着有可能通过处理更多相关数据,得到更丰富的内涵——工程师们将这些数据称为信号,当然,这也意味着有更多的噪声——与结论不相关的数据和甚至会导致错误结论的数据。

如果计算机或人不能理解数据,那么仅仅将数据集中到一块也起不了什么作用。大数据应用程序有助于从噪声中提取信号,以加强我们对数据的信心,提升基于数据进行决策的信念。

2. 大数据反馈回路

在你第一次摸到滚烫的火炉的时候,第一次把手伸进电源盒的时候,或者第一次超速行驶的时候,你会经历一次反馈回路。不管你是否意识到,你都会进行测算并分析其结果,这个结果会影响你未来的行为。我们把这称之为"大数据反馈回路",而这也是成功的大数据应用程序的核心所在(见图 3-14)。

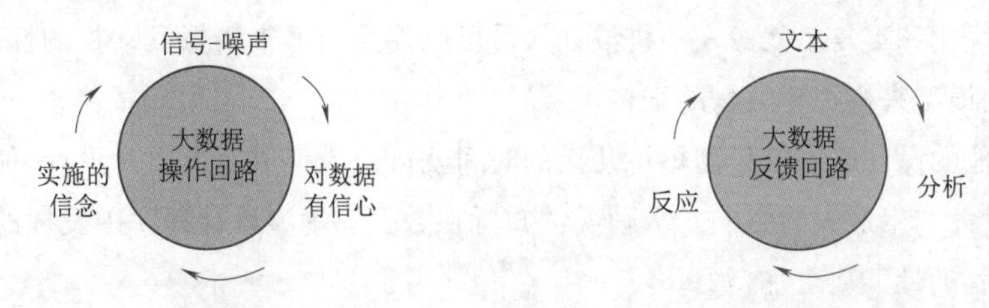

图 3-13 大数据操作回路　　图 3-14 大数据反馈回路

通过测算,你会发现摸滚烫的火炉或者被电击会让你感到疼痛,超速行驶会给你招来昂贵的罚单或者车祸,不过,你要是侥幸逃过了这些,你可能会觉得超速行驶很爽。

不管结果如何,所有的行为都会给你反馈。你会把这些反馈融入到你的个人数据图书馆中,然后根据这些数据,改变你未来的行为方式。你要是有过那么一次很爽的超速行驶的经历,在未来,你可能会更多地选择超速行驶。如果你有过被火炉烫到的不爽的经历，你可能以后在摸火炉之前会先确认它是否烫手。当涉及大数据的时候，这种反馈回路至关重要。单纯动手收集和分析数据并不够，你还必须有从数据中得出一系列结论的能力以及对这些结论的反馈，以确认这些结论的正误。你的模型融入的数据越相关，你越能得到更多关于你的假设的反馈，因而你的见解也就越有价值。

过去运行这种反馈回路速度慢、时间长。比方说，我们收集销售数据，然后试图总结出能促进消费者购买的定价机制或产品特征。我们调整价格、改变产品特征并再次进行试验。问题就在于，当我们总结出分析结果，并调整了价格和产品的时候，情况又发生了变化。

大数据的好处在于，我们如今能够以更快的速度运行这种反馈回路。比方说，广告界的大数据应用程序需要通过提供多种多样的广告才能够得知哪个广告最奏效，这甚至能在细分基础上得以实现——他们能判断出哪个广告对哪种人群最奏效。人们没法做这种A或B的测算——展示不同的广告来知道哪个更好，或哪个见效更快。但是计算机能大量地进行这种测算，不仅在不同的广告中间进行选择，实际上还能自行修订广告——不同的字体、颜色、尺寸或图片，以确定哪些最有效。这种实时反馈回路是大数据最具力量的一面，即大量收集数据并迅速就许多不同方法进行测算和行动的能力。

3. 最小数据规模

随着我们不断推进大数据，收集和存储数据不再是什么大问题了，相反，如何处理数据变成了一个棘手的问题。一个高效的反馈回路需要一个足够大型的测试装置——配有网站访问量、销售人员的号召力、广告的浏览量等。我们将这种测试装置称为“最小数据规模”，它是指要运行大数据反馈回路并从中得出有意义的洞悉所需要的最小数据规模（见图3－15）。

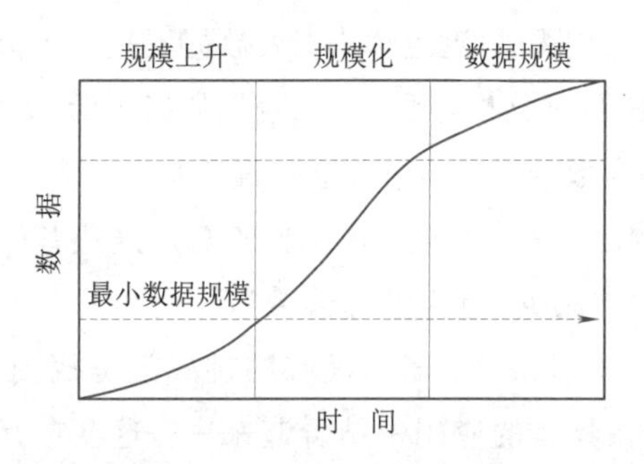

图3－15 最小数据规模

最小数据规模意味着公司有足够的网站访问量、足够的广告浏览量，或者足够的销售前景信息，使得决策者能基于这些测试得出有效的结论并制订决策。当公司达到最小数据规模的要求时，它就可以利用大数据应用程序告知销售人员下一步应该打电话给谁，或确定哪个广告有助于实现最高的折现率，或者给读者推荐正确的电影或书籍。

4. 大数据应用程序的优势与作用

大数据应用程序的优势就在于它负责运行大数据的部分或全部反馈回路。一些大数据应用程序，比如说强大的分析和可视化应用，能把数据放在一个地方并让其可视，然后，人们能决定下一步该做什么。还有一些大数据应用程序可以自动测试新方法并决定下一步做什么，比如自动投放广告和网站优化。

现今的大数据应用程序在实现全球数据规模最大化的过程中所起的作用并不大，但它们可以最大限度地优化当地的数据规模,使之最大化。它们能投放合适的广告、优化网页、告知销售人员电话营销的对象,还能在销售人员打电话的过程中指点他,告诉他应该说些什么。

3.2.3 大数据资产的崛起

公司收集的大量数据称为"大数据资产",将数据转化为优势的公司将有能力降低成本、提升价格、区分优劣、吸引更多顾客并最终留住更多顾客。这主要包含两层意思:

第一,对初创公司来说,现在有大量的机会能够使公司通过创建应用来实现这种竞争优势,且这种方法一经创建能立即被使用。公司无须自行创建这些可能性,它们能通过应用程序获取可能性。

第二,将数据和依靠数据办事的能力作为核心资产的公司(不管是初创公司还是大型公司),相比并非如此的公司而言,有极大的竞争优势。

1. 大数据催生崭新的应用程序

提及大数据,我们已经见证了一系列新应用程序的诞生,而这些仅仅只是冰山一角。现在,很多应用程序都聚集在业务问题上,但是将来会出现更多的打破整个大环境和产业现状的应用程序。以加利福尼亚州圣克鲁斯市的警局为例,他们通过分析历史犯罪记录,预测犯罪即将发生的地点。然后,他们派警员到有可能发生犯罪的地方。事实证明,这有利于降低犯罪率。也就是说,只要在一天中适当的时间或者一周中适当的一天(这取决于历史数据分析),将警员安插在适当的地方,就能减少犯罪。一家名为 Predpol 的公司为圣克鲁斯市警察局提供协助——该公司通过分析处理犯罪活动这种类型的大数据,以使其能在这种特定用途上发挥效用。

大数据催生着一系列新应用程序,这也意味着大数据不只为大公司所用,大数据将影响各种规模的公司,同时还会影响到我们的个人生活——从我们如何生活、如何相爱到如何学习。大数据再也不是有着大量数据分析师和数据工程师的大企业的专利。

分析大数据的基础架构已经具备(至少对企业来说),这些基础架构中的大部分都能在"云"中找到。起先实施起来是很容易的,有大量的公共数据可以利用,如此一来,企业家们将会创建大量的大数据应用程序。企业家和投资者所面临的挑战就是找到有意义的数据组合,包括公开的和私人的数据,然后将其在具体的应用中结合起来——这些应用将在未来几年内为很多人带来真正的好处。

2. 寻找大数据"空白"中提取最大价值

大数据为创业和投资开辟了一些新的领域。你不需要是统计学家、工程师或者数据分析师就可以轻松获取数据,然后凭借分析和洞察力开发可行的产品。这是一个充满机遇的主要领域。就像 Facebook 让照片分享变得更容易一样,新产品不仅能使分析变得更简单,还能将分析结果与人分享,并从这种协作中学到一些东西。

将众多内部数据聚合到一个地方,或者将公共数据和个人数据源相结合,也能开辟出产品开发和投资的新机遇。新数据组合能带来更优的信用评级、更好的城市规划,公司将有能力比竞争对手更快速、敏捷地发现市场变化并做出反应。大数据也将会有新的信息和数据服务业务。虽然如今网上有大量数据——从学校的成绩指标、天气信息到美国人口普查,数据应有尽有,但是很多这些数据的原始数据依然很难获取。

收集数据、将数据标准化,并且要以一种能轻易获取数据的方式呈现数据可不容易。信息服务的范围已经到了不得不细分的时刻,因为处理这些数据太难了。新数据服务也会因为我们生成的新数据而涌现。因为智能手机配备有GPS、动力感应和内置联网功能,它们就成为了生成低成本具体位置数据的完美选择。研发者也已经开始创建应用程序来检测路面异常情况,比方说基于震动来检测路面坑洞。这需要大数据应用程序中的最基本的应用程序——如智能手机采用的这一类低成本传感器来收集新数据。

要从这样的空白机遇里提炼出最大的价值,不仅需要金融市场理解大数据业务,还需要其订阅大数据业务。在大数据、云计算、移动应用以及社会因素等因素的影响下,不难想象,信息技术在未来20年的发展一定比过去的20年更精彩。

【作　业】

1. 不管是游戏、汽车还是建筑物,不同领域的设计有一个共同的特点,就是其设计过程在不断变化。从设计研发到最终进行测试,这一循环过程会随着大数据的使用而(　　)。

   A. 不断延长　　B. 变化莫测

   C. 完全消失　　D. 逐渐缩短

2. 苹果公司的产品设计一向为世人所称道,具有简单、优雅、易于使用等特征。但下面(　　)不是苹果公司创造卓越的设计理由。

   A. 苹果认为良好的设计就像一件礼品,不仅专注于产品的设计,还注重产品的包装

   B. "拥有完美像素的样机至关重要"。苹果的设计师们会对潜在的设计进行模拟,甚至还会对像素进行模拟,这种方法打消了人们对产品外观的疑虑

   C. 苹果的设计团队充分发挥设计师的个人作用,几乎不进行群体性研究(如召开头脑风暴会议)

   D. 苹果的设计师们往往会为一种潜在的新功能研发出10种设计方案,之后从这10种方案中选出3种,然后再从中选出最终的设计(即10:3:1设计方法)

3. 利用数据驱动来设计游戏,可以减少游戏创造过程中的相关风险。大数据在高科技的游戏设计领域中(　　)。

   A. 发挥着至关重要的作用　　B. 没有明显作用

   C. 有点作用,但不重要　　D. 会起到反作用

4. 汽车制造及其他相关领域的实践表明:(　　)。

   A. 拥有真实数据是大数据设计和其他方面的根本保证

   B. 仅仅拥有真实的数据是远远不够的,就大数据的设计和其他方面而言,能够以正确的方式观察数据才是至关重要的

   C. 是否拥有真实的数据并不重要,就大数据的设计和其他方面而言,能够以正确的方式观察数据才是至关重要的

   D. 应该采取足够措施,在少而精的数据基础上,以正确的方式观察数据

5. 哈佛大学的W·C. 萨宾开创了建筑声学这一新领域。经过大量研究,借助模型,数据分析师不仅对现有音乐厅的声学问题进行评估,还能模拟新音乐厅的设计。同时,还能对具有可重新配置几何形状及材料的音乐厅进行调整,以满足音乐或演讲等不同的用途,这说明:(　　)。
   A. 大数据能帮助我们设计更好的音乐厅
   B. 大数据对设计音乐厅关系不大
   C. 建筑声学是W·C. 萨宾顿悟之后的天才创造
   D. 设计更好的音乐厅需要精确的算法模型
6. 老建筑的设计周期是:设计、记录、构建和重复。只有经过多年的实践,设计师才能完全领会这一过程。随着数据驱动型架构的实现,建筑师已经可以用一种迭代循环过程来取代上述过程,该迭代循环过程即(　　)。建筑师如今只需短短几天的时间就可以模拟成百上千种设计,找出哪些因素会对设计产生最大的影响。
   A. 模型、模拟、分析、优化和重复　　B. 模型、模拟、分析、综合、优化和重复
   C. 模型、模拟、分析和重复　　D. 模型、模拟、综合、优化和重复
7. 数据驱动要求我们不仅要掌握数据,挑出数据,还必须基于相关数据来(　　)。
   A. 分析结果　　B. 制定决策　　C. 回归分析　　D. 建立联系
8. 公司内部数据通常分布在一系列不同的数据库、数据存储器和文件服务器之中,而外部数据则分布在市场报告、网络以及其他难以获取数据的地方。大数据的挑战和优势就在于,它通常会将所有数据集中到一个地方,这就意味着有可能通过处理更多相关数据,得到更丰富的内涵。当然,这也意味着有更多的噪声。大数据应用程序(　　)从噪声中提取信号。
   A. 不可以　　B. 可以　　C. 无助于　　D. 有助于
9. 单纯动手收集和分析数据并不够,你还必须有从数据中得出一系列结论的能力以及对这些结论的反馈,以确认这些结论的正误。你的模型融入的数据越相关,你越能得到更多关于你的假设的反馈,因而你的见解也就(　　)。
   A. 越有价值　　B. 越有问题
   C. 愈加烦琐　　D. 越没效果
10. 随着不断推进大数据,收集和存储数据不再是什么大问题了,相反,如何处理数据变成了一个棘手的问题。最小数据规模意味着公司有(　　),使得决策者能基于这些测试得出有效的结论并制订决策。
    A. 足够的广告浏览量或者足够的销售前景信息
    B. 足够的网站访问量或者足够的销售前景信息
    C. 足够的网站访问量、足够的广告浏览量或者足够的销售前景信息
    D. 足够的网站访问量或者足够的广告浏览量
11. 公司收集的大量数据称为“(　　)”,将数据转化为优势的公司将有能力降低成本、提升价格、区分优劣、吸引更多顾客并最终留住更多顾客。
    A. 物流财富　　B. 大数据资产
    C. 小数据资产　　D. 物流资产

实训操作　熟悉大数据如何激发创造力

1. 实训步骤

(1)在大数据时代,数据是如何激发设计创造力的?

答:______________________________

(2)“大数据为创业和投资开辟了一些新的领域”,请思考与分析,你能例举出这样的成功案例吗?

答:______________________________

(3)什么是“数据反馈回路”,大数据时代的数据反馈回路有什么特点?

答:______________________________

(4)请通过网络搜索与文献阅读,思考与分析“什么是数据驱动?”请举例说明。

答:______________________________

2. 实训总结

____

3. 教师实训评价

____

项目 4

大数据方法的驱动力

任务 4.1　理解采用大数据的商业动机

导读案例　大数据企业的缩影——谷歌(Google)

谷歌(Google Inc.)创建于1998年9月,是美国的一家跨国科技企业(见图4-1),致力于互联网搜索、云计算、广告技术等领域,开发并提供大量基于互联网的产品与服务,主要利润来自于AdWords等广告服务。

图4-1　Google(谷歌)总部

谷歌由在斯坦福大学攻读理工博士的拉里·佩奇和谢尔盖·布林共同创建,因此两人也被称为"Google Guys"。创始之初,Google官方的公司使命为"集成全球范围的信息,使人人皆可访问并从中受益"。谷歌公司的总部称为"Googleplex",位于美国加州圣克拉拉县的芒廷维尤。2011年4月,佩奇接替施密特担任首席执行官。2015年3月28日,谷歌和强生达成战略合作,联合开发能够做外科手术的机器人;12月谷歌位列《全球最具创新力企业报告》前三名。

谷歌搜索引擎就是大数据的缩影,这是一个用来在互联网上搜索信息的简单快捷的工具,使用户能够访问一个包含超过80亿个网址的索引。谷歌坚持不懈地对其搜索功能进行革新，始终保持着自己在搜索领域的领先地位。据调查结果显示，仅一个月内，谷歌处理的搜索请求就会高达122亿次。

除了存储搜索结果中出现的网站链接外，谷歌还存储人们的所有搜索行为，这就使谷歌能以惊人的洞察力掌握搜索行为的时间、内容以及它们是如何进行的。这些对数据的洞察力意味着谷歌可以优化其广告，使之从网络流量中获益，这是其他公司所不能企及的。另外，谷歌不仅可以追踪人的行为，还可以预测人们接下来会采取怎样的行动。换句话说，在你行动之前，谷歌就已经知道你在寻找什么了。这种对大量的人机数据进行捕捉、存储和分析，并根据这些数据做出预测的能力，就是我们所说的大数据。

阅读上文，请思考、分析并简单记录：

(1)谷歌是一家国际化的重要的大数据企业。请通过网络搜索，了解谷歌企业开展的重要技术和业务，并请扼要记录。

答：____

____

____

____

(2)在谷歌琳琅满目的先进技术中，你特别感兴趣的有哪些？

答：____

____

____

____

(3)除了谷歌，你还知道哪些重量级的国际化大数据企业？

答：____

____

____

____

(4)请简单描述你所知道的上一周内发生的国际、国内或者身边的大事。

答：____

____

____

____

____

任务描述

(1)深刻理解2012年大数据跨界年度的内涵。

(2)熟悉世界级大数据企业谷歌、亚马逊、领英等的大数据行动。

(3)理解采用大数据的商业动机与驱动力。

知识准备 **将数据变成竞争优势**

在当今世界的许多组织中,业务可以像其所采用的技术那样进行“架构”。这种观念上的转变体现在企业架构领域的不断扩大,即过去只与技术架构紧密结合,而现在还包含业务架构。尽管人们还只是从一个机械的视角来审视一批批的业务,即一条条指令由行政人员发布给主管,再传递给前线的员工们,但是,基于链接与评测的反馈循环机制为管理决策的有效性提供了保障。

这种从决策到实施再到对结果的测评的循环使得企业有机会不断优化其运营。事实上这种机械化的管理观点正在被一种更加有机的管理观点所取代,这种新的管理观点能够将数据转化为知识与见解来驱动商业行为。但是这种新观点有一个问题在于,传统商业几乎仅仅是由其信息系统的内部数据所驱动的,但如今的公司想要在更像生态系统的市场中实现其业务模型,仅仅靠内部数据是不够的。因此,商业组织需要通过吸收外来数据来直接感知那些影响其收益能力的因素。这种对外来数据的使用导致了“大数据”数据集的诞生。

在这一节中,我们来了解著名互联网企业的大数据行动,探索采用大数据解决方案和技术背后的商业动机和驱动力。大数据被广泛采用是以下几种力量共同作用的结果:市场动态、对业务架构(BA)的理解和形式表达、对公司提供价值的能力与其业务流程管理(BPM)紧密相连的认知,此外还有信息与通信技术(ICT)方面的创新以及万物互联(IoE)的概念等。

4.1.1 大数据的跨界年度

《纽约时报》把2012年称为“大数据的跨界年度”。大数据之所以会在2012年进入主流大众的视野,缘于三种趋势的合力。

第一,许多高端消费公司加大了对大数据的应用。

社交网络巨擘脸书使用大数据来追踪用户。通过识别你熟悉的人,脸书可以给出好友推荐建议。用户的好友数目越多,他与脸书的黏度就越高。好友越多也就意味着用户分享的照片越多、发布的状态更新越频繁、玩的游戏也越多样化。

商业社交网站领英[①]则使用大数据为求职者和招聘单位之间建立关联。有了领英,猎头公司只需要一个简单搜索,就可以找到潜在雇员并与他们进行联系。同样,求职者也可以通过联系网站上的其他人,将自己推销给潜在的负责招聘的经理。领英的首席执行官杰夫·韦纳曾谈到该网站的未来发展及其经济图表——一个能实时识别“经济机会趋势”的全球经济数字图表。实现该图表及其预测能力时所面临的挑战就是一个大数据问题。

第二,脸书与领英两家公司都是在2012年上市的。

---

① 领英(LinkedIn)创建于2002年,2003年5月5日网站正式上线。总部坐落于美国加州硅谷,领英公司在全球27个城市设立了分部及办事处。领英致力于向全球职场人士提供沟通平台,并协助他们发挥所长。作为全球最大的职业社交网站,领英会员人数在世界范围内已超过3亿,每个《财富》世界500强公司均有高管加入,其更长远的愿景则是为全球33亿劳动力创造商业机会,进而创建世界首个经济图谱。

脸书在纳斯达克上市，领英在纽约证券交易所上市。从表面上来看，谷歌和这两家公司都是消费品公司，而实质上，它们是名副其实的大数据企业。除了这两家公司以外，Splunk 公司（一家为大中型企业提供运营智能的大数据企业，见图4－2）也在2012年完成了上市。这些企业的公开上市使华尔街对大数据业务的兴趣日渐浓厚。

图4－2 Splunk 公司

因此，硅谷的风险投资家们开始前赴后继地为大数据企业提供资金，硅谷甚至有望在未来几年取代华尔街。作为脸书的早期投资者，Accel Partners 投资机构在2011年年末宣布为大数据提供1亿美元的投资，2012年年初，Accel Partners 支出了第一笔投资。著名的风险投资公司安德森·霍洛维茨、Greylock 公司也针对这一领域进行了大量的投资。

第三，商业用户，例如亚马逊、脸书、领英和其他以数据为核心的消费产品，也开始期待以一种同样便捷的方式来获得大数据的使用体验。

既然互联网零售商亚马逊可以为用户推荐一些阅读书目、电影和产品，为什么这些产品所在的企业却做不到呢？比如，为什么汽车租赁公司不能明智地决定将哪一辆车提供给租车人呢？毕竟，该公司拥有客户的租车历史和现有可用车辆库存记录。随着新技术的出现，公司不仅能够了解到特定市场的公开信息，还能了解到有关会议、重大事项及其他可能会影响市场需求的信息。通过将内部供应链与外部市场数据相结合，公司可以更加精确地预测出可用的车辆类型和可用时间。

类似地，通过将这些内部数据和外部数据相结合，零售商每天都可以利用这种混合式数据确定产品价格和摆放位置。通过考虑从产品供应到消费者的购物习惯这一系列事件的数据（包括哪种产品卖得比较好），零售商就可以提升消费者的平均购买量，从而获得更高的利润。

4.1.2 谷歌的大数据行动

谷歌（Google）的规模使其得以实施一系列大数据方法，而这些方法是大多数企业根本不可实施的。谷歌的优势之一是拥有一支软件工程师队伍，他们能为企业提供前所未有的大数据技术。多年来，谷歌还不得不处理大量的非结构化数据，例如网页、图片等，它不同于传统的结构化数据。

谷歌的另一个优势是它的基础设施（见图4－3）。就谷歌搜索引擎本身的设计而言，数不胜数的服务器（据估计总数超过100万个）保证了谷歌搜索引擎之间的无缝连接。如果出现更多的处理或存储信息需求,抑或某台服务器崩溃时,谷歌的工程师们只需添加服务器就能保证搜索引擎的正常运行。

图4-3　谷歌的机房

谷歌在设计软件的时候一直没有忘记自己所拥有的强大的基础设施。MapReduce 和 Google File System 就是两个典型的例子。《连线》杂志在 2012 年暑期的报道称,这两种技术“重塑了谷歌建立搜索索引的方式”。许多公司现在都开始接受基于 MapReduce 和 Google File System 开发的一个开源衍生产品 Hadoop,Hadoop 能够在多台计算机上实施分布式大数据处理。

当其他公司刚刚开始利用 Hadoop 开源代码时,谷歌已经开始将重点转移到其他新技术上了,这在同行中占据了绝对优势。这些新技术包括内容索引系统 Caffeine、映射关系系统 Pregel 以及量化数据查询系统 Dremel。如今,谷歌正在进一步开放数据处理领域,并将其和更多第三方共享,例如它的 BigQuery 服务。该项服务允许使用者对超大量数据集进行交互式分析,其中“超大量”意味着数十亿行的数据,BigQuery 就是基于云的数据分析需求。此前,许多第三方企业只能通过购买昂贵的安装软件来建立自己的基础设施进行大数据分析。随着 BigQuery 这一类服务的推出,企业可以对大型数据集进行分析,而无须巨大的前期投资。

除此以外,谷歌还拥有大量的机器数据,这些数据是人们在谷歌网站进行搜索及经过其网络时所产生的。每当用户输入一个搜索请求时,谷歌就会知道他在寻找什么,所有人在互联网上的行为都会留下“足迹”,而谷歌具备绝佳的技术对这些“足迹”进行捕捉和分析。

不仅如此,除搜索之外,谷歌还有许多获取数据的途径。企业会安装“谷歌分析”(Google Analytics)之类的产品来追踪访问者在其站点的“足迹”,而谷歌也可获得这些数据。利用“谷歌广告联盟”(Google Adsense),网站还会将来自谷歌广告客户网的广告展示在其各自的站点上,因此,谷歌不仅可以洞察自己网站上广告的展示效果,对其他广告发布站点的展示效果也一览无余。

将所有这些数据集合在一起,我们可以看到:企业不仅可以从最好的技术中获益,同样还可以从最好的信息中获益。在信息技术方面,许多企业可谓耗资巨大,然而谷歌所进行的庞大投入和所获得的巨大成功,却罕有企业能望其项背。

4.1.3　亚马逊的大数据行动

互联网零售商亚马逊(Amazon,见图4-4)同时也是一个推行大数据的大型技术公司,它已经采取一些积极的举措,很可能成为谷歌数据驱动领域的最大竞争伙伴。截至 2015 年,亚马逊的营收就超过 1 000 亿美元,超过了沃尔玛,成为世界最大的零售商。如同谷歌一样,亚马逊也要处理海量数据，只不过它处理的数据带有更强的电商倾向。每次，当消费者们在亚马逊网站上搜索想看的电视节目或想买的产品时，亚马逊就会增加对该消费者的了解。基于消费者的搜索行为和产品购买行为，亚马逊可以知道接下来应该为消费者推荐什么产品。

图4-4　互联网零售商——亚马逊

亚马逊的聪明之处还远不止于此。它会在网站上持续不断地测试新的设计方案，从而找出转化率最高的方案。你认为亚马逊网站上的某段页面文字只是碰巧出现的吗？其实，亚马逊整个网站的布局、字体大小、颜色、按钮以及其他所有设计，都是在经过多次审慎测试后的最优结果。

以尝试设计新按钮为例，这种测试的思路如下：首先随机选择少量（例如5%）的用户，让他们看到新的按钮设计，如果这部分人的点击率高于对照用户，就逐渐提高新按钮覆盖的用户比例，并测试其表现的稳定性；在相当比例用户中，具有稳定性且更佳表现的新设计将会替代原有的设计。对于亚马逊这样的大型企业，即便是千分之一的用户，数量也非常可观。如果他们拿出10%的流量用作测试，而每个基础测试桶只需要千分之一的用户量，就意味着亚马逊时时刻刻都可以测试上百个新算法和新设计的效果。阿里巴巴集团的算法部门也使用类似的思路和技术进行效果测试。

数据驱动的方法并不仅限于以上领域。根据一位前亚马逊员工的说法，亚马逊的企业文化就是冷冰冰的数据驱动文化。数据会告诉你什么是有效的、什么是无效的，新的商业投资项目必须要有数据支撑。

对数据的长期关注使亚马逊能够以更低的价格提供更好的服务。消费者往往会直接去亚马逊网站搜索商品并进行购买而绕过了谷歌之类的搜索引擎。争夺消费者控制权的努力还在持续，如今苹果、亚马逊、谷歌以及微软这4家公认的巨头不仅在互联网上进行竞争，还将其这样的竞争延伸到了移动领域。

随着消费者把越来越多的时间花费在手机和平板电脑等移动设备上，他们坐在计算机前的时间变得越来越少了，因此，那些能成功地让消费者购买其移动设备的企业，将会在销售和获取消费者行为信息方面具备更大的优势。企业掌握的消费者群体和个体信息越多，它就越能更好地制定内容、广告和产品。

令人难以置信的是，从支撑新兴技术企业的基础设施到消费内容的移动设备，亚马逊的触角已伸到更为广阔的领域。亚马逊在几年前就预见了将作为电子商务平台基础结构的服务器和存储基础设施开放给其他人的价值。“亚马逊网络服务”(Amazon Web Service,AWS)是亚马逊公司知名的面向公众的云服务提供者,能为新兴企业和老牌公司提供可扩展的运算资源。有分析者估计 AWS 每年的销售额超过 15 亿美元。

这种计算资源为企业开展大数据行动铺平了道路。当然,企业依然可以继续投资建立以私有云为形式的自有基础设施,而且很多企业还会这样做。但是如果企业想尽快利用额外的、可扩展的运算资源,它们还可以方便、快捷地在亚马逊的公共云上使用多个服务器。如今,亚马逊 AWS 带来的结果是,大数据分析不再需要企业在 IT 上投入固定成本。如今,获取数据、分析数据都能够在云端简单、迅速地完成。换句话说,如今,企业有能力获取和分析大规模的数据——而在过去,它们则会因为无法存储而不得不抛弃它。

4.1.4 将信息变成一种竞争优势

数十年来,人们对所谓的“信息技术”的关注一直偏重于其中的“技术”部分,首席信息官(CIO)的职责就是购买和管理服务器、存储设备和网络。而如今,信息以及对信息的分析、存储和预测的能力,正成为一种竞争优势(见图 4-5)。

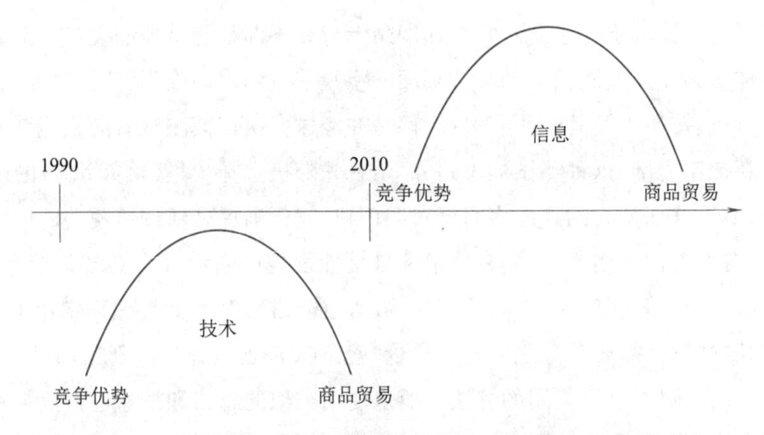

图 4-5　大数据将“信息技术”的焦点从“技术”转变为“信息”

信息技术刚刚兴起的时候,较早应用信息技术的企业能够更快地发展,超越他人。微软在 20 世纪 90 年代就树立并巩固了它的地位,这不仅得益于它开发了世界上应用最为广泛的操作系统,还在于当时它在公司内部将电子邮件作为标准的沟通机制。事实上,在许多企业仍在犹豫是否采用电子邮件的时候,电子邮件已经成为微软讨论招聘、产品决策、市场战略等事务的标准沟通机制。虽然群发电子邮件的交流在如今已是司空见惯,但在当时,这样的举措让微软较之其他未采用电子邮件的公司具有更多的速度和协作优势。

接受大数据并在不同的组织之间民主化地使用数据,将会给企业带来与之相似的优势。诸如谷歌和脸书之类的企业已经从“数据民主”中获益。通过将内部数据分析平台开放给所有跟自己公司相关的分析师、管理者和执行者,谷歌、脸书以及其他一些公司已经让组织中的所有成员都能提出跟商业有关的数据问题、获得答案并迅速行动。正如脸书的前任大数据领导人阿施什·图苏尔所言,新技术已经将我们的话题从“储存什么数据”转化到“我们怎样处理更多的数据”这一话题上了。

以脸书为例，它将大数据推广成为内部的服务，这意味着该服务不仅是为工程师设计的，也是为终端用户，即生产线管理人员设计的，他们需要运用“查询”来找出有效的方案。因此，管理者们不再需要花费几天或是几周的时间，来找出网站的哪些改变最有效，或者哪些广告方式的效果最好。他们可以使用内部的大数据服务，而这些服务本身就是为了满足他们的需求而设计的，这使得数据分析的结果很容易在员工之间共享。

我们正处在信息技术的时代，这些企业能够更快地处理数据，而公共数据资源和内部数据资源一体化将带来独特的见解，使他们能够远远超越竞争对手。正如“大数据创新空间曲线”的创始人和首席技术官安德鲁·罗杰斯所言，“你分析数据的速度越快，它的预测价值就越大”。企业如今正在渐渐远离批量处理数据的方式（即先存储数据，之后再慢慢进行分析处理）而转向实时分析数据来获取竞争优势。

对于高管们而言，好消息是：来自于大数据的信息优势不再只属于谷歌、亚马逊之类的大企业。Hadoop 之类的开源技术让其他企业可以拥有同样的优势。无论是老牌财富 100 强企业还是新兴初创公司，都能够以合理的价格利用大数据来获得竞争优势。

1. 数据价格下降，数据需求上升

与以往相比，大数据带来的颠覆不仅是可以获取和分析更多数据的能力，更重要的是，获取和分析等量数据的价格也正在显著下降。但是价格“蒸蒸日下”，需求却蒸蒸日上。这种关系正如所谓的“杰文斯悖论”[①]一样。科技进步使储存和分析数据的方式变得更有效率，与此同时，公司也将对此做出更多的数据分析——这就是为什么大数据能够带来商业上的颠覆性变化。

从亚马逊到谷歌，从 IBM 到惠普和微软，大量的大型技术公司纷纷投身于大数据；而基于大数据解决方案，更多初创型企业如雨后春笋般涌现，提供基于云服务和开源的大数据解决方案。与此同时，小公司则以垂直行业的关键应用为重。有些产品可以优化销售效率，而有些产品则通过将不同渠道的营销业绩与实际的产品使用数据相联系，来为未来营销活动提供建议。这些大数据应用程序意味着小公司不必在内部开发或配备所有大数据技术；在大多数情况下，它们可以利用基于云端的服务来解决数据分析需求。

2. 大数据应用程序的兴起

大数据应用程序在大数据空间掀起了又一轮波浪。投资者相继将大量资金投入到现有的基础设施中，又为 Hadoop 软件的商业供应商 Cloudera 等提供了投资。与此同时，企业并没有停留在大数据基础设施上，而是将重点转向了大数据的应用。

过去，企业必须利用一种由网络设备和 IT 系统中的服务器生成的脚本文件来分析日志文件。这是一种人工处理程序，IT 管理员不仅要维护服务器、网络工作设备和软件的基础设施，还要建立自己的脚本工具，从而确定因这些系统所引发的问题的根源。这些系统会产生海量的数据；每当用户登录或访问一个文件时，一旦软件出现警告或显示错误，管理者就需要对这些数据进行处理，他们

① 杰文斯悖论：十九世纪经济学家杰文斯在研究煤炭的使用效率时发现，在提高煤的使用效率方面，原本以为效率的提高能满足人们对煤的需求，然而结果是，效率越高，消耗的煤就越多，煤炭总量就会更快耗竭，人们的需求无法得到满足。即技术进步可以提高自然资源的利用效率，但结果是增加而不是减少这种资源的需求，因为效率的改进会导致生产规模扩大。这就带来了一种技术进步、经济发展和环境保护之间的矛盾和悖论。公众对杰文斯悖论可能比较陌生，但事实上，这一悖论，大到对国家的发展，小到对我们普通民众的生活都有影响。

必须弄清楚究竟是怎么一回事。

有了大数据应用程序之后，企业不再需要自己动手创建工具。他们可以利用预先设置的应用程序从而专注于他们的业务经营。比如，利用 Splunk 公司的软件，可以搜索 IT 日志，并直观看到有关登录位置和频率的统计，进而轻松地找到基础设施存在的问题。当然，企业的软件主要是安装类软件，也就是说，它必须安装在客户的网站中。基于云端的大数据应用程序承诺，它们不会要求企业安装任何硬件或软件。在某些方面，它们可以被认为是软件即服务（Software as a service，SaaS）后的下一个合乎逻辑的步骤。软件即服务是通过互联网向客户交付产品的一种新形式，现已经发展得较为完善。十几年前，客户关系管理（CRM）软件服务提供商 Salesforce 首先推出了“无软件”的概念，这一概念已经成为基于云计算的客户关系管理软件的事实标准，这种软件会帮助企业管理他们的客户列表和客户关系。

通过软件运营服务转化后，软件可以被随时随地地使用，企业几乎不需要对软件进行维护。大数据应用程序把着眼点放在这些软件存储的数据上，从而改变了这些软件公司的性质。换句话说，大数据应用程序具备将技术企业转化为“有价值的信息企业”的潜力。

例如，oPower 公司可以改变能量的消耗方式。通过与 75 家不同的公用事业企业合作，该公司可以追踪约 5 000 万美国家庭的能源消耗状况。该公司利用智能电表设备（一种追踪家庭能源使用的设备）中储存的数据，能为消费者提供能源消耗的具体报告。即使能源消耗数据出现一个小小的变动，也会对千家万户造成很大的影响。就像谷歌可以根据消费者在互联网上的行为追踪到海量的数据一样，oPower 公司也拥有大量的能源使用数据。这种数据最终会赋予 oPower 公司以及诸如此类的公司截然不同的洞察力。目前该公司已经开始通过提供能源报告来继续建立其信息资产，这些数据资源和分析产品向我们展示了未来大数据商业的雏形。

大数据应用程序不仅仅出现在技术世界里。在技术世界之外，企业还在不断研发更多的数据应用程序，这些程序将对我们的日常生活产生重大的影响。举例来说，有些产品会追踪与健康相关的指标并为我们提出建议，从而改善人类的行为。这类产品还能减少肥胖、提高生活质量、降低医疗成本。

3. 实时响应，大数据用户的新要求

过去几年，大数据一直致力于以较低的成本采集、存储和分析数据，而未来几年，数据的访问将会加快。我们来对比一下谷歌搜索结果的响应时间：2010 年，谷歌推出了 Google Instant，该产品可以在用户输入文本的同时就能看到搜索结果。通过引入该功能，一个典型用户在谷歌给出的结果中找到自己所需要页面的时间缩短为以前的 1/5 ~ 1/7。当这一程序刚刚被引进时，人们还在怀疑是否能够接受它。如今，短短几年后，人们却难以想象要是没有这种程序生活该怎么继续下去。

数据分析师、经理及行政人员都希望能像谷歌一样用迅捷的洞察力来了解他们的业务。随着大数据用户对便捷性提出的要求越来越高，仅仅通过采用大数据技术已不能满足他们的需求。持续的竞争优势并非来自于大数据本身，而是更快的洞察信息的能力。Google Instant 这样的程序就向我们演示了“立即获得结果”的强大之处。

4. 企业构建大数据战略

据 IBM 称：“我们每天都在创造大量的数据，大约是 2.5×10^{18} 个字节——仅在过去两年间创造的数据就占世界数据总量的 90%。"据福雷斯特产业分析研究公司估计,企业数据的总量每年以 94% 的增长率飙升。

在这样的高速增长之下,每个企业都需要一个大数据路线图,至少,企业应为获取数据制订一种战略,获取范围应从内部计算机系统的常规机器日志一直到线上的用户交互记录。即使企业当时并不知道这些数据有什么用,他们也要这样做,或许随后他们会突然发现这些数据的作用。正如罗杰斯所言,"数据所创造的价值远远高于最初的预期——千万不要随便将它们抛弃"。

企业还需要制订一个计划来应对数据的指数型增长。照片、即时信息以及电子邮件的数量非常庞大,而由手机、GPS 及其他设备构成的"传感器"所释放出的数据量甚至更大。在理想情况下,企业应让数据分析贯穿于整个组织,并尽可能地做到实时分析。通过观察谷歌、亚马逊、脸书和其他科技主导企业,你可以看到大数据之下的种种机会。管理者需要做的就是往自己所在的组织中注入大数据战略。

成功运用大数据的企业给大数据世界添加了一个更为重要的因素:大数据的所有者。大数据的所有者是指首席数据官(CDO)或主管数据价值的企业高层。如果你不了解数据意味着什么,世界上所有的数据对你来说将毫无价值可言。拥有大数据所有者不仅能帮助企业进行正确的策略定位,还可以引导企业获取所需的洞察力。谷歌和亚马逊这样的企业应用大数据进行决策已有多年,它们在数据处理上已经取得了不少成果。而现在,你也可以拥有同样的能力。

4.1.5 市场动态

全球经济因为众多因素而处于众多不确定的时期。人们普遍相信世界上主要发达国家的经济越来越相互依存,紧密纠缠在一起。换句话来说,它们由众多经济系统组成了一个更大的系统。同样,全球的公司都在改变它们关于自我认知和独立性的看法,因为它们意识到自己同样也被各种复杂的产品和业务网紧紧地联结在一起。

出于这个原因,公司需要扩大其商业智能活动的规模,且不仅仅局限于对公司信息系统所提供的内部信息的反思。它们需要开放胸怀去迎接外部数据源,并由此来感知市场以及完成自我定位。对于一家公司来说,认识到引进外部数据能为其内部数据带来丰富的信息,可以使得它更轻易地从总结的层面,转变为深入洞察的层面,从而提升分析结果的含金量。一旦有了合适的、能支持复杂的模拟性能的工具,公司就能得出富于前瞻性的结果。假若这样,这种工具不仅搭起了知识与智慧间的桥梁,同样也提供了具有建议性的分析结果,而这便是大数据的力量——能极大丰富一个公司的视野,远超其仅仅依赖于内省而得到的视角。从当初仅能通过只言片语推断市场情绪相关的信息,到能真真切切感知到市场本身。

托马斯·达文波特及劳伦斯·普鲁萨克在他们的书籍《工作知识》中提出了广为接受的数据、信息及知识的有效定义。根据达文波特和普鲁萨克所说,"数据是事件的一系列离散的、客观的事实"。从商业方面来讲,这些事件是发生在一个组织的业务流程和信息系统中的——它们代表了与商业实体相联系的工作的产生、更改以及完成。比如说,订单、货运单、通知单以及客户地址的更新。这些事件,是现实世界中的活动在公司信息系统的关系型数据库中的反映。达文波特和普鲁萨克进一步将信息定义为"有意义的数据"。被置于语境中的数据能够起到交流的作用,它传递了信息并且提醒了接收者——不管是人类还是系统。信息经由知识生成的经验及洞察力而丰富。作者陈述到:“知识是一种有组织的经验、价值观、相关信息及洞察力的动态组合,该组合的框架可以不断地评价和吸收新的经验和信息。”

这种从后知后觉到有先见之明的转变可以通过图4-6所示的DIKW(数据、信息、知识、智慧)金字塔来进行理解。注意图中,“智慧”作为三角形的顶端,但是它的存在并不是普遍认为的由ICT(Information,Communication,Technology,信息、通信和技术)系统产生的。相反,“知识”工作者们提供了必要的洞察力和经验来为“知识”搭建起一个框架,从而“知识”汇集而形成“智慧”。在商业环境内,技术是用来支持“知识”的管理的,员工也有责任在工作中运用他们的竞争力和智慧,并落实到行动中。

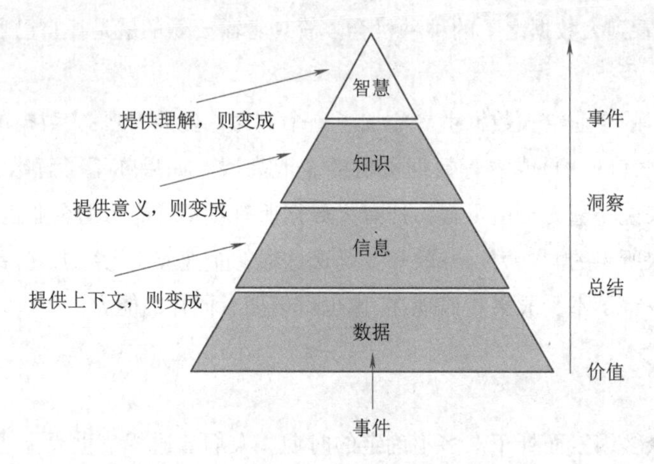

图4-6　DIKW金字塔展示了数据是如何通过上下文被丰富,从而创造信息,有意义的信息足以创造知识,而知识集结起来产生智慧

4.1.6　业务架构

人们已经渐渐意识到了太多的公司企业架构仅仅是没有远见地复制其技术架构。为了要在IT高地中占有一席之地,业务架构已经成为与技术架构互补的条件。未来的目标是企业架构会综合业务架构与技术架构而全盘考虑。业务架构提供了一种具体地表达业务设计的方法,业务架构会帮助一个组织将其战略远景与底层执行相统一,不管是技术还是人力资源。因此,业务架构包括了从抽象概念到具体概念的联结,这里的抽象概念有业务目标、前景、策略等,具体概念有业务服务、组织架构、关键绩效指标和应用服务等。

这些联结作用是十分重要的,因为它们为如何将业务与其相关的信息技术联合起来提供了指导。一个公认的观点是:公司运作如同一个分层的系统:顶层由首席执行者及咨询团队所组成;中间层由战术层与管理层来掌舵,使公司的具体运行不与其战略要求相悖;底层是操作层,在此执行业务的关键环节并向顾客提供价值。这三层均有各自的独立性,但是每一层的目标都受到上一层的影响,并经常直接由上一层所决定,换句话说,是一种自上而下的结构。从旁观的角度来看,信息却是通过大量衡量尺度的聚集自下而上进行流动的。监控着操作层的业务活动产生了对业务和流程都适用的绩效指标(PI)与尺度。它们合起来形成了战术层所需要使用的关键绩效指标(KPI)。然而这些关键绩效指标又会在决策层与关键成功因素(CSF)结合,用来帮助衡量为了实现战略目标所做出的成果。

如图4－7所示,大数据在公司组织架构的每一层都与业务架构有所联系。大数据能够提高价值,因为它通过外部视角的集成提供了更多的相关信息,可以对数据转化为信息起到帮助作用,同时也能提供从信息中提炼知识的方法。比如说,在操作层,大量的衡量尺度聚集,但那仅仅反映出在这项业务里发生了什么。本质上,我们是通过商业概念以及相关信息将数据转化,从而获得信息的。而这些信息会被管理层使用,通过职员绩效的角度来回答关于业务是如何展开的问题,换句话说,给予这些信息以意义。这些信息可能会被得到补充,用来解释为何业务处于如今这个水平。当有了这些知识后,决策层就能够有更深入的洞察力,知道为了纠正或提高业绩需要改变或采用哪些策略。

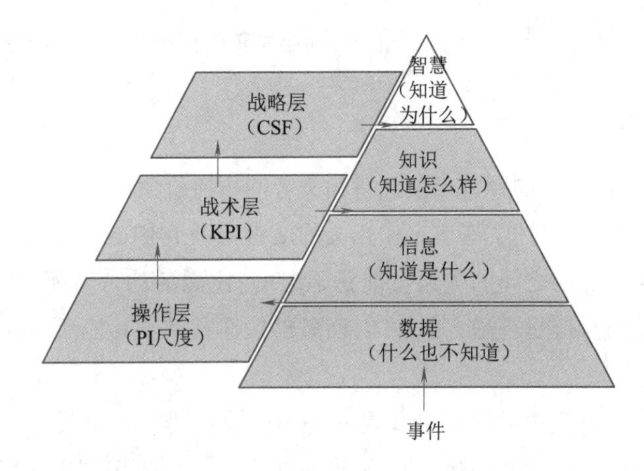

图4－7　DIKW金字塔阐述了战略层、战术层和操作层之间的分工合作

正如同每一个分层系统一样,这些层级的变化速度往往并不一样。在商业企业的例子中,决策层往往是变动最慢的层级,而操作层是变动最快的层级。变化慢的层级为变化快的层级保证了稳定性和发展方向。在传统的组织架构中,管理层的作用是使得操作层的发展方向不与决策团队所制定的战略目标相违背。因为这种在变动速度方面的差异,可以认为这三个阶层分别负责战略执行、业务执行以及流程执行。每一个阶层都基于不同的尺度与衡量标准,并由不同的可视化结果与汇报展示所表现。比如说,决策层可能会依赖于平衡记分卡,而管理层会使用关键绩效指标与职工业绩的可视化结果,最后,操作层则是依靠完成业务流程的可视化结果和状态来汇报并展示自己的表现。

如图4－8所示,这是"知识的解剖"图表的变体,展示了一个组织应该如何通过一个反馈环来创建一个良性循环以实现组织阶层之间的联结与共鸣。在图表的右侧,决策层会依照管理层战略、政策以及目标这些限制条件来做决策,以形成判断。战术层随即会将这份信息分级,以产生不同的权重和符合公司方向的措施。这些措施会调整操作层对于业务的执行。接下来会使内部利益相关者和外部的顾客在交付业务服务时的经历发生很大的改变。这份改变,或者说结果,应该在即将集成到关键绩效指标(KPI)中去的绩效指标(PI)的数据中看见。关键绩效指标可以与关键成功因素聚合,从而使得决策队伍的人员得知他们的策略是否奏效。随着时间的发展,由决策层与管理层在这个循环中所注入的判断及措施使业务服务的开展更为精炼。

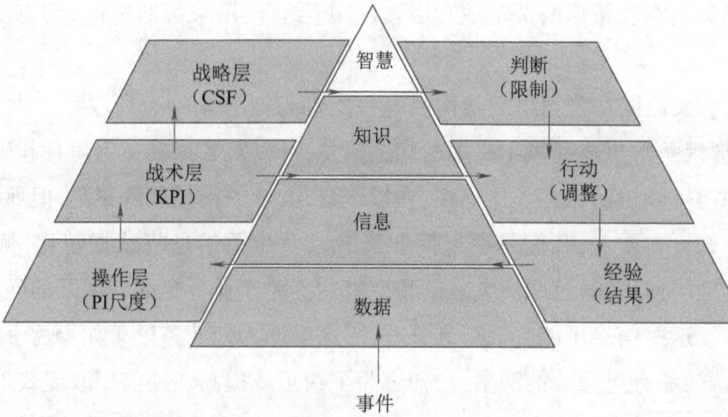

战略层
（CSF）
智慧
判断
（限制）
知识
战术层
（KPI）
行动
（调整）
信息
操作层
（PI尺度）
经验
（结果）
数据
事件

图4－8　一个通过反馈循环而将组织不同层级联合起来的高品质循环圈的建立

4.1.7　业务流程管理

随着业务流程被执行，业务向顾客以及利益相关者们传递价值。一项业务流程描述了在一个组织里，工作是如何完成的。它描述了所有工作相关的活动以及它们的关系，以及相对应的组织里的执行者和相关资源。这些活动之间的关系可能是临时的，比如活动A在活动B前被执行。这些关系同样也能够描述活动的执行是否是有条件的，而条件往往是基于其他活动或者项目流程之外的事件所产生的结果与约束。

业务流程管理通过采用流程优化技术来提升公司的执行力。业务流程管理系统（BPMS）给软件开发者们提供了一个模型驱动的平台，这个平台正在成为业务应用开发环境（BADE）的选择。一份业务应用需要在人员和其他的技术主导的资源中进行调停，执行起来符合公司条例，以及保障职员的公平分工。作为一个业务应用开发环境，一项业务流程的模型要与组织角色、结构的模型、业务实体以及它们的关系，还有商业规律和用户界面相结合。开发环境将这些模型全部集成起来以创建一个能够管理工作流程和工作量的业务应用。这个业务应用在一个执行环境里完成，而这个环境能确保公司条例和安全性，并且为长期的业务流程提供状态管理。不管是单独的流程，还是全部的流程，它们的状态都能经受住业务活动监控（BAM）的质询，并且能够可视化。

当业务流程管理与智能的业务流程管理系统相结合以后，流程就能够以一个目标驱动的方式来执行。目标是与流程碎片之间有联系的，而这些流程碎片又是基于对目标的估价而进行动态选取与配置的。当大数据分析结果与基于目标的行为一起运用时，业务流程的执行就能够变得适应市场与环境条件。举一个简单的例子，一个顾客联系流程有着能通过电话、电子邮件、文本信息以及传统的邮件的方式来联系顾客的流程碎片。在最初，选择何种方式来联系顾客是并未经过权衡的，选择哪种方式都是随机的。然而，幕后一直在进行着以统计顾客回应的分析结果来衡量联系方式的有效性。

分析结果是与选择合适的联系方式的目标紧密相连的。一旦有明显的偏好，权重便会朝着有利于达成最好的回应的联系方式改变。一份更加充满细节的分析能够对客户聚类产生影响，将单独的客户划归到群组里去，而一个衡量的维度就是联系方式。在这种情况下，联系客户的精度就能得到提高，这为实现一对一的有目标的市场营销打开了一扇大门。

【作　业】

1. 传统商业几乎仅仅是由其信息系统的(　　)所驱动的,但如今的公司想要在更像生态系统的市场中实现其业务模型,仅仅这样是不够的。

A. 统计数据　　B. 原始数据

C. 内部数据　　D. 外部数据

2. 如今,商业组织需要通过吸收(　　)来直接感知那些影响其收益能力的因素。这种情况导致了“大数据”数据集的诞生。

A. 外部数据　　B. 原始数据

C. 内部数据　　D. 统计数据

3.《纽约时报》把2012年称为“大数据的跨界年度”?大数据之所以会在2012年进入主流大众的视野,缘于三种趋势的合力,而下列(　　)不是这“合力”之一。

A. 许多高端消费公司加大了对大数据的应用

B. 脸书与领英两家公司都是在2012年上市的

C. 2012年诞生了谷歌与亚马逊公司

D. 商业用户,例如亚马逊、脸书、领英和其他以数据为核心的消费产品,也开始期待以一种同样便捷的方式来获得大数据的使用体验

4. 谷歌(Google)很早就开始实施的一系列大数据方法是大多数企业根本不曾具备的。但下列(　　)不是谷歌大数据的优势之一。

A. 拥有一支软件工程师队伍,他们能为企业提供前所未有的大数据技术

B. 谷歌拥有强大的基础设施

C. 谷歌拥有大量的机器数据,拥有搜索以及其他许多获取数据的途径

D. 谷歌拥有Linux、UNIX操作系统的专利

5. 数十年来,人们对所谓的“信息技术”的关注一直偏重于其中的(　　)部分,首席信息官(CIO)的职责就是购买和管理服务器、存储设备和网络。而如今,信息以及对信息的分析、存储和预测的能力,正成为一种竞争优势。

A. 技术　　B. 信息　　C. 预测　　D. 数据

6. 接受大数据并在不同的组织之间民主化地使用数据,将会给企业带来(　　),从“数据民主”中获益。

A. 困难　　B. 限制　　C. 优势　　D. 退步

7. 大数据带来的颠覆,使“价格‘蒸蒸日下’,需求却‘蒸蒸日上’”,这指的是(　　)。

A. 计算机价格越来越便宜,人们都去买计算机了

B. 智能手机越来越便宜,人们都去买手机了

C. U盘和移动硬盘越来越便宜,人们都去买移动存储介质了

D. 科技进步使储存和分析数据的方式变得更有效率,同时,公司也将做出更多的数据分析

8. 过去,企业必须利用一种由网络设备和IT系统中的服务器生成的脚本文件来分析日志文件,IT管理员不仅要维护服务器、网络工作设备和软件的基础设施,还要建立自己的脚本工具,从而确定因这些系统所引发的问题的根源。有了(　　)之后,企业不再需要自己动手创建工具,他们可以利用预先设置的应用程序从而专注于他们的业务经营。

A. 办公自动化程序　　B. 大数据应用程序
C. 网络自动分析程序　　D. 物联网应用程序

9. 近年来,大数据一直致力于以较低的成本采集、存储和分析数据,而未来几年,(　　)。

A. 数据的访问将会加快　　B. 数据的采集将会更便宜
C. 数据的存储将会更便宜　　D. 数据的分析将会更昂贵

10. 在理想情况下,企业应让数据分析贯穿于整个组织,并尽可能地做到(　　)。

A. 实时分析　　B. 随机存储
C. 做好备份　　D. 延时分析

11. 在经济全球化大背景下,公司应该扩大其商业智能活动的规模,且不仅仅局限于对公司信息系统所提供的内部信息的反思。它们需要开放胸怀去迎接(　　)。

A. 大数据源　　B. 核心数据源　　C. 外部数据源　　D. 生物数据源

实训操作　理解采用大数据的商业动机

1. 实训步骤

(1)为什么说2012年是“大数据的跨界年度”?

答:____

____

____

____

(2)在大数据业务方面,谷歌公司的主要优势有哪些?

答:____

____

____

____

(3)互联网零售商亚马逊是大数据应用的领先企业,同时也是一个推行大数据的大型技术公司,亚马逊是如何成为世界级大数据技术企业的?

答:____

____

____

____

(4)数十年来,人们对所谓的“信息技术”的关注一直偏重于其中的“技术”部分,首席信息官(CIO)的职责就是购买和管理服务器、存储设备和网络。而如今,信息以及对信息的分析、存储和预测的能力，正成为一种竞争优势。请您举例进一步阐述这个观点。

答：____

____

____

____

2. 实训总结

____

____

____

____

3. 教师实训评价

____

____

____

____

任务4.2 理解大数据规划考虑

导读案例 Google 搜索算法告诉你，如何将一个人变成傻瓜

最近在Google图片上搜索“idiot”(傻瓜)，会发现第一屏图片大多数都是美国总统特朗普。造成这个搜索结果的，是美国版天涯+贴吧“Reddit”的网友们，他们将大量特朗普的照片与“idiot”这个词语联系起来，并让大家都在带有这些内容的帖子上“点赞”。但更早的导火索，并不是Reddit。早前特朗普前往伦敦访问时，美国绿日乐队创作的歌曲《美国白痴》(American Idiot)，就被网友们推到了英国流行音乐排行榜的榜首。

如今，那些被推到了Reddit热门的帖子会出现在“互联网的前线”——Google搜索上，并最终影响搜索结果。这种做法被称为“Google炸弹”(Google Bombing)，其实是一种搜索优化方式，也就是我们常说的SEO(Search Engine Optimization，搜索引擎优化)，即通过利用搜索引擎的算法规律，将网站、字段、图片与特定的关键词联系在一次，让预设的内容得到更加靠前的搜索排名。

这不是Google第一次遇上公众人物被网友投放“Google炸弹”，但Google并不会去干涉搜索结果。早在2004年一个关于犹太人的搜索结果引来争议时，Google并没有将那些受争议的图片移除，而是在这些内容旁边解释了他们搜索算法的规则。

一个网站在Google搜索结果中的排行，由算法基于所输入的查询语句，通过对上千种相关因素运算而出。由于影响搜索结果的因素繁多，“有时候，一些很微妙的语言，会导致我们所没法预测的搜索结果出现”。不过多年来，Google也在不断更新搜索算法，而不是修修补补。

(资料来源：科技-腾讯网)

阅读上文,请思考、分析并简单记录:

(1)什么是"Google 炸弹"?请简单阐述。

答:____

____

____

____

(2)你知道还有哪些类似的"Google 炸弹"现象吗?

答:____

____

____

____

(3)你认为"Google 炸弹"现象未来会得到控制还是得到发展?为什么?

答:____

____

____

____

(4)请简单描述你所知道的上一周内发生的国际、国内或者身边的大事。

答:____

____

____

____

任务描述

(1)了解信息与通信技术、云计算、物联网等知识对大数据方法的驱动力。

(2)熟悉数据获取与数据来源、隐私与安全等大数据规划考虑的知识。

(3)熟悉大数据管理的性能要求与管理需求。

知识准备 大数据的规划考虑

大数据项目在本质上是战略性的,并且应该是由业务驱动的。采用大数据可能具有变革性,但更常见的是具有创新性。变革性活动是一种旨在提高效率和有效性的低风险行为,而对于创新性活动而言,由于其会让产品、服务和组织的结构从根本上发生变化,项目的组织者需要在心态上产生变化。大数据应用具有促使这种心态变化产生的作用。创新性活动需要谨慎的心态:过多的控制往往会扼杀创新的主动性,使结果不那么令人满意;过少又会让一个意图明确的项目变成一个无法产出令人满意结果的科学实验。

鉴于大数据本身的性质及其分析能力,在项目开始的时候就有许多的问题需要考虑和规划。例如,任何新技术的采用都需要在某种程度上符合现有的标准。从数据集的获取到使用,来跟踪其出处的问题往往会成为组织的一个新要求。数据处理的过程中谁的数据被操作,谁的身份信息被泄露,这些隐私信息的管理必须提前进行规划。大数据甚至提供了额外的机会将信息从内部环境迁移到远程的可变云端环境中。事实上,以上所有的考虑都需要组织鉴别并建立一套严格的管理流程和决策框架,从而保证责任方能够真正理解大数据的性质、含义和管理需求。

4.2.1 信息与通信技术

随着信息技术与通信技术的不断快速发展,如今,云计算能够为一份大数据解决方案提供三项必不可少的材料:外部数据集、可扩展性处理能力和大容量存储。我们将在后面深入讨论"大数据在云端"的相关知识。在这一节中,我们先来考查加快了大数据在商业中应用的一些信息与通信技术。

1. 数据分析与数字化

为了找到新的洞察力,以实施更为高效的行动,使得管理过程能够前瞻性地把控业务、最高管理层能够更好地制定和达到他们的战略方案,企业正在不断收集、获取、存储、管理和处理不断增加的海量信息。最终,企业寻找新的方法以获取竞争优势,因此,对于能够抓取有意义信息的技术的需求在不断上升。计算方法、统计技术以及数据仓库已经能够携手合作,也能分别运用各自独有的核心技术以完成大数据分析。这些领域实践上的成熟催生并促进了当代大数据解决方案、环境和平台所需求的核心功能。

对许多公司来说,数字媒体已经取代了物理媒体成为实际运用的交流与交付机制。数字产品的应用节省了时间和成本,数字产品的分布依赖于早已存在的、遍布各地的互联网基础设施的支持。当用户通过自身的数字产品与一项业务相连接时,便会产生能够收集辅助信息的机会。比方说,要求一位用户提供反馈,完成一份表单,或仅仅是提供一个钩子程序来展示一份相关广告并追踪它的点击率。收集辅助信息对业务来说十分重要,因为挖掘这个信息能够实现定制化的营销、自动推荐以及优化产品特征的发展。

2. 开源技术与商用硬件

商用硬件的流行使得大数据解决方案可以在不用大量资本投资的情况下在业务中获得应用。能够存储和处理各式大量信息的技术已经变得越来越经济。另外,大数据解决方案经常在商用硬件上利用开源软件,以进一步削减成本。商用硬件与开源软件的结合几乎终结了大企业过去由于拥有着大量的预算而对其他规模较小的竞争者们使用"烧钱"战略的优势。技术已经不再带来竞争优势,相反,它仅仅只是业务实施的平台。从商业的角度来看,能够利用开源技术与商用硬件来产生分析结果,并用它进一步优化业务的执行流程,才是通往竞争优势的大门。

3. 社交媒体

社交媒体的出现使得顾客们能够通过公开、公共的媒介,近乎实时地提交自己的反馈。这种转变使得各大公司在考虑它们战略规划中的服务和产品供给时,加入了顾客反馈的因素。因此,公司将与日俱增的、由顾客交互产生的大量数据储存在它们的客户关系管理系统(CRM)内,这些数据来自社交媒体网站的顾客评论、抱怨和嘉奖。这些信息成就了大数据分析算法,使得它能够表达用户的想法,以此来提供更好的服务,增加销售量,促成目标营销,甚至是创造新的产品和服务。公司已经意识到了品牌形象塑造不再由内部营销活动所全权支配,相反,产品品牌和公司名誉是由公司和它的顾客共同创造。基于这个原因,各大公司对来自于社交媒体和其他外部信息源的公共信息集越来越感兴趣。

4. 超连通社区与设备

因特网的广泛覆盖以及蜂窝与 Wi-Fi 网络的迅速普及,使得越来越多的人和他们的设备能够在虚拟社区中持续在线。伴随着能够连通网络的传感器的普及,物联网的基础架构使得一大批智能联网设备成型,这也导致了可用数据流的大量增长。其中一些流是公共的,而另外一些则直接通往分析公司。举例来说,与采矿业中使用的重型设备有关的基于性能的管理合约能够激发预防和预测性维护的最佳性能,其目的是减少计划之外的故障检修的需要,且避免由之耗费的停工时间。而这需要对设备产生的传感器读数进行具体分析,来对那些可以通过提前安排维护服务而解决的问题进行早期检测。

4.2.2 万物互联网

信息与通信科技、市场动态、业务架构以及业务流程管理这些行业的进步汇聚起来,为如今被称为万物互联网(IoE,简称“物联网”)的产生带来了机遇。物联网将由智能联网设备提供的服务结合起来并转化为有意义的、拥有着提供独特和充满差别的价值主张能力的业务流程。物联网是创新的平台,孕育了新产品、新服务和商业的新利润源。而大数据正是物联网的核心部分。运行在开源技术与商用硬件上的超连通社区与设备,产生了能在可延伸的云计算环境中进行分析的数字化数据。这些分析的结果能够产生有前瞻性的见解,例如当前流程会产生多少价值,以及这个流程是否应该提前寻觅机会来进一步地完善自己。

专注于物联网的公司能够提升大数据方法来建立或优化工作流程并将之作为外包业务流程提供给第三方。正如在 2011 年由 Roger Burlton 所编辑的“业务流程声明”中所写的,一个组织的业务流程正是为其顾客和其他股东产生价值成果的源头。结合了对流数据和顾客环境的分析,这种将业务流程的执行与顾客的目标相关联的能力将是未来世界哪家公司能脱颖而出的关键。

在当今传统农业设备大行其道的环境下,一个从物联网中受益的例子就是精细农业。当所有设备连接在一起成为一个系统时(如 GPS 控制牵引车,土壤湿润与施肥传感器,按需灌溉、施肥和施药,以及变量播种等设备全部集合起来),便能在成本最小化的同时最大化土地产出。精细农业提供了挑战工业单一耕作农场的另一种耕种方法。有了物联网的帮助,一些小型农场能够通过提高作物种类和对环境敏感的实践来与大农场相抗衡。除了拥有智能联网的农业设备外,大数据分析设备和现场传感器数据可以驱动一个决策支持系统,以引导农民充分利用他们的机器达到土地最佳产量。

4.2.3 数据获取与数据来源

大数据框架并不是完整的一套解决方案,为了让数据分析的结果创造价值,企业需要数据管理和相应的大数据管理框架。对于负责实施、定制、填充和使用大数据框架的人来说,完善的工作流程和优秀的职业技能是非常必要的。此外,针对大数据解决方案的数据质量需要进行评估。

无论是多好的大数据解决方案,过时、无效或是不确定的数据都会导致低质量的输入,低质量的输入则会产生低质量的结果。大数据环境的持续周期也需要提前进行计划。使用者需要定义一个路线图来确保任何使用环境的扩展都提前准备好以保持与企业需求的同步。

由于可以使用开源平台和商用硬件,大数据的获取本身是十分经济的。但是,也可能会有大量的预算被用于获取额外的数据。商业性质会使这些额外的数据变得非常有价值,采用数据的数量越大、种类越多,从这种模式中挖掘出隐藏信息的可能性越大。

额外的数据包括政府数据资源和商用市场数据资源。政府提供的资源(如地理数据)可能是免费的。但是,大多数商业相关的数据需要购买,同时,为了确保能够第一时间获取到数据集的更新,我们还需要持续地付款订购。

数据的来源会涉及数据从何而来以及数据如何被加工等信息。来源信息能够帮助使用者确认数据的可靠性与质量,还能用来进行审计操作。在对大量数据进行获取、联合以及实行多重处理的同时,要保存这些数据的来源信息是一项复杂的任务。在分析生命周期的不同环节,数据会因为被传输、加工和储存而处于不同的状态。这些状态与传输中的数据(data-in-motion)、使用中的数据(data-in-use)和储存的数据(data-at-rest)的概念一致。重要的是,无论何时,只要大数据改变了自身的状态,都必须触发对数据来源信息的获取,数据来源信息将作为元数据记录下来。

在数据进入分析环境时,它的来源信息记录会被获取的系谱记录信息所初始化。最终,获取来源信息是为了能够使用源数据知识来推理出生成的分析结果,并且推理出哪些步骤或算法被用来处理那些导致结果的数据。来源信息对于认识数据分析结果的价值来说至关重要。很多的科学研究项目,如果其结果经不起推敲且不能复现,那么这些结果就会失去其可信度。当来源信息如图4-9所示,从生成分析结果的过程中获取,那么,这些结果就会更可信,从而更放心地使用。

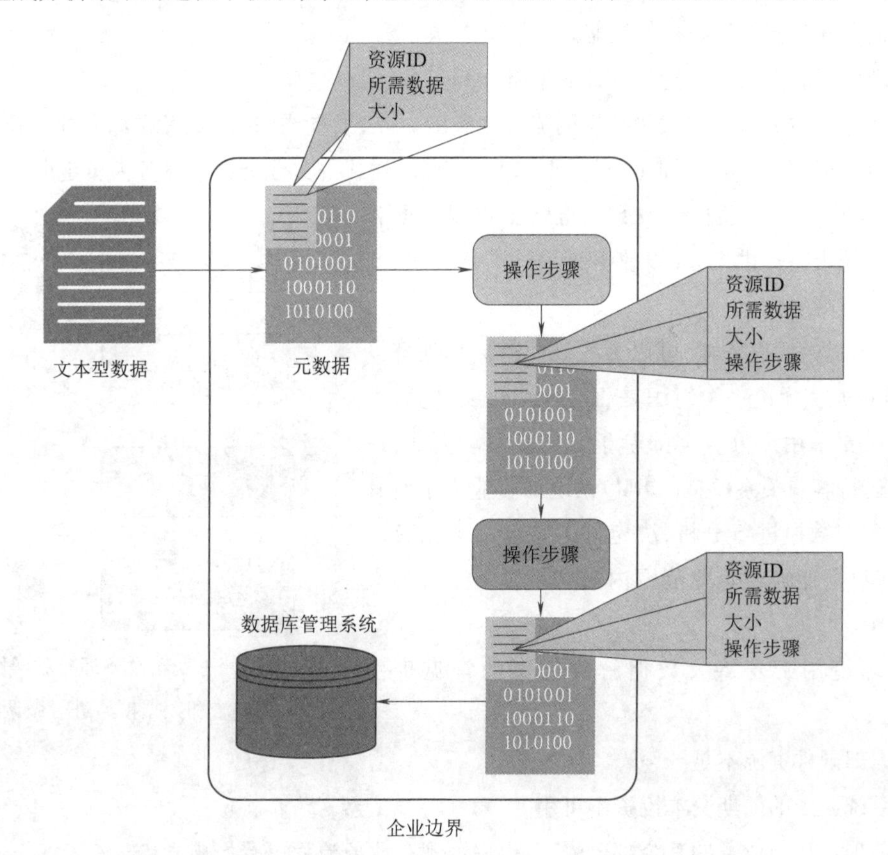

图4-9 数据可能需要使用数据集属性和其经过的操作流程的细节来进行注释

4.2.4 不同的性能挑战

仪表板或者其他需要流数据和警告的应用,经常要求实时或者接近实时的数据传输。很多的开源大数据解决方案与工具是批处理形式的。但是,现在有一套新的具有实时处理能力的开源工具用于支持流数据分析,很多现有的实时数据分析解决方案可供公众使用。在事务性数据到达时,或是与先前的概要数据进行结合时,我们往往会采用这些方法来获取接近实时的结果。

由于一些大数据解决方案需要处理大量的数据,性能经常成为问题。例如,在大数据集上执行复杂的查询算法会导致较长的查询时间。另一个性能挑战则与网络带宽有关。随着数据量的不断增加,单位数据的传输时间可能超过数据的处理时间。

4.2.5 不同的管理需求

大数据解决方案访问数据和生成数据,所有这些都会变成有价值的商业资产。为了保证数据和解决方案环境以一种可控制的方式受到较好的管理,一个数据管理框架是非常必要的。

大数据管理框架的内容包含:

- 数据加标签与使用元数据生成标签的标准。
- 规范可能获得的外部数据类型。
- 关于管理数据隐私和数据匿名化的策略。
- 数据源和分析结果归档的策略。
- 实现数据清洗与过滤指导方针的策略。

为了控制大数据解决方案中数据的流入和流出,方法很重要,它需要考虑如何建立反馈循环使处理过的数据能够进行重复细化(见图4-10)。例如,迭代的方法能够使商务人员定期为IT人员提供反馈,每个反馈周期通过修改数据准备工作或数据分析步骤为系统求精提供机会,以改善结果的准确性,为商业活动提供更高的价值。

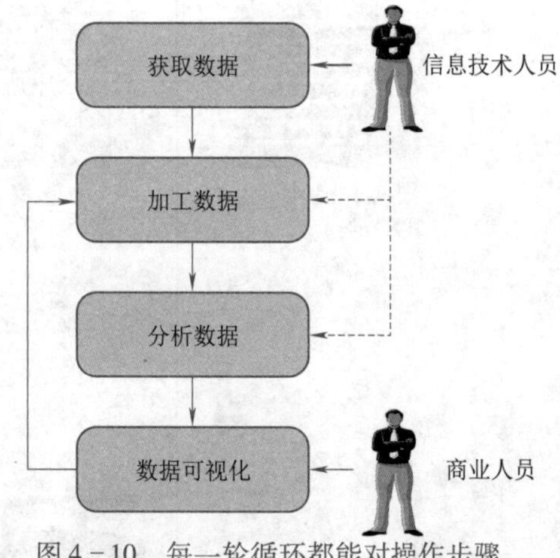

图4-10 每一轮循环都能对操作步骤、算法和数据模型进行微调

此外,云提供远程环境,可以为大规模存储和处理提供IT基础设施。无论一个组织是否已经启用云计算,大数据环境需要采用部分或全部基于云的托管。例如,一个在云端运行客户关系模型(CRM)系统的企业为了对其客户关系模型数据进行分析,决定加入一套大数据解决方案,这些数据能够在企业范围内被共享到其主要的大数据环境中。

将云环境用于支持大数据解决方案的常见理由包括:

(1)内部硬件资源不足。

(2)系统采购的前期资本投资不可用。

(3)该项目将与业务的其余部分隔离,以保证现有业务流程不受影响。

(4)大数据计划作为概念验证。

(5)需要处理的数据集已经在云端。

(6)大数据解决方案内部可用计算和存储资源的限制。

【作　业】

1. 如今,企业对于能够抓取有意义信息的技术需求在不断上升,(　　)已经能够携手合作,也能分别运用各自独有的核心技术以完成大数据分析。这些领域实践上的成熟催生并促进了当代大数据解决方案、环境和平台所需求的核心功能。

   A. 计算方法、统计技术以及数据仓库

   B. 软件工程、软件测试以及软件维护

   C. C 语言、Java 语言以及 Python 语言

   D. CRM、SCM 以及 MIS

2. 当用户通过自身的数字产品与一项业务相连接时,便会产生能够收集辅助信息的机会,这对业务来说十分重要,因为挖掘这个信息能够实现(　　)。

   A. 充分发挥模拟数据对企业进步的作用

   B. 让模拟信息驱动企业自动化发展

   C. 定制化的营销、自动推荐以及优化产品特征的发展

   D. 连接模拟互联网络,推动信息互联

3. 大数据解决方案经常在商用硬件上利用(　　),以进一步削减成本,并进一步优化业务的执行流程,打开通往竞争优势的大门。

   A. 办公软件　　B. 开源软件　　C. 系统软件　　D. 驱动软件

4. 社交媒体的出现已经使得顾客们能够通过公开、公共的媒介,近乎实时地提交自己的反馈。公司将与日俱增的、由顾客交互产生的大量数据储存在他们的(　　)。这些信息成就了大数据分析算法,使得它能够表达用户的想法,以此来提供更好的服务,增加销售量,促成目标营销,甚至是创造新的产品和服务。

   A. SCM　　B. Linux　　C. MIS　　D. CRM

5. 伴随着能够连通网络的传感器的普及,物联网的基础架构使得一大批智能联网设备成型,(　　)。

   A. 导致了信息系统运行费用的大量增长

   B. 导致了信息系统运行速度的大量下降

   C. 导致了可用数据流的大量增长

   D. 导致了可用数据流的大幅减少

6. 云计算能够为一份大数据解决方案提供三项必不可少的材料,但以下(　　)不是其中之一。

   A. 潜在的能量　　B. 外部数据集

   C. 可扩展性处理能力　　D. 大容量存储

7. 信息与通信科技、市场动态、业务架构以及业务流程管理这些行业的进步汇聚起来，为(　　)的产生和发展带来了机遇。

A. 网际网　　B. 内联网　　C. 外联网　　D. 物联网

8. 物联网是创新的平台，孕育了新产品、新服务和商业的新利润源。而大数据正是物联网的(　　)部分。

A. 辅助　　B. 核心　　C. 外联　　D. 扩展

9. 除了企业内部的数据资源之外，企业大数据分析所需要的额外数据包括(　　)。

A. 集团公司所属子公司的办公信息资源

B. 企业历年累计的历史信息资源

C. 政府数据资源和商用市场数据资源

D. 企业产品在全球范围内的销售与维护信息

10. 解决组织和个人的隐私泄露问题需要对数据积累的本质和数据隐私管理有深刻的理解，同时也要使用一些(　　)。

A. 数据标记化和匿名化技术　　B. 黑客检测与防范技术

C. 垃圾邮件的检测与清理技术　　D. 密码与口令保护技术

实训操作　ETI 公司掌握大数据规划方法

1. 案例分析

ETI 公司的高级管理委员会调查了公司衰退的财务状况，认识到公司如今的许多问题本可以早些检测到的。如果战术层的管理者们能够有更清醒的意识，他们本可以提早采取措施来避免损失。这种提前警醒能力的缺乏是由于 ETI 未能察觉市场动态已经发生变化。采取新科技来处理业务和设置溢价的竞争者们搅乱了市场，并夺取了 ETI 业务的份额。与此同时，ETI 公司缺乏复杂的欺诈检测系统这一缺陷也被不道德的客户甚至是有组织的犯罪集团所利用。

高管团队向行政管理团队报告了他们的发现，接下来，为了实施之前制定的战略目标，一套新的公司转型与创新优先顺序被制定，它们将被用来指导和分配公司资源，来产生将来会提高 ETI 盈利能力的解决办法。

考虑到转型，业务流程管理条例将会被采用，用来记录、分析和提升业务处理。这些业务流程模型将会用于一个业务流程管理系统(BPMS)中。BPMS 是一个流程自动化框架，保证流程的持续和自动化执行。这会帮助 ETI 展示法规遵从性。另外一个使用 BPMS 的好处是业务处理的可追踪性使得追踪哪位员工处理了哪项业务成为可能。尽管还没有被证实，但是有诸如此类的怀疑，比如一部分的欺诈性业务可能追踪到公司内部的员工。换句话说，BPMS 不仅仅会提升满足外部法规遵从性的能力，还会加强 ETI 内部操作流程和工作实践的标准。

风险评估和欺诈检测的能力将会由于新型大数据科技的应用而获得提升，而这些大数据科技能够产生相关分析结果，帮助做出基于数据驱动的决策。风险评估结果将会通过提供风险评估度量的方式来帮助精算师减少他们对于直觉的依赖。此外，欺诈检测的输出将会被引入自动索赔业务处理流程。欺诈检测的结果同样将被用来将可疑的索赔引入有经验的索赔调整器。这些调整器能够依据ETI的索赔责任书来进一步仔细评判一项索赔的性质以及它具有欺诈性的可能性。随着时间的推移,这种人工处理能够导向更好的自动处理,因为索赔调整器的决策会被BPMS追踪并用来创建索赔数据的训练集,其中包括了这项索赔是否被视为欺诈性的决定。这些训练集将会增强ETI实施预测性分析的能力,因为这些训练集能被一个自动分类器所使用。

当然,决策者们也意识到他们是不能够一直不停地优化ETI的业务执行的,因为还没有使数据丰富到能够产生知识的层次。而这个原因最终被归结于对于业务架构缺乏理解。对公司而言,决策者们理解到他们一直将每一项测量标准看作一份关键绩效指标(KPI)。这会产生许许多多的分析,但是由于缺乏重点,导致它并不能展示应有的价值。但是一旦理解到KPI是高层次的度量标准且不是每种度量都能被称为KPI后,决策者们才能够同意一些度量应该是由战术层来监管。

此外,决策者们往往在将业务执行与战略执行联合起来的方面有问题。而这种现象的产生一部分是由于对于关键成功因素(CSF)的定义出现了错误。战略目的和目标是由CSF来进行评估的,而并非是KPI。将关键成功因素放置在正确的位置能使ETI的战略层、战术层和操作层的业务执行变得井然有序。ETI的行政和管理团队将会紧紧盯着他们的新度量和评价策略,尽全力在接下来的季度里量化它所带来的好处。

ETI的决策者们做了最后一个决定,创建一个新的负责创新管理的组织角色。决策者们意识到公司一直以来变得过于内省。由于同时要管理四条产品线,决策者们没能认识到市场动态正在改变。他们非常惊讶地了解到大数据和当代数据分析工具与技术的好处。此外,尽管他们已经数字化了他们的电子账单以及在业务处理方面大量使用了扫描科技,但是他们并没有考虑到客户们对于智能手机的使用会产生数字信息的新渠道,而这些新渠道会进一步使业务处理现代化。尽管决策者们不觉得他们在一个对基础设施采用云技术的关键位置上,他们已经考虑到了使用第三方软件作为服务提供者来减少与管理顾客关系相关的操作成本的方法。

到了现在,决策者和高级管理团队相信他们已经解决了组织协调问题,形成了合理的计划来采用业务流程管理条例和科技,并成功地使用了大数据技术,旨在提升将来他们感知市场的能力,因此会更好地适应不断变化的环境。

请分析并记录:

(1)通过调查,ETI高级管理委员会认识到公司的哪些问题“本可以早些检测到”,“本可以提早采取措施”?这种提前警醒能力的缺乏,原因是什么?

答:______________________________

____

____

(2)为了实施公司的战略目标,高管团队需要制定一套新的公司转型与创新优先顺序,他们采取的措施是什么?

答:______________________________

____

____

(3)ETI 的决策者们最后做了一个决定,请简单阐述并分析这一决定。

答:______

2. 实训总结

______

3. 教师实训评价

______

任务 4.3　熟悉大数据商务智能

导读案例　微信支付新广告,讲了一个支付之外的故事

"都城快餐"曾坚决地拒绝移动互联网。前不久,这家在广州有近百家门店的本土快餐品牌接入了微信支付。这家离广州 TIT 创意园微信总部 5 分钟路程的快餐店,自建了外卖配送团队,此前一直只能电话订餐和现金支付。都城快餐再过一个斑马线就是沃尔玛超市,微信支付扫码购成为这里新的支付方式,免去了顾客漫长的排队结账时间。

更新潮的无人零售商店 EasyGo 又将在附近开一家店,无须下载 App,小程序和微信支付就可以搞定购物付款——以微信总部为圆心,500 米为半径的范围内,微信支付就显现出参差多态的样貌,以各种形态进行渗透。

不过,月活用户已经超过 10 亿的微信,眼界早就离开了那半径 500 米,通过各种方式,扩展到全中国乃至全球了。

1. 微信支付:从便捷支付到智慧生活

在每年有百万级中国出境游客经过的东京成田机场,已经可以看到遍布的微信支付广告,早两年这里的各类商铺也已经接入了微信支付,更早的时候,会中文的导购是这里商铺的标配。最近,在境内很少打广告的微信支付,也开始把广告打到这里和泰国了。

微信支付的这一次广告,其实很好地告诉了我们,如今的它都能做什么:扫码购、社交支付、自助点餐、小微收款、生活缴费、无感支付、自助购和小程序乘车码。微信支付的这八大能力,展开的是"智慧生活"概念,覆盖了数十个行业,集中在餐饮、零售、娱乐和旅游出行四个领域。显然,人们熟知的发发红包，买买早餐远远不是微信支付完全体。

在移动支付渗透我们每个人的日常生活后，中国传统行业也想抓住消费者的变化，找到数字化转型出路，在企业主看来，方便又普及的移动支付成为一个数字化切入口，随之而来的是财务、人力资源、商业模式和整个公司更高效率的数字化管理。

而微信支付正是看准了这个机会，给餐饮、零售、娱乐、医疗、交通、旅行、民生等多个领域提供完整的解决方案，除了扫码支付的能力，数据流量导入、用户会员和礼品系统，企业需要的大部分数字转型的方案都包括在内。

以停车场作为例子，虽然微信支付自己不经营智慧停车场，但深圳宝安机场 P2 停车场就应用了微信扫码支付和无感支付。他们安装了摄像头，使用人工智能图像识别技术来标记车辆号牌，所以车主可以做到不停车，只需要在出口减速通过就能支付停车费用，甚至连手机都不用拿出来。

对于每个人来说，就是一次节省了 40 秒的停车、支付现金的时间，而如果放大到整个城市的维度来看，就是给整个城市节省 2 万个小时。在零售、医疗、商业上的逻辑也是类似。可以预见，如果微信支付这些数字化解决方案广泛落地，我们的生活和社会运作效率将会大大提升。马化腾早已以腾讯的逻辑和布局点出了微信支付的方向：

腾讯有一个目标，指成为各行各业的“数字化助手”；三个角色，就是做连接器、工具箱和生态共建者；五个领域，包括民生政务、生活消费、生产服务、生命健康和生态环保；最后是七种工具，包括公众号、小程序、移动支付、社交广告、大智云（大数据、人工智能和云计算）和安全能力等七种数字工具。

显然，微信支付可以看作是这个“数字化助手”工具箱中，最好用的瑞士军刀。它不仅试图改变我们生活的体验，探索各类新商业形态，还将规划更大蓝图。

2. 数字中国的蓝图，从移动互联网开始

近年来，中国的商业和科技创新不仅改变了人们的生活方式，还改变了世界对中国创造的看法：30 分钟速达的超快速物流服务，成为中国人吃饭、购物的新日常；送花、送按摩师、送化妆师…… 琳琅满目的“一键上门”服务让国内城市生活前所未有的丰富；覆盖上百个城市，用手机就能开启的共享单车，引发了全球低碳交通变革；以微信支付为代表的移动支付，不仅让中国金融系统运转效率大大提高，还让美国的科技公司纷纷开始模仿。

上述的所有中国式创新，都有一些共同特点：建立在移动互联网经济基础上，全面数字化和智能化，围绕用户实现自然、高效、整合性创新，超越传统服务的模式和水平。正是这些创新，让我们的生活方式实现了弯道超车。

在《纽约时报》一个介绍微信的视频中，他们这样形容微信：这是你的 WhatsApp、Facebook、Skype 和 Uber，你的 Amazon、Instagram、Vimeo 和 Tender，里面的各种服务，数不胜数。

他们更惊讶于通过微信支付的服务，一个餐厅居然可以做到没有一个服务员和收银员。

今年年初的时候，有一个法国小哥吐槽自己国家的几乎没有移动支付，自己用惯了微信支付的服务，回国之后很不适应的视频刷屏了。在法国，只有星巴克等少数商户支持 Apple Pay，转账则需要贵且慢的 PayPal，更别说在一个通信应用里面买机票订外卖了。

“从中国回到法国就像回到十年前。”法国小哥的说法让人意识到，智慧生活方式正在刷屏。

3. 微信支付正助力构建一张中国对外的名片

确实，并不是所有地方都像中国这样，正经历着数字经济的飞速发展。在欧洲和日本，不光是找不到微信支付这样的生活基础设施，甚至也没有孕育微信支付的互联网土壤。

在此次微信投放广告的日本，70%的交易用现金完成，这一比例高于其他任何一个发达国家。另一方面，2016年中国智能手机支付额超过了600万亿日元，已经高于日本2016年的GDP总量537万亿日元。

不久前，在代表腾讯和英国国际贸易部进行合作签约的时候，腾讯集团高级执行副总裁刘胜义谈到了将中国模式辐射国外的可能：目前我们走国际化走得稍微有可期待的地方，是在微信支付那块。之前大家都没有想到原来现金能够这样流动。

而在刘胜义表示“微信支付国际化可以期待”后面，他又强调，腾讯后面对外的形象，将集中于“科技和文化”两个标签，而不仅仅是输出产品。

微信支付在海外进行广告投放，更可以看作是官方进一步形象输出的举措。除了将微信支付的定位内涵更明晰化之外，微信支付助力的“智慧生活”和“数字中国”正构建一张中国科技及文化的名片。

2018年7月19日，微信支付境外开放大会在日本召开，人潮拥挤的富士急乐园展示了微信支付新能力和微信支付智慧营销方案，全球首家微信支付智慧旗舰乐园也在这里开幕。在这个便利店和自动售货机之国，微信支付将和无人零售创业企业联合展示无人零售的形态。习惯于用Suica卡（俗称西瓜卡，类似于我国香港的八达通卡）和现金的日本人在移动互联网时代，也许会因为这样的新鲜玩意儿对隔海相望的邻国感到一些艳羡。这些真切的日常便捷体验，以及带给商业场景的高效创新，不经意间，已成为数字中国和智慧生活的绝佳注脚。

（资料来源：科技-腾讯网）

阅读上文，请思考、分析并简单记录：

（1）请简单阐述你对移动支付应用现状的观察和分析。

答：________________

____

____

____

（2）与其他移动支付形式相比，微信支付有什么个性特点？

答：________________

____

____

____

（3）你有没有想过，高德导航的背后，藏着一个智慧交通大数据分析？那么，在微信支付的背后呢？请简单阐述你的看法。

答：________________

____

____

____

(4)请简单描述你所知道的上一周内发生的国际、国内或者身边的大事。

答：____

____

____

____

____

任务描述

(1)熟悉 OLTP 与 OLAP、数据仓库与数据集市等重要概念与知识。

(2)熟悉大数据商务智能的定义、概念及其相关知识。

(3)了解大数据营销的主要方法。

知识准备　熟悉大数据商务智能

在一个通过分层系统来执行业务的企业里，战略层限制着战术层，而战术层领导着操作层。各层级之间能够达到和谐一致是通过各种度量和绩效指标来实现的，这些度量与绩效指标以高屋建瓴的方式指导操作层如何去处理业务。这些度量聚合起来，再赋予一些额外的意义，便成为了关键绩效指标(KPI)，而这正是战术层的管理者们赖以评价公司绩效或者业务执行的关键。关键绩效指标会与其他用来评估关键成功因素的度量相关联起来，最终这一系列丰富的度量指标便对应着由数据转化为信息，由信息转化为知识，再由知识转化为智慧的这一过程。

在这个任务中，我们来学习一些支持这一转变过程的企业级技术。数据存储在一个组织的操作层信息系统之中，另外，数据库结构利用各种查询操作产生信息。处在分析链上层的是分析处理系统，这些系统会增强多维结构的能力来回答更为复杂的查询和提供更为深邃的眼光来指导业务操作。数据会以更大的规模从整个企业中获取并储存在一个数据仓库里。管理者们正是通过这些数据仓库来对更广泛的公司绩效和关键绩效指标获得更深入的理解。

4.3.1　OLTP 与 OLAP

联机事务处理(On-Line Transaction Processing，OLTP)系统是一个处理面向事务型数据的软件系统。“联机事务”这个术语意指实时完成某项活动。OLTP 系统储存的是经过规范化的操作数据，而这些数据是结构化数据一个常见的来源，并且也常常作为许多分析处理的输入。大数据分析结构能够被用来增强储存在底层关系型数据库的 OLTP 数据。以一个 POS 机系统为例，OLTP 系统在公司业务的协助下进行业务流程的处理。OLTP 系统支持的查询由一些简单的插入、删除和更新操作组成，通常这些操作的反应时间都为亚秒级。常见的例子包括订票系统、银行业务系统和 POS 系统。

联机分析处理(Online Analytical Processing，OLAP)系统被用来处理数据分析查询。OLAP 系统是形成商务智能、数据挖掘和机器学习处理过程中不可或缺的部分。它们与大数据有关联，因为它们既能作为数据源，也能作为接收数据的数据接收装置。OLAP 系统可被用于诊断性分析、预测性分析和规范性分析。OLAP 系统依靠一个多维数据库来完成耗时且复杂的查询，这个数据库为了执行高级分析而优化了结构。

OLAP 系统会存储一些聚集起来且去结构化的、支持快速汇报能力的历史数据。它们进一步运用了一些以多维结构来存储历史数据的数据库,并且有基于多领域数据之间的关系来回答复杂查询的能力。

4.3.2 抽取、转换和加载技术

数据抽取、转换和加载(Extraction-Transformation-Loading,ETL)技术是一个将数据从源系统中加载到目标系统中的过程。源系统可以是一个数据库、一个平面文件或者是一个应用。相似的,目标系统也可以是一个数据库或者其他存储系统。

ETL 表示了数据仓库输入数据的主要过程。一份大数据解决方案是围绕着 ETL 的特征集来的,将各种不同类型的数据进行转换。图 4-11 展示了所需数据首先从源中进行获取或抽取,然后,抽取物依据规则应用被修饰或转换,最终,数据被插入到或者加载到目标系统中。

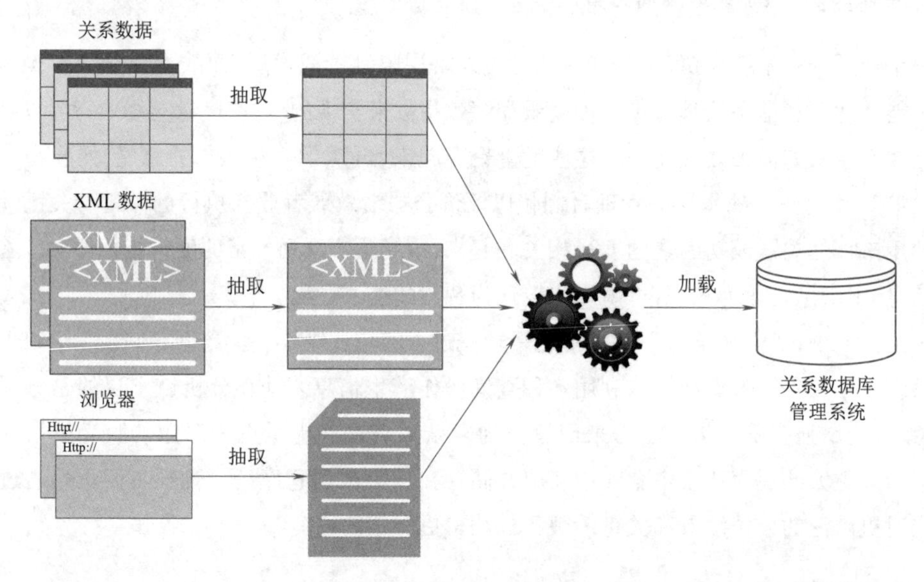

图 4-11　一个 ETL 过程能够从多项源中抽取数据,并将之转换,最后加载到一个单目标系统中

4.3.3 数据仓库与数据集市

一个数据仓库是一个由历史数据与当前数据组成的中央的、企业级的仓库。数据仓库常常被商务智能用来运行各种各样的分析查询,并且它们经常会与一个联机分析处理系统交互来支持多维分析查询。批处理任务会周期性地将数据从类似于企业资源计划系统(ERP)、客户关系管理系统(CRM)和供应链管理系统(SCM)的业务系统中载入一个数据仓库。

从不同的业务系统而来的与多数商业实体相关的数据会被周期性地提取、验证、转换,最终合并到一个单独的去规范化的数据库里。由于有着来自于整个企业周期性的数据输入,一个给定的数据仓库里的数据量会持续性地增长。随着时间流逝,这会慢慢导致数据分析任务的反应时间越来越长。为

了解决这个缺点，数据仓库往往包含被称为分析型数据库的经过优化的数据库，来处理报告与数据分析的任务。一个分析型数据库能作为一个单独的管理系统存在，例如一个联机分析处理系统。

数据集市是存储在数据仓库里的一个数据子集，这个数据仓库往往属于一个分公司、一个部门或者特定的业务范围。数据仓库可以有多个数据集市。企业级数据被整合，然后商业实体被提取。特定领域的实体通过 ETL 过程插入到数据仓库。一个数据仓库的"真实"版本是依赖于干净数据的，这是准确的和无错的汇报的前提条件。

4.3.4　传统商务智能

传统商务智能主要使用描述性和诊断性分析来为历史性活动或现今活动提供数据。它不"智能"是因为只能为正确格式的问题提供答案。能够正确阐述问题需要对商务事物和数据本身的理解。商务智能通过即席报表或仪表板对不同的关键绩效指标作报告。

1. 即席报表

即席报表是一个涉及了人工处理数据来产生定制汇报的过程，OLAP 和 OLTP 数据源能够为商务智能所使用，来产生即席报表和仪表板。一次即席报表的重点在于它常常是基于商业中的一个特定领域的，比如它的营销或者供应链管理。所生成的特定汇报是具有丰富细节的，在性质上通常呈现扁平化的风格。

2. 仪表板

仪表板会提供关键商务领域的全局视野。展示在仪表板中的信息有着实时或近实时的周期性间隔。商务智能工具使用联机事务处理和联机分析处理来在仪表板上展示信息，仪表板中的数据展示在性质上是图表状的，常用条形图、饼图和仪表测量。

数据仓库和数据集市含有来自整个企业的商务实体的经过归一和验证过的信息。传统的商务智能在离开了数据集市的情况下并不能十分有效地工作，因为数据集市含有商务智能为了汇报用途所需的经过优化的和独立的数据。如果没有数据集市，每当需要运行一个查询，数据就需要通过一个 ETL 过程，从数据仓库中临时提取。这会增加执行查询和产生报表所用的时间和工作。

传统商务智能用数据仓库和数据集市来汇报和进行数据分析，因为它们允许带有多重连接及聚合操作的复杂分析查询的实现。

3. 传统数据可视化

数据可视化是一项能够使用表、图、数据网格、信息图表和警报来将分析结果图形化展示的技术。图形化地表达数据能够使理解汇报、观察趋势和鉴别模式的过程更为简单。

传统的数据可视化在汇报和显示表中所展示的大部分都是静态的图与表，然而数据可视化工具可以与用户交互，并且能同时提供总结版与细节版的数据展示。它们被设计出来的使命就是为了使人们在不需要借助电子表格的情况下，更好地理解分析结果。

传统的数据可视化工具从关系型数据库、联机分析处理系统、数据仓库和电子表格中查询数据，以展现描述性和诊断性分析结果。

4.3.5　大数据商务智能

大数据商务智能通过对数据仓库里干净的、统一的、企业范围的数据进行操作，并将之与半结构化和非结构化的数据源结合起来，且基于传统商务智能来构建。它同时包含了预测性分析和规范性分析，来加快对于商务绩效的企业级理解。

在传统的商务智能分析通常着眼于单个的业务流程的时候，大数据商务智能分析已经着眼于同时处理多重业务进程。这更加有助于从一个更宽阔的视角揭露企业内的模式与异常。它同样也会用以前未知的深入的洞察性视角和信息来实现数据挖掘。

大数据商务智能需要对储存在企业数据仓库里的非结构化、半结构化和结构化数据进行分析，而这需要运用新型特征和技术的下一代数据仓库，用以储存来自不同源的统一数据格式的干净数据。当传统的数据仓库遇上这些新型技术，便会产生一个混合数据仓库。这个仓库能够作为结构化、半结构化和非结构化数据的统一的、集中的仓库，同时也能提供大数据商务智能工具所需要的数据。这消除了大数据商业智能工具需要连接多个数据源以检索或者访问数据的需要。

大数据解决方案所需的数据可视化功能要求能够无缝连接结构化、半结构化和非结构化数据源，并且要求能进一步处理成千上万的数据记录。大数据解决方案的数据可视化工具通常使用的内存分析技术能够减少传统的、基于磁盘的数据可视化工具所造成的延迟。

大数据解决方案的高级数据可视化工具吸收了预测性和规范性数据分析和数据转换的特征。这些工具终结了需要使用类似于抽取、转换和加载技术的数据预处理方法。这些工具同样提供了直接连接结构化、半结构化和非结构化数据源的能力。作为大数据解决方案的一部分，高级数据可视化工具能够将保存在内存中为了快速访问数据的结构化和非结构化数据相结合，然后查询和统计公式能够作为多种数据分析任务中的一种，用来以一种用户友好的格式（如仪表板）来查看数据。

大数据可视化工具的常用特征有：

- 聚合——提供基于众多上下文的全局性和总结性数据展示。
- 向下钻取——通过从总结性展示中选取一个数据子集来提供细节性展示。
- 过滤——通过滤去并不是很需要的数据来专注于一部分数据集。
- 上卷——将数据按照多种类别进行分组来展现小计与总计。
- 假设分析——通过动态改变某些相关因素来可视化多个结果。

4.3.6 大数据营销

行之有效的大数据交流需要同时具备愿景和执行两个方面。愿景意味着诉说故事，让人们从中看到希望，受到鼓舞。执行则是指具体实现的商业价值，并提供数据支撑。大数据营销由三个关键部分组成：愿景，价值以及执行。号称“世界上最大的书店”的亚马逊，“终极驾驶汽车”的宝马以及“开发者的好朋友”的谷歌，它们各自都有清晰的愿景。

但是单单明确愿景还不够，公司还必须有伴随着产品价值、作用以及具体购买人群的清晰表述。基于愿景和商业价值，公司能讲述个性化的品牌故事，吸引到它们大费周折才接触到的顾客、报道者、博文作者以及其他产业的成员。他们可以创造有效的博客、信息图表、在线研讨会、案例研究、特征对比以及其他营销材料，从而成功地支持营销活动——既可以帮助宣传，又可以支持销售团队销售产品。和其他形式的营销一样，内容也需要具备高度针对性。

即使这样，公司对自己的产品有了许多认识，但却未能在潜在顾客登录其网站时实现有效转换。

通常，公司花费九牛二虎之力增加了网站的访问量，结果到了需要将潜在顾客转换为真正的顾客时，却一再出错。网站设计者可能将按钮放在非最佳位置上，可能为潜在顾客提供了太多可行性选择，或者建立的网站缺乏顾客所需的信息。当顾客想要下载或者购买公司的产品时，就很容易产生各种不便。至于大数据营销，则与传统观营销方式没多大关系，其更注重创建一种无障碍的对话。通过开辟大数据对话，我们能将大数据的好处带给更为广泛的人群。

1. 像媒体公司一样思考

大数据本身有助于提升对话。营销人员拥有网站访客的分析数据、故障通知单系统的顾客数据以及实际产品的使用数据，这些数据可以帮助他们理解营销投入如何转换为顾客行为，并由此建立良性循环。

随着杂志、报纸以及书籍等线下渠道广告投入持续下降，在线拓展顾客的新方法正不断涌现。谷歌仍然是在线广告行业的巨无霸，在线广告收入约占其总电子广告收入的41.3%。同时，如脸书、推特以及领英等社会化媒体不仅代表了新型营销渠道，也是新型数据源。现在，营销不仅仅是指在广告上投入资金，它意味着每个公司必须像一个媒体公司一样思考、行动。它不仅意味着运作广告营销活动以及优化搜索引擎列表，也包含了开发内容、分布内容以及衡量结果。大数据应用将源自所有渠道的数据汇集到一起，经过分析，做出下一步行动的预测——帮助营销人员制订更优的决策或者自动执行决策。

2. 营销面对新的机遇与挑战

据产业研究公司高德纳咨询公司称，到2017年，首席营销官（CMO）花费在信息技术上的时间将比首席信息官（CIO）还多。营销组织现在更加倾向于自行制订技术决策，IT部门的参与也越来越少。越来越多的营销人员转而使用基于云端的产品以满足他们的需求。这是因为他们可以多次尝试，如果产品不能发挥效用，就直接抛弃掉。

过去，市场营销费用分三类：

- 跑市场的人员成本。
- 创建、运营以及衡量营销活动的成本。
- 开展这些活动和管理所需的基础设施。

在生产实物产品的公司中，营销人员花钱树立品牌效应，并鼓励消费者采购。消费者采购的场所则包括零售商店、汽车经销店、电影院以及其他实际场所，此外还有网上商城如亚马逊。在出售技术产品的公司中，营销人员往往试图推动潜在客户直接访问他们的网站。例如，一家技术创业公司可能会购买谷歌关键词广告（出现在谷歌网站和所有谷歌出版合作伙伴的网站上的文字广告），希望人们会点击这些广告并访问他们的网站。在网站上，潜在客户可能会试用该公司的产品，或输入其联系信息以下载资料或观看视频，这些活动都有可能促成客户购买该公司的产品。

所有这些活动都会留下包含大量信息的电子记录，记录由此增长了10倍。营销人员从众多广告网络和媒体类型中选择了各种广告，他们也可能从客户与公司互动的多种方式中收集到数据。这些互动包括网上聊天会话、电话联系、网站访问量、顾客实际使用的产品的功能，甚至是特定视频的最为流行的某个片段等。从前公司营销系统需要创建和管理营销活动、跟踪业务、向客户收取费用并提供服务支持的功能，公司通常采用安装企业软件解决方案的形式，但其花费昂贵且难以实施。

IT组织则需要购买硬件、软件和咨询服务,以使全套系统运行,从而支持市场营销、计费和客户服务业务。通过"软件即服务"模型(SaaS,简称为软营模式),基于云计算的产品已经可以运行上述所有活动了。企业不必购买硬件、安装软件、进行维护,便可以在网上获得最新和最优秀的市场营销、客户管理、计费和客户服务的解决方案。

如今,许多公司拥有的大量客户数据都存储在云中,包括企业网站、网站分析、网络广告花费、故障通知单等。很多与公司营销工作相关的内容(如新闻稿、新闻报道、网络研讨会、幻灯片放映以及其他形式的内容)也都在网上。公司在网上提供产品(如在线协作工具或网上支付系统),营销人员就可以通过用户统计和产业信息知道客户或潜在客户浏览过哪项内容。

现在营销人员的挑战和机遇在于将从所有活动中获得的数据汇集起来,使之产生价值。营销人员可以尝试将所有数据输入电子表格中,并做出分析,以确定哪些有效,哪些无用。但是,真正理解数据需要大量的分析。比如,某项新闻发布是否增加了网站访问量?某篇新闻文章是否带来了更多的销售线索?网站访问群体能否归为特定产业部分?什么内容对哪种访客有吸引力?网站上一个按钮移动位置又是否使公司的网站有了更高的顾客转化率?

营销人员的另一个问题是了解客户的价值,尤其是他们可以带来多少盈利。例如,一个客户只花费少量的钱却提出很多支持请求,可能就无利可图。然而,公司很难将故障通知单数据与产品使用数据联系起来,特定客户创造的财政收入信息与获得该客户的成本也不能直接挂钩。

3. 自动化营销

大数据营销要合乎逻辑,不仅要将不同数据源整合到一起,为营销人员提供更佳的仪表盘和解析,还要利用大数据使营销实现自动化。然而,这颇为棘手,因为营销由两个不同的部分组成:创意和投递。

营销的创意部分以设计和内容创造的形式出现。例如,计算机可以显示出红色按钮还是绿色按钮、12号字体还是14号字体可以为公司获得更高的顾客转换率。假如要运作一组潜在的广告,它也能分辨哪些最为有效。如果提供正确的数据,计算机甚至能针对特定的个人信息、文本或图像广告的某些元素进行优化。例如,广告优化系统可以将一条旅游广告个性化,将参观者的城市名称纳入其中:"查找旧金山和纽约之间的最低票价",而非仅仅"查找最低票价"。接着,它就可以确定包含此信息是否会增加转换率。

从理论上来说,个人可以执行这种操作,但对于数以十亿计的人群来说,执行这种自定义根本就不可行,而这正是网络营销的专长。例如,谷歌平均每天服务的广告发布量将近300亿。大数据系统擅长处理的情况是:大量数据必须迅速处理,迅速发挥作用。

一些解决方案应运而生,它们为客户行为自动建模以提供个性化广告。像TellApart公司(一项重新定位应用)这样的解决方案正在将客户数据的自动化分析与基于该数据展示相关广告的功能结合起来。TellApart公司能识别离开零售商网站的购物者,当他们访问其他网站时,就向他们投递个性化的广告。这种个性化的广告将购物者带回到零售商的网站,通常能促成一笔交易。通过分析购物者的行为,TellApart公司能够锁定高质量顾客的预期目标,同时排除根本不会购买的人群。

就营销而言,自动化系统主要涉及大规模广告投放和销售线索评分,即基于种种预定因素对潜在客户线索进行评分,比如线索源。这些活动很适合数据挖掘和自动化,因为它们的过程都定义明确，而具体决策有待制订（比如确定一条线索是否有价值），并且结果可以完全自动化（例如选择投放哪种广告）。

大量数据可用于帮助营销人员以及营销系统优化内容创造和投递方式。挑战在于如何使之发挥作用。社会化媒体科学家丹·萨瑞拉已研究了数百万条推文，点“赞”以及分享，并且他还对转发量最多的推文关联词，发博客的最佳时间以及照片、文本、视频和链接的相对重要性进行了定量分析。大数据迎合机器的下一步将是大数据应用程序，将萨瑞拉这样的研究与自动化内容营销活动管理结合起来。

在今后的岁月里，我们将看到智能系统继续发展，遍及营销的方方面面：不仅是为线索评分，还将决定运作哪些营销活动以及何时运作，并且向每位访客呈现个性化的理想网站。营销软件不仅包括帮助人们更好地进行决策的仪表盘而已，借助大数据，营销软件将可以用于运作营销活动并优化营销结果。

4. 为营销创建高容量和高价值的内容

谈到为营销创建内容，大多数公司真正需要创建的内容有两种：高容量和高价值。比如，亚马逊有约 2.48 亿个页面存储在谷歌搜索索引中。这些页面被称为“长尾”。人们并不会经常浏览某个单独的页面，但如果有人搜索某一特定的条目，相关页面就会出现在搜索列表中。消费者搜索产品时，就很有可能看到亚马逊的页面。人们不可能将这些页面通过手动一一创建出来，相反，亚马逊却能为数以百万计的产品清单自动生成网页。创建的页面对单个产品以及类别页面进行描述，其中类别页面是多种产品的分类：例如一个耳机的页面上一般列出了所有耳机的类型，附上单独的耳机和耳机的文本介绍。当然，每一页都可以进行测试和优化。

亚马逊的优势在于，它不仅拥有庞大的产品库存（包括其自身的库存和亚马逊合作商户所列的库存），而且也拥有用户生成内容（以商品评论形式存在）的丰富资源库。亚马逊将巨大的大数据源、产品目录以及大量的用户生成内容结合起来。这使得亚马逊不但成为销售商的领导者，也成为了优质内容的一个主要来源。除了商品评论，亚马逊还有产品视频、照片（兼由亚马逊提供和用户自备）以及其他形式的内容。亚马逊从两个方面收获这项回报：一是它很可能在搜索引擎的结果中被发现；二是用户认为亚马逊有优质内容（不只是优质产品）就直接登录亚马逊进行产品搜索，从而使顾客更有可能在其网站上购买。

按照传统标准来说，亚马逊并非媒体公司，但它实际上却已转变为媒体公司。就此而言，亚马逊也绝非独树一帜，商务社交网站领英也与其如出一辙。在很短的时间内，“今日领英”（LinkedIn Today）新闻整合服务已经发展成为一个强大的新营销渠道。它将商业社交网站转变为一个权威的内容来源，在这个过程中为网站的用户提供有价值的服务。

过去，当用户想和别人联系或开始搜索新工作时，就会频繁使用领英。“今日领英”新闻整合服务则通过来自网上的新闻和网站用户的更新，使网站更贴近日常生活。通过呈现与用户相关的内容（根据用户兴趣而定），领英比大多数传统媒体网站技高一筹。网站让用户回访的手段是发送每日电子邮件，其中包含了最新消息预览。领英已创建了一个大数据内容引擎，而这可以推动新的流量，确保现有用户回访并保持网站的高度吸引力。

5. 内容营销

驱动产品需求和保持良好前景都与内容创作相关：博客文章、信息图表、视频、播客、幻灯片、网络研讨会、案例研究、电子邮件、信息以及其他材料,都是保持内容引擎运行的能源。

内容营销是指把和营销产品一样多的努力投入到为产品创建的内容的营销中去。创建优质内容不再仅仅意味着为特定产品开发案例研究或产品说明书,也包括提供新闻故事、教育材料以及娱乐。

在教育方面,IBM 就有一个网上课程的完整组合。度假租赁网站 Airbnb(见图 4-12)创建了 Airbnb TV,以展示其在世界各个城市的房地产,当然,在这个过程中也展示了 Airbnb 本身。你不能再局限于推销产品,还要重视内容营销,所以内容本身也必须引人注目。

图 4-12　Airbnb 服务

6. 内容创作与众包

内容创作似乎是一个艰巨且耗资高昂的任务,但实际并非如此。众包是一种相对简单的方法,它能够将任务进行分配,生成对营销来讲非常重要的非结构化数据:内容。许多公司早已使用众包来为搜索引擎优化(SEO)生成文章,这些文章可以帮助他们在搜索引擎中获得更高的排名。很多人将这样的内容众包与高容量、低价值的内容联系起来。但在今天,高容量、高价值的内容也可能使用众包。众包并不是取代内部内容开发,但它可以将之扩大。现在,各种各样的网站都提供众包服务。亚马逊土耳其机器人(AMT)经常被用于处理内容分类和内容过滤这样的任务,这对计算机而言很难,但对人类来说却很容易。亚马逊自身使用 AMT 来确定产品描述是否与图片相符。其他公司连接 AMT 支持的编程接口,以提供特定垂直服务,如音频和视频转录。

类似 Freelancer. com 和 oDesk. com 这样的网站经常被用来查找软件工程师,或出于搜索引擎优化的目的创造大量低成本文章。而像 99designs 和 Behance 这样的网站则帮助创意专业人士(如平面设计师)展示其作品,内容买家也可以让排队的设计者提供创意作品。同时,跑腿网站跑腿兔(TaskRabbit)这样的公司正在将众包服务应用到线下,例如送外卖、商场内部清洗以及看管宠物等。

专门为网络营销而创造的相对较低价值内容与高价值内容之间的主要区别是后者的权威性。低价值内容往往为搜索引擎提供优质素材,以一篇文章的形式捕捉特定关键词的搜索。相反,高价值内容往往读取或显示更多的专业新闻、教育以及娱乐内容。博客文章、案例研究、思想领导力文章、技术评论、信息图表和视频访谈等都属于这一类。这种内容也正是人们想要分享的类型。此外,如果你的观众知道你拥有新鲜、有趣的内容，那么他们就更有理由频繁回访你的网站，也更有可能对你和你的产品进行持续关注。

这种内容的关键是，它必须具有新闻价值、教育意义或娱乐性，或三者兼具。对于正努力提供这种内容的公司来说，好消息就是众包使之变得比以往任何时候都更容易了。

众包服务可以借由类似99designs网站这样的网站形式实现，但并不是必须的。只要你为内容分发网络提供一个网络架构，就可以插入众包服务，生成内容。例如，你可以为自己的网站创建一个博客，编写自己的博客文章；也可以发布贡献者的文章，比如客户和行业专家所撰写的文章。

如果你为自己的网站创建了一个TV部分，你就可以发布视频，包括自己创作的视频集、源自其他网站（如YouTube）的视频以及通过众包服务创造的视频。视频制作者可以是自己的员工、承包商或行业专家，他们可以进行自我采访。你也可以以大致相同的方式，对网络研讨会和网络广播进行众包。只需查找为其他网站贡献内容的人，再联系他们，看看他们是否有兴趣加入你的网站即可。使用众包是保持高价值内容生产机器持续运作的有效方式，它只需一个内容策划人或内容经理对这个过程进行管理即可。

7. 用投资回报率评价营销效果

内容创作的另一方面就是分析所有非结构化内容，从而了解它。计算机使用自然语言处理和机器学习算法来理解非结构化文本，如推特每天要处理5亿条推文。这种大数据分析被称为“情绪分析”或“意见挖掘”。通过评估人们在线发布的论坛帖子、推文以及其他形式的文本，计算机可以判断消费者关注品牌的正面影响还是负面影响。

然而，尽管出于营销目的的数字媒体得以迅速普及，但是营销测量的投资回报率（ROI）仍然会出现惊人误差。根据一项对243位首席营销官和其他高管所做的调查显示，57%的营销人员制订预算时不采取计算投资回报率的方法。约68%的受访者表示，他们基于以往的开支水平制订预算，28%的受访者表示依靠直觉，而7%的受访者表示其营销支出决策不基于任何数据记录。

最先进的营销人员将大数据的力量应用到工作当中——从营销工作中排除不可预测的部分，并继续推动其营销、工作数据化，而其他人将继续依赖于传统的指标（如品牌知名度）或根本没有衡量方法。这意味着两者之间的差距将日益扩大。

营销的核心将仍是创意。最优秀的营销人员将使用大数据优化发送的每封电子邮件、撰写的每一篇博客文章以及制作的每一个视频。最终，营销的每一部分将借助算法变得更好，例如确定合适的营销主题或时间。正如现在华尔街大量的交易都是由金融工程师完成的一样，营销的很大一部分工作也将以相同的方式自动完成。创意将选择整体策略，但金融工程师将负责运作及执行。

当然，优秀的营销不能替代优质的产品。大数据可以帮助你更有效地争取潜在客户，它可以帮助你更好地了解顾客以及他们的消费数额，它还可以帮你优化网站，这样，一旦引起潜在客户的注意，将他们转换为客户的可能性就更大。但是，在这样一个时代，评论以百万条计算，消息像野火一样四处蔓延，单单靠优秀的营销是不够的，提供优质的产品仍然是首要任务。

【作　业】

1. 在一个通过分层系统来执行业务的企业里，高层限制着中层，而中层领导着下层，各层级之间能够达到和谐一致是通过各种度量和绩效指标来实现的。这里分层系统的高低层指的是(　　)。

A. 战术层、战略层、操作层　　B. 操作层、战术层、战略层

C. 战略层、战术层、操作层　　D. 操作层、战略层、战术层

2. OLTP 系统是一个处理面向(　　)的软件系统。

A. 事务型数据　　B. 数据分析查询　　C. 管理信息　　D. 自动控制信息

3. OLAP 系统被用来处理(　　)，它是形成商务智能、数据挖掘和机器学习处理过程中不可或缺的部分。

A. 事务型数据　　B. 数据分析查询

C. 管理信息　　D. 自动控制信息

4. ETL，即(　　)技术，这是一个将数据从源系统中加载到目标系统中的过程。

A. 数据增加、删除和查询　　B. 数据上传、传送与加载

C. 数据下载、复制与上传　　D. 数据抽取、转换和加载

5. 一个数据仓库是一个由(　　)组成的中央的、企业级的仓库。数据仓库常常被商务智能用来运行各种各样的分析查询。数据集市是存储在数据仓库里的一个数据子集。

A. 小数据与大数据　　B. 上传数据与下载数据

C. 历史数据与当前数据　　D. 传统数据与创新数据

6. 传统商务智能主要使用(　　)分析来为历史性活动或现今活动提供数据。它不“智能”是因为只能为正确格式的问题提供答案。

A. 规范性和预测性　　B. 描述性和诊断性

C. 规范性和描述性　　D. 预测性和诊断性

7. 仪表板会提供关键商务领域的(　　)。展示在仪表板中的信息有着实时或近实时的周期性间隔。商务智能工具使用联机事务处理和联机分析处理来在仪表板上展示信息。

A. 全局视野　　B. 局部视野　　C. 整体视野　　D. 个别视野

8. 大数据商务智能通过对数据仓库里数据进行操作，并将之与半结构化和非结构化的数据源结合起来，且基于传统商务智能来构建。它同时包含了(　　)分析，来加快对于商务绩效的企业级理解。

A. 规范性和预测性　　B. 描述性和诊断性

C. 规范性和描述性　　D. 预测性和规范性

9. (　　)是一项能够使用表、图、数据网格、信息图表和警报来将分析结果图形化展示的技术。图形化地表达数据能够使理解汇报、观察趋势和鉴别模式的过程更为简单。

A. 多媒体　　B. 数据可视化　　C. 增强现实　　D. 数字媒体

10. 传统的数据可视化工具从关系型数据库、联机分析处理系统、数据仓库和电子表格中查询数据，以展现(　　)分析结果。

A. 规范性和预测性　　B. 规范性和描述性

C. 描述性和诊断性　　D. 预测性和规范性

11. 大数据解决方案所需的数据可视化功能要求能够无缝连接(　　)数据源，并且要求能进一步处理成千上万的数据记录。

A. 结构化、半结构化和非结构化　　B. 文本、字符、多媒体

C. 静态、动态　　D. 传统、实时、创新

12. 大数据可视化工具有许多常用特征，但下列(　　)不属于其中。

A. 聚合　　B. 向下钻取　　C. 过滤　　D. 图像处理

13. 大数据还不能(至少现在还不能)明确产品的作用、购买人群以及产品传递的价值。因此，大数据营销由三个关键部分组成：(　　)。

A. 聚合、过滤以及钻取　　B. 愿景、价值以及执行

C. 上传、下载以及过滤　　D. 输入、输出以及分析

实训操作　学习“五力模型”，熟悉大数据商务智能

迈克尔·波特教授创立的五力模型框架(见图 4－13)长期以来一直是帮助商业人士考虑企业战略规划和 IT 影响时的有用工具。

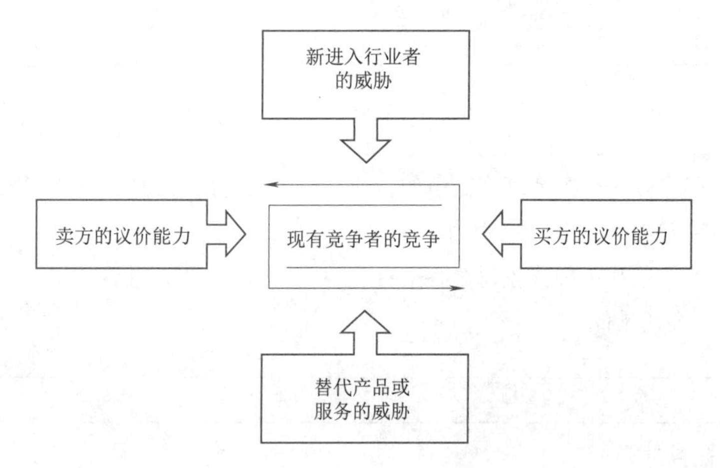

图 4－13　迈克尔·波特的五力模型

五力模型帮助商业人士从以下五个方面理解一个行业的相对吸引力。

(1)买方能力。

(2)卖方能力。

(3)替代产品或服务的威胁。

(4)新进入行业者的威胁。

(5)现有竞争者的竞争。

可以用波特的五力模型来决定：① 进入一个特定行业，或者② 如果已经参与了此行业的竞争，

则可以扩展业务。最重要的是,制定的战略应该得到可行技术的支持。

1. 实训案例1:波特五力模型和手机运营商

在一个由3人或4人组成的小组中,选择小组成员正在使用的一家手机运营商(例如中国移动、中国联通、中国电信等)。现在,考虑并讨论:在波特五力模型框架下,这家手机运营商是如何:① 减少买方能力;② 增加卖方能力;③ 减少替代产品或服务的威胁;④ 减少新进入行业者的威胁。

最后,描述一下手机运营商的竞争环境。

2. 实训案例2:使用波特模型来评估网络游戏行业

网络游戏(network game,又称“在线游戏”,简称“网游”)是必须依托因特网进行、可以多人同时参与的计算机游戏,通过人与人之间的互动达到交流、娱乐和休闲的目的。

在你熟悉或了解的网络游戏中,你认为排名前三位的分别是:

(1)

(2)

(3)

网游也是一个存在激烈对抗和高度竞争的行业。通过波特的五力模型,我们可以评估进入网游(开发或者代理新游戏)行业的相对吸引力。

请明确回答以下问题并正确描述每个答案:

(1)买方能力是高还是低?

(2)卖方能力是高还是低?

(3)哪种替代品或服务被视做威胁?

(4)对新进入者的威胁程度如何?就是说,行业壁垒是高还是低?行业壁垒是什么?

(5)现有竞争者的竞争水平如何？列出该行业的五个首要竞争对手。

最后，你对网络游戏业的整体看法是怎样的？它是一个适合进入还是一个不适合进入的行业？你如何通过使用波特的五力模型进入该行业？

3. 实训总结

4. 教师实训评价

项目5

大数据存储技术

任务5.1 熟悉大数据存储概念

导读案例 2018未来交通峰会召开,高德地图升级易行平台

在2018年7月26日举行的2018未来交通峰会上,高德地图(见图5-1)宣布易行平台全面升级,推出一站式全域出行决策平台,可以为用户提供包含“去哪儿”“怎么去”以及目的地服务在内的出行全周期服务。同时,为了让易行平台2.0更好地落地,高德还将推出“易行助手”,实现全程智能语音交互,提供一站式全域出行服务。

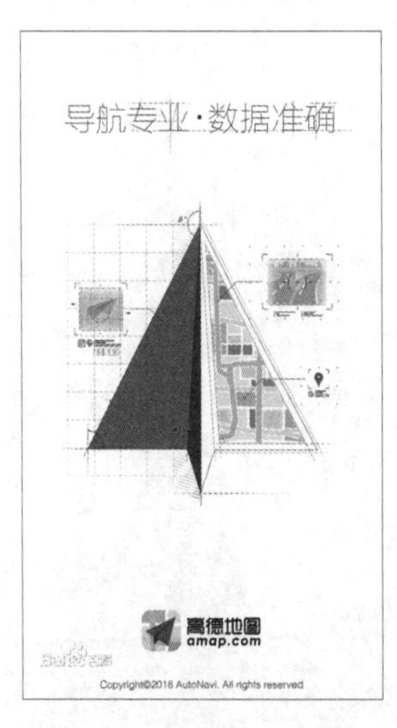

图5-1 高德地图

2017年7月份,高德地图上线了一站式公共出行服务平台——易行平台,接入了滴滴出行、神州专车、首汽约车、曹操专车、摩拜单车、ofo、飞猪等众多出行服务商,为用户提供了丰富多样的出行方式。

以近期颇受行业关注的高德打车业务为例，通过它用户可以在多个网约车平台上同时发单，加上高德的智慧调度能力，能实现更快叫到车，带来更高效的出行体验。据统计，使用高德打车，用户从下单到司机来接驾的等待时间，比行业平均节省10%。

据透露，2018年以来，合作伙伴在高德打车平台的订单数持续增长，进入夏季尤其明显。夏天炎热，加上多地暴雨，导致打车难的现象普遍存在。凭借多平台同时叫车的优势，今年上半年，合作伙伴在高德上的日均完成订单数量增长了近200%。

1. 易行平台升级：从"怎么去"到"去哪儿"

随着出行需求升级，人们不再只考虑"怎么去"，也越来越关注"去哪儿"以及目的地的服务与体验。而且，当前整个交通出行行业正迎来一场大变革，新变量新物种不断涌现，市场格局不断重塑，边界不断被打破，出现了越来越多的跨界融合。

"为了满足用户日益进化的出行需求和应对行业变革，高德对易行平台进行了升级，从一站式公共出行服务平台，升级为一站式全域出行决策平台。"高德地图副总裁董振宁在峰会上表示。

据了解，易行平台1.0主要帮助用户解决"怎么去"的问题，也就是提供全局最优的出行方式选择，对于出行全周期中另外两个方面：出行决策和目的地服务，还缺乏完整的解决方案。董振宁表示，"我们今天发布一站式全域出行决策平台——易行平台2.0，给用户提供基于位置的立体化的信息服务，以及全域化的出行服务，就是希望帮助用户做更好的出行决策，提供更好的目的地体验，从而带来更美好的全周期出行体验。"

2. 一站式全域出行决策平台：做聪明的出行决策

据介绍，高德地图之所以能够打造一站式全域出行决策平台，是因为具备两大能力：立体化的信息服务与全域化的出行服务。

立体化信息服务是指，除了为用户或合作伙伴提供位置、距离、路线等基础信息，高德作为连接真实世界的纽带，可以打破信息壁垒，将气象、交通、环境、旅游、生活等与出行紧密相关的信息有机融合，从而带给用户更全面、更智能的信息解决方案，帮助用户做出更好的出行决策和体验。

高德地图此前就已与各地交管部门合作，获取动态的交通信息；2018年1月，与国家旅游局达成战略合作，接入全国的5A及4A级景区，获取更全面的旅游目的地信息；2018年5月，与中国气象局达成合作，获取更权威和更及时的气象信息，将气象与出行有机融合；2018年6月，又与环境保护部宣传教育中心达成合作，获取全面的环保信息，并推出了环境地图，帮助用户实时查看身边的环境情况。

出行服务全域化是指，高德除了通过一站式公共出行服务平台，提供全网最优、最全的出行方式规划之外，还能借助立体化的信息能力，为用户提供涵盖行前决策、行中选择、行后目的地服务的全域出行解决方案。

以最典型的出行场景——旅游为例，高德地图正在与云台山景区共同打造全域智慧旅游试点项目，可围绕用户游前、游中、游后提供一体化的解决方案。比如出游前，高德可提供景区推荐、购买门票、安排出行路线、全网出行方式选择等服务；出游过程中高德还提供了明星语音导游、最佳拍照点等智慧景区服务；出游后，还可推荐附近美食和酒店住宿等一系列服务。此外，高德还可根据用户特性、出游时间等因素，推荐个性化的导览路线，比如经典一日游、休闲三日游、亲子游等，提供不同的景点与行程计划，给用户带来更优质的体验。

3. 全程智能出行助手"易行助手"即将上线

为了将易行平台2.0更好地落地，高德即将推出易行助手。据介绍，易行助手依托人工智能等技术，能够通过语音智慧地识别与理解用户需求，连接高德云端的全域出行服务，为用户提供全域最优出行决策，带来更便捷、更人性化的出行全周期体验。

在现场演示中可以看到，如果用户要去外地出差，易行助手不仅可以帮助用户预订机票和酒店房间，还可以根据航班时间安排好专车接送，使得用户整个行程更加从容、高效。

随着易行平台的升级，今日高德还宣布易行合作伙伴也迎来了全面扩容，除了去年的滴滴、神州、摩拜、ofo等出行服务商之外，今年又新增了文化旅游部、中国气象局、平安银行等信息合作伙伴，凌动智行、58速运、哈罗单车等出行合作伙伴，以及凯迪拉克、小鹏汽车、千寻位置等车企合作伙伴。未来，高德易行平台将持续保持开放，与合作伙伴共赢，携手为用户带来全周期的智慧出行服务。

（资料来源：科技-腾讯网 2018-7-26）

阅读上文，请思考、分析并简单记录：

(1)高德是国内领先的数字地图内容、导航和位置服务解决方案提供商。请通过网络搜索，了解该企业的详细情况，并简单叙述。

答：____

____

____

____

____

(2)阅读文章，请简单阐述什么是高德的"易行平台"？

答：____

____

____

____

____

(3)请思考，你觉得高德地图在服务大众容易出行的背后，蕴藏着哪些大数据的内涵？请简单阐述之。

答：____

____

____

____

(4)请简单描述你所知道的上一周发生的国际、国内或者身边的大事。

答：____

____

____

____

____

任务描述

(1)熟悉大数据存储的基本概念和重要知识。

(2)熟悉一些关键底层机制背后的大数据存储技术。

(3)通过对案例企业ETI的分析,加深理解一般企业数据库设计的现状以及企业向大数据存储转化的方法与原则。

知识准备 大数据存储的主要概念

从外部来源获得的数据通常其格式或结构不能被直接处理,为了克服这些不兼容性以及为数据存储和处理进行准备,就需要进行数据清理。从存储的角度来看,一个数据的副本首先存储为其获得的格式,并且清理之后,准备好的数据需要被再次存储。通常,以下情况发生时需要存储数据:

- 获得外部数据集,或者内部数据将用于大数据环境中。
- 数据被操纵以适合用于数据分析。
- 通过一个ETL活动处理数据,或分析操作产生的输出结果。

由于需要存储大数据的数据集通常有多个副本,因此,使用创新的存储策略和技术,以实现具有成本效益和高度可扩展的存储解决方案。

5.1.1 数据清理

所谓数据清理,是指用来自多个联机事务处理(OLTP)系统的数据生成数据仓库的进程的一部分。该进程必须解决不正确的拼写、两个系统之间冲突的拼写规则和冲突的数据(如对于相同的部分具有两个编号)之类的错误。

编码或资料录入时的错误,会威胁到测量的效度。数据清理主要解决数据文件建立中的人为误差,以及数据文件中一些对统计分析结果影响较大的特殊数值。常用的数据清理方法包括过滤、净化和为下游分析准备数据等步骤,其具体过程第一步是偏差检验,第二步是数据变换,这两步可迭代进行。

5.1.2 集群

在计算中,一个集群是紧密耦合的一些服务器或结点。这些服务器通常有相同的硬件规格并且通过网络连接在一起作为一个工作单元(见图5-2)。集群中的每个结点都有自己的专用资源,如内存、处理器和硬盘。通过把任务分割成小块并且将它们分发到属于统一集群的不同计算机上执行的方法,集群可以去执行同一个任务。

集群能为水平可扩展的存储解决方案提供必要的支持,也能为分布式数据处理提供一种线性扩展的机制。集群有极高的可扩展性,因而它可以把大的数据集分成多个更小的数据集以分布式的方式并行处理,这种特性为大数据处理提供了理想的环境,例如流式数据与成批的数据一起,经过集群系统的处理,最终呈现在仪表板上。大数据数据集在使用集群时,可以以批处理模式处理数据,也可以采用实时模式。

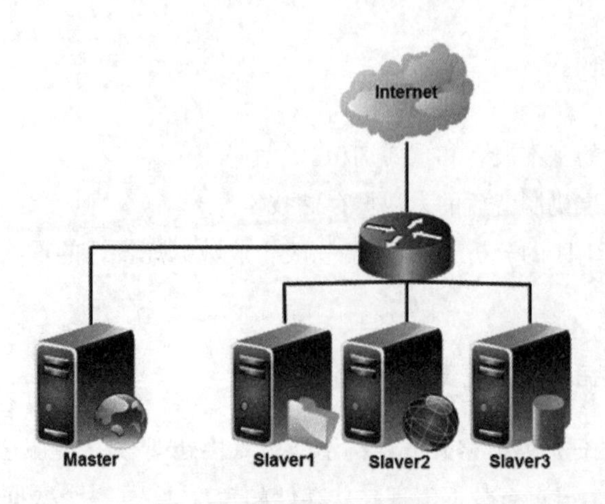

图 5-2　集群示意图

理想情况下,集群由许多低成本的商业结点构成,这些结点合力提供强大的处理能力。由于集群由物理连接上相互独立的设备组成,它具有固定的冗余与一定的容错性,因而当网络中某个结点发生错误时,它之前处理与分析的结果都是可恢复的。考虑到大数据处理过程偶尔有些不稳定,我们通常采用云主机基础设施服务或现成的分析环境作为集群的主干。

5.1.3　文件系统和分布式文件系统

一个文件系统便是在一个存储设备上存储和组织数据的方法,这个存储设备可以是闪存、DVD和硬盘。文件是存储的原子单位,被文件系统用来存储数据。一个文件系统提供了一个存储在存储设备上的数据逻辑视图,并以树结构的形式展示了目录和文件。操作系统采用文件系统为应用程序存储和检索数据。每个操作系统支持一个或多个文件系统,例如 Microsoft Windows 上的 NTFS 和 Linux 上的 ext。

1. 什么是分布式系统

分布式系统(distributed system,见图 5-3)是建立在网络之上的软件系统。作为软件系统,分布式系统具有高度的内聚性和透明性,因此网络和分布式系统之间的区别更多的在于高层软件(特别是操作系统),而不是硬件。

内聚性是指每一个数据库分布结点高度自治,有本地的数据库管理系统。透明性是指每一个数据库分布结点对用户的应用来说都是透明的,看不出是本地还是远程。在分布式数据库系统中,用户感觉不到数据是分布的,即用户不须知道关系是否分割、有无副本、数据存于哪个站点以及事务在哪个站点上执行等。

在一个分布式系统中,一组独立的计算机展现给用户的是一个统一的整体。系统拥有多种通用的物理和逻辑资源,可以动态分配任务,分散的物理和逻辑资源通过计算机网络实现信息交换。系统中存在一个以全局方式管理计算机资源的分布式操作系统。通常,对用户来说,分布式系统只有一个模型或范型。在操作系统之上有一层软件中间件(middleware)负责实现这个模型。例如互联网(World Wide Web)就是一个典型的分布式系统,在互联网中,所有的一切看起来就好像是一个文档(Web 页面)一样。

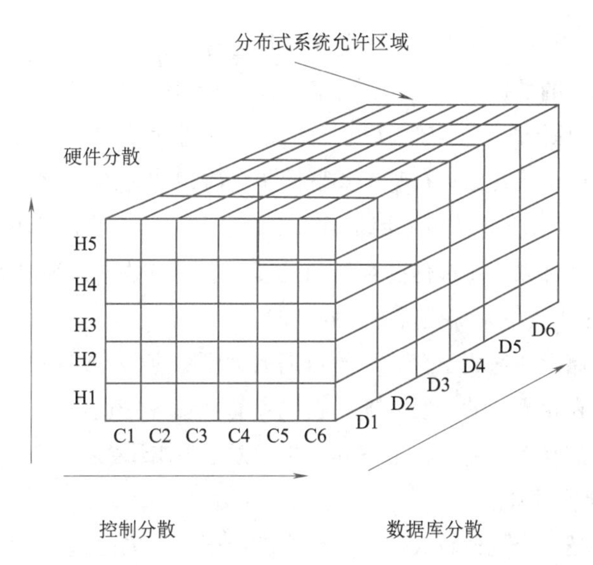

图5-3 分布式系统

在计算机网络中,这种统一性、模型以及其中的软件都不存在。用户看到的是实际的机器,计算机网络并没有使这些机器看起来是统一的。如果这些机器有不同的硬件或者不同的操作系统,那么,这些差异对于用户来说都是完全可见的。如果一个用户希望在一台远程机器上运行一个程序,那么,他必须登录到远程机器上,然后在那台机器上运行该程序。

分布式系统和计算机网络系统的共同点是:多数分布式系统是建立在计算机网络之上的,所以分布式系统与计算机网络在物理结构上是基本相同的。分布式操作系统的设计思想和网络操作系统是不同的,这决定了它们在结构、工作方式和功能上也不同。

网络操作系统要求网络用户在使用网络资源时首先必须了解网络资源,网络用户必须知道网络中各个计算机的功能与配置、软件资源、网络文件结构等情况,在网络中如果用户要读一个共享文件时,用户必须知道这个文件放在哪一台计算机的哪一个目录下。

分布式操作系统是以全局方式管理系统资源的,它可以为用户任意调度网络资源,并且调度过程是"透明"的。当用户提交一个作业时,分布式操作系统能够根据需要在系统中选择最合适的处理器,将用户的作业提交到该处理程序,在处理器完成作业后,将结果传给用户。在这个过程中,用户并不会意识到有多个处理器的存在,这个系统就像是一个处理器一样。

2. 分布式文件系统

一个分布式文件系统作为一个文件系统可以存储分布在集群的结点上的大文件。对于客户端来说,文件似乎在本地上,然而,这只是一个逻辑视图,在物理形式上文件分布于整个集群。这个本地视图展示了通过分布式文件系统存储并且使文件可以从多个位置获得访问。例如 Google 文件系统(GFS)和 Hadoop 分布式文件系统(HDFS)。

像其他文件系统一样,分布式文件系统对所存储的数据是不可知的,因此能够支持无模式的数据存储。通常来讲,分布式文件系统存储设备通过复制数据到多个位置而提供开箱即用的数据冗余和高可用性,但并不提供开箱即用的搜索文件内容的功能。

一个实现了分布式文件系统的存储设备可以提供简单快速的数据存储功能,并能够存储大型非关系型数据集,如半结构化数据和非结构化数据。尽管对于并发控制采用了简单的文件锁机制,它依然拥有快速的读/写能力，从而能够应对大数据的快速特性。

对于包含大量小文件的数据集来说，分布式文件系统不是一个很好的选择，因为这造成了过多的磁盘寻址行为，降低了总体的数据获取速度。此外，在处理大量较小的文件时也会产生更多的开销，因为在处理每个文件时，且在结果被整个集群同步之前，处理引擎会产生一些专用的进程。

由于这些限制，分布式文件系统更适用于数量少、空间大、以连续方式访问的文件。多个较小的文件通常被合并成一个文件以获得最佳的存储和处理性能。当数据必须以流模式获取而且没有随机读写需求时，会使分布式文件系统获得更好的性能。

分布式文件系统存储设备适用于存储原始数据的大型数据集，或者需要归档的数据集。另外，分布式文件系统对需要在相当长的一段时期内在线存储大量数据提供了一个廉价的选择。因为集群可以非常简单地增加磁盘而不需要将数据卸载到像磁带等离线数据存储空间中。

3. 并行与分布式数据处理

并行数据处理就是把一个规模较大的任务分成多个子任务同时进行，目的是减少处理的时间。虽然并行数据处理能够在多个网络机器上进行，但目前来说更为典型的方式是在一台机器上使用多个处理器或内核来完成（见图5-4）。

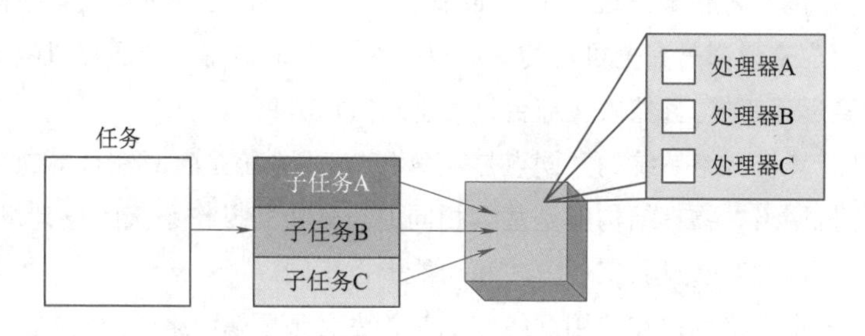

图5-4　一个任务被分成三个子任务，在同一台机器的不同处理器上并行进行

分布式数据处理与并行数据处理非常相似，二者都利用了“分治”的原理。与并行数据处理不同的是，分布式数据处理通常在几个物理上分离的机器上进行，这些机器通过网络连接构成一个集群。如图5-5所示，一个任务同样被分为三个子任务，但是这些子任务在三个不同的机器上进行，这三个机器连接到一个交换机。

4. 分布式存储

大数据导致了数据量的爆发式增长，传统的集中式存储（比如NAS或SAN）在容量和性能上都无法较好地满足大数据的需求。因此，具有优秀的可扩展能力的分布式存储成为大数据存储的主流架构方式。分布式存储多采用普通的硬件设备作为基础设施，因此，单位容量的存储成本也得到大大降低。另外，分布式存储在性能、维护性和容灾性等方面也具有不同程度的优势。

分布式存储系统需要解决的关键技术问题包括诸如可扩展性、数据冗余、数据一致性、全局命名空间、缓存等，从架构上来讲，大体上可以将分布式存储分为C/S（Client Server）架构和P2P（Peer-to-Peer）架构两种。当然，也有一些分布式存储中会同时存在这两种架构方式。

分布式存储面临的另外一个共同问题，就是如何组织和管理成员结点，以及如何建立数据与结点之间的映射关系。成员结点的动态增加或者离开，在分布式系统中基本上可以算是一种常态。

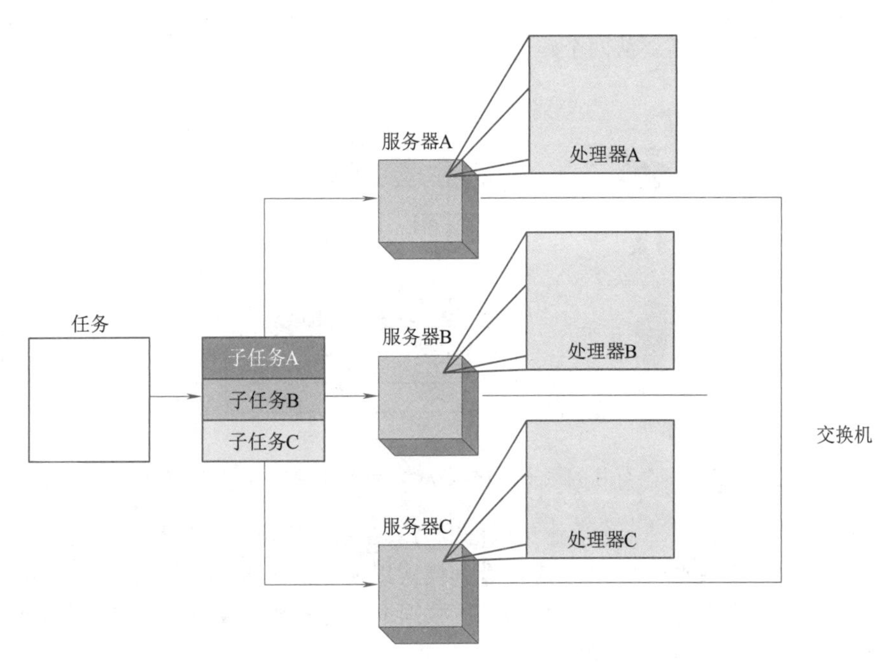

图 5-5　分布式数据处理举例

5.1.4　分片与复制

1. 分片

分片是水平地将一个大的数据集划分成较小的、更易于管理的数据集的过程，这些数据集叫做碎片。碎片分布在多个结点上，而结点是一个服务器或是一台机器（见图 5-6）。每个碎片存储在一个单独的结点上，每个结点只负责存储在该结点上的数据。所有碎片都是同样的模式，所有碎片集合起来代表完整的数据集。

id	name	DOB
1	Rob	06-06-1975
2	Helen	11-23-1982
3	John	02-15-1972
4	Jane	04-07-1977

结点A-分片A

id	name	DOB
1	Rob	06-06-1975
2	Helen	11-23-1982

结点B-分片B

id	name	DOB
3	John	02-15-1972
4	Jane	04-07-1977

图 5-6　一个分片的例子，一个分布在结点 A 和结点 B 上的数据集，分别导致分片 A 和分片 B

分片对客户端来说通常是透明的。分片允许处理负荷分布在多个结点上以实现水平可伸缩性。水平扩展是一个通过在现有资源旁边添加类似或更高容量资源来提高系统容量的方法。由于每个结点只负责整个数据集的一部分，读/写消耗的时间大大提高了。

图 5-7 演示了一个在实际工作中如何分片的例子：

(1) 每个碎片都可以独立地为它负责的特定的数据子集提供读取和写入服务。

(2)根据查询,数据可能需要从两个碎片中获取。

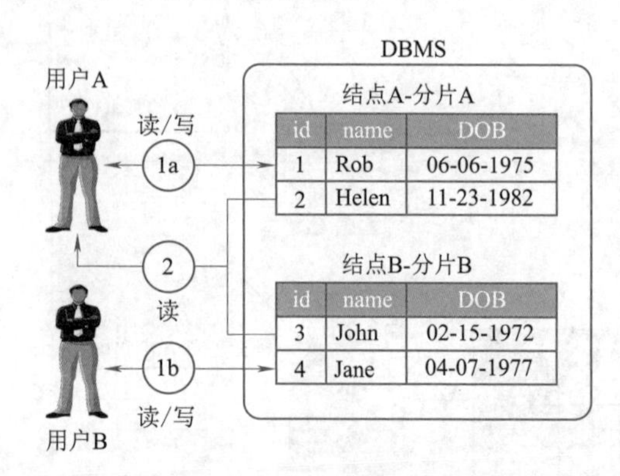

图5-7 一个分片的例子,数据是从结点 A 和结点 B 共同获取的

分片的一个好处是它提供了部分容忍失败的能力。在结点故障的情况下,只有存储在该结点上的数据会受到影响。对于数据分片,需要考虑查询模式以便碎片本身不会成为性能瓶颈。例如,需要查询来自多个碎片的数据,这将导致性能损失。数据本地化将经常被访问的数据共存于一个单一碎片上,这有助于解决这样的性能问题。

2. 复制

复制在多个结点上存储数据集的多个拷贝,叫做副本(见图5-8)。复制因为相同的数据在不同的结点上复制的原因提供了可伸缩性和可用性。数据容错也可以通过数据冗余来实现,数据冗余确保单个结点失败时数据不会丢失。

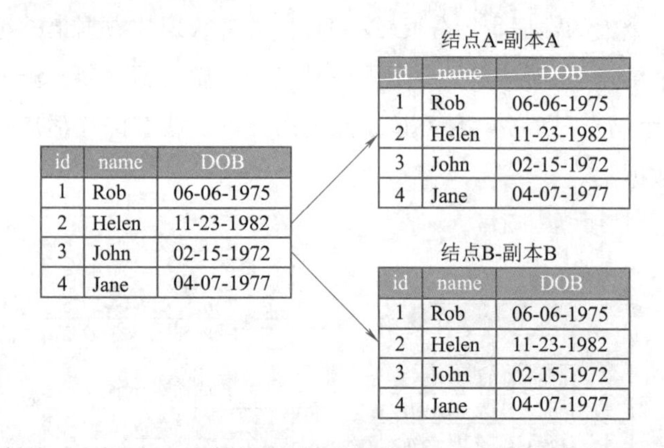

图5-8 复制的一个例子,一个数据集被复制到结点 A 和结点 B,得到副本 A 和副本 B

有两种不同的方法用于实现复制。

(1)主从式复制。在主从式复制中,结点被安排在一个主从配置中,所有数据都被写入主结点中。一旦保存,数据就被复制到多个从结点。包括插入、更新和删除在内的所有外部写请求都发生在主结点上,而读请求可以由任何从结点完成。在图5-9中,写操作是由主结点完成的,数据可以从从结点 A 或者从结点 B 中的任意一个结点读取。

主从式复制适合于读请求密集的负载而不是写请求密集的负载,因为不断增长的读需求可以通过水平缩放管理,以增加更多的从结点。写请求是一致的,这是因为所有写操作都由主结点协调。言下之意是,写操作性能会随着写请求数量的增加而降低。如果主结点失败,读请求仍然可能通过任何从结点来完成。

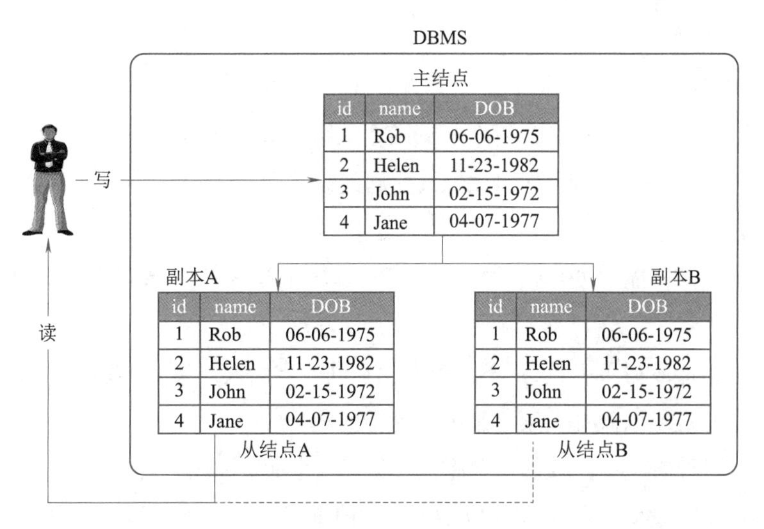

图5-9　主从式复制的例子，单一的主结点A为所有写请求提供服务，数据可以从从结点A或从结点B中读取

一个从结点可以作为备份结点配置主结点。如果主结点失败，直到主结点恢复为止将不能进行写操作。主结点要么是从主结点的一个备份恢复，要么是在从结点中选择一个新的主结点。

关于主从式复制的一个令人担忧的问题是读不一致问题，如果一个从结点在被更新到主结点之前被读取，便产生这样的问题。为了确保读一致性，实现了一个投票系统，若是大多数从结点都包含相同版本的记录则可以声明一个读操作是一致性的。实现这样一个投票系统需要从结点之间的一个可靠且快速的沟通机制。

图5-10展示了一个读不一致场景。

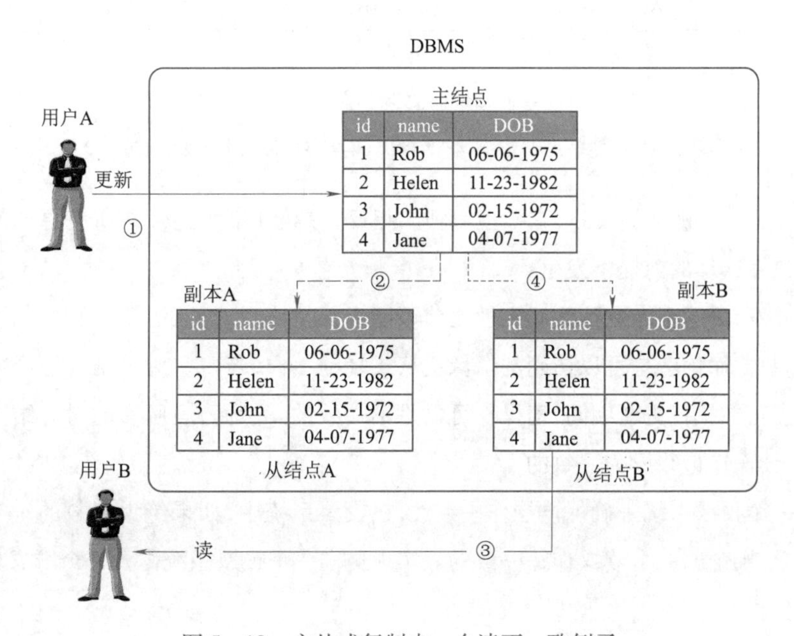

图5-10　主从式复制中一个读不一致例子

① 用户 A 更新数据。

② 数据从主结点复制到从结点 A。

③ 在数据复制到从结点 B 之前,用户 B 试图在从结点 B 读取数据,从而导致不一致的读操作。

④ 当数据从主结点复制到从结点 B 之后,数据最终成为一致的。

(2)对等式复制。指所有结点在同一水平上运作,换句话说,各个结点之间没有主从结点的关系。每个对等的结点同样能够处理读请求和写请求。每个写操作复制到所有的对等结点中去(见图 5-11)。

对等式复制容易造成写不一致,写不一致发生在同时更新同一数据的多个对等结点的时候。这可以通过实现一个悲观或乐观并发策略来解决这个问题。

• 悲观并发是一种防止不一致的有前瞻性的策略。它使用锁来确保在一个记录上同一个时间只有一个更新操作可能发生。然而,这种方法的可用性较差,因为正在被更新的数据库记录一直是不可用的,直到所有锁被释放。

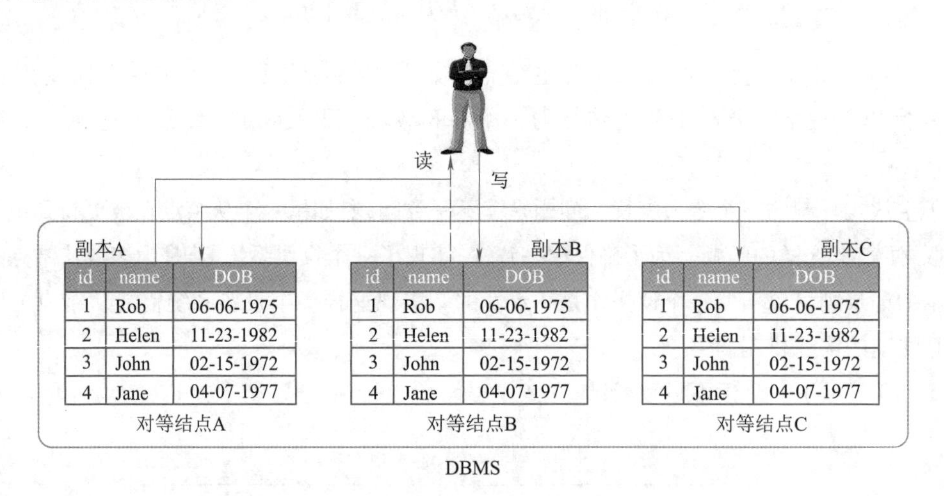

图 5-11 写操作同时复制到对等结点 A、B 和 C。
可以从对等结点 A 读取数据,也可以从对等结点 B 或 C 读取

• 乐观并发是一个被动的策略,它不使用锁。相反,它允许不一致性在所有更新都被实现后最终可以获得一致性这样的前提下发生。

对于乐观并发,对等结点在达到一致性之前可能会保持一段时间的不一致性。然而,因为没有涉及任何锁定,数据库仍然是可以访问的。像主从式复制一样,当一些对等结点已经完成了它们的更新而其他结点正在执行更新期间,读操作可以是不一致的。然而,当所有的对等结点的更新操作已经被执行后,读操作最终成为一致的。

可以实现一个投票系统来确保读操作一致性,在投票系统中,如果绝大多数的对等结点都包含相同版本的记录,则声明一个读操作是一致的。实现这样一个投票系统需要一个可靠且快速的对等结点之间的通信机制。

图 5-12 演示了读操作不一致情况出现的场景。

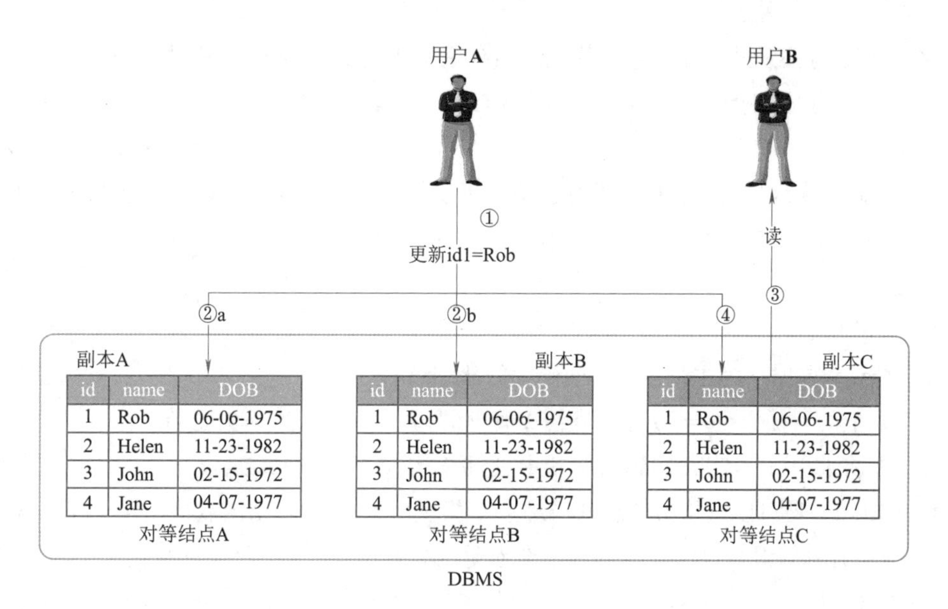

图5-12 一个对等式复制的示例,其中发生了不一致的读操作

① 用户A更新数据。

② a. 数据被复制到对等结点A。

b. 数据被复制到对等结点B。

③ 在数据被复制到对等结点C之前,用户B试图从对等结点C读取数据,这导致不一致的读操作。

④ 最终数据将被更新到对等结点C中,并且数据库将再次获得一致性。

3. 分片与复制

为了改善分片机制所提供的有限的容错能力,且受益于增加复制的可用性和可伸缩性,分片和复制可以组合使用(见图5-13)。

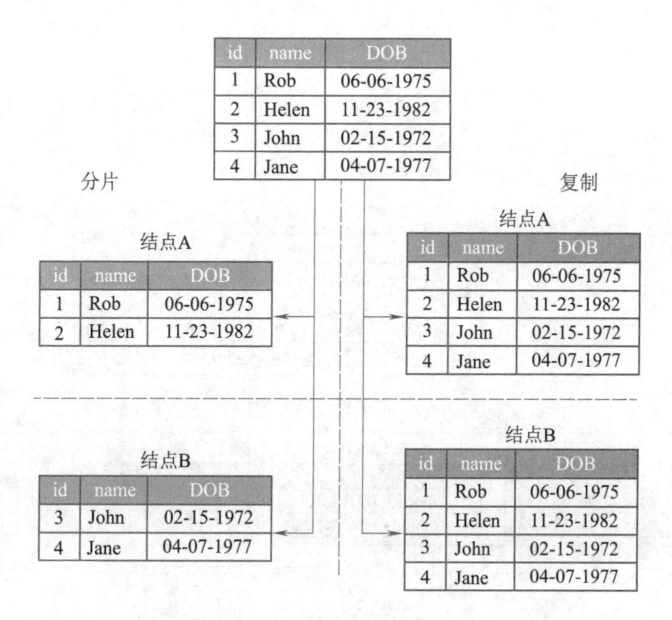

图5-13 分片和复制的比较,显示了分布在两个结点上的数据集分布的不同的方法

(1)结合分片和主从式复制。当分片机制结合主从式复制时,多个碎片成为一个主结点的从结点,并且主结点本身是一个碎片。尽管这将导致有多个主结点,但一个从结点碎片只能由一个主结点碎片管理。

由主结点碎片来维护写操作的一致性。但如果主结点碎片变为不可操作的或是出现了网络故障,与写操作相关的容错能力将会受到影响。碎片的副本保存在多个从结点中,为读操作提供可扩展性和容错性。

在图 5-14 中:

- 每个结点都同时作为主结点和不同碎片的从结点。
- 碎片 A 上的写操作(id=2)是由结点 A 管理的,因为它是碎片 A 的主结点。
- 结点 A 将数据(id=2)复制到结点 B 中,这是碎片 A 的一个从结点。
- 读操作(id=4)可以直接由结点 B 或结点 C 提供服务,因为每个结点都包含了碎片 B。

(2)结合分片和对等式复制。当分片结合对等式复制时,每个碎片被复制到多个对等结点,每个对等结点仅仅只负责整个数据集的子集。总的来说,这有助于实现更高的可扩展性和容错性。由于这里没有涉及主结点,所以不存在单点故障,并且支持读操作和写操作的容错性。

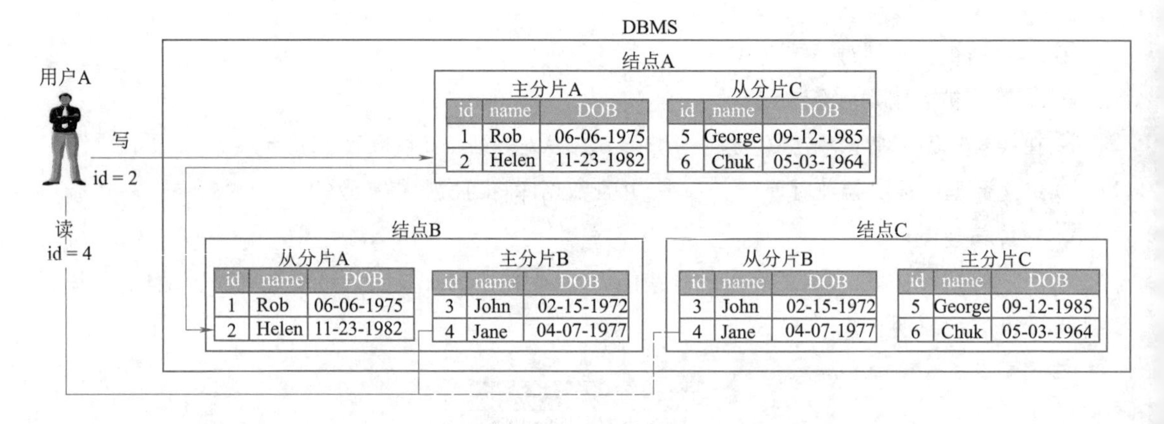

图 5-14　分片和主从式复制结合的例子

在图 5-15 中:

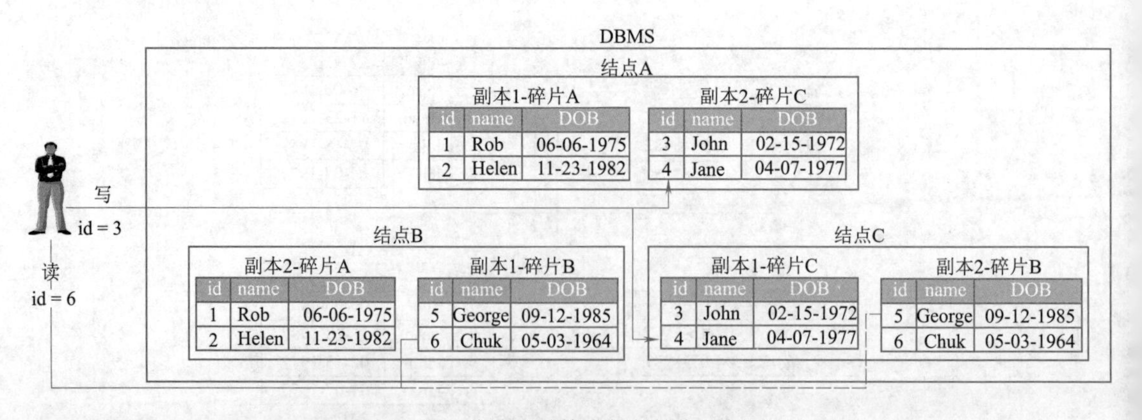

图 5-15　分片和对等式复制结合的例子

- 每个结点包含两个不同碎片的副本。
- 写操作(id=3)同时复制到结点A和结点C(对等结点)中,它们负责碎片C。
- 读操作(id=6)可以由结点B或结点C中任何一个提供服务,因为它们每个都包含碎片B。

5.1.5 CAP 定理

Eric Brewer 于 2000 年提出的分布式系统设计的 CAP 理论(布鲁尔定理)指出,一个分布式系统不可能同时保证一致性(Consistency)、可用性(Availability)和分区容忍性(Partition tolerance)这三个要素,这也被称为表达与分布式数据库系统相关的三重约束。当然,除了这三个维度,一个分布式存储系统往往会根据具体业务的不同,在特性设计上有不同的取舍,比如,是否需要缓存模块、是否支持通用的文件系统接口等。

任何一个在集群上运行的分布式存储(数据库)系统只能根据其具体的业务特征和具体需求,最大地优化其中的两个要素。

- 一致性——从任何结点的读操作会导致相同的数据跨越多个结点,如图5-16所示,所有三个用户得到相同的amount列的值。

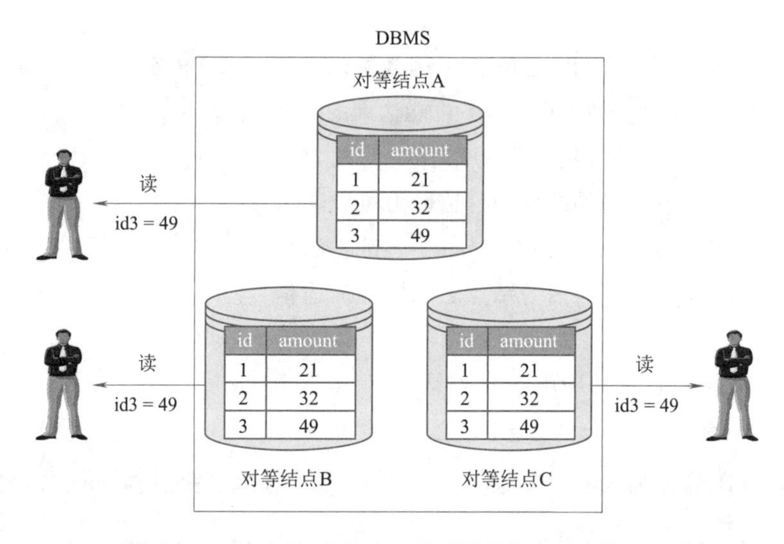

图5-16 一致性:虽然有三个不同的结点来存储记录

- 可用性——任何一个读/写请求总是会以成功或是失败的形式得到响应(见图5-17)。
- 分区容忍——数据库系统可以容忍通信中断,通过将集群分成多个竖井,仍然可以对读/写请求提供服务。图5-17中,在发生通信故障时,来自两个用户的请求仍然会被提供服务(1,2)。然而,对于用户B来说,因为id=3的记录没有被复制到对等结点C中而造成更新失败。用户被正式通知(3)更新失败了。

下面场景展示了为什么CAP定理的三个属性只有两个可以同时支持。为了帮助这个讨论,图5-18提供了一个维恩图解显示了一致性、可用性和分区容忍所重叠的区域。

如果一致性(C)和可用性(A)是必需的,可用结点之间需要进行沟通以确保一致性(C)。因此,分区容忍(P)是不可能达到的。

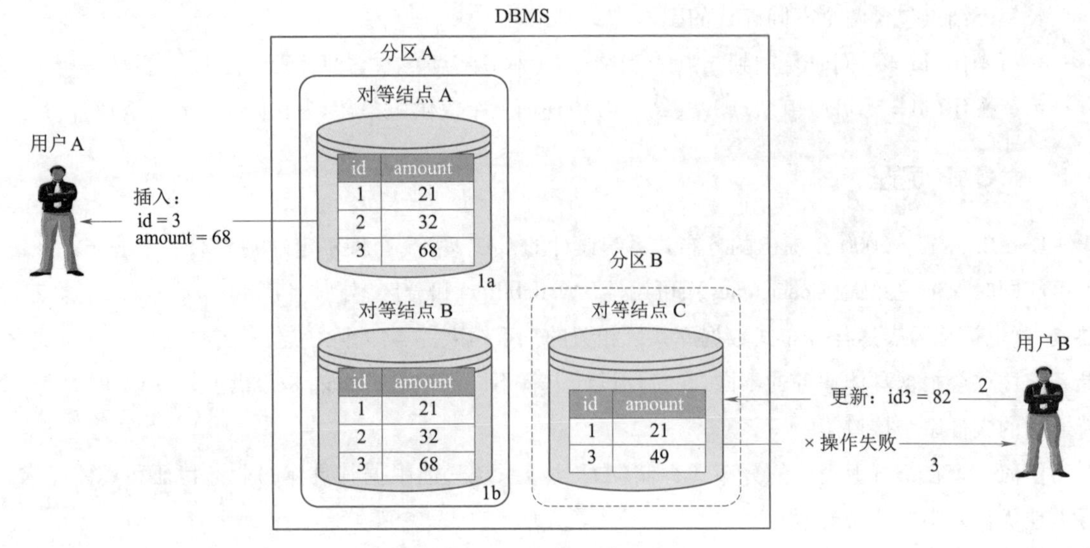

图5－17　可用性和分区容忍

如果一致性(C)和分区容忍(P)是需要的,结点不能保持可用性(A),因为为了实现一致性(C)结点将变得不可用。

如果可用性(A)和分区容忍(P)是必需的,因为考虑到结点之间的数据通信需要,那么一致性(C)是不可能达到的。因此,数据库仍然是可用的(A),但是结果数据库是不一致的。

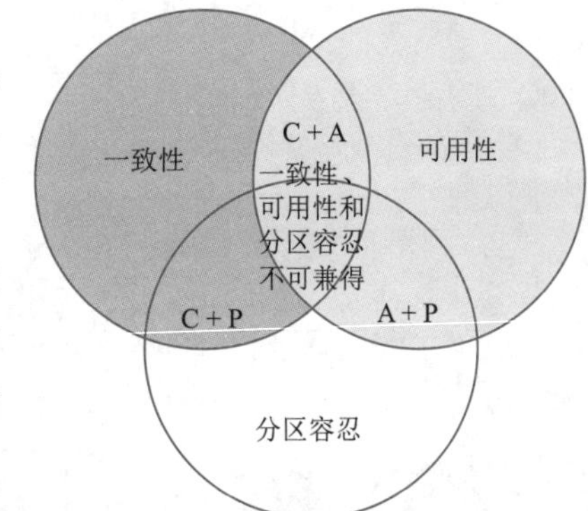

图5－18　总结CAP定理的维恩图

在分布式数据库系统中,可伸缩性和容错能力可以通过额外的结点来提高,虽然这对一致性(C)造成了挑战。添加的结点也会导致可用性(A)降低,因为结点之间增加的通信将造成延迟。

分布式数据库系统不能保证100%分区容忍(P)。虽然沟通中断是非常罕见的和暂时的,分区容忍(P)必须始终被分布式数据库支持;因此,CAP通常是C＋P或者A＋P之间的一个选择。系统的需求将决定怎样选择。

5.1.6　ACID设计原则

ACID是一个数据库设计原则与事务管理的形式,这个缩写词代表了:

- 原子性(Atomicity)
- 一致性(Consistency)
- 隔离(Isolation)
- 持久性(Durability)

ACID是数据库事务管理的传统方法,是基于关系型数据库管理系统的。ACID利用悲观并发控制来确保通过记录锁的方式维护应用程序的一致性。

原子性确保所有操作总是完全成功或彻底失败。换句话说,这里没有部分事务。

以下步骤如图5－19所示:

①用户试图更新三条记录作为一个事务的一部分。

②在两条记录成功更新之前发生了一个错误。

③因此,数据库可以回滚任何部分事务的操作,并且能使系统回到之前的状态。

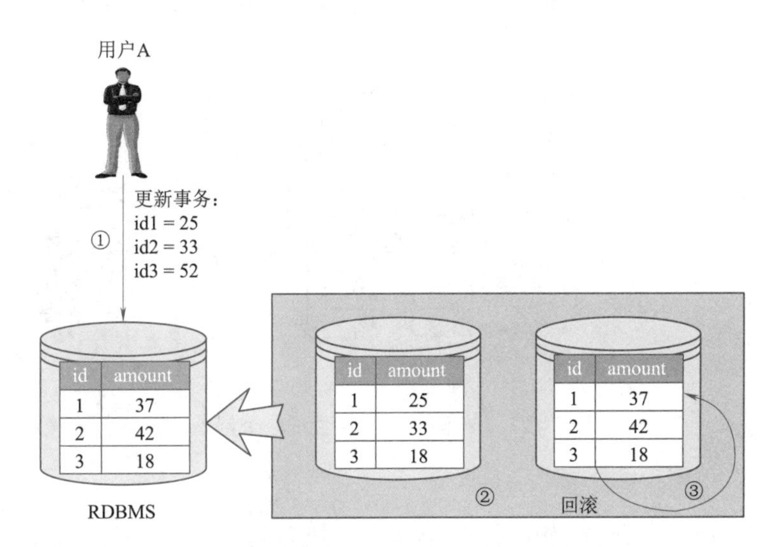

图 5－19　ACID 的原子性属性的一个显而易见的示例

一致性保证数据库总是保持在一致的状态,这是通过确保数据只有符合数据库的约束模式才可以被写入数据库。因此,处于一致状态的数据库进行一个成功的交易后仍将处于一致状态。

在图 5－20 中:

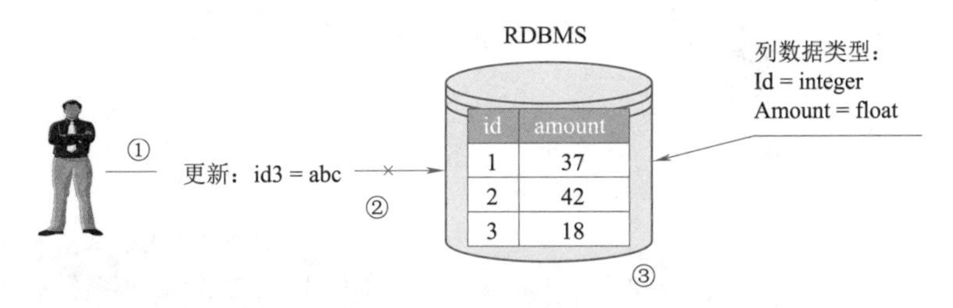

图 5－20　ACID 的一致性的一个例子

①一个用户试图用 varchar 类型的值去更新表的 amount 列,这一列应该是浮点类型的值。

②数据库应用本身的验证检查并拒绝此更新,因为插入的值违反了 amount 列的约束检查。

隔离机制确保事务的结果对其他操作而言是不可见的,直到本事务完成为止。

在图 5－21 中:

①用户尝试更新两条记录作为事务的一部分。

②数据库成功更新第一条记录。

③然而,在能更新第二条记录之前,用户 B 尝试去更新同一条记录。数据库不会允许用户 B 进行更新,直到用户 A 更新完全成功或完全失败。这是因为拥有 id3 的记录是由数据库锁定的,直到事务完成为止。

持久性确保一个操作的结果是永久性的。换句话说,一旦事务已经被提交,则不能进行回滚。

这是跟任何系统故障都无关的。

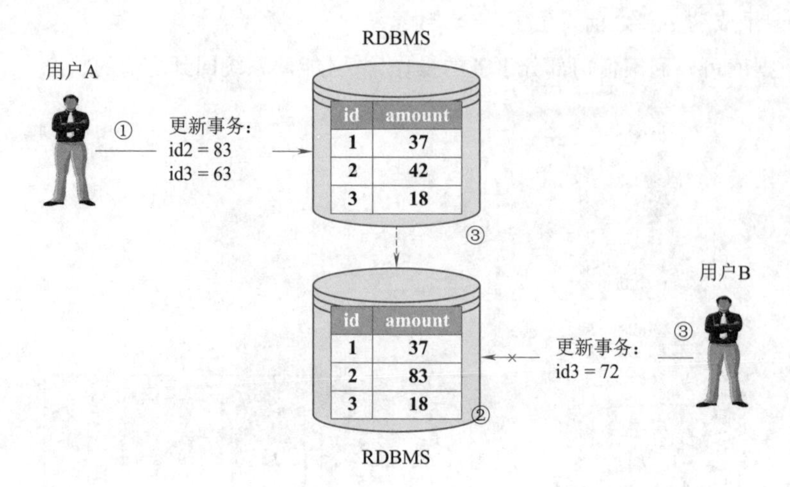

图 5－21 ACID 的隔离特性的一个例子

在图 5－22 中:

①一个用户更新一条记录,作为事务的一部分。

②数据库成功更新这条记录。

③就在这次更新之后出现一个电源故障。虽然没有电源,然而数据库维护其状态。

④电力已恢复了。

⑤当用户请求这条记录时,数据库按这条记录的最后一次更新去提供服务。

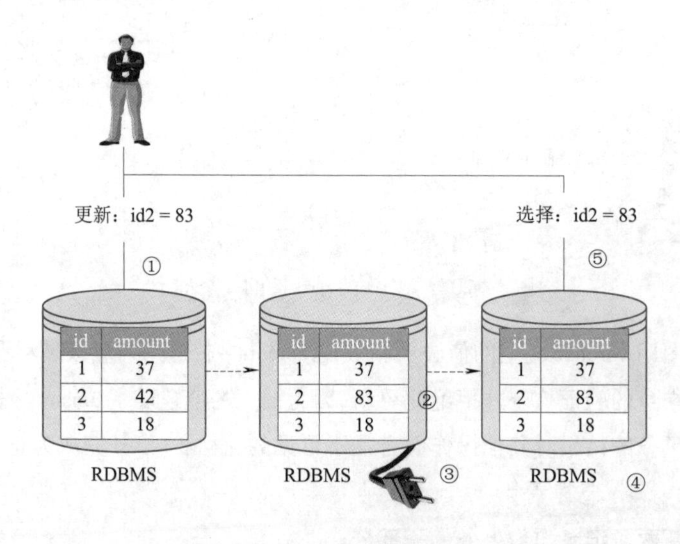

图 5－22 ACID 的持久性特点

图 5－23 显示了 ACID 原理的应用结果:

①用户尝试更新记录,作为事务的一部分。

②数据库验证更新的值并且成功地进行更新。

③当事务成功地完全完成后,当用户 B 和 C 请求相同的记录时,数据库为两个用户提供更新后的值。

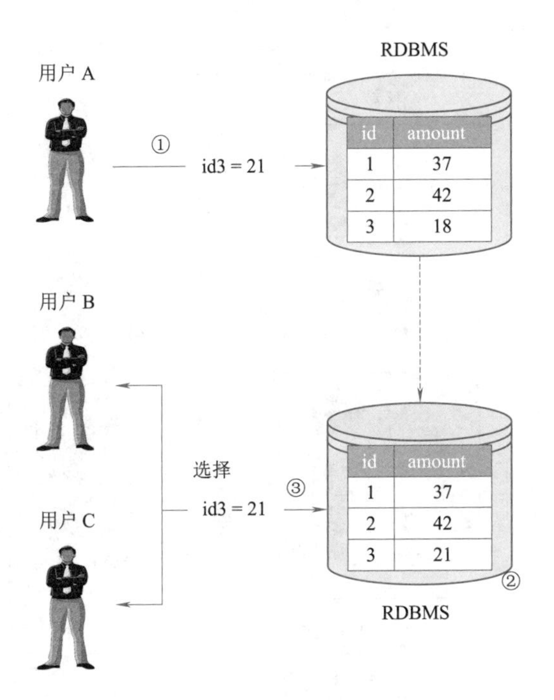

图 5-23 ACID 原则导致一致的数据库行为

5.1.7 BASE 设计原理

BASE 是一个根据 CAP 定理的数据库设计原理,它采用了使用分布式技术的数据库系统。BASE 代表:

- 基本可用(Basically Available)
- 软状态(Soft State)
- 最终一致性(Eventual Consistency)

当一个数据库支持 BASE 时,它支持可用性超过一致性。换句话说,从 CAP 原理的角度来看数据库采用 A+P 模式。从本质上说,BASE 通过放宽被 ACID 特性规定的强一致性约束来使用乐观并发。

如果数据库是“基本可用”的,该数据库将始终响应客户的请求,无论是通过返回请求数据的方式,或是发送一个成功或失败的通知。

在图 5-24 中,数据库是基本可用的,尽管因为网络故障的原因它被划分开。

软状态意味着一个数据库当读取数据时可能会处于不一致的状态;因此,当相同的数据再次被请求时结果可能会改变。这是因为数据可能因为一致性而被更新,即使两次读操作之间没有用户写入数据到数据库。这个特性与最终一致性密切相关。

在图 5-25 中:

①用户 A 更新一条记录到对等结点 A。

②在其他对等结点更新之前,用户 B 从对等结点 C 请求相同的记录。

③数据库现在处于一个软状态,且返回给用户 B 的是陈旧的数据。

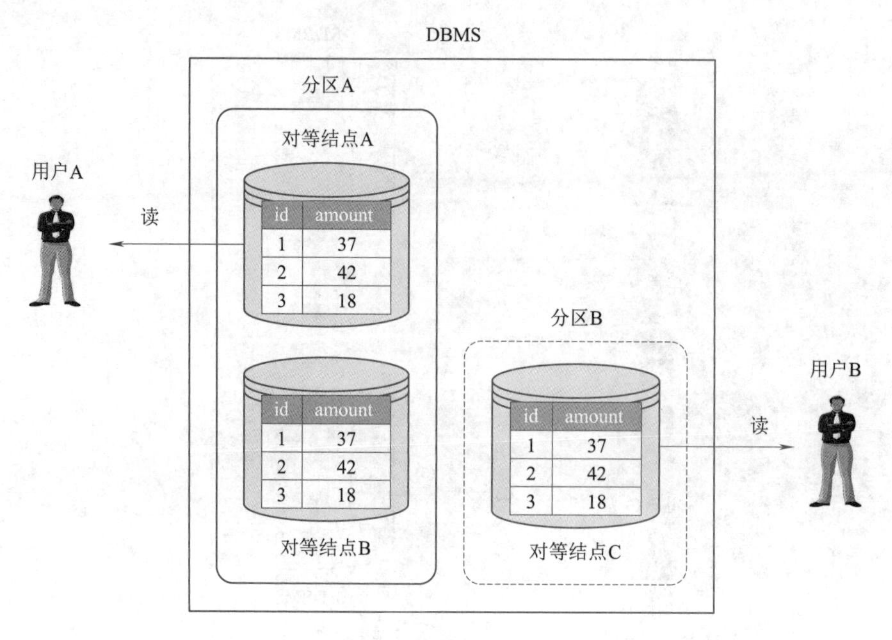

图 5 - 24　用户 A 和用户 B 接收到数据，尽管数据库因为一个网络故障被分区

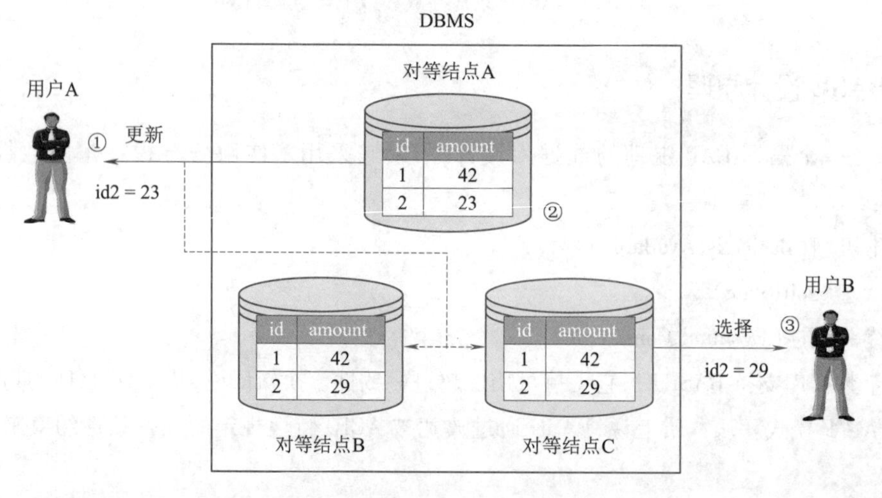

图 5 - 25　在此显示 BASE 的软状态属性的一个示例

不同的客户读取时的状态是最终一致性的状态，紧跟着一个写操作写入到数据库之后，可能不会返回一致的结果。数据库只有当更新变化传播到所有的结点后才能达到一致性。当数据库在达到最终一致的状态的过程中，它将处于一个软状态。

在图 5 - 26 中：

①用户 A 更新一条记录。

②记录只在对等结点 A 中被更新，但在其他对等结点被更新之前，用户 B 请求相同的记录。

③数据库现在处于一个软状态。返回给用户 B 的是从对等结点 C 处获得的陈旧的数据。

④然而，数据库最终达到一致性，用户 C 得到的是正确的值。

BASE 更多地强调可用性而非一致性，这点与 ACID 不同。由于有记录锁，ACID 需要牺牲可用性来确保一致性。虽然这种针对一致性的软措施不能保证服务的一致性，但BASE的兼容数据库可以服务多个客户端而不会产生时间上的延迟。

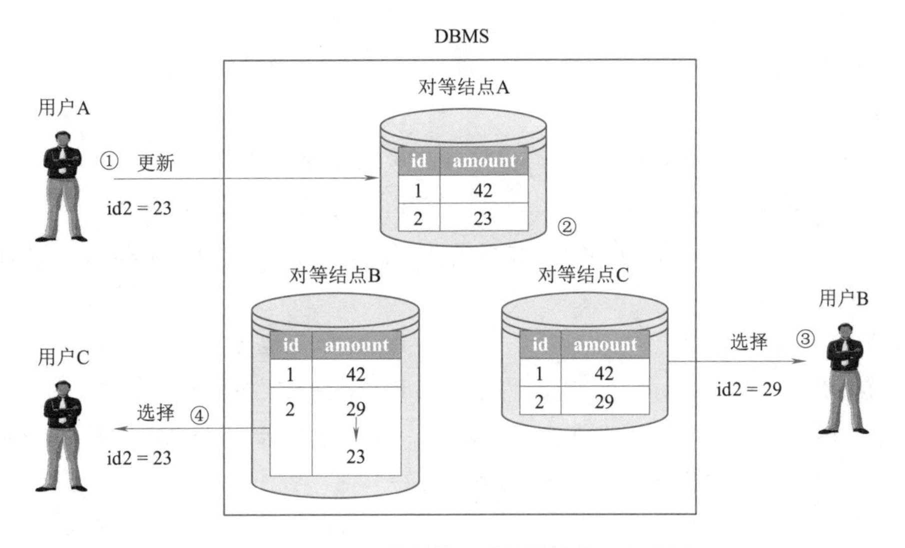

图5-26 BASE的最终一致性属性的一个示例

然而，BASE的兼容数据库对事务性系统用处不大，因为事务性系统关注一致性的问题。

【作 业】

1. 从外部来源获得的数据通常其格式或结构不能被直接处理，为了克服这些不兼容性以及为数据存储和处理进行准备，数据清理是必要的。下列（ ）不是数据清理所包括的步骤。

   A. 过滤　　B. 净化
   C. 链接　　D. 下游分析准备数据

2. 从存储的角度来看，一个数据的副本首先存储为其获得的（ ），并且清理之后，准备好的数据需要被再次存储。

   A. 方法　　B. 格式　　C. 框架　　D. 原则

3. 除（ ）之外，通常以下情况发生时需要存储数据。

   A. 购买了新的网络打印机和绘图仪
   B. 获得外部数据集，或者内部数据将用于大数据环境中
   C. 数据被操纵以适合用于数据分析
   D. 通过一个ETL活动处理数据，或分析操作产生的输出结果

4. 由于需要存储（ ），通常有多个副本，使用创新的存储策略和技术，以实现具有成本效益和高度可扩展的存储解决方案。

   A. 小数据的数据集　　B. 大数据的数据集
   C. MIS的数据集　　D. ERP的数据集

5. 在计算中，一个集群是（ ），这些设备通常有相同的硬件规格并且通过网络连接在一起作

为一个工作单元，其中的每个成员都有自己的专用资源。

A. 松散连接的子网络　　B. 紧密耦合的子网络

C. 松散连接的一些终端设备　　D. 紧密耦合的一些服务器或结点

6. 通过把任务分割成小块并且将它们分发到属于(　　)上执行的方法，集群可以去执行一个任务。

A. 统一集群的不同计算机　　B. 分散集群的不同计算机

C. 统一集群的同一计算机　　D. 分散集群的同一计算机

7. 集群(　　)水平可扩展的存储解决方案提供必要的支持，(　　)分布式数据处理提供一种线性扩展机制。

A. 能为，但不能为　　B. 能为，也能为

C. 不能为，但能为　　D. 不能为，也不能为

8. 由于集群由(　　)组成，它具有固定的冗余与一定的容错性，因而当网络中某个结点发生错误时，它之前处理与分析的结果都是可恢复的。

A. 物理连接上相互独立的设备　　B. 逻辑意义上连接的相互独立的设备

C. 物理连接上相关设备　　D. 逻辑意义上连接的相关设备

9. 一个文件系统是在一个存储设备上存储和组织数据的(　　)，这个存储设备可以是闪存、DVD 和硬盘。

A. 概念　　B. 格式　　C. 方法　　D. 原则

10. 一个分布式文件系统作为一个文件系统可以存储分布在集群的结点上的大文件。对于客户端来说，文件似乎在本地上；然而，这只是一个(　　)视图，在(　　)形式上文件分布于整个集群。

A. 逻辑，逻辑　　B. 逻辑，物理　　C. 物理，逻辑　　D. 物理，物理

11. 一个文件是一个存储的原子单位，被文件系统用来存储数据。一个文件系统提供了一个存储在存储设备上的数据逻辑视图，并以(　　)的形式展示了目录和文件。

A. 线性结构　　B. 网状结构　　C. 关系结构　　D. 树结构

12. 分片是水平地将一个(　　)数据集划分成(　　)、更易于管理的数据集的过程，这些数据集叫做碎片。碎片分布在多个结点上，而结点是一个服务器或是一台机器。分片对客户端来说通常是透明的。

A. 大的，较小的　　B. 小的，较大的

C. 大的，分块　　D. 小的，分块

13. 分片对客户端来说通常是(　　)的，它允许处理负荷分布在多个结点上以实现水平可伸缩性。由于每个结点只负责整个数据集的一部分，读/写消耗的时间大大提高了。

A. 显性　　B. 直观　　C. 透明　　D. 结构可见

14. 复制在多个结点上存储数据集的多个拷贝，被叫做(　　)。复制因为相同的数据保存在不同的结点上，因而可伸缩性和可用性。数据容错也可以通过数据冗余来实现，数据冗余确保单个结点失败时数据不会丢失。

A. 正本　　B. 蓝本　　C. 副本　　D. 复制本

15. CAP 定理也称为布鲁尔定理,它表达与分布式数据库系统相关的三重约束。下列(　　)不适于这三重约束。

A. 一致性　　B. 可用性　　C. 分区容忍　　D. 分区便捷

16. ACID 是一个数据库设计原则与事务管理形式。下列(　　)不属于 ACID。

A. 组合　　B. 原子性　　C. 一致性　　D. 隔离

17. BASE 是一个根据 CAP 定理而来的数据库设计原则,它采用了使用分布式技术的数据库系统,但下列(　　)不是 BASE 的成分。

A. 基本可用　　B. 硬状态　　C. 软状态　　D. 最终一致性

18. 如果数据库是"基本可用"的,该数据库将(　　)客户的请求,无论是通过返回请求数据的方式,或是发送一个成功或失败的通知。

A. 从不响应　　B. 始终响应　　C. 随机响应　　D. 实时响应

19. 软状态意味着一个数据库当读取数据时可能会处于(　　)的状态;因此,当相同的数据再次被请求时结果可能会改变。

A. 通过　　B. 阻塞　　C. 一致　　D. 不一致

20. BASE 更多地强调(　　),这点与 ACID 不同。由于有记录锁,ACID 需要牺牲可用性来确保一致性。虽然这种针对一致性的软措施不能保证服务的一致性,但 BASE 的兼容数据库可以服务多个客户端而不会产生时间上的延迟。

A. 可用性而非一致性　　B. 一致性而非可用性

C. 随机性而非独特性　　D. 独特性而非随机性

实训操作　熟悉大数据存储的概念

1. 案例讨论

目前 ETI 企业的 IT 环境采用 Linux 和 Windows 操作系统。因此,ext 文件系统和 NTFS 文件系统都在被使用。网络服务器和一些应用服务器使用 ext 文件系统,而其他的应用服务器、数据库服务器和终端用户的计算机都被配置为使用 NTFS 文件系统。配置为 RAID5 的网络附加存储(NAS)也用于容错文档的存储。虽然 IT 团队熟悉文件系统,但集群的概念、分布式文件系统和 NoSQL 对团队来说是新颖的。然而,通过与受过培训的团队成员讨论之后,整个团队能够理解这些概念和技术(关于这一点,我们已经在前面的实训操作环节中了解和体验到了)。

目前,ETI 企业的 IT 设计完全由采用 ACID 数据库设计原则的关系型数据库构成。IT 团队对 BASE 原理没有多少理解并且难以理解 CAP 定理。一些团队成员对于大数据集存储的必要性和这些概念的重要性也不确定。看到这些,受过 IT 训练的员工试图解答他们团队成员的困惑,解释这些概念仅适用于在分布式集群上存储大量数据。对于存储非常大量的数据,由于集群通过横向扩展支持线性扩展的能力,它已经成为显而易见的选择。

由于集群是由结点通过一个网络连接而组成的,通信故障导致的"筒仓"(近邻的相互隔绝)或是集群的分区都是不可避免的。为了解决分区问题,提出并介绍了 BASE 原理和 CAP 定理。他们进一步解释说,任何遵循 BASE 原理的数据库都会更加积极地响应客户,尽管与遵循 ACID 原则的数据库相比,被读取的数据可能是不一致的。理解了 BASE 原理后,IT 团队更容易理解为什么一个通过集群实现的数据库需要在一致性和可用性之间做出选择。

虽然现存的关系型数据库不使用分片机制,但几乎所有的关系型数据库被复制用于灾难恢复和业务报告。为了更好地理解分片和复制的概念,IT 团队经过一个如何将这些概念应用于保险报价数据的练习,大量的报价数据被快速地创建和访问。

对于分片机制,这个团队认为,将保险报价的使用类型(保险行业——健康、建筑、海洋和航空)作为切分的标准,将创建跨越多个结点的一套平衡数据,因为查询操作大多是在相同的保险部门内执行的,而部门间的相互查询是罕见的。

请分析并记录:

(1)目前 ETI 企业的 IT 环境中主要采用的是哪些操作系统?从文件系统的角度来看,这些不同类型的操作系统主要区别是什么?

答:____

____

____

____

____

请通过网络搜索学习,了解并简单阐述什么是 RAID5。

答:____

____

____

____

____

进入大数据时代,我们希望 ETI 企业的整个 IT 团队能够理解哪些重要的概念和技术?

答:____

____

____

____

(2)目前,ETI 企业的 IT 设计完全由采用 ACID 数据库设计原则的关系型数据库构成。IT 团队对 BASE 原理没有多少理解并且难以理解 CAP 定理。

ACID 设计原则:____

____

____

BASE 原理:____

____

____

CAP 原理：________________

____

____

____

(3)对于存储非常大量的数据，由于集群通过横向扩展支持线性扩展的能力，它已经成为显而易见的选择。请解释，什么是集群？

答：________________

____

____

____

为什么一个通过集群实现的数据库需要在一致性和可用性之间做出选择？

答：________________

____

____

____

(4)案例企业 ETI 公司是一家专业做健康保险计划的保险公司。为了更好地理解分片和复制的概念，请你依据自己的知识基础和理解，尝试将这些概念应用于保险报价数据。例如将保险报价的使用类型(保险行业——健康、建筑、海洋和航空)作为切分的标准等。

答：________________

____

____

____

2. 实训总结

____

____

____

____

3. 教师实训评价

____

____

____

任务 5.2　了解大数据存储技术

导读案例　**基础领域突破非一日之功，是数十年耕耘**

在 5G(图 5-27 为对 5G 的形象说明)首个标准确立后，5G 预商用在 2018 年四季度开始陆续实现。根据华为公布的时间表,2018 年 9 月 30 日推出基于非独立组网(NSA)的全套 5G 商用网络解决方案,2019 年 3 月 30 日推出基于独立组网(SA)的 5G 商用系统。

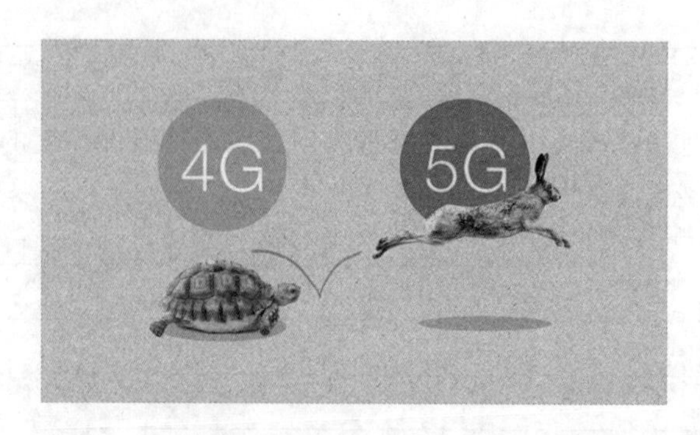

图 5 - 27 5G

在 5G 赛道上,华为主导的 POLAR 码入选控制信道的编码方案,提升了其在通信行业的地位。为了在 5G 领域获得更多的优势,华为正在采取的重要策略是吸收该赛道上全球顶级的人才和技术,进而掌握行业的技术制高点和话语权。

2018 年 7 月 26 日,华为在总部举办了一场别开生面的高规格颁奖仪式,受表彰的除了华为一线优秀的市场工作者之外,还包括 5G 极化码(Polar 码)发现者、土耳其 Erdal Arikan 教授,以及百余名标准与基础研究领域的华为科学家和工程师。较少露面的华为创始人任正非也出席了该仪式。

尽管是一场内部颁奖,华为也借此传达了有关重视基础研究的企业价值观,宣布继续加大针对基础研究的资金投入。此外,华为高管在接受记者采访时比较详细地描述了与全球高校的开放合作方式。

1. POLAR 码之父:华为抓住了机会

“我感到有点惊喜、惊讶。”从华为总裁任正非手中接过奖牌时,Erdal Arikan 表示,“华为是一个与众不同的公司,选择了与众不同的道路,它在基础研究方面支持、鼓励、认可了学术界的努力。”

华为对 Erdal Arikan 的表彰有直接原因。在 2016 年,3GPP 关于 5G 技术的第 87 次会议上,最终确定了 5G eMBB(增强移动宽带)场景的信道编码技术方案,其中华为主导的 Polar 码被作为控制信道的编码方案。这一技术的源头便是 2008 年,Arikan 教授公开发表了 Polar 码论文,Polar 码是唯一可以在理论上证明达到香农理论极限的编码技术。

华为基于 Erdal Arikan 论文基础,在极化码的核心原创技术上取得了多项突破,并促成了其从学术研究到产业应用的蜕变。这一成功,使得华为在 5G 赛道上占领一处制高点。

Erdal Arikan 在现场接受记者采访时阐述了其个人研究与华为之间的关系。“我个人和华为之间没有正式的关系,双方没有任何的硬性条件约束。但是华为无条件地支持了我在极化码方面的研究。有时候大家会觉得不是在本国创立的代码会不太好用,但是华为抓住了很好的机会,他们充分认识到极化码的使用效率,让极化码从一个想法变成一个产品进行商用。”

2. 隔空回应“威胁论”质疑

华为在 5G 网络时代展示了很强的竞争力,其中一个方面是华为正在全球范围笼络 5G 行业专家。华为 5G 总裁杨超斌此前曾表示:“全球无线通信领域研究核心技术的核心专家并不多,为充分利用了全球的行业专家,华为在全球设立研究所或团队,集合多方面5G研究力量,基于全球无线专家的集体智慧,在5G方面取得创新。"

与Erdal Arikan的合作只是一个案例,华为把与全球高校资源合作作为重要策略。根据华为官方对"华为创新研究计划"(简称HIRP)的表述,截至2016年底,该计划累计已覆盖全球20多个国家的300多所高校,在全球范围内资助超过1 200个创新研究项目,其中,亚太区覆盖澳大利亚、韩国、日本和新加坡等国;2位诺贝尔获得者、100多位IEEE和ACM院士以及全球数千名专家学者参与其中。

但这样的合作并非总是受到欢迎。比如,近期华为受到美国国会若干议员的严厉指责,要求美国教育部长调查华为与美国各大学在基础科学研究方面的合作是否会威胁到美国的国家安全。

华为轮值董事长徐直军近期在《金融时报》撰稿回击该言论,称有关美国议员的说法是对当代科学和创新工作方式的"无知"。他在撰稿中提及,企业、学术界和研究机构之间的知识和资源交换(也称"知识转移"),能够缩短理论研究到商业化的过程,华为向大学提供支持的时候,并不期望能获得直接商业回报。

此次对Erdal Arikan教授的表彰似乎也在隔空回应美国议员有关威胁论的质疑。在现场采访环节,杨超斌谈到华为产学研经验时表示:"有关未来技术的基础创新,企业也不知道具体方向到底在哪个地方,这种情况就非常适合大学做长期研究。现在华为在持续加大对全球各个大学、教授及未来探索方面的资助。希望通过这些教授研究能够产生一些新的基础领域的创新,也许成功概率不高,但为了未来我们必须做出这样的决定。"

3. 继续加大基础研发投入

在此次颁奖中,华为的举动多次强调要加大对未来基础研发的投入。

7月25日下午,任正非与Erdal Arikan进行对话时表示:"我们向基础研究这条道路努力奋勇前进,继续支持教授所领导的团队的技术发展和前进,继续合理地给予投资,这样我们的道路会更加宽广,未来信息社会将会是无穷无尽的社会,我们现在才刚刚起步。"

Erdal Arikan现场向任正非提问道,"如何评估中国的现状?特别在工程科学领域最高质量的教育问题。"任正非回答称,"如今有很多人不能安静坐下来研究学问,基础领域的突破不是一天、两天的功夫,是数十年的默默无闻,辛苦地耕耘。我觉得教育不要输在终点线上,什么时候起跑无所谓。"

2018年7月26日颁奖后,华为无线CTO童文博士表示,华为在2017年投入130亿美元的研发费用,在研发投入方向上,约80%的资金投入到产品各方面,包括产品核心技术、产品工程开发。另外,接近20% ~30%投入三年以后或者五年以后探索性的基础研究。公司内部在讨论,这方面的资金可能还在增长。

童文介绍:"华为的基础研发有两个阶段,支持高校的主要是基本理论、探索性的研究,钱拨出去之后有可能没有结果,有可能有很好的结果,基本不太干预高校研究,华为同时也内部投资部分基础研究。"

(资料来源:每日经济新闻,科技-腾讯,2018-07-27)

阅读上文,请思考、分析并简单记录:

(1)在5G赛道上,华为主导的编码方案提升了其在通信行业的地位。请结合华为的5G方面的事迹，谈谈你对“基础领域突破非一日之功，是数十年耕耘”这个标题的理解。

答：____

____

____

____

(2)2018 年 7 月 26 日，华为在总部举办了一场别开生面的高规格颁奖仪式，受表彰的除了华为一线优秀市场工作者等之外，华为还特别表彰了 5G 极化码(Polar 码)发现者、土耳其 Erdal Arikan 教授，请简单阐述你对此的认识与看法。

答：____

____

____

____

(3)华为在 5G 网络时代展示了很强的竞争力，其中一个方面是华为正在全球范围笼络 5G 行业专家。但这样的合作并非总是受到欢迎。比如，华为就曾受到美国国会若干议员的严厉指责，质疑华为在这方面的合作是否会威胁到美国的国家安全。

对于这个问题，你有什么看法？请简单阐述之。

答：____

____

____

____

(4)请简单描述你所知道的上一周发生的国际、国内或者身边的大事。

答：____

____

____

____

任务描述

(1)通过学习，加深理解关系数据库管理系统(RDBMS)及其应用。

(2)深入理解“大数据的存储需求彻底地改变了以关系型数据库为中心的观念”。

(3)深入探讨磁盘和内存设备对大数据的作用，熟悉不同种类的 NoSQL、NewSQL 数据库技术以及它们的用途。

(4)熟悉内存数据网络和内存数据库。

知识准备 大数据存储的核心技术

存储技术随着时间的推移持续发展，把存储从服务器内部逐渐移动到网络上。当今对融合式架构的推动把计算、存储、内存和网络放入一个可以统一管理的架构中。在这些变化中，大数据的存储需求彻底地改变了自20世纪80年代末期以来Enterprise ICT所支持的以关系型数据库为中心的观念。其根本原因在于,关系型技术不是一个可以支持大数据容量可扩展的方式。更何况,企业通常通过处理半结构化和非结构化数据获取有用的价值,而这些数据通常与关系型方法不兼容。

大数据促进形成统一的观念,即存储的边界是集群可用的内存和磁盘存储。如果需要更多的存储空间,横向可扩展性允许集群通过添加更多结点来扩展。这个事实对于内存与磁盘设备都成立,尤其重要的是创新的方法能够通过内存存储来提供实时分析。甚至批量为主的处理速度都由于越来越便宜的固态硬盘而变快了。

下面我们来深入探讨磁盘和内存设备对大数据的作用,其主题涵盖了用于存储半结构化或非结构化数据的NoSQL设备,介绍了不同种类的NoSQL数据库技术以及它们的用途。

磁盘存储通常利用廉价的硬盘设备作为长期存储的介质,并可由分布式文件系统或数据库实现(见图5-28)。

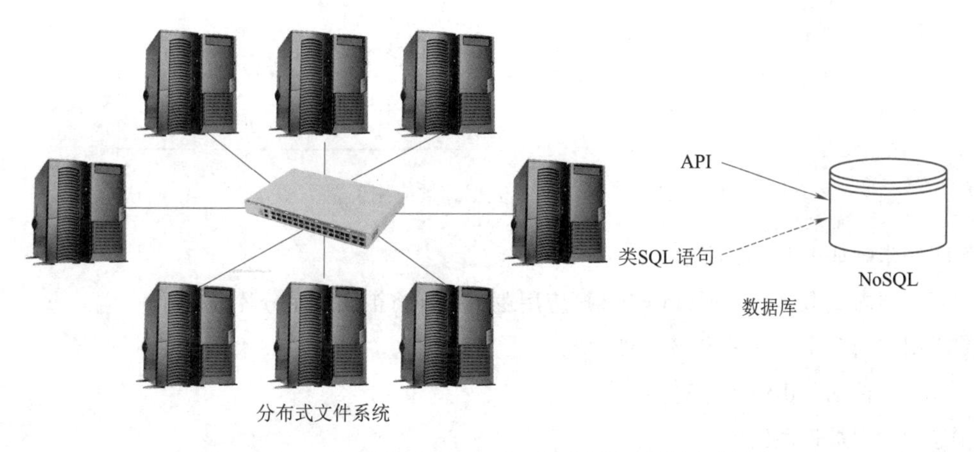

图5-28 磁盘存储可通过分布式文件系统或数据库实现

5.2.1 RDBMS数据库

RDBMS即关系数据库管理系统(Relational Database Management System),是将数据组织为相关的行和列的关系数据库,而管理关系数据库的计算机软件就是关系数据库管理系统,它通过数据、关系和对数据的约束三者组成的数据模型来存放和管理数据。常用的数据库软件有Oracle、SQL Server等。

RDBMS适合处理涉及少量的有随机读/写特性的数据的工作。RDBMS是兼容ACID的,所以为了保持这样的性质,它们通常仅限于单个结点。也正因为此,RDBMS不支持开箱即用的数据冗余和容错性。

为了应对大量数据快速地到达,关系型数据通常需要扩展。RDBMS采用了垂直扩展,而不是水平扩展,这是一种更加昂贵的并带有破坏性的扩展方式。因此,对于数据随时间而积累的长期存储来说,RDBMS不是一个很好的选择。

关系型数据库需要手动分片,大多数都采用应用逻辑,这意味着需要知道为了得到所需的数据去查询哪一个分片。当需要从多个分片中获取数据时,数据处理将进一步复杂化。

下面的步骤如图 5-29 所示:

①用户写入一条记录(id=2)。

②应用逻辑决定记录将被写入的分片。

③记录被送往应用逻辑确定的分片。

④用户读取一条记录(id=4),应用逻辑确定包含所需数据的分片。

⑤读取数据并返回给应用。

⑥应用返回数据给用户。

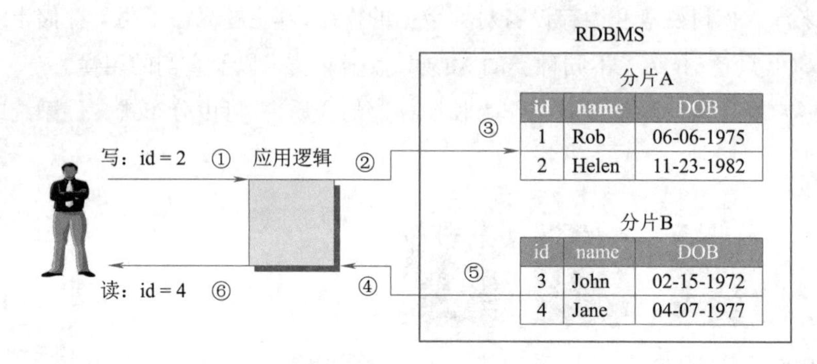

图 5-29 一个关系型数据库被应用逻辑手动分片

下面的步骤如图 5-30 所示:

①用户请求获取多个数据(id=1,3),应用逻辑确定将被读取的分片。

②应用逻辑确定分片 A 和 B 将被读取。

③数据被读取并由应用做连接操作。

④最后数据被返回给用户。

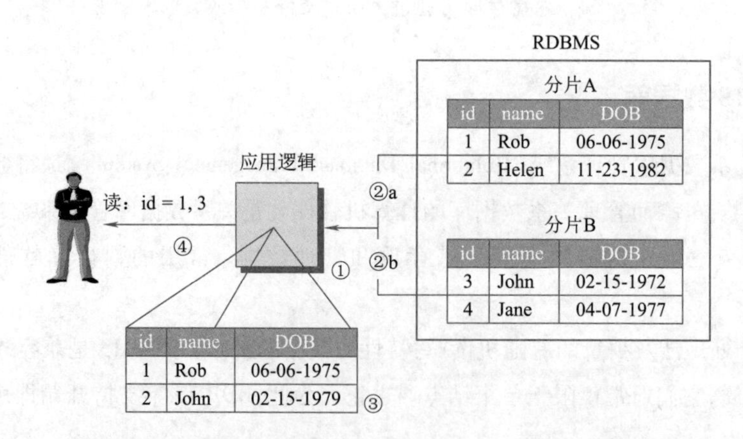

图 5-30 利用应用逻辑对从不同碎片中检索到的数据进行连接操作的一个例子

关系型数据库通常需要数据保持一定的模式,所以它不直接支持存储非关系型模式的半结构化和非结构化的数据。另外,在数据被插入或被更新时会检查数据是否满足模式的约束以保障模式的一致性,这也会引起开销造成延迟。这种延迟使得关系型数据库不适用于存储需要高可用性、快速数据写入能力的数据库存储设备的高速数据。由于它的缺点,在大数据环境下,传统的关系型数据库管理系统通常并不适合作为主要的存储设备。

5.2.2 NoSQL 数据库

一个 Not-only SQL(NoSQL)数据库是一个非关系型数据库,具有高度的可扩展性、容错性,并且专门设计用来存储半结构化和非结构化数据。NoSQL 数据库通常会提供一个能被应用程序调用的基于 API 的查询接口。NoSQL 数据库也支持结构化查询语言(SQL)以外的查询语言,因为 SQL 是为了查询存储在关系型数据库中的结构化数据而设计的。例如,优化一个 NoSQL 数据库用来存储 XML 文件通常会使用 XQuery 作为查询语言。同样,设计一个 NoSQL 数据库用来存储 RDF 数据将使用 SPARQL 来查询它包含的关系。不过,还是有一些 NoSQL 数据库提供类似于 SQL 的查询界面(见图5-31)。

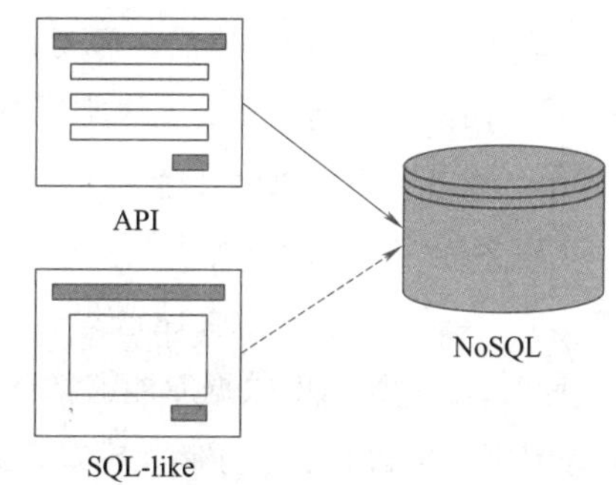

图5-31 NoSQL 数据库可以提供一个类似于 API 或 SQL-like 的查询接口

1. 特征

下面列举了一些 NoSQL 存储设备与传统 RDBMS 不一致的主要特性,但并不是所有的 NoSQL 存储设备都具有这些特性。

(1)无模式的数据模型——数据可以以它的原始形式存在。

(2)横向扩展而不是纵向扩展——为了获得额外的存储空间,NoSQL 可以增加更多的结点,而不是用更好的性能/容量更高的结点替换现有的结点。

(3)高可用性——NoSQL 建立在提供开箱即用的容错性的基于集群的技术之上。

(4)较低的运营成本——许多 NoSQL 数据库建立在开源的平台上,不需要支付软件许可费。它们通常可以部署在商业硬件上。

(5)最终一致性——跨结点的数据读取可能在写入后短时间内不一致。但是,最终所有的结点会处于一致的状态。

(6)BASE 兼容而不是 ACID 兼容——BASE 兼容性需要数据库在网络或者结点故障时保持高可用性,而不要求数据库在数据更新发生时保持一致的状态。数据库可以处于不一致状态直到最后获得一致性。所以在考虑到 CAP 定理时,NoSQL 存储设备通常是 AP 或 CP(参见图5-18)。

(7)API 驱动的数据访问——数据的访问通常支持基于 API 的查询,包括 REST(Representational State Transfer,表述性状态转移)类型的 API,但是一些实现可能也提供类 SQL 查询的支持。

(8)自动分片和复制——为了支持水平扩展提供高可用性,NoSQL 存储设备自动地运用分片和复制技术,数据集可以被水平分割然后被复制到多个结点。

(9)集成缓存——没有必要加入第三方分布式缓存层。

(10)分布式查询支持——NoSQL 存储设备通过多重分片来维持一致性查询。

(11)不同类型设备同时使用——NoSQL 存储的使用并没有淘汰传统的 RDBMS,支持不同类型的存储设备可以同时使用。即在相同的结构里,可以使用不同类型的存储技术以持久化数据。这对于需要结构化也需要半结构化或非结构化数据的系统开发有好处。

(12)注重聚集数据——不像关系型数据库那样对处理规范化数据最为高效,NoSQL 存储设备存储非规范化的聚集数据(一个实体为一个对象),所以减少了在不同应用对象和存储在数据库中的数据之间进行连接和映射操作的需要。但是有一个例外,图数据存储设备不注重聚集数据。

2. 理论基础

NoSQL 存储设备的出现主要归因于大数据的数据集的容量、速度和多样性等 3V 特征。

(1)容量。不断增加的数据量的存储需求,促进了对具有高度可扩展性的、同时使企业能够降低成本、保持竞争力的数据库的使用。NoSQL 的存储设备提供了扩展能力,同时使用廉价商用服务器满足这一要求。

(2)速度。数据的快速涌入需要数据库有着快速访问的数据写入能力。NoSQL 存储设备利用按模式读而不是按模式写实现快速写入。由于高度可用性,NoSQL 存储设备能够确保写入延迟不会由于结点或者网络故障而发生。

(3)多样性。存储设备需要处理不同的数据格式,包括文档、邮件、图像和视频以及不完整数据。NoSQL 存储设备可以存储这些不同形式的半结构化和非结构化数据的格式。

同时,由于 NoSQL 数据库能够像随着数据集的进化改变数据模型一样改变模式,基于这个能力,NoSQL 存储设备能够存储无模式数据和不完整数据。换句话说,NoSQL 数据库支持模式进化。

3. 类型

如图 5 - 32 ~ 图 5 - 35 所示,根据不同存储数据的方式,NoSQL 存储设备可以被分为四种类型。

Key	Value
631	John Smith, 10.0.30.25, Good customer service
365	10010101110110111011101010110101010011100110l0
198	<CustomerId>32195</CustomerId><Total>43.25</Total>

图 5 - 32　NoSQL 键-值存储的一个例子

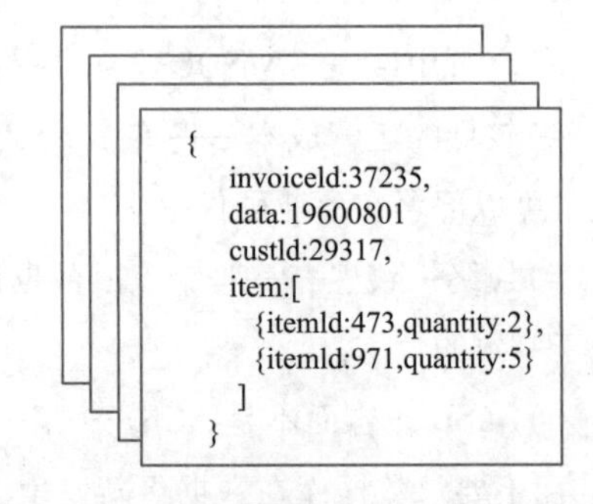

图 5 - 33　NoSQL 文档存储的一个例子

studentId	personal details	address	modules history
821	FirstName: Cristie LastName: Augustin DoB: 03-15-1992 Gender: Female Ethnicity: French	Street: 123 New Ave City: Portland State: Oregon ZipCode: 12345 Country: USA	Taken: 5 Passed: 4 Failed: 1
742	FirstName: Carios LastName: Rodriguez MiddleName: Jose Gender: Male	Street: 456 Old Ave City: Los Angeles Country: USA	Taken: 7 Passed: 5 Failed: 2

图 5 - 34　NoSQL 列簇存储的一个例子

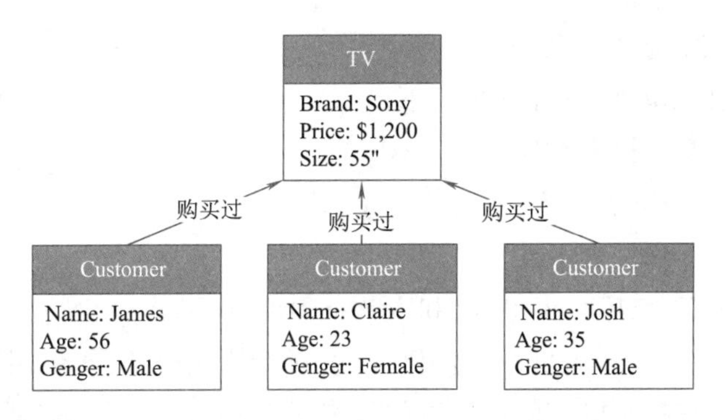

图5－35　NoSQL图存储的一个例子

(1)键-值存储。键-值存储设备以键-值对的形式存储数据,运行机制和散列表类似。该表是一个值列表,其中每个值由一个键来标识。值对数据库不透明并且通常以BLOB形式存储。存储的值可以是任何从传感器数据到视频数据的集合。

只能通过键查找值,因为数据库对所存储的数据集合的细节是未知的。不能部分更新,更新操作只能是删除或者插入。键-值存储设备通常不含有任何索引,所以写入非常快。基于简单的存储模型,键-值存储设备高度可扩展。

由于键是检索数据的唯一方式,为便于检索,所保存值的类型经常被附在键之后。123_sensor1就是一个这样的例子。

为了使存储的数据具有一些结构,大多数的键-值存储设备会提供集合或桶(像表一样)来放置键-值对。如图5－36所示,一个集合就可以容纳多种数据格式。一些实现方法为了降低存储空间从而支持压缩值。但是这样在读出期间会造成延迟,因为数据在返回之前需要先被解压。

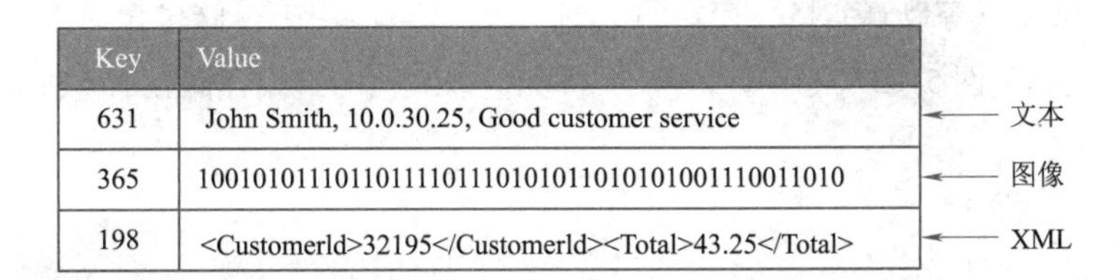

Key	Value	
631	John Smith, 10.0.30.25, Good customer service	文本
365	1001010111011011110111010101101010101001110011010	图像
198	<Customerld>32195</Customerld><Total>43.25</Total>	XML

图5－36　数据被组织在键-值对中的一个例子

键-值存储设备适用于:

- 需要存储非结构化数据。
- 需要具有高效的读写性能。
- 值可以完全由键确定。
- 值是不依赖其他值的独立实体。
- 值有着相当简单的结果或是二进制的。
- 查询模式简单,只包括插入、查找和删除操作。
- 存储的值在应用层被操作。

键-值存储设备不适用于:

- 应用需要通过值的属性来查找或者过滤数据。

- 不同的键-值项之间存在关联。
- 一组键的值需要在单个事务中被更新。
- 在单个操作中需要操控多个键。
- 在不同值中需要有模式一致性。
- 需要更新值的单个属性。

键-值存储设备的实例包括 Riak、Redis 和 Amazon Dynamo DB。

(2)文档存储。文档存储设备也存储键-值对。但是,与键-值存储设备不同,存储的值是可以数据库查询的文档。这些文档可以具有复杂的嵌套结构,例如发票。这些文档可以使用基于文本的编码方案,如 XML 或 JSON,或者使用二进制编码方案,如 BSON(Binary JSON)进行编码。

像键-值存储设备一样,大多数文档存储设备也会提供集合或桶来放置键-值对。文档存储设备和键-值存储设备之间的区别如下:

- 文档存储设备是值可感知的。
- 存储的值是自描述的,模式可以从值的结构或从模式的引用推断出,因为文档已经被包括在值中。
- 选择操作可以引用集合值内的一个字段。
- 选择操作可以检索集合的部分值。
- 支持部分更新,所以集合的子集可以被更新。
- 通常支持用于加速查找的索引。

每个文档都可以有不同的模式,所以,在相同的集合或者桶中可能存储不同种类的文档。在最初的插入操作之后,可以加入新的属性,所以提供了灵活的模式支持。应当指出,文档存储设备并不局限于存储像 XML 文件等以真实格式存在的文档,它们也可以用于存储包含一系列具有平面或嵌套模式的属性的集合。图 5-37 展示了 JSON 文件如何以文档的形式存储在 NoSQL 数据库中。

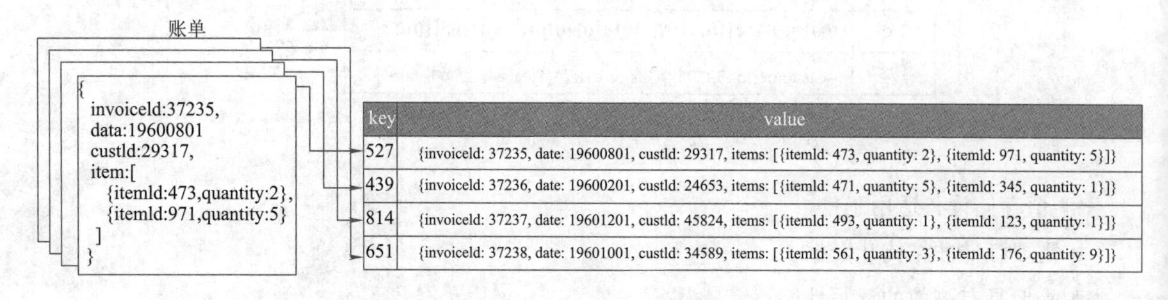

图 5-37　JSON 文件存储在文档存储设备中的一个例子

文档存储设备适用于:

- 存储包含平面或嵌套模式的面向文档的半结构化数据。
- 模式的进化由于文档结构的未知性或者易变性而成为必然。
- 应用需要对存储的文档进行部分更新。
- 需要在文档的不同属性上进行查找。
- 以序列化对象的形式存储应用领域中的对象,例如顾客。

● 查询模式包含插入、选择、更新和删除操作。

文档存储设备不适用于：

● 单个事务中需要更新多个文档。

● 需要对归一化后的多个数据或文档之间执行连接操作。

● 由于文档结构在连续的查询操作之后会发生改变，为了实现一致的查询设计需要使用强制模式来重构查询语句。

● 存储的值不是自描述的，并且不包含对模式的引用。

● 需要存储二进制值。

文档存储设备的例子包括 MongoDB、CouchDB 和 Terrastore。

(3)列簇存储。列簇存储设备像传统 RDBMS 一样存储数据，但是会将相关联的列聚集在一行中，从而形成列簇。如图 5-38 所示，每一列都可以是一系列相关联的集合，被称为超列。

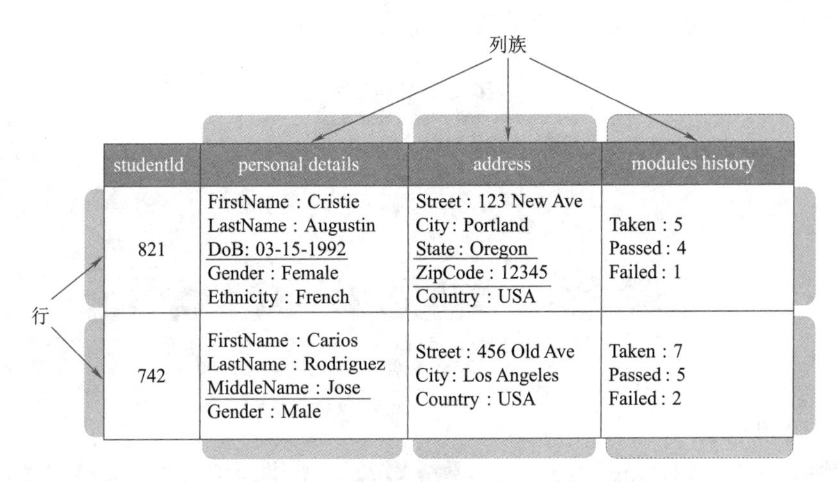

图 5-38 图中加下画线的列表示列簇数据库提供的灵活模式特征，此处每一行可以有不同的列

每个超列可包含任意数量的相关列，这些列通常作为一个单元被检索或更新。每行都包括多个列簇，并且含有不同的列的集合，所以有灵活的模式支持。每行被行键标识。

列簇存储设备提供快速数据访问，并带有随机读写能力。它们把列簇存储在不同的物理文件中，这会提高查询响应速度，因为只有被查询的列簇才会被搜索到。

一些列簇存储设备支持选择性地压缩列簇。不对一些能够被搜索到的列簇进行压缩，会让查询速度更快，因为在查找中，那些目标列不需要被解压缩。大多数的实现支持数据版本管理，然而有一些支持对列数据指定到期时间。当到期时间过了，数据会被自动移除。

列簇存储设备适用于：

● 需要实时的随机读写能力，并且数据以已定义的结构存储。

● 数据表示的是表的结构，每行包含着大量列，并且存在着相互关联的数据形成的嵌套组。

● 需要对模式的进化提供支持，因为列簇的增加或者删除不需要在系统停机时间进行。

● 某些字段大多数情况下可以一起访问，并且搜索需要利用字段的值。

● 当数据包含稀疏的行而需要有效地使用存储空间时,因为列簇数据库只为存在列的行分配存储空间。如果没有列,将不会分配任何空间。

● 查询模式包含插入、选择、更新和删除操作。

列簇不适用于:

● 需要对数据进行关系型操作,例如连接操作。

● 需要支持 ACID 事务。

● 需要存储二进制数据。

● 需要执行 SQL 兼容查询。

● 查询模式经常改变,因为这样将会重构列簇的组织。

列簇存储设备包括 Cassandra、HBase 和 Amazon SimpleDB。

(4)图存储。图存储设备被用于持久化互联的实体。不像其他的 NoSQL 存储设备那样注重实体的结构,图存储设备更强调存储实体之间的联系(见图 5-39)。

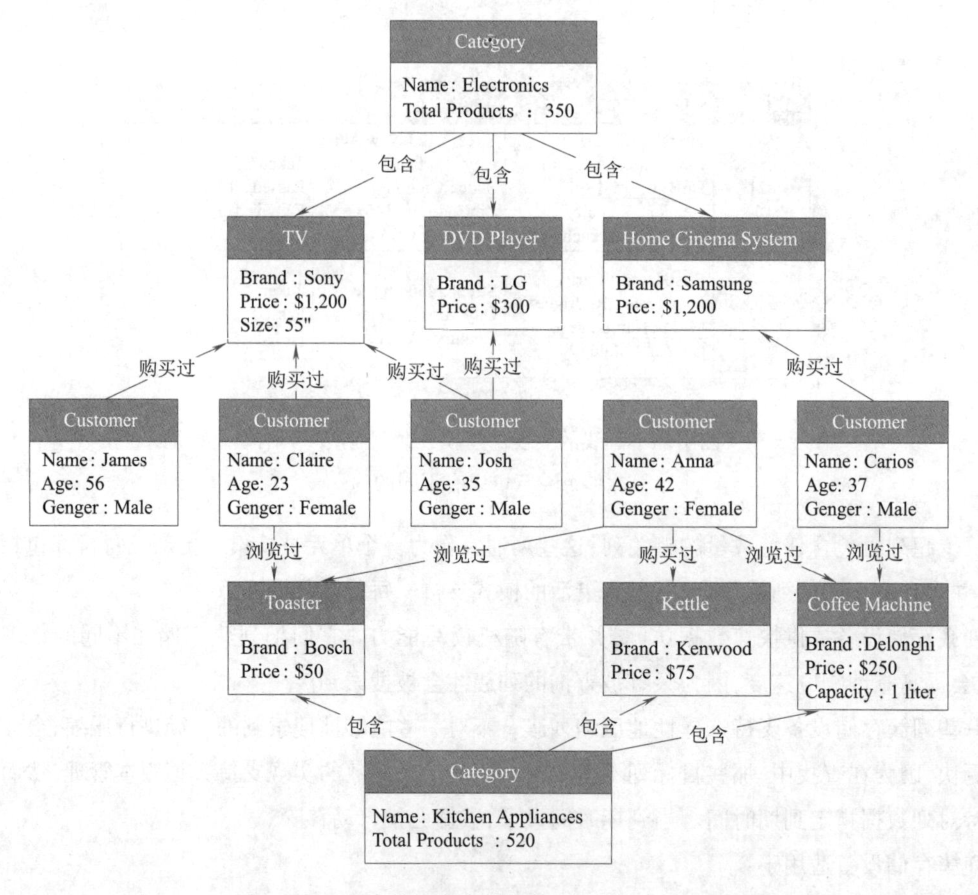

图 5-39 图存储设备存储实体和它们之间的关系

存储的实体被称作结点(注意不要与集群结点相混淆),也被称为顶点,实体间的联系被称为边。按照 RDBMS 的说法,每个结点可被认为是一行,而边可表示连接。结点之间通过多条边形成多种类型的链路,每个结点有如键-值对的属性数据,例如顾客可以有 ID、姓名和年龄属性。

一个结点有多条边,和在 RDBMS 中含有多个外键是类似的,但是,并不是所有的结点都需要有相同的边。查询一般包括根据结点属性或者边属性查找互联结点,通常被称为结点的遍历。边可以是单向的或双向的,指明了结点遍历的方向。一般来讲,图存储设备通过 ACID 兼容性而支持一致性。

图存储设备的有用程度取决于结点之间的边的数量和类型。边的数量越多,类型越复杂,可以执行的查询的种类就越多。因此,如何全面地捕捉结点之间存在的不同类型的关系很重要。这不仅可用于现有的使用场景,也可以用来对数据进行探索性的分析。

图存储设备通常允许在不改变数据库的情况下加入新类型的结点。这也使得在结点之间定义额外的连接,作为新型的关系或者结点出现在数据库中。

图存储设备适用于:

- 需要存储互联的实体。
- 需要根据关系的类型查询实体,而不是实体的属性。
- 查找互联的实体组。
- 就结点遍历距离来查找实体之间的距离。
- 为了寻找模式而进行的数据挖掘。

图存储设备不适用于:

- 需要更新大量的结点属性或边属性,这包括对结点或边的查询,相对于结点的遍历是非常费时的操作。
- 实体拥有大量的属性或嵌套数据,最好在图存储设备中存储轻量实体,而在另外的非图NoSQL存储设备中存储额外的属性数据。
- 需要存储二进制数据。
- 基于结点或边的属性的查询操作占据大部分的结点遍历查询。

图存储设备的主要例子有 Neo4J、Infinite Graph 和 OrientDB。

5.2.3 NoSQL 与 RDBMS 的主要区别

传统的关系型数据库管理系统(RDBMS)是通过 SQL 这种标准语言来对数据库进行操作的,而相对地,NoSQL 数据库并不使用 SQL 语言。因此,有时候人们会将其误认为是对使用 SQL 的现有 RDBMS 的否定,并将要取代 RDBMS,而实际上却并非如此。NoSQL 数据库是对 RDBMS 所不擅长的部分进行的补充,因此应该理解为“Not only SQL”的意思。

NoSQL 数据库和传统上使用的 RDBMS 之间的主要区别如表 5-1 所示。

表 5-1 RDBMS 与 NoSQL 数据库的区别

比较项目	RDBMS	NoSQL
数据类型	结构化数据	主要是非结构化数据
数据库结构	需要事先定义,是固定的	不需要事先定义,并可以灵活改变
数据一致性	通过 ACID 特性保持严密的一致性	存在临时的不保持严密一致性的状态(结果匹配性)
扩展性	基本是向上扩展。由于需要保持数据的一致性,因此性能下降明显	通过横向扩展可以在不降低性能的前提下应对大量访问,实现线性扩展

续表

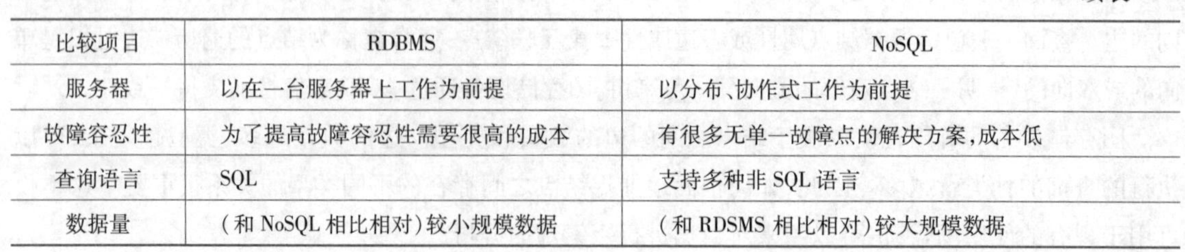

比较项目	RDBMS	NoSQL
服务器	以在一台服务器上工作为前提	以分布、协作式工作为前提
故障容忍性	为了提高故障容忍性需要很高的成本	有很多无单一故障点的解决方案,成本低
查询语言	SQL	支持多种非 SQL 语言
数据量	(和 NoSQL 相比相对)较小规模数据	(和 RDSMS 相比相对)较大规模数据

1. 数据模型与数据库结构

在 RDBMS 中,数据被归纳为表(Table)的形式,并通过定义数据之间的关系来描述严格的数据模型。这种方式需要在理解要输入数据的含义的基础上,事先对字段结构做出定义。一旦定义好数据库结构就相对固定了,很难进行修改。

在 NoSQL 数据库中,数据是通过键及其对应的值的组合,或者是键值对和追加键(Column Family)来描述的,因此结构非常简单,也无法定义数据之间的关系。其数据库结构无须在一开始就固定下来,且随时都可以进行灵活的修改。

2. 数据一致性

在 RDBMS 中,由于存在 ACID(Atomicity = 原子性,Consistency = 一致性,Isolation = 隔离性,Durability = 持久性)原则,因此可以保持严密的数据一致性。

NoSQL 数据库并不是遵循 ACID 这种严格的原则,而是采用结果上的一致性(Eventual consistency),即可能存在临时的、无法保持严密一致性的状态。到底是用 RDBMS 还是 NoSQL 数据库,需要根据用途来进行选择,而数据一致性这一点尤为重要。

例如,像银行账户的转入/转出处理,如果不能保证交易处理立即在数据库中得到体现,并严密保持数据一致性的话,就会引发很大的问题。相对地,我们想一想 Twitter 上增加一个粉丝的情况。粉丝数量从 1050 人变成 1051 人,但这个变化即便没有即时反映出来,基本上也不会引发什么大问题。前者这样的情况,适合用 RDBMS;而后者这样的情况,则适合用 NoSQL 数据库。

3. 扩展性

RDBMS 由于重视 ACID 原则和数据的结构,因此在数据量增加的时候,基本上是采取购买更大的服务器这样向上扩展的方法来进行扩容,而从架构方面来看,是很难进行横向扩展的。

此外,由于数据的一致性需要严密的保证,对性能的影响也十分显著,如果为了提升性能而进行非正则化处理,则又会降低数据库的维护性和操作性。

虽然通过像 Oracle 的 RAC(Real Application Clusters,真正应用集群)能够从多台服务器同时操作数据库的架构,也可以对 RDBMS 实现横向扩展,但从现实情况来看,这样的扩展最多到几倍的程度就已经达到极限了。除此之外还有一种方法,将数据库的内容由多台应用程序服务器进行分布式缓存,并将缓存配置在 RDBMS 的前面。但在大规模环境下,会发生数据同步延迟、维护复杂等问题,并不是一个非常实用的方法。NoSQL 数据库则具备很容易进行横向扩展的特性,对性能造成的影响也很小。而且,由于它在设计上就是以在一般通用型硬件构成的集群上工作为前提的,因此在成本方面也具有优势。

4. 容错性

RDBMS 可以通过复制(replication)将数据在多台服务器上保留副本,从而提高容错性。然而,在发生数据不匹配的情况时,以及想要增加副本时,在维护上的负荷和成本都会提高。

NoSQL 由于本来就支持分布式环境,大多数 NoSQL 数据库都没有单一故障点,对故障的应对成本比较低。

可见,NoSQL 数据库具备这些特征:数据结构简单、不需要数据库结构定义(或者可以灵活变更)、不对数据一致性进行严格保证、通过横向扩展可实现很高的扩展性等。简而言之,就是一种以牺牲一定的数据一致性为代价,追求灵活性、扩展性的数据库。

NoSQL 数据库的诞生,是缘于现有 RDBMS 存在一些问题,如不能处理非结构化数据、难以进行横向扩展、扩展性存在极限等。也就是说,即便 RDBMS 非常适用于企业的一般业务,但要作为以非结构化数据为中心的大数据处理的基础,则并不是一个合适的选择。例如,在实际进行分析之前,很难确定在如此多样的非结构化数据中,到底哪些才是有用的,因此,事先对数据库结构进行定义是不现实的。而且,RDBMS 的设计对数据的完整性非常重视,在一个事务处理过程中,如果发生任何故障,都可以很容易地进行回滚。然而,在大规模分布式环境下,数据更新的同步处理所造成的进程间通信延迟则成为了一个瓶颈。

随着主要的 RDBMS 系统 Oracle 推出其 NoSQL 数据库产品作为现有 Oracle 数据库产品的补充,"现有 RDBMS 并不是大数据基础的最佳选择"这一观点也在一定程度上得到了印证。图 5-40 所示为支持大数据的 Oracle 软件系列。

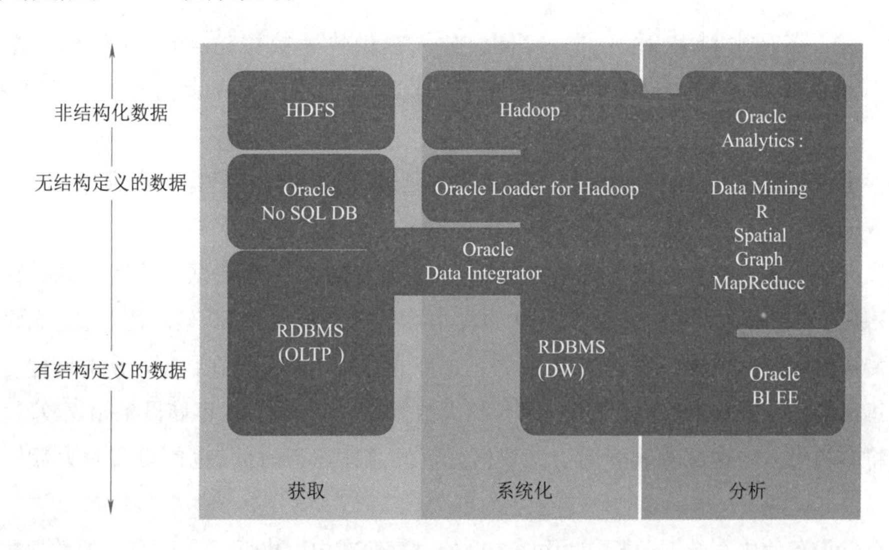

图 5-40 支持大数据的 Oracle 软件系列

5.2.4 NewSQL 数据库

NoSQL 存储设备是高度可扩展的、可用的、容错的,对于读写操作是快速的。但是,它们不提供 ACID 兼容的 RDBMS 所表现的事务和一致性支持。根据 BASE 模型,NoSQL 存储设备提供了最终一致性而不是立即一致性。所以它们在达到最终的一致性状态前处于软状态,因此并不适用于实现大规模事务系统。

NewSQL 存储设备结合了 RDBMS 的 ACID 特性和 NoSQL 存储设备的可扩展性与容错性。它们既保留了高层次结构化查询语言 SQL 查询的方便性,又能提供高性能和高可扩展性,而且还能保留传统的事务操作的 ACID 特性。NewSQL 数据库通常支持符合 SQL 语法的数据定义与数据操作,对于数据存储使用逻辑上的关系数据模型。由于 NewSQL 数据库对 SQL 的支持,与 NoSQL 存储设备相比,它更容易从传统的 RDBMS 转化为高度可扩展的数据库。

NewSQL 系统涉及很多新颖的架构设计,例如,可以将整个数据库都在主内存中运行,从而消除数据库传统的缓存管理(Buffer);可以在一个服务器上面只运行一个线程,从而去除轻量的加锁阻塞(Latching)(尽管某些加锁操作仍然需要,并且影响性能);还可以使用额外的服务器来进行复制和失败恢复的工作,从而取代昂贵的事务恢复操作。

NewSQL 可以用来开发有大量事务的 OLTP 系统,例如银行系统。它们也可以用于实时分析,如运营分析,因为一些实现采用了内存存储。

NewSQL 数据库的实例包括 Clustrix、NimbusDB、VoltDB、NuoDB 和 InnoDB。

5.2.5 内存存储设备

内存存储技术促进了对流数据的处理并且能够容纳整个数据库。这些技术使传统的磁盘存储的面向批量的处理转变到了内存存储的实时处理,提供了一种高性能、先进的数据存储方案。

内存存储设备通常利用 RAM 作为存储介质来提供快速数据访问。RAM 不断增长的容量以及不断降低的价格,伴随着固态硬盘不断增加的读写速度,为开发内存数据存储提供了可能性。

在内存中存储数据可以减少由磁盘 I/O 带来的延迟,也可以减少数据在主存与硬盘设备间传送的时间。数据读写延迟的总体降低会使得数据处理更加快速。通过水平扩展含有内存存储设备的集群将会极大地增加内存存储设备的存储能力。内存存储设备传输数据的速度是磁盘存储设备的 80 倍,这表明从内存存储设备中读数据比从磁盘中读数据大概要快 80 倍。注意,此处假定在网络上数据的传送时间在两个场景中是一样的,并且这部分时间不被包含在数据读取时间内。

基于集群的内存能够存储大量的数据,包括大数据数据集,与磁盘存储设备相比较,这些数据的获取速度将会快很多。这显著地降低了大数据分析的总体运行时间,也使得实时大数据分析成为可能。

内存存储设备使内存数据分析成为可能,例如对存储在内存中而不是磁盘中的数据执行某些查询而产生统计数据。内存分析则可以通过快速的查询和算法使得运行分析和运营商业智能成为可能。

首先,内存存储通过提供存储媒介加快实时分析,而能够应对大数据环境下数据的快速涌入(速度特性),这使得为了应对某个威胁或利用某个商业机会而做出的快速商业决定得到支持。

大数据内存存储设备在集群上得以实现,并且提供高可用性和数据冗余。所以,水平扩展可以通过增加更多的结点或者内存得以实现。与磁盘存储设备相比,内存存储设备更加昂贵,因为内存的价格比磁盘的价格更高。

尽管理论上说，一台64位的计算机最多可以利用16 EB的内存，但是由于诸如机器等物理条件上的限制，实际能被使用的内存是相当少的。为了扩展，不仅需要增加更多的内存，一旦每个结点的内存达到上限还需要增加更多的结点。这都增加了数据存储的代价。

除了昂贵以外，内存存储设备对持久数据存储不提供相同级别的支持。与磁盘存储设备相比，价格因素更加影响到了内存存储设备的可用性。结果，只有最新的最有价值的数据才会被保存在内存中，而陈旧的数据将会被新的数据所代替。内存存储设备支持无模式或者模式感知的存储取决于它的实现方式。通过基于键-值的数据持久化可以提供对无模式的存储支持。

内存存储设备适用于：

- 数据快速到达，并且需要实时分析或者事件流处理。
- 需要连续地或者持续不断地分析，例如运行分析和运营商业智能。
- 需要执行交互式查询处理和实时数据可视化，包括假设分析和数据钻取操作。
- 不同的数据处理任务需要处理相同的数据集。
- 进行探索性的数据分析，因为当算法改变时，同样的数据集不需要从磁盘上重新读取。
- 数据的处理包括对相同数据集的迭代获取，例如执行基于图的算法。
- 需要开发低延迟并有ACID事务支持的大数据解决方案。

内存存储设备不适用于：

- 数据处理操作含有批处理。
- 为了实现深度的数据分析，需要在内存中长时间地保存非常大量的数据。
- 执行BI战略或战略分析，涉及访问数据量非常大，并涉及批量数据处理。
- 数据集非常大，不能装进内存。
- 从传统数据分析到大数据分析的转换，因为加入内存存储设备可能需要额外的技术并涉及复杂的安装。
- 企业预算有限，因为安装内存存储设备可能需要升级结点，这需要通过结点替换或者增加RAM实现。

内存存储设备可以被实现为：

- 内存数据网格（IMDG）。
- 内存数据库（IMDB）。

这两种技术都使用内存作为数据存储介质，它们的差异体现在数据在内存中的存储方式上。

1. 内存数据网格

内存数据网格（IMDG）在内存中以键-值对的形式在多个结点存储数据，在这些结点中键和值可以是任意的商业对象或序列化形式存在的应用数据。通过存储半结构化或非结构化数据而支持无模式数据存储，数据通过API被访问。

IMDG中的结点保持自身的同步，并且集体提供高可用性、容错性和一致性。与NoSQL的最终一致性方法相比较，IMDG提供立即一致性。

因为IMDG将非关系型数据存储为对象,因而能提供快速的数据获取。所以,不像关系型IMDB,IMDG不需要对象-关系映射,客户端可以直接操作应用领域的特定对象。

内存数据网格通过实现数据划分和数据复制进行水平拓展,并且通过复制数据到至少一个外部结点而提供进一步的可靠性支持。当计算机故障发生时,作为恢复的一部分,IMDG自动从备份中重建丢失的数据。

IMDG经常被用于实时分析,因为它们通过发布-订阅的消息模型支持复杂事件处理(CEP)。这通过一种被称为连续查询或活跃查询的功能实现,其中针对感兴趣的事件的过滤器被注册入IMDG中。IMDG随后持续性地评估过滤器,当这个过滤器满足插入、更新、删除操作的结果时,就会通知订阅的用户。通知会随着增加、移除、更新等事件异步地发送,并带有键-值对的信息,如旧值和新值。

从功能的角度上看,IMDG和分布式缓存相类似,因为它们对频繁访问的数据都提供基于内存的数据访问方式。但是,不像分布式缓存,IMDG对复制和高可用性提供内置的支持。

实时处理引擎可以利用IMDG,高速的数据一旦到达就可以存放在IMDG中,并且在被送往磁盘存储设备保存之前就可以在IMDG中处理,或者将数据从磁盘存储设备复制到IMDG中。这使得数据处理速度更快,并且进一步使得数据能够在多个任务间实现重复利用,或者相同数据的迭代算法的实现。

IMDG也支持内存MapReduce以帮助减少磁盘MapReduce带来的延迟,尤其是当相同的工作需要被执行多次时。IMDG可被部署到基于云的环境中,它可以根据存储需求的增加或减少,自动地横向扩展或收缩以提供灵活的存储媒介。

IMDG可以被引入到现有的大数据解决方案中,只需要在磁盘存储设备和数据处理应用中直接加入即可。但是IMDG的引入通常需要修改应用程序的代码以实现IMDG的API。

在大数据环境下,IMDG通常与磁盘存储设备一起部署使用,磁盘存储设备用作后端存储。这通过同步读、同步写、异步写、异步刷新等方式实现,这些方法可以按照需求结合使用以满足读/写性能、一致性和简洁性的要求:

IMDG存储设备适用于:

- 数据需要易于访问的对象形式,且延迟最小。
- 存储的数据是非关系型的,例如半结构化和非结构化数据。
- 对现有的使用磁盘存储设备的大数据解决方案增加实时支持。
- 现有的存储设备不能被替换但是数据访问层可以被修改。
- 扩展性比关系型存储更重要,尽管IMDG比IMDB更容易扩展(IMDB是功能完全的数据库),IMDG不支持关系型存储。

IMDG存储设备的实例包括:Hazelcast、Infinispan、Pivotal GemFire和GigaspacesXAP。

2. 内存数据库

IMDB是内存存储设备,它采用了数据库技术,并充分利用RAM的性能优势,以克服困扰磁盘存储设备的运行延迟问题。IMDB在存储结构化数据时,本质上可以是关系型的(关系型IMDB),也可以利用NoSQL技术(非关系型IMDB)来存储半结构化或非结构化数据。

不像 IMDG 那样通常提供基于 API 的数据访问，关系型 IMDB 利用人们更加熟悉的 SQL 语言，这可以帮助那些缺少高级编程能力的数据分析人员或数据科学家。

基于 NoSQL 的 IMDB 通常提供基于 API 的数据访问，这像 put、get、delete 操作一样简单。根据具体实现的不同，有些 IMDB 通过横向扩展的方式进行扩展，有些通过纵向扩展的方式进行扩展。

并不是所有的 IMDB 实现都直接支持耐用性，而是充分利用不同的策略以应对计算机故障或内存损坏。这些策略包括：

- 使用非易失性 RAM(Nonvolatile RAM，NVRAM)以持久地存储数据。
- 数据库事务日志周期性地存储在非易失性的介质中，如硬盘。
- 快照文件，在某个特定的时间记录数据库的状态并存入硬盘。
- IMDB 可以利用分片和复制以增加对可用性和可靠性的支持，以作为对耐用性的替代。
- IMDB 可以与磁盘存储设备如 NoSQL 数据库和 RDBMS 共同使用，以获得持久存储。

与 IMDG 一样，IMDB 也支持持续性查询，一个以查询感兴趣的数据形式的过滤器注册到 IMDB中。IMDB 随后用迭代的方式持续地执行查询。当查询的结果随着插入、更新、删除操作而改变时，订阅的用户会随着增加、移除、更新事件被异步地通知，通知中带有记录的值的信息，如旧值和新值。

IMDB 被主要用于实时分析上，并且可以被进一步地用于开发需要全部 ACID 事务支持(关系型 IMDB)的低延迟的应用。与 IMDG 相比，IMDB 提供了相对容易的设置内存数据存储的选择，因为 IMDB 不总是需要磁盘后端存储设备。

向大数据解决方案中引入 IMDB 通常需要取代一些磁盘存储设备，包括 RDBMS。在用关系型 IMDB 取代 RDBMS 的过程中，需要调整的代码很少或者几乎没有，因为关系型 IMDB 提供了 SQL 的支持。但是，当用 NoSQL IMDB 代替 RDBMS 时，因为要实现 IMDB 的 NoSQL API，所以可能需要调整一下代码。

当用关系型 IMDB 取代磁盘 NoSQL 数据库时，通常需要调整代码以建立基于 SQL 的数据访问。但是，当用 NoSQL IMDB 代替磁盘 NoSQL 数据库时，可能需要实现新的 API 而改变代码。

关系型 IMDB 通常不如 IMDG 那样容易扩展，因为关系型 IMDB 需要提供分布式查询支持和跨集群的事务支持。一些 IMDB 的实现可能从纵向扩展中获益，因为纵向扩展可以帮助解决在横向扩展环境中执行查询或事务带来的延迟。

实例包括 Aerospike、MemSQL、Altibase HDB、eXtreme DB 和 Pivotal GemFire XD。

IMDB 存储设备适用于：

- 需要在内存中存储带有 ACID 支持的关系型数据。
- 需要对正在使用磁盘存储的大数据解决方案增加实时支持。
- 现有的磁盘存储装置可以被一个内存等效技术来代替。
- 需要最小化地改变数据访问层的应用代码，例如当应用包含基于 SQL 的数据访问层时。
- 关系型存储比可扩展性更重要时。

【作　业】

1. 大数据的存储需求彻底改变了以关系型数据库为中心的观念。其根本原因在于,关系型技术(　　)。更何况,企业通常通过处理半结构化和非结构化数据获取有用的价值,而这些数据通常与关系型方法不兼容。

A. 不支持大数据容量的可扩展方式　　B. 支持大数据容量的可扩展方式

C. 不支持大数据容量的不可扩展方式　　D. 支持大数据容量的不可扩展方式

2. 大数据促进形成了统一的观念,即存储的边界是(　　)可用的内存和磁盘存储。如果需要更多的存储空间,横向可扩展性允许集群通过添加更多结点来扩展。

A. 机器　　B. 主机　　C. 集群　　D. 网络

3. 大数据存储中重要的创新是能够通过(　　)存储来提供实时分析,甚至批量为主的处理速度都由于越来越便宜的固态硬盘而变快了。

A. 磁盘　　B. 内存　　C. 光盘　　D. 网络

4. 磁盘存储通常利用(　　)作为长期存储的介质,并且可由分布式文件系统或数据库实现。

A. 昂贵的内存设备　　B. 廉价的内存设备

C. 昂贵的硬盘设备　　D. 廉价的硬盘设备

5. 通常,分布式文件系统存储设备通过(　　)而提供开箱即用的数据冗余和高可用性。

A. 复制数据到多个位置　　B. 从多个位置复制数据

C. 在多个位置输入数据　　D. 将数据集中处置

6. 一个实现了分布式文件系统的存储设备可以提供简单快速的数据存储功能,并能够存储(　　)。

A. 小型非关系型数据集,如半结构化数据和非结构化数据

B. 大型关系型数据集,如结构化数据

C. 大型非关系型数据集,如半结构化数据和非结构化数据

D. 大型关系型数据集,如结构化数据和非结构化数据

7. 分布式文件系统更适用于(　　)的、并以连续方式访问的文件。多个较小的文件通常被合并成一个文件以获得最佳的存储和处理性能。

A. 数量大、空间大　　B. 数量少、空间大

C. 数量小、空间小　　D. 数量大、空间小

8. RDBMS 适合处理涉及(　　)的数据的工作,不支持开箱即用的数据冗余和容错性。

A. 少量的有随机读/写特性　　B. 大量的有随机读/写特性

C. 少量的没有随机读/写特性　　D. 大量的没有随机读/写特性

9. 为了应对大量数据快速到达,关系型数据通常需要扩展。RDBMS 采用(　　)扩展,而不是(　　)扩展,这是一种更加昂贵的并带有破坏性的扩展方式。这使得对于数据随时间而积累的长期存储来说,RDBMS 不是一个很好的选择。

A. 水平,垂直　　B. 垂直,水平　　C. 集中,分散　　D. 分散,集中

10. NoSQL 数据库是一个(　　)数据库,具有高度的可扩展性、容错性,并且专门设计用来存储半结构化和非结构化数据。

A. 网状型　　B. 层次型　　C. 非关系型　　D. 关系型

11. NoSQL 存储设备不提供 ACID 兼容的 RDBMS 所表现的事务和一致性支持。根据 BASE 模型,NoSQL 存储设备提供了最终一致性而不是立即一致性。所以它们并不适用于实现(　　)。

A. 大规模事务系统　　B. 小规模事务系统

C. 大规模科学计算　　D. 小规模科学计算

12. NewSQL 存储设备结合了 RDBMS 的 ACID 特性和 NoSQL 存储设备的可扩展性与容错性,可以用来开发有(　　)系统,也可以用于实时分析。

A. 大量计算的 OLTP　　B. 少量事务的 OLTP

C. 少量计算的 OLTP　　D. 大量事务的 OLTP

13. 内存存储设备通常利用(　　)作为存储介质来提供快速数据访问,其不断增长的容量以及不断降低的价格,伴随着固态硬盘不断增加的读写速度,为开发内存数据存储提供了可能性。

A. ROM　　B. RAM　　C. EPROM　　D. CDROM

14. 基于集群的内存能够存储大量的数据。内存存储促进了对(　　)的处理并且能够容纳整个数据库。这些技术使传统的磁盘存储的面向批量的处理转变到了内存存储的实时处理,提供了一种高性能、先进的数据存储方案。

A. 静态数据　　B. 数值数据　　C. 字符数据　　D. 流数据

15. 内存数据网格(IMDG)在内存中以(　　)的形式在多个结点存储数据,在这些结点中键和值可以是任意的商业对象或序列化形式存在的应用数据。通过存储半结构化或非结构化数据而支持无模式数据存储。数据通过 API 被访问。

A. 关系对　　B. 结点对　　C. 键-值对　　D. 值-键对

16. 内存数据网格(IMDG)经常被用于(　　),因为它们通过发布-订阅的消息模型支持复杂事件处理。

A. 实时分析　　B. 静态分析　　C. 关系分析　　D. 网络分析

17. 内存数据库(IMDB)是内存存储设备,它采用了数据库技术,并充分利用 RAM 的性能优势,以克服困扰磁盘存储设备的运行延迟问题。存储结构化数据时,IMDB 本质上可以是(　　),也可以利用 NoSQL 技术(非关系型 IMDB)来存储半结构化或非结构化数据。

A. 关系型　　B. 非关系型　　C. 非结构化　　D. 半结构化

实训操作　熟悉大数据存储技术

1. 案例讨论

ETI 企业的 IT 团队正在评估使用不同的大数据存储技术来存储企业的数据集。

对于复制方面来说,该团队倾向于选择一个支持 NoSQL 的数据库,该数据库实现对等式复制策略。他们的决策原因是,保险报价被频繁地创建和检索,但很少被更新。因此得到一个不一致的记录的可能性很低。考虑到这一点,该团队通过选择对等式复制使得支持读/写性能超过一致性。

按照数据处理策略,该团队决定使用磁盘存储技术来支持数据批量处理,并且使用内存存储技术以支持实时数据处理。该团队认为需要结合使用分布式文件系统和 NoSQL 数据库以存储在 ETI 企业内部或外部产生的大量原始数据集和经过处理的数据。

任何基于行的文本数据,诸如记录由文本的分割线来划分的网络服务器的日志文件,和那些可以以流传输的形式处理的数据集(一个接一个地处理记录,不需要对特定的记录进行随机访问)将会被存储在 Hadoop 的分布式文件系统中(HDFS)。

事件照片需要大量的存储空间并且目前以 BLOB 的形式存储在关系型数据库中,其中的 ID 与事件 ID 相对应,因为这些相片是二进制数据并且需要通过 ID 访问,所以 IT 团队认为应该用键-值数据库存储这些数据。这对于存储事件照片是一个非常廉价的方案,并且可以释放关系型数据库中的空间。

NoSQL 文档数据库被用于存储层次化的数据,其中包括推特数据(JSON)、天气数据(XML)、接线员笔记(XML)、理赔人笔记(XML)、健康记录(HL7 兼容的 XML 记录)和电子邮件(XML)。

当存在一些自然分组的字段,以及相关字段需要被同时访问时,数据将会被保存在 NoSQL 列簇数据库中。例如,顾客描述信息,包含了顾客的个人细节、地址、兴趣爱好和包含多个字段的当前政策字段。另一方面,被处理过的推特数据和天气数据也可以被存储在列簇数据库中,因为这些处理过的数据需要以表格的形式存储,这样单个字段可以被不同的分析性查询访问。

请分析并记录:

(1)ETI 企业的 IT 团队评估了使用不同的大数据存储技术来存储企业的数据集。例如,从复制方面来考虑,该团队倾向于选择一个支持什么样的数据存储设备?

答:______________________________

____

____

____

(2)按照数据处理策略,ETI 企业的 IT 团队决定使用什么样的技术来支持数据批量处理?使用什么技术以支持实时数据处理?

答:______________________________

____

____

____

(3)ETI 企业的 IT 团队考虑:

① 任何基于行的文本数据,将会被存储在:______________________________

______________________________;

② 需要大量存储空间的事件照片,将会被存储在:______________________________

______________________________;

③ 层次化的数据,包括推特数据、天气数据、接线员笔记、理赔人笔记、健康记录和电子邮件等,将会被存储在:____

____。

2. 实训总结

____

____

____

____

3. 教师实训评价

____

____

____

项目6

大数据处理技术

任务6.1 熟悉大数据处理技术

导读案例 Cloudera领衔大数据基础设施

由于Hadoop深受客户欢迎，许多公司都推出了各自版本的Hadoop，也有一些公司则围绕Hadoop开发产品。在Hadoop生态系统中，规模最大、知名度最高的公司则是Cloudera（见图6－1）。Cloudera由来自Facebook、谷歌和雅虎的前工程师杰夫·哈默巴切、克里斯托弗·比塞格利亚、埃姆·阿瓦达拉以及现任CEO、甲骨文前高管迈克·奥尔森在2008年创建的。Cloudera主营销售工具和咨询服务，帮助其他公司运行Hadoop。

图6－1 Cloudera

2004年谷歌首先发表了一篇论文，在文中描述了Google MapReduce和Google File System，而

Hadoop也正是从中受到启发而建立起来的。这正好显示了大数据技术需要花费很长时间才能融入企业中。Cloudera 的竞争对手 HortonWorks 则是从雅虎分离出来的。HortonWorks 的工程师为 Apache Hadoop 贡献的代码超过 80% 。MapR 则专注于借助其 M5 服务提供 Hadoop 的高性能版本,尝试解决 Hadoop 最大的难题:处理数据所需的漫长等待。

在这些公司向企业提供 Hadoop 服务和支持的同时,其他公司正积极向云端传送 Hadoop。Qubole、Nodeable 及 Platfora 是云端 Hadoop 领域的三家公司。对于这些公司来说,源自本土大数据云处理服务的挑战将日益凸显,例如亚马逊自身的 MapReduce 服务。

Hadoop 的设计目的在于对超大数据集进行分布式处理,其中工程师们设计作业,作业再传输到数百或数千台服务器,然后将单独的结果汇总回收才能产生实际结果。举一个简单的例子,一项 Hadoop MapReduce 作业就是用于计算各种文档中词出现的数量。如果文档数量达数百万之巨,就难以在一台机器上完成。Hadoop 将该项作业分解为每台机器都能完成的小片段,再将每项单独计算作业的结果合在一起,就生成了最后的计算结果。

而挑战就是运行这些作业会消耗许多时间——这对实时数据查询而言不甚理想。对于 Hadoop 的改进,如 Cloudera Impala 项目承诺让 Hadoop 变得更加灵敏,不仅仅体现在分布式处理上,也要在接近实时的分析应用上有所反映。当然这些创新也使 Cloudera 成为了当前大型分析或数据仓库供应商的理想收购目标,包括 IBM、甲骨文以及其他的潜在买家。

阅读上文,请思考、分析并简单记录:

(1)请通过网络搜索,进一步了解 Cloudera 公司,并做简单描述。

答:________________________________

____

____

____

____

(2)除了 Cloudera,你还知道哪些领衔大数据基础设施的公司?其中属于中国的公司主要有哪些?

答:________________________________

____

____

____

____

(3)文中为什么说:“大数据技术需要花费很长时间才能融入企业中”?

答:________________________________

____

____

____

____

(4)请简单描述你所知道的上一周发生的国际、国内或者身边的大事。

答：____

____

____

____

____

任务描述

(1)熟悉大数据处理的基本技术，了解大数据处理的基本概念和技术架构。

(2)熟悉大数据处理的批处理模式和实时处理模式。

(3)掌握大数据处理的处理工作量，熟悉 SCV 原则。

(4)分析 ETI 企业，掌握大数据处理工作量与处理模式工作方式。

知识准备 大数据处理的内容与技术

大数据处理如今已不再是新话题了。在考虑数据仓库与其相关数据市场的关系时，把庞大的数据集分成多个较小的数据集来处理可以加快大数据处理的速度。人们已经把存储在分布式文件系统、分布式数据库上的大数据集分成较小的数据集了。要理解大数据处理，关键是要意识到处理大数据与在传统关系型数据库中处理数据是不同的，大数据通常以分布式的方式在其各自存储的位置进行并行处理。

许多大数据处理采用批处理模式，而针对以一定速度按时间顺序到达的流式数据，现今已经有了相关的分析方法，例如，利用内存架构，意义构建理论可以提供态势感知。

流式大数据的处理应遵循一项重要的原则，即 SCV 原则，其中：S 代表 Speed(速度)，C 代表 Consistency(一致性)，V 代表 Volume(容量)。

6.1.1 开源技术的商业支援

在大数据生态系统中，基础设施主要负责数据存储以及处理公司掌握的海量数据。应用程序则是指人类和计算机系统通过使用这些程序，从数据中获知关键信息。人们使用应用程序使数据可视化，并由此做出更好的决策；而计算机则使用应用系统将广告投放到合适的人群，或者监测信用卡欺诈行为。

在大数据的演变中，开源软件起到了很大的作用。如今，Linux 已经成为主流操作系统，并与低成本的服务器硬件系统相结合。有了 Linux，企业就能在低成本硬件上使用开源操作系统，以低成本获得许多相同的功能。MySQL 开源数据库、Apache 开源网络服务器以及 PHP 开源脚本语言(最初为创建网站开发)搭配起来的实用性也推动了 Linux 的普及。

随着越来越多的企业将 Linux 大规模地用于商业用途，他们期望获得企业级的商业支持和保障。在众多的供应商中，红帽子 Linux(Red Hat)脱颖而出，成为 Linux 商业支持及服务的市场领导者。甲骨文公司(Oracle)也购并了最初属于瑞典 MySQL AB 公司的开源 MySQL 关系数据库项目。

IBM、Oracle(甲骨文)以及其他公司都在将他们所拥有的大型关系型数据库商业化。关系型数据库使数据存储在自定义表中,再通过一个密码进行访问。例如,一个雇员可以通过一个雇员编号认定,然后该编号就会与包含该雇员信息的其他字段相联系——他的名字、地址、雇用日期及职位等。本来这样的结构化数据库还是适用的,直到公司不得不解决大量的非结构化数据。比如谷歌必须处理海量网页以及这些网页链接之间的关系,而Facebook必须应付社交图谱数据。社交图谱是其社交网站上人与人之间关系的数字表示——社交图谱上每个点末端连接所有非结构化数据,例如照片、信息、个人档案等。因此,这些公司也想利用低成本商用硬件。

于是,像谷歌、雅虎、脸书以及其他这样的公司开发出各自的解决方案,以存储和处理大量的数据。正如UNIX的开源版本和甲骨文的数据库以Linux和MySQL这样的形式应运而生一样,大数据世界里有许多类似的事物在不断涌现。

Apache Hadoop是一个开源分布式计算平台,通过Hadoop分布式文件系统HDFS(Hadoop Distributed File System)存储大量数据,再通过名为MapReduce的编程模型将这些数据的操作分成小片段。Apache Hadoop源自谷歌的原始创建技术,随后,开发了一系列围绕Hadoop的开源技术。Apache Hive提供数据仓库功能,包括数据抽取、转换、装载(ETL),即将数据从各种来源中抽取出来,再实行转换以满足操作需要(包括确保数据质量),然后装载到目标数据库。Apache HBase则提供处于Hadoop顶部的海量结构化表的实时读写访问功能,它仿照了谷歌的BigTable。同时,Apache Cassandra通过复制数据来提供容错数据存储功能。

在过去,这些功能通常只能从商业软件供应商处依靠专门的硬件获取。开源大数据技术正在使数据存储和处理能力——这些本来只有像谷歌或其他商用运营商之类的公司才具备的能力——在商用硬件上也得到了应用。这样就降低了使用大数据的先期投入,并且具备了使大数据接触到更多潜在用户的潜力。

开源软件在开始使用时是免费的,这使其对大多数人颇具吸引力,从而使一些商用运营商采用免费增值的商业模式参与到竞争当中。产品在个人使用或有限数据的前提下是免费的,但顾客需要在之后为部分或大量数据的使用付费。久而久之,采用开源技术的这些企业往往需要商业支援,一如当初使用Linux碰到的情形。像Cloudera、HortonWorks及MapR这样的公司在为Hadoop解决这种需要的同时,类似DataStax的公司也在为非关系型数据库(cassandra)做着同样的事情,LucidWorks之于Apache Lucerne也是如此(后者是一种开源搜索解决方案,用于索引并搜索大量网页或文件)。

6.1.2 大数据的技术架构

要容纳数据本身,IT基础架构必须能够以经济的方式存储比以往更大量、类型更多的数据。此外,还必须能适应数据变化的速度。由于数量如此大的数据难以在当今的网络连接条件下快速移动,因此,大数据基础架构必须分布计算能力,以便能在接近用户的位置进行数据分析,减少跨越网络所引起的延迟。考虑到数据速度和数据量,移动数据进行处理是不现实的,相反,计算和分析工具可能会移到数据附近。而且,云计算模式对大数据的成功至关重要。云模型在从大数据中提取商业价值的同时也能为企业提供一种灵活的选择,以实现大数据分析所需的效率、可扩展性、数据便携性和经济性。

仅仅存储和提供数据还不够,必须以新的方式合成、分析和关联数据,才能提供商业价值。部分大数据方法要求处理未经建模的数据,因此,可以对毫不相干的数据源进行不同类型数据的比较和模式匹配。这使得大数据分析能以新视角挖掘企业传统数据,并带来传统上未曾分析过的数据洞察力。

基于上述考虑构建的适合大数据的4层堆栈式技术架构如图6-2所示。

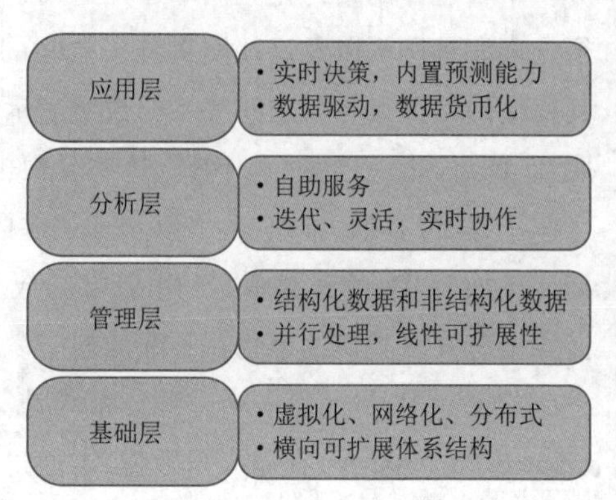

图6-2　4层堆栈式大数据技术架构

(1)基础层:第一层作为整个大数据技术架构基础的最底层,也是基础层。要实现大数据规模的应用,企业需要一个高度自动化的、可横向扩展的存储和计算平台。这个基础设施需要从以前的存储孤岛发展为具有共享能力的高容量存储池。容量、性能和吞吐量必须可以线性扩展。

云模型鼓励访问数据并提供弹性资源池来应对大规模问题,解决了如何存储大量数据,以及如何积聚所需的计算资源来操作数据的问题。在云中,数据跨多个结点调配和分布,使得数据更接近需要它的用户,从而缩短响应时间和提高生产率。

(2)管理层:要支持在多源数据上做深层次的分析,大数据技术架构中需要一个管理平台,使结构化和非结构化数据管理融为一体,具备实时传送和查询、计算功能。本层既包括数据的存储和管理,也涉及数据的计算。并行化和分布式是大数据管理平台所必须考虑的要素。

(3)分析层:大数据应用需要大数据分析。分析层提供基于统计学的数据挖掘和机器学习算法,用于分析和解释数据集,帮助企业获得对数据价值深入的领悟。可扩展性强、使用灵活的大数据分析平台更可成为数据科学家的利器,起到事半功倍的效果。

(4)应用层:大数据的价值体现在帮助企业进行决策和为终端用户提供服务。不同的新型商业需求驱动了大数据的应用。另一方面,大数据应用为企业提供的竞争优势使得企业更加重视大数据的价值。新型大数据应用对大数据技术不断提出新的要求,大数据技术也因此在不断地发展变化中日趋成熟。

6.1.3　Hadoop 数据处理基础

在传统的数据存储、处理平台中,需要将数据从 CRM、ERP 等系统中,通过 ELT(Extract/Load/Transform,抽取/加载/转换)工具提取出来,并转换为容易使用的形式,再导入像数据仓库和 RDBMS 等专用于分析的数据库中。这样的工作通常会按照计划,以每天或者每周这样的周期来进行。

然后,为了让经营策划等部门中的商务分析师能够通过数据仓库用其中经正则化处理的数据输出固定格式的报表,并让管理层能够对业绩进行管理和对目标完成情况进行查询,就需要提供一个“管理指标板”,将多张数据表和图表整合显示在一个画面上。

当管理的数据超过一定规模时,要完成这一系列工作,除了数据仓库之外,一般还需要使用如 SAP 的 Business Objects、IBM 的 Cognos、Oracle 的 Oracle BI 等商业智能工具。

用这些现有的平台很难处理具备3V特征的大数据,即便能够处理,在性能方面也很难期望能有良好的表现。首先,随着数据量的增加,数据仓库所带来的负荷也会越来越大,数据装载的时间和查询的性能都会恶化。其次,企业目前所管理的数据都是如 CRM、ERP、财务系统等产生的客户数据、销售数据等结构化数据,而现有的平台在设计时并没有考虑到由社交媒体、传感器网络等产生的非结构化数据。因此,对这些时时刻刻都在产生的非结构化数据进行实时分析,并从中获取有意义的观点,是十分困难的。由此可见,为了应对大数据时代,需要从根本上重新考虑用于数据存储和处理的平台。

1. Hadoop 的由来

Hadoop 是一个能够与当前商用硬件兼容,用于存储与分析海量数据的,对大规模数据进行分布式处理的一种开源软件技术(框架)。特别是处理大数据时代的非结构化数据时,Hadoop 在性能和成本方面都具有优势,而且通过横向扩展进行扩容也相对容易,因此备受关注。Hadoop 是最受欢迎的在因特网上对搜索关键字进行内容分类的工具,但它也可以解决许多要求极大伸缩性的问题。事实上,它被公认为是当代大数据解决方案的工业平台。Hadoop 可以作为 ETL 引擎与分析引擎来处理大量的结构化、半结构化与非结构化数据。从分析的角度来看,Hadoop 实现了 MapReduce 处理框架,图 6-3 描述了 Hadoop 的某些特征。

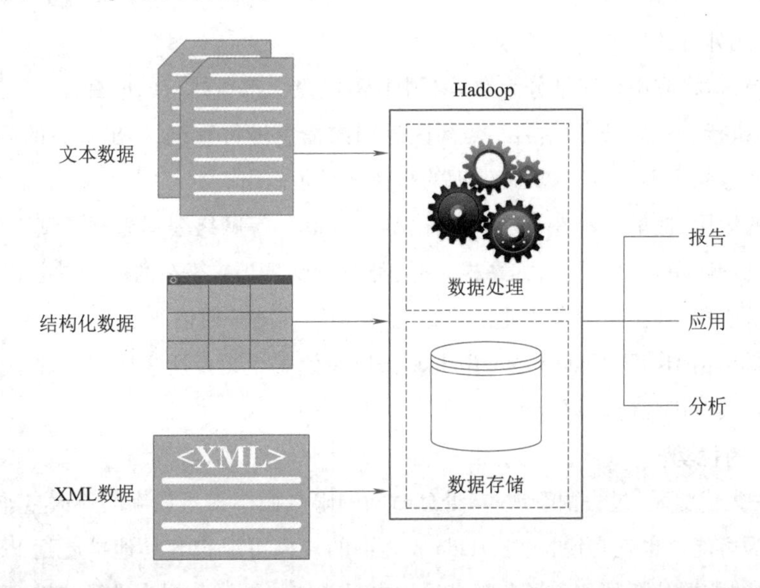

图 6-3 Hadoop 是一个多功能的系统架构,它可以提供数据存储与处理功能

Hadoop 的基础是美国 Google 公司于 2004 年发表的一篇关于大规模数据分布式处理的题为《MapReduce:大集群上的简单数据处理》的论文。

Hadoop 由 Apache Software Foundation 公司于 2005 年秋天作为 Lucene 的子项目 Nutch 的一部分正式引入。它受到最先由 Google Lab 开发的 Map/Reduce 和 Google File System(GFS)的启发。2006 年 3 月份,Map/Reduce 和 Nutch Distributed File System(NDFS)分别被纳入称为 Hadoop 的项目中。

MapReduce 指的是一种分布式处理的方法,而 Hadoop 则是将 MapReduce 通过开源方式进行实现的框架(Framework)的名称。造成这个局面的原因在于,Google 在论文中公开的仅限于处理方法,而并没有公开程序本身。也就是说,提到 MapReduce,指的只是一种处理方法,而对其实现的形式并非只有 Hadoop 一种。反过来说,提到 Hadoop,则指的是一种基于 Apache 授权协议,以开源形式发布的软件程序。

Hadoop 原本是由三大部分组成的,即用于分布式存储大容量文件的 HDFS(Hadoop Distributed File System)分布式文件系统,用于对大量数据进行高效分布式处理的 Hadoop MapReduce 框架,以及超大型数据表 HBase。这些部分与 Google 的基础技术相对应(见图 6-4)。

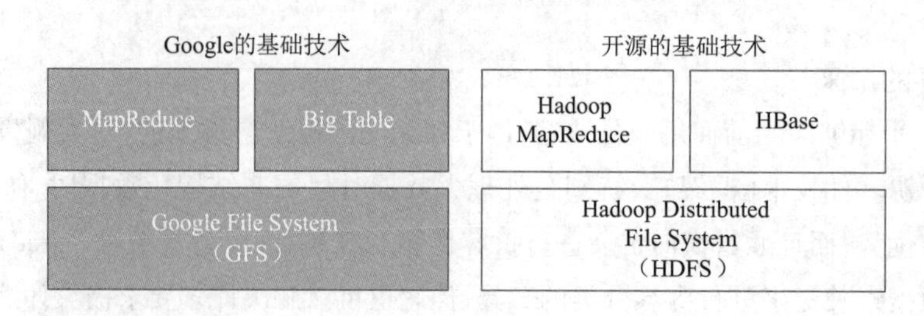

图 6-4 Google 与开源基础技术的对应关系

从数据处理的角度来看,Hadoop MapReduce 是其中最重要的部分。Hadoop MapReduce 并非用于配备高性能 CPU 和磁盘的计算机,而是一种工作在由多台通用型计算机组成的集群上的,对大规模数据进行分布式处理的框架。

在 Hadoop 中,是将应用程序细分为在集群中任意结点上都可执行的成百上千个工作负载,并分配给多个结点来执行。然后,通过对各结点瞬间返回的信息进行重组,得出最终的回答。虽然存在其他功能类似的程序,但 Hadoop 依靠其处理的高速性脱颖而出。

对 Hadoop 的运用,最早是雅虎、脸书、推特、AOL、Netflix 等网络公司先开始试水的。然而现在,其应用领域已经突破了行业的界限,如摩根大通、美国银行、VISA 等在内的金融公司,以及三星、GE 等制造业公司,沃尔玛、迪士尼等零售业公司,甚至是中国移动等通信业公司。

与此同时,最早由 HDFS、Hadoop MapReduce、HBase 这三个组件所组成的软件架构,现在也衍生出了多个子项目,其范围也随之逐步扩大。

2. Hadoop 的优势

Hadoop 的一大优势是,过去由于成本、处理时间的限制而不得不放弃的对大量非结构化数据的处理,现在则成为可能。也就是说,由于 Hadoop 集群的规模可以很容易地扩展到 PB 甚至是 EB 级别,因此,企业里的数据分析师和市场营销人员过去只能依赖抽样数据来进行分析,而现在则可以将分析对象扩展到全部数据的范围了。而且,由于处理速度比过去有了飞跃性的提升,现在我们可以进行若干次重复的分析,也可以用不同的查询来进行测试,从而有可能获得过去无法获得的更有价值的信息。

Hadoop 是一个能够对大量数据进行分布式处理的软件框架。但是 Hadoop 是以一种可靠、高效、可伸缩的方式进行处理的。Hadoop 是可靠的,因为它假设计算元素和存储会失败,因此它维护多个工作数据副本,确保能够针对失败的结点重新分布处理。Hadoop 是高效的,因为它以并行的方式工作,通过并行处理加快处理速度。Hadoop 还是可伸缩的,能够处理 PB 级数据。此外,Hadoop 依赖于社区服务器,因此它的成本比较低,任何人都可以使用。

Hadoop 是一个能够让用户轻松架构和使用的分布式计算平台。用户可以轻松地在 Hadoop 上开发和运行处理海量数据的应用程序。它主要有以下几个优点：

(1)高可靠性。Hadoop按位存储和处理数据的能力值得人们信赖。

(2)高扩展性。Hadoop是在可用的计算机集簇间分配数据并完成计算任务的，这些集簇可以方便地扩展到数以千计的结点中。

(3)高效性。Hadoop能够在结点之间动态地移动数据，并保证各个结点的动态平衡，因此处理速度非常快。

(4)高容错性。Hadoop能够自动保存数据的多个副本，并且能够自动将失败的任务重新分配。

Hadoop带有用Java语言编写的框架，因此运行在Linux平台上是非常理想的。Hadoop上的应用程序也可以使用其他语言编写，比如C++。

3. Hadoop的发行版本

Hadoop软件目前依然在不断引入先进的功能，处于持续开发的过程中。因此，如果想要享受其先进性所带来的新功能和性能提升等好处，在公司内部就需要具备相应的技术实力。对于拥有众多先进技术人员的一部分大型系统集成公司和惯于使用开源软件的互联网公司来说，应该可以满足这样的条件。

相对地，对于一般企业来说，要运用Hadoop这样的开源软件，还存在比较高的门槛。企业对于软件的要求，不仅在于其高性能，还包括可靠性、稳定性、安全性等因素。然而，Hadoop是可以免费获取的软件，一般公司在搭建集群环境的时候，需要自行对上述因素做出担保，难度确实很大。

于是，为了解决这个问题，Hadoop也推出了发行版本。所谓发行版本(Distribution)，和同为开源软件的Linux的情况类似，是一种为改善开源社区所开发的软件的易用性而提供的一种软件包服务(见图6-5)，软件包中通常包括安装工具，以及捆绑事先验证过的一些周边软件。最先开始提供Hadoop商用发行版的是Cloudera公司。如今，Cloudera已经成为名副其实的Hadoop商用发行版头牌厂商。

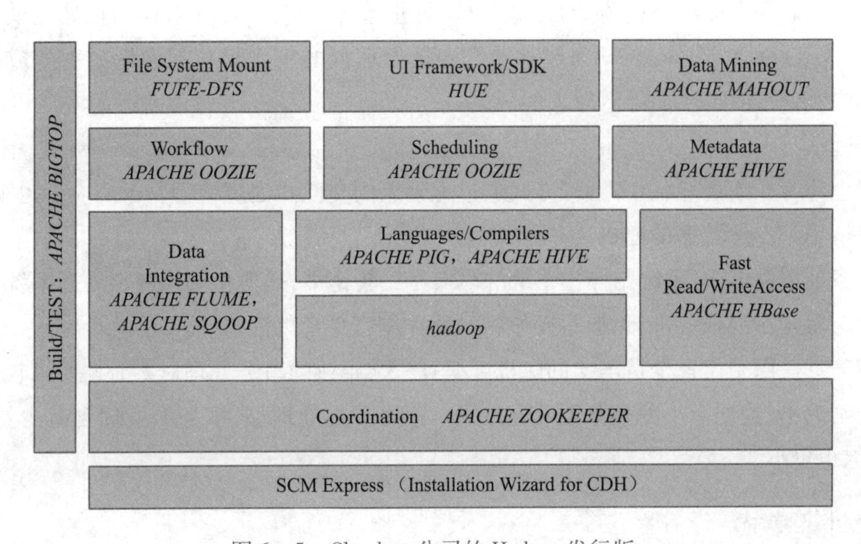

图6-5 Cloudera公司的Hadoop发行版

4. Hadoop 与 NoSQL

作为支撑大数据的基础技术，能和 Hadoop 一样受到越来越多关注的，就是 NoSQL 数据库了。在大数据处理的基础平台中，需要由 Hadoop 和 NoSQL 数据库来担任核心角色。Hadoop 已经催生了多个子项目，其中包括基于 Hadoop 的数据仓库 Hive 和数据挖掘库 Mahout 等，通过运用这些工具，仅仅在 Hadoop 的环境中就可以完成数据分析的所有工作。

然而，对于大多数企业来说，要抛弃已经习惯的现有平台，从零开始搭建一个新的平台来进行数据分析，显然是不现实的。因此，有些数据仓库厂商提出这样一种方案，用 Hadoop 将数据处理成现有数据仓库能够进行存储的形式（即用作前处理），在装载数据之后再使用传统的商业智能工具来进行分析。

Hadoop 和 NoSQL 数据库，是在现有关系型数据库和 SQL 等数据处理技术很难有效处理非结构化数据这一背景下，由谷歌、亚马逊、脸书等企业因自身迫切的需求而开发的。因此，作为一般企业不必非要推翻和替换现有的技术，在销售数据和客户数据等结构化数据的存储和处理上，只要使用传统的关系型数据库和数据仓库就可以了。

由于 Hadoop 和 NoSQL 数据库是开源的，因此和商用软件相比，其软件授权费用十分低廉，但另一方面，想招募到精通这些技术的人才却可能需要付出很高的成本。

6.1.4 处理工作量

大数据的处理工作量被定义为一定时间内处理数据的性质与数量。处理工作量主要分为批处理和事务两种类型。

1. 批处理型

批处理型也称为脱机处理，这种方式通常成批地处理数据，因而会导致较大的延迟。通常我们采用批处理完成大数据有序的读/写操作，这些读/写查询通常是成批的。

这种情形下的查询一般涉及多种连接，非常复杂。联机分析处理（OLAP）系统通常采用批处理模式处理数据。商务智能与分析需要对大量的数据进行读操作，因而一般使用批处理模式，批量地进行读/写操作，以插入、选择、更新与删除数据。批处理型的工作量包括大量数据的成批读/写操作，并且会涉及多种连接，从而导致较大的延迟。

2. 事务型

事务型也称为在线处理，这种处理方式通过无延迟的交互式处理使得整个回应延迟很小。事务型处理一般适用于少量数据的随机读/写操作。

联机事务处理（OLTP）系统与操作系统的写操作比较密集，是典型的事务型处理系统，尽管它们通常读操作与写操作混杂着进行，但写操作相对读操作还是密集许多的。

事务型处理适用于仅含少量连接的随机读/写需求，企业的事务处理对实时性要求较高，因此一般采用回应延迟小、数据量小的事务型处理方式。相比于批处理型，事务型处理含有少量的连接操作，回应延迟也更小。

6.1.5 批处理模式

在批处理模式中，数据总是成批地脱机处理，响应时长从几分钟到几小时不等。在这种情况下，数据被处理前必须在磁盘上保存。批处理模式适用于庞大的数据集,无论这个数据集是单个的还是由几个数据集组合而成的,该模式可以本质上解决大数据数据量大和数据特性不同的问题。

批处理是大数据处理的主要方式,相较于实时模式,它比较简单,易于建立,开销也比较小。像商务智能、预测性分析与规范性分析、ETL 操作,一般都采用批处理模式。

1. MapReduce 批处理

MapReduce 是一种广泛用于实现批处理的架构,它采用"分治"的原则,把一个大的问题分成可以被分别解决的小问题的集合,拥有内部容错性与冗余,因而具有很高的可扩展性与可靠性。MapReduce结合了分布式数据处理与并行数据处理的原理,并且使用商业硬件集群并行处理庞大的数据集,是一个基于批处理模式的数据处理引擎。

MapReduce 不对数据的模式作要求,因此它可以用于处理无模式的数据集。在 MapReduce 中,一个庞大的数据集被分为多个较小的数据集,分别在独立的设备上并行处理,最后再把每个处理结果相结合得出最终结果。MapReduce 是 2000 年年初谷歌的一项研究课题发表的,它不需要低延迟,因此一般仅支持批处理模式。

MapReduce 处理引擎与传统的数据处理模式的工作机制有些不同。在传统的数据处理模式中,数据由存储结点发送到处理结点后才能被处理,这种方式在数据集较小的时候表现良好,但是数据集较大时发送数据将导致更大的开销。

而 MapReduce 是把数据处理算法发送到各个存储结点,数据在这些结点上被并行地处理,这种方式可以消除发送数据的时间开销。由于并行处理小规模数据速度更快,MapReduce 不但可以节约网络带宽的开销,更能大量节约处理大规模数据的时间开销。

2. Map 和 Reduce 任务

一次 MapReduce 处理引擎的运行被称为 MapReduce 作业,它由映射(Map)和归约(Reduce)两部分任务组成,这两部分任务又被分为多个阶段。其中映射任务被分为映射(map)、合并(combine)和分区(partition)三个阶段,合并阶段是可选的;归约任务被分为洗牌和排序(shuffle and sort)与归约(reduce)两个阶段。

(1)映射。MapReduce 的第一个阶段称为映射。映射阶段首先把大的数据文件分割成多个小数据文件。每个较小的数据文件的每条记录都被解析为一组键-值对,通常键表示其对应记录的序号,值则表示该记录的实际值。

通常,每个小数据文件由多组键-值对组成,这些键-值对将会作为输入由一个映射模块处理,映射阶段的逻辑由用户决定,其中一个映射模块仅处理一个小数据文件,且仅执行一次。

每组键-值对会按用户自定义逻辑被映射为一组新的键-值对作为输出。输出的键可以与输入的键相同,可以是由输入值得出的一组字符串,还可以是用户自定义的有序对象。同样,输出的值也可与输入值相同,可以是由输入值得到的一组字符串,还可以是用户自定义的有序对象。

在这些输出的键-值对中,可以存在多组键-值对的键相同的情况。另外要注意一点,在映射过程中会发生过滤与复用。过滤是指对于一个输入的键-值对,映射可能不会产生任何输出键-值对;而复用是指某组输入键-值对对应多组输出键-值对。

映射阶段的数据变化如图 6-6 所示。

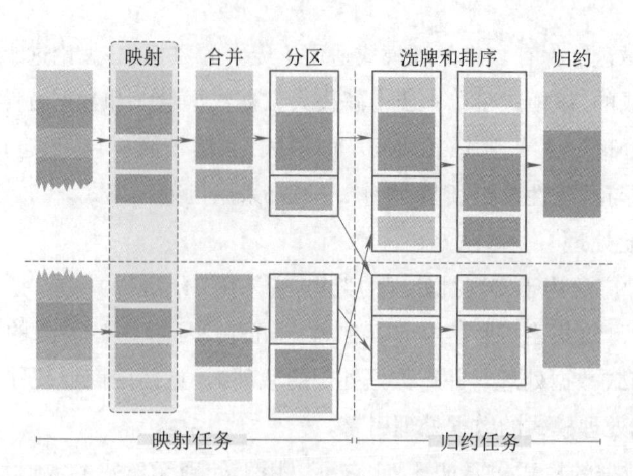

图 6－6　数据在映射阶段的变化

（2）合并。在 MapReduce 模型中，映射任务与归约任务分别在不同的结点上进行，而映射模块的输出需要被送到归约模块处理，这就要求把数据由映射任务结点传输到归约任务结点，这个过程往往会消耗大量的带宽，并直接导致处理延时。因此就要对大量的键-值对进行合并，以减少这些消耗。

在大数据处理中，结点传输过程所花费的时间往往大于真正处理数据的时间。MapReduce 模型提出了一个可选的合并模块。在映射模块把多组键-值对输入合并模块之前，已经将这些键-值对按键进行排序，将对应同一键的多条记录变为一个键对应一组值，合并模块则将每个键对应的值组进行合并，最终输出仅为一条键-值对记录。图 6－7 描述了数据由映射阶段到合并阶段的变化。

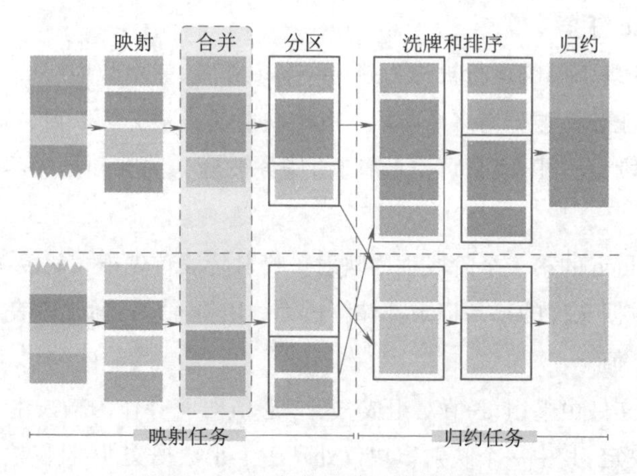

图 6－7　数据在合并阶段的变化

由此可见，合并模块本质上还是一种归约模块，另外，归约模块还可被作为用户自定义模块使用。最后值得一提的是，合并模块仅仅是一个可选的优化模块，在 MapReduce 模型中不是必备的。比如运用合并模块我们可以得出最大值或最小值，但无法得出所有数据的平均值，毕竟合并模块的数据仅仅是所有数据的一个子集。

（3）分区。在这个阶段，当使用多个归约模块时，MapReduce 模型就需要把映射模块或合并模块（如果该 MapReduce 引擎指明调用合并功能）的输出分配给各个归约模块。在此我们把分配到每个归约模块的数据叫做一个分区,也就是说,分区数与归约模块数是相等的。图6-8描述了数据在分区阶段的变化。

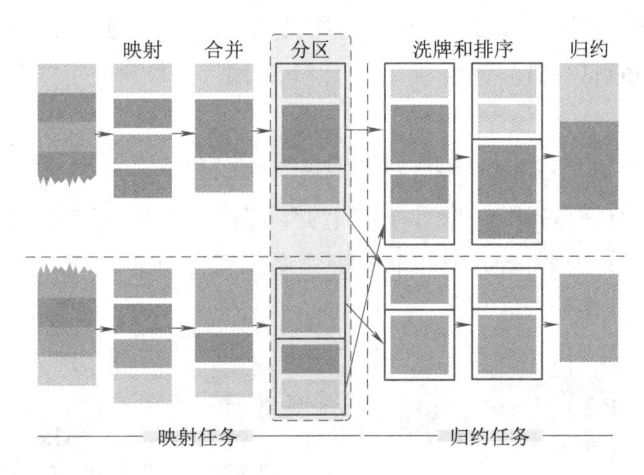

图6-8　数据在分区阶段的变化

尽管一个分区包含很多条记录,但是对应同一键的记录必须被分在同一个分区,在此基础上,MapReduce模型会尽量保证随机公平地把数据分配到各个归约模块当中。

由于上述分区模块的特性,会导致分配到各个归约模块的数据量有差异,甚至分配给某个归约模块的数据量会远远超过其他的。不均等的工作量将造成各个归约模块工作结束时间不同,这样最后总共消耗的时间将会大于绝对均等的分配方式。要缓解这个问题,就只能依靠优化分区模块的逻辑来实现了。

分区模块是映射任务的最后一个阶段,它的输出为记录对应归约模块的索引号。

(4)洗牌和排序。洗牌包括由分区模块将数据传输到归约模块的整个过程,是归约任务的第一个阶段。由分区模块传输来的数据可能存在多条记录对应同一个键。这个模块将把对应同一个键的记录进行组合,形成一个唯一键对应一组值的键-值对列表。随后该模块对所有的键-值对进行排序。组合与排序的方式在此可由用户自定义。整个阶段的数据变化如图6-9所示。

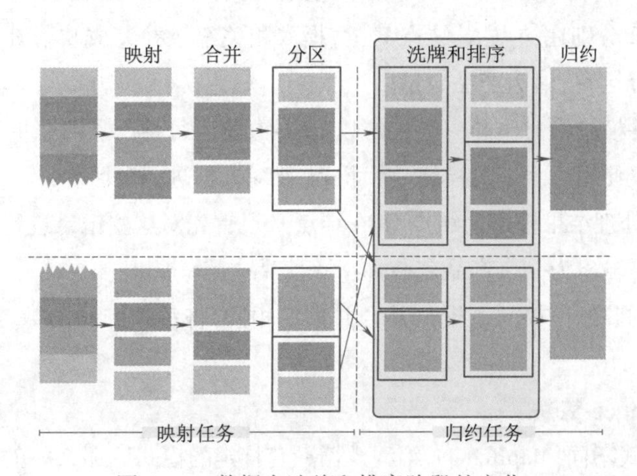

图6-9　数据在洗牌和排序阶段的变化

(5)归约。这是归约任务的最后一个阶段,该模块的逻辑由用户自定义,它可能对输入的记录进行进一步分析归纳,也可能对输入不作任何改变。在任何情形下,这个模块都在处理当条记录的同时将其他处理过的记录输出。

归约模块输出的键-值对中,键可以与输入键相同,也可以是由输入值得到的字符串,或其他用户自定义的有序对象,值可以与输入值相同,也可以是由输入值得到的字符串,或其他用户自定义的有序对象。

值得注意的是,映射模块输出的键-值对类型需要与归约或合并模块的输入键-值对类型相对应。另外,归约模块也会进行过滤与复用,每个归约模块输出的记录组成单独一个文件,也就是说被分配到每个归约模块的分区都将合并成一个文件,其数据变化如图 6 - 10 所示。

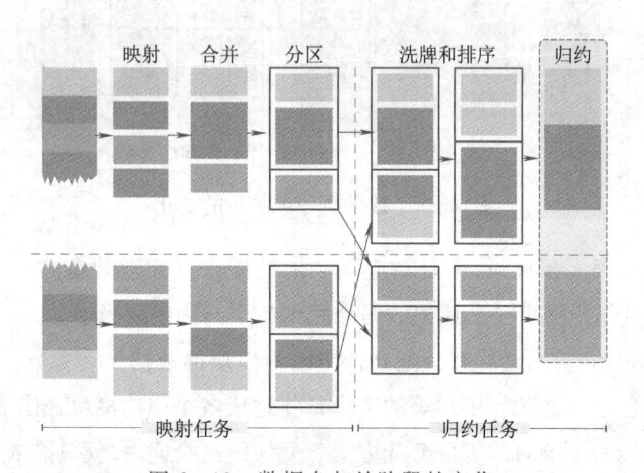

图 6 - 10　数据在归约阶段的变化

归约模块的数目是由用户定义的,当然,类似对数据记录进行过滤筛选,一个 MapReduce 作业可以不使用归约模块。

3. MapReduce 的简单实例

图 6 - 11 展示了一个 MapReduce 作业的简单实例,其主要步骤如下:

(1)输入文件 sales. txt 被分为两个较小的数据文件:文件 1,文件 2。

(2)文件 1、文件 2 分别在结点 A、结点 B 上,提取相关纪录并完成映射任务。该任务的输出为多组键-值对,键为产品名称,值为产品数量。

(3)该作业的合并模块将对应同一产品的数量相加,得出每种产品的总量。

(4)由于该作业仅使用一个归约模块,因而不需要对数据进行分区。

(5)结点 A、B 的处理结果被送到结点 C,在结点 C 上首先对这些记录进行洗牌和排序。

(6)排序后的数据输出为一个产品名,对应一组产品数量。

(7)最后该作业的归约模块的逻辑与其合并模块相同,将每种产品的数量相加,得到每种产品的总量。

4. 理解 MapReduce 算法

与传统的编程模式不同,MapReduce 编程遵循一套特定的模式。那么如何在该模式上设计算法呢? 首先我们要对算法的设计原则进行探索。

前文已经提到,MapReduce 采用了“分治”的原则,在 MapReduce 中如何理解“分治”是极为重要的，“分治”常用的几种方式时：

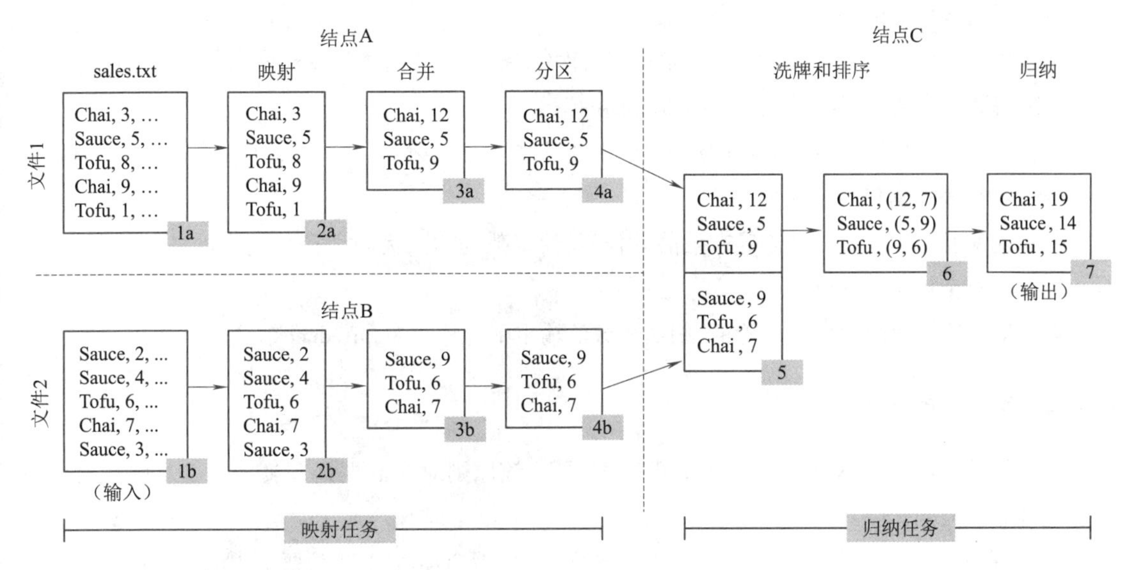

图 6－11　MapReduce 实例

- 任务并行：任务并行指的是将一个任务分为多个子任务在不同结点上并行进行，通常并行的子任务采用不同的算法，每个子任务的输入数据可以相同也可不同，最后多个子任务的结果组成最终结果。
- 数据并行：数据并行指的是将一个数据集分为多个子数据集在多个结点上并行地处理，数据并行的多个结点采用同一算法，最后多个子数据集的处理结果组成最终结果。

对于大数据应用环境，某些操作需要在一个数据单元上重复多次，比如，当一个数据集规模过大时，通常需要将其分为较小的数据集在不同结点进行处理。MapReduce 为了满足这种需求，采用分治中数据并行的方法，将大规模数据分成多个小数据块，每个数据块分别在不同的结点上进行映射处理，这些结点的映射函数逻辑都是相同的。

现今大部分传统算法的编程原则是基于过程的，也就是说对数据的操作是有序的，后续的操作依赖于它之前的操作。

而 MapReduce 将对数据的操作分为“映射”与“归约”两部分，它的映射任务与归约任务是相互独立的，甚至每个映射实例或归约实例之间都是相互独立的。

在传统编程模型中，函数签名是没有限制的。而 MapReduce 编程模型中，映射函数与归约函数的函数签名必须为键-值对这一形式，只有这样才能实现映射函数与归约函数之间的通信。另外，映射函数的逻辑依赖于数据记录的解析方式，即依赖于数据集中逻辑数据单元的组织方式。例如，通常情况下文本文件中每一行代表一条记录，然而一条记录也可能由两行或多行文本组成。

对于归约函数，基于它的输入为单个键对应一组值的记录，它的逻辑与映射函数的输出密切相关，尤其是与它最终输出什么键密切相关。值得一提的是，在某些应用场景下，例如文本提取，我们不需要使用归约函数。

总结一下，在设计 MapReduce 算法时，我们主要考虑以下几点：

● 尽可能使用简单的算法逻辑，这样才能采用同一函数逻辑处理某个数据集的不同部分，最终以某些方式将各部分的处理结果进行汇总。

● 数据集可以被分布式地划分在集群中，如此才能保证映射函数并行地处理各个子数据集。

● 理解数据集的数据结构以保证选取有用的记录。

● 将算法逻辑分为映射部分与归约部分，如此才能实现映射函数不依赖于整个数据集，毕竟它处理的仅仅是该数据集的一部分。

● 保证映射函数的输出是正确有效的，由于归约函数的输入为映射函数输出的一部分，只有这样才能保证整个算法的正确性。

● 保证归约函数的输出是正确的，归约函数的输出则为整个 MapReduce 算法的输出。

6.1.6 SCV 原则

大数据处理遵循 SCV 分布式数据处理基本原则，该原则对大数据处理施加的基本限制对实时模式处理有巨大的影响。

SCV 原则是，要求设计一个分布式数据处理系统时仅需满足以下 3 项要求中的 2 项：

(1) 速度(Speed)。是指数据一旦生成后处理的快慢。通常实时模式的速度快于批处理模式，因此仅有实时模式会考虑该项性能，并且在此忽略获取数据的时间消耗，专注于实际数据处理的时间消耗，例如生成数据统计信息时间或算法的执行时间。

(2) 一致性(Consistency)。指处理结果的准确度与精度。如果处理结果的值接近于正确的值，并且二者有着相近的精度，则认为该大数据处理系统具有高一致性。高一致性系统通常会利用全部数据来保证其准确度与精度，而低一致性系统则采用采样技术，仅保证精度在一个可接受的范围，结果也相对不准确。

(3) 容量(Volume)。指系统能够处理的数据量。大数据环境下，数据量的高速增长导致大量的数据需要以分布式的方式进行处理。要处理规模如此大的数据，数据处理系统无法同时保证速度与一致性。

如图 6－12 所示，如果要保证数据处理系统的速度与一致性，就不可能保证大容量，因为大量的数据必然会减慢处理速度。

如果要保证高度一致地处理大容量数据，处理速度必然减慢。

如果要高速处理大容量的数据，则无法保证系统的高一致性，毕竟处理大规模数据仅能依靠采样来保证更快的速度。

实现一个分布式数据处理系统，选择 SCV 中的哪两项特性主要以该系统分析环境的具体需求为依据。

在大数据环境中，可能需要最大限度地保证数据规模来进行深入分析，例如模式识别，也可能需要对数据进行批处理以求进一步研究。因此，选择容量还是速度或一致性值得慎重考虑。

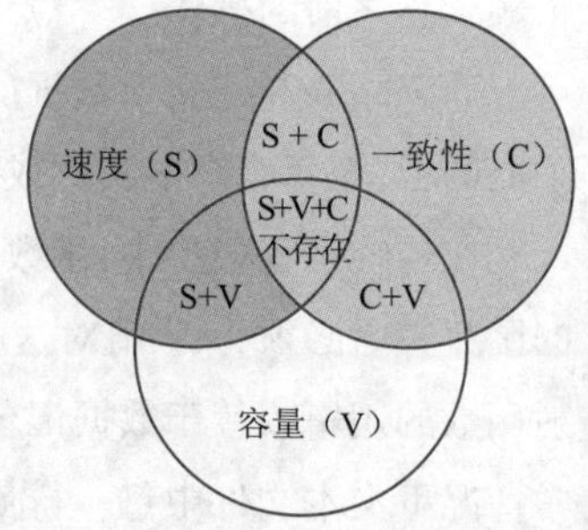

图 6－12 SCV 原则维恩图

在数据处理中，实时处理需要保证数据不丢失，即对数据处理容量(V)需求大，因此大数据实时处理系统通常仅在速度(S)与一致性(C)中做权衡，实现 S + V 或 C + V。

实时大数据处理包括实时处理与近实时处理。数据一旦到达企业就需要被低延迟地处理。在实时模式下,数据刚到达就在内存中进行处理,处理完毕再写入磁盘供后续使用或存档。而批处理模式恰与之相反,该种模式下数据首先被写入磁盘,再被批量处理,从而将导致高延迟。

6.1.7 实时处理模式

实时模式中,数据通常在写入磁盘之前在内存中进行处理。它的延迟由亚秒级到分钟级不等。实时模式侧重的是提高大数据处理的速度。

在大数据处理中,实时处理由于其处理的数据既可能是连续(流式)的,也可能是间歇(事件)的,因而也被称作流式处理或事件处理。这些流式数据或事件数据通常规模都比较小,但源源不断处理这样的数据得到的结果将构成庞大的数据集。

另外,交互模式也是实时模式的一种,该模式主要是基于查询操作的。运营商务智能或分析通常在实时模式下进行。

实时模式分析大数据需要使用内存设备(IMDG 或 IMDB),数据到达内存时被即时处理,期间没有硬盘 I/O 延迟。实时处理可能包括一些简单的数据分析、复杂的算法执行以及当检测到某些度量发生变化时,对内存数据进行更新。

为了增强实时分析的能力,实时处理的数据可以与之前批处理的数据结果或与磁盘上存储的非规范化数据相结合,磁盘上的数据均可传输到内存中,这样有助于实现更好的实时处理。

除了处理新获取的数据,实时模式还可以处理大量查询请求以实现实时交互。在该种模式下,数据一旦被处理完毕,系统就将结果公布给感兴趣的用户,在此我们使用实时仪表板应用或 Web 应用将数据更新展示给用户。

根据某些系统的需求,实时模式下处理过的数据和原始数据将被写入磁盘供后续复杂的批量数据分析。

图 6-13 展示了典型的实时模式处理流程:

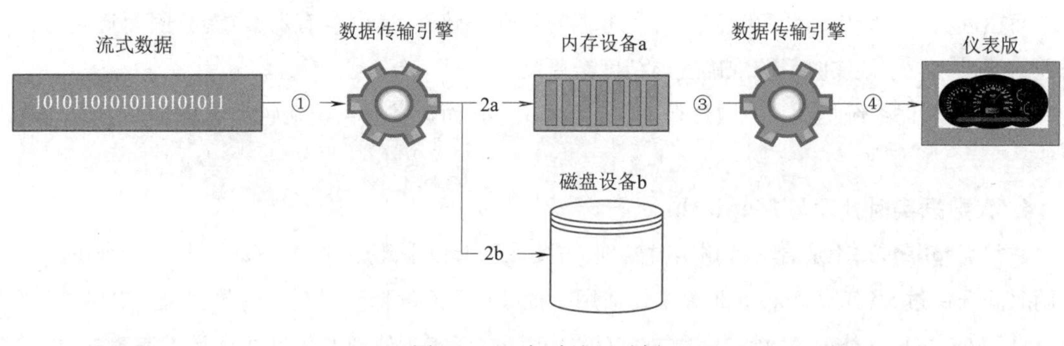

图 6-13 实时处理示例

(1)在数据传输引擎获取流式数据。

(2)数据同时被传输到内存设备(a)与磁盘设备(b)。

(3)数据处理引擎以实时模式处理存储在内存的数据。

(4)处理结果被送到仪表板供操作分析。

1. 事件流处理

事件流处理(ESP)是大数据实时处理的一项重要概念。在事件流处理中,事件流通常来源一致并且按到达时间顺序先后被处理,对数据的分析可以通过简单查询实现,也可以通过基于公式的算法实现,在此,数据首先在内存被分析后才被写入磁盘。

同时,驻留在内存中的数据也可用于进一步地分析,数据分析的结果可以被送入仪表板,也可作为其他应用的触发器触发某些预设的操作或进一步的分析。相较于复杂事件处理,事件流处理更注重高速,因此它的分析操作也相对简单。

2. 复杂事件处理

复杂事件处理(CEP)是大数据实时处理的另一项重要概念。在复杂事件处理中,大量实时事件来源于各个数据源,并且到达时间是无序的,这些大量的实时事件可以被同时分析处理。在此采用基于规则的算法与统计技术来分析数据,在发掘交叉复杂事件模式时,业务逻辑与进程运行环境也是需要考虑的因素。

复杂事件处理侧重于复杂、深入的数据分析,因此分析速度比不上事件流处理。通常我们把复杂事件处理看成事件流处理的超集,并且大量事件流处理的结果可组成合成事件,作为复杂事件处理的输入。

3. 大数据实时处理与 SCV

在设计一个大数据实时处理系统时,我们要谨记 SCV 原则,对于不同需求的侧重,我们可以将其分为硬实时系统与近实时系统,无论是硬实时系统还是近实时系统,都是不允许丢失数据的,因此二者都要求拥有高容量,它们仅在速度与一致性上各有侧重。

在此值得注意的是,数据不丢失并不意味着所有的数据都被实时处理,它表示系统获取的所有数据都将被写入磁盘,可能是直接写入磁盘,也可能是写入充当内存持久层的磁盘。

在硬实时系统中,除了高容量,首先考虑的是高速,这样系统的一致性将受影响。通常我们采用采样技术或近似技术来保证低延迟,得到的结果准确度与精度将降低,但仍在可接受的范围内。

而在近实时系统中,除了高容量,首先考虑的是高一致性,速度没有那么重要,因而近实时系统处理的结果相较于硬实时系统准确度与精度会更高。

总之,硬实时系统牺牲高一致性保证高容量与高速,而近实时系统牺牲高速保证高容量与高一致性。

4. 大数据实时处理与 MapReduce

通常 MapReduce 不适合大数据实时处理,主要原因有以下几点:首先,MapReduce 作业的建立与协调时间开销过大;其次,MapReduce 主要适用于批处理已经存储到磁盘上的数据,这与实时处理不同;最后 MapReduce 处理的数据是完整的,而非增量的,而实时处理的数据往往是不完整的,以数据流的方式不断传输到处理系统。

另外,MapReduce 中的归约任务必须等待所有映射任务完成后再开始。首先,每个映射函数的输出被存储到每个映射任务结点。然后,映射函数的输出通过网络传播到归约任务结点,作为归约函数的输入,数据在网络中的传播将导致一定的时延。另外要注意归约结点之间不能相互直接通信,必须依靠映射结点传输数据,这是 MapReduce 的固定流程。

由此可见,MapReduce 不适用于实时处理系统,尤其是硬实时系统,然而在近实时系统中,可以采取某些策略使用 MapReduce 模型。其中一种方法是运用内存存储交互查询的输入数据,即这些交互查询组成一个 MapReduce 作业,像这样的微批处理 MapReduce 作业可以以一定频率处理较小的数据集,例如,每 15 分钟处理一次。另一种方法则是在磁盘上持续地运行 MapReduce 作业,创建一系列实例视图,这些视图可以与交互查询处理得到的小容量分析结果相结合。

考虑到设备较小,企业渴望更主动地吸引客户等原因,大数据实时处理的优势日益凸显。目前一些以 Spark、Storm 与 Tez 为代表的 Apache 开源项目,已经可以提供完全的大数据实时处理,为大数据实时处理解决方案的革新奠定了基础。

【作 业】

1. 要理解大数据处理,关键要意识到处理大数据与在传统关系型数据库中处理数据是不同的,大数据通常以(　　)的方式在其各自存储的位置进行并行处理。

   A. 集中式　　B. 分布式　　C. 顺序式　　D. 关系式

2. 在大数据生态系统中,基础设施主要负责(　　)。

   A. 数据存储以及处理公司掌握的海量数据
   B. 网络连通以及通信质量
   C. 沟通打印机与绘图仪的操作
   D. 程序设计与应用程序开发

3. 在大数据的演变中,开源软件起到了很大的作用。如今,(　　)已经成为主流操作系统,并与低成本的服务器硬件系统相结合。

   A. Windows　　B. DOS　　C. Linux　　D. UNIX

4. (　　)是一个开源分布式计算平台,通过 Hadoop 分布式文件系统 HDFS 存储大量数据,再通过 MapReduce 的编程模型将这些数据的操作分成小片段。

   A. Apache Google　　B. Google Apache
   C. Google Linux　　D. Apache Hadoop

5. 开源软件在开始使用时,产品在个人使用或有限数据的前提下是免费的,但顾客需要在之后为部分或大量数据的使用(　　)。

   A. 投资硬件　　B. 维护操作系统　　C. 付费　　D. 编程

6. 由于数量庞大的数据难以在当今的网络连接条件下快速移动,因此,大数据基础架构必须(　　)计算能力,以便能在接近用户的位置进行数据分析,减少跨越网络所引起的延迟。

   A. 分布　　B. 集中　　C. 加强　　D. 减少

7. 构建适合大数据的 4 层堆栈式技术架构,下列(　　)不是这个架构的组成部分。

   A. 基础层　　B. 概念层　　C. 管理层　　D. 分析层

8. 用现有的技术平台很难处理具备 3V 特征的大数据,即便能够处理,在(　　)方面也很难期望能有良好的表现。

A. 可操作性　　B. 可靠性　　C. 性能　　D. 动能

9. Hadoop是一个能够与当前商用硬件兼容,用于存储与分析海量数据的,对大规模数据进行分布式处理的一种(　　)技术。

A. 通用硬件　　B. 专用硬件　　C. 专用软件　　D. 开源软件

10. MapReduce指的是一种分布式处理的方法,而Hadoop则是将MapReduce通过(　　)进行实现的框架(Framework)的名称。

A. 开源方式　　B. 专用方式　　C. 硬件固化　　D. 收费服务

11. Hadoop MapReduce是大数据处理中最重要的部分,它并非用于配备高性能CPU和磁盘的计算机,而是一种工作在(　　)的,对大规模数据进行分布式处理的框架。

A. 由多个办公作业组成的软件包中

B. 由多台通用型计算机组成的集群上

C. 由一台超级计算机提供计算能力

D. 由多台超级计算机提供计算能力

12. Hadoop是一个能够让用户轻松架构和使用的分布式计算平台。用户可以轻松地在Hadoop上开发和运行处理海量数据的应用程序。但以下(　　)不是它的主要优点。

A. 高可靠性　　B. 高扩展性　　C. 硬件固化　　D. 高容错性

13. 大数据的处理工作量被定义为(　　)。处理工作量主要分为批处理和事务两种类型。

A. 一定时间内处理数据的性质与数量

B. 无限时间内处理数据的能力

C. 对无故障处理大量数据的能力

D. 对数据批处理和事务处理的互换能力

14. 一次MapReduce处理引擎的运行被称为MapReduce作业,它被分为多个阶段。但是,以下(　　)不是其中的某个阶段。

A. 映射　　B. 合并　　C. 分区　　D. 处理

15. 流式大数据的处理遵循重要的SCV原则,它要求设计一个分布式数据处理系统时仅需满足以下(　　)3项要求中的2项。

A. 尺寸、一致性、容量　　B. 速度、一致性、容量

C. 尺寸、关系、价值　　D. 速度、价值、容量

16. 在大数据实时处理中,硬实时系统中,除了高容量,首先考虑的是(　　),而在近实时系统中,首先考虑的是(　　)。

A. 高速,高一致性　　B. 高一致性,高速

C. 高容量,高一致性　　D. 高一致性,高容量

实训操作　理解和熟悉大数据处理技术

1. 案例分析

ETI企业的大部分业务信息系统采用客户/服务器模型与n层架构。在对所有的IT系统进行调

查后,发现没有任何公司的系统采用了分布式处理技术。相反,数据都是在一台机器上处理的,这些数据来源于客户或从数据库检索得到。尽管当前的数据处理模式还未采用分布式处理,一些软件工程师认为机器指令级的并行处理已经得到了一定程度的使用。他们对此的认知主要来源于在开发某些高性能的定制应用时,通常需要采用多线程使得数据可以在多个内核上分块地处理。

批处理型模式与事务型模式在ETI的IT企业运营环境中均有体现,像操作系统,比如索赔管理与计费系统,体现了事务型的特性,而像商务智能活动则是批处理型的典型代表。

(1)批处理模式处理。在新兴的大数据技术中,IT团队首先以增量的方式批处理大数据,在积累一定的研究经验时,大数据处理开始向实时处理转变。

为了理解MapReduce架构,IT团队选取适合MapReduce的应用场景,进行脑部演练,他们发现找出最受欢迎的保险产品是一项需要定期进行并且耗时较长的任务。一项保险产品的受欢迎程度可由它的页面被浏览的次数来衡量。在此,当某个页面被访问时,Web服务器即在日志文件中创建一个条目(一行用逗号分隔的字段),Web服务器的日志其他字段则记录了该页面访问者的IP地址、访问时间以及页面名称,这个页面名称则与该访问者感兴趣的保险产品名称一致。然后Web服务器日志被导入到一个关系型数据库中,再通过SQL查询得到页面名与该页面的访问次数,该查询将消耗较长的时间。

上面提到的页面访问次数则由MapReduce编程实现,在映射阶段,设置页面名称为键,每个键-值对的值均设为1,在归约阶段,则把所有对应同一键的值1相加,得出访问总次数。归约函数的输出,键即为页面名称,值为页面访问次数。为了提高处理效率,IT团队采用了与归约函数同样逻辑的合并函数求出每块数据各页面访问次数的部分和,这样归约函数求出的最终结果与正确结果一致,但它的输入不再是一个键对应一组1值,而是对应一组部分和。

(2)实时处理模式。IT团队认为,事件流处理模型可以用于在推特(Twitter)数据上实时地进行情感分析,从而找出任何可能会让用户不满意的原因。

请分析并记录:

(1)ETI企业的大部分业务信息系统采用客户/服务器模型与n层架构。在对所有的IT系统进行调查后,发现没有任何公司的系统采用了分布式处理技术。

作为ETI企业IT团队的成员,请分析并完成下列图6-14的填写。

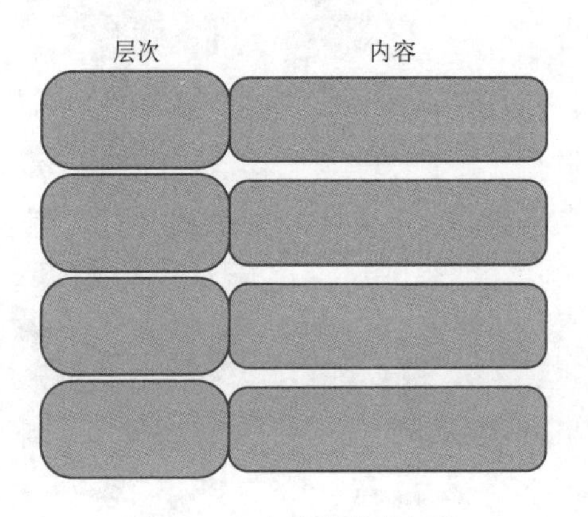

图6-14　大数据技术架构

(2)ETI企业大部分业务信息系统都是在一台机器上处理的。试问,在一台机器(服务器)上可以处理大数据吗?采用什么方法?

答:________________

(3)批处理型模式与事务型模式在ETI的IT企业运营环境中均有体现。请思考并举例说明(每项至少三例)什么是批处理模式?什么是事务型模式?

答:________________

2. 实训总结

____

3. 教师实训评价

____

项目7

大数据分析技术

任务7.1　了解大数据预测分析

导读案例　葡萄酒的品质

奥利·阿什菲尔特是普林斯顿大学的一位经济学家,他的日常工作就是琢磨数据,利用统计学,他从大量的数据资料中提取出隐藏在数据背后的信息。

奥利非常喜欢喝葡萄酒(见图7-1和图7-2),他说:“当上好的红葡萄酒有了一定的年份时,就会发生一些非常神奇的事情。”当然,奥利指的不仅仅是葡萄酒的口感,还有隐藏在好葡萄酒和一般葡萄酒背后的力量。

图7-1　波尔多葡萄酒

图7-2　葡萄酒收藏

“每次你买到上好的红葡萄酒时,”他说,“其实就是在进行投资,因为这瓶酒以后很有可能会变得更好。而且你想知道的不是它现在值多少钱,而是将来值多少钱。即使你并不打算卖掉它,而是喝掉它。如果你想知道把从当前消费中得到的愉悦推迟,将来能从中得到多少愉悦,那么这将是一个永远也讨论不完的、吸引人的话题。”而这个话题奥利已研究了25年。

奥利身材高大，头发花白而浓密，声音友善，总是能成为人群中的主角。他曾花费心思研究的一个问题是，如何通过数字评估波尔多葡萄酒的品质。与品酒专家通常所使用的“品咂并吐掉”的方法不同，奥利用数字指标来判断能拍出高价的酒所应该具有的品质特征。

“其实很简单，”他说，“酒是一种农产品，每年都会受到气候条件的强烈影响。”因此奥利采集了法国波尔多地区的气候数据加以研究，他发现如果收割季节干旱少雨且整个夏季的平均气温较高，该年份就容易生产出品质上乘的葡萄酒。正如彼得·帕塞尔在《纽约时报》中报告的那样，奥利给出的统计方程与数据高度吻合。

当葡萄熟透、汁液高度浓缩时，波尔多葡萄酒是最好的。夏季特别炎热的年份，葡萄很容易熟透，酸度就会降低。炎热少雨的年份，葡萄汁也会高度浓缩。因此，天气越炎热干燥，越容易生产出品质一流的葡萄酒。熟透的葡萄能生产出口感柔润(即低敏度)的葡萄酒，而汁液高度浓缩的葡萄能够生产出醇厚的葡萄酒。

奥利把这个葡萄酒的理论简化为下面的方程式：

葡萄酒的品质 = 12.145 + 0.00117 × 冬天降雨量 + 0.0614 × 葡萄生长期平均气温 − 0.00386 × 收获季节降雨量

这个式子是对的。把任何年份的气候数据代入上面这个式子，奥利就能够预测出任意一种葡萄酒的平均品质。如果把这个式子变得再稍微复杂精巧一些，他还能更精确地预测出100多个酒庄的葡萄酒品质。他承认“这看起来有点太数字化了”，“但这恰恰是法国人把他们葡萄酒庄园排成著名的1855个等级时所使用的方法”。

然而，当时传统的评酒专家并未接受奥利利用数据预测葡萄酒品质的做法。英国的《葡萄酒》杂志认为，“这条公式显然是很可笑的，我们无法重视它。”纽约葡萄酒商人威廉姆·萨科林认为，从波尔多葡萄酒产业的角度来看，奥利的做法“介于极端和滑稽可笑之间”。因此，奥利常常被业界人士取笑。当奥利在克里斯蒂拍卖行酒品部做关于葡萄酒的演讲时，坐在后排的交易商嘘声一片。

发行过《葡萄爱好者》杂志的罗伯特·帕克大概是世界上最有影响力的以葡萄酒为题材的作家了。他把奥利形容为“一个彻头彻尾的骗子”，尽管奥利是世界上最受敬重的数量经济学家之一，但是他的方法对于帕克来说，“其实是在用尼安德特人的思维(讽刺其思维原始)来看待葡萄酒。这是非常荒谬甚至非常可笑的。”帕克完全否定了数学方程式有助于鉴别出口感真正好的葡萄酒，“如果他邀请我去他家喝酒，我会感到恶心。”

帕克说奥利“就像某些影评一样，根据演员和导演来告诉你电影有多好，实际上却从没看过那部电影”。

帕克的意思是，人们只有亲自去看过了一部影片，才能更精准地评价它，如果要对葡萄酒的品质评判得更准确，也应该亲自去品尝一下。但是有这样一个问题：在好几个月的时间里，人们是无法品尝到葡萄酒的。波尔多和勃艮第的葡萄酒在装瓶之前需要盛放在橡木桶里发酵18～24个月(见图7-3)。像帕克这样的评酒专家需要酒装在桶里4个月以后才能第一次品尝，在这个阶段，葡萄酒还只是臭臭的、发酵的葡萄而已。不知道此时这种无法下咽的“酒”是否能够使品尝者得出关于酒的品质的准确信息。例如，巴特菲德拍卖行酒品部的前经理布鲁斯·凯泽曾经说过：“发酵初期的葡萄酒变化非常快,没有人,我是说不可能有人,能够通过品尝来准确地评估酒的好坏。至少要放上10年,甚至更久。”

与之形成鲜明对比的是,奥利从对数字的分析中能够得出气候与酒价之间的关系。他发现冬季降雨量每增加1毫米,酒价就有可能提高0.001 17美元。当然,这只是“有可能”而已。不过,对数据的分析使奥利可以得到葡萄酒的未来品质——这是品酒师有机会尝到第一口酒的数月之前,更是在葡萄酒卖出的数年之前。在葡萄酒期货交易活跃的今天,奥利的预测能够给葡萄酒收集者极大的帮助。

20世纪80年代后期,奥利开始在半年刊的简报《流动资产》上发布他的预测数据。最初,他在《葡萄酒观察家》上给这个简报做小广告,随之有600多人开始订阅。这些订阅者的分布是很广泛的,包括很多百万富翁以及痴迷葡萄酒的人——这是一些可以接受计量方法的葡萄酒收集爱好者。与每年花30美元来订阅罗伯特·帕克的简报《葡萄酒爱好者》的30 000人相比,《流动资产》的订阅人数确实少得可怜。

图7-3 葡萄酒窖藏

20世纪90年代初期,《纽约时报》在头版头条登出了奥利的最新预测数据,这使得更多人了解了他的思想。奥利公开批判了帕克对1986年波尔多葡萄酒的估价。帕克对1986年波尔多葡萄酒的评价是“品质一流,甚至非常出色”。但是奥利不这么认为,他认为由于生产期内过低的平均气温以及收获期过多的雨水,这一年葡萄酒的品质注定平平。

当然,奥利对1989年波尔多葡萄酒的预测才是这篇文章中真正让人吃惊的地方,尽管当时这些酒在木桶里仅仅放置了3个月,还从未被品酒师品尝过,奥利预测这些酒将成为“世纪佳酿”。他保证这些酒的品质将会“令人震惊得一流”。根据他自己的评级,如果1961年的波尔多葡萄酒评级为100的话,那么1989年的葡萄酒将会达到149。奥利甚至大胆地预测,这些酒“能够卖出过去35年中所生产的葡萄酒的最高价”。

看到这篇文章,评酒专家非常生气。帕克把奥利的数量估计描述为“愚蠢可笑”。萨科林说当时的反应是“既愤怒又恐惧。他确实让很多人感到恐慌。”在接下来的几年中,《葡萄酒观察家》拒绝为奥利(以及其他人)的简报做任何广告。

评酒专家们开始辩解,极力指责奥利本人以及他所提出的方法。他们说他的方法是错的,因为这一方法无法准确地预测未来的酒价。例如,《葡萄酒观察家》的品酒经理托马斯·马休斯抱怨说,奥利对价格的预测,“在27种酒中只有三次完全准确”。即使奥利的公式“是为了与价格数据相符而特别设计的”,他所预测的价格却“要么高于,要么低于真实的价格”。然而,对于统计学家(以及对此稍加思考的人)来说,预测有时过高,有时过低是件好事,因为这恰好说明估计量是无偏的。因此,帕克不得不常常降低自己最初的评级。

1990年,奥利更加陷于孤立无援的境地。在宣称1989年的葡萄酒将成为“世纪佳酿”之后,数据告诉他1990年的葡萄酒将会更好,而且他也照实说了。现在回头再看,我们可以发现当时《流动资产》的预测惊人地准确。1989年的葡萄酒确实是难得的佳酿,而1990年的也确实更好。

怎么可能在连续两年中生产出两种“世纪佳酿”呢?事实上,自1986年以来,每年葡萄生长期的气温都高于平均水平。法国的天气连续20多年温暖和煦。对于葡萄酒爱好者们而言,这显然是生产柔润的波尔多葡萄酒的最适宜的时期。

传统的评酒专家们现在才开始更多地关注天气因素。尽管他们当中很多人从未公开承认奥利的预测,但他们自己的预测也开始越来越密切地与奥利那个简单的方程式联系在一起。此时奥利依然在维护自己的网站,但他不再制作简报。他说:“和过去不同的是,品酒师们不再犯严重的错误了。坦率地说,我有点儿自绝前程,我不再有任何附加值了。”

指责奥利的人仍然把他的思想看作是异端邪说,因为他试图把葡萄酒的世界看得更清楚。他从不使用华丽的辞藻和毫无意义的术语,而是直接说出预测的依据。

整个葡萄酒产业毫不妥协不仅仅是在做表面文章。“葡萄酒经销商及专栏作家只是不希望公众知道奥利所做出的预测。”凯泽说,“这一点从1986年的葡萄酒就已经显现出来了。奥利说品酒师们的评级是骗人的,因为那一年的气候对于葡萄的生长来说非常不利,雨水泛滥,气温也不够高。但是当时所有的专栏作家都言辞激烈地坚持认为那一年的酒会是好酒。事实证明奥利是对的,但是正确的观点不一定总是受欢迎的。”

葡萄酒经销商和专栏评论家们都能够从维持自己在葡萄酒品质方面的信息垄断者地位中受益。葡萄酒经销商利用长期高估的最初评级来稳定葡萄酒价格。《葡萄酒观察家》和《葡萄酒爱好者》能否保持葡萄酒品质的仲裁者地位,决定着上百万资金的生死。很多人要谋生,就只能依赖于喝酒的人不相信这个方程式。

也有迹象表明事情正在发生变化。伦敦克里斯蒂拍卖行国际酒品部主席迈克尔·布罗德本特委婉地说:“很多人认为奥利是个怪人,我也认为他在很多方面的确很怪。但是我发现,他的思想和工作会在多年后依然留下光辉的痕迹。他所做的努力对于打算买酒的人来说非常有帮助。”

阅读上文,请思考、分析并简单记录:

(1)请通过网络搜索,详细了解法国城市波尔多,了解其地理特点和波尔多葡萄酒,并就此做简单介绍。

答:______

(2)对葡萄酒品质的评价,传统方法的主要依据是什么?而奥利的预测方法是什么?

答:______

(3)虽然后来的事实肯定了奥利的葡萄酒品质预测方法,但这是否就意味着传统品酒师的职业就没有必要存在了?你认为传统方法和大数据方法的关系应该如何处理?

答:______

(4)请简单描述你所知道的上一周发生的国际、国内或者身边的大事。

答:______

任务描述

(1)通过学习,熟悉什么是数据分析,什么是大数据分析,什么是预测分析。

(2)熟悉定量分析与定性分析方法及其运用。

(3)了解数据挖掘与统计分析的重要概念与知识。

知识准备 大数据预测分析的内容与技术

大数据分析结合了传统统计分析方法和计算分析方法。

当整个数据集准备好时,从整体中统计抽样的方法是理想的,这是典型的传统批处理场景。然而,出于理解流式数据的需求,大数据可以从批处理转换成实时处理。这些流式数据、数据集不停积累,并且以时间顺序排序。由于分析结果有存储期(保质期),流式数据强调及时处理,无论是识别向当前客户继续销售的机会,还是在工业环境中发觉异常情况后需要进行干预以保护设备或保证产品质量,时间都是至关重要的。

7.1.1 什么是预测分析

预测分析是一种统计或数据挖掘解决方案,可在结构化和非结构化数据中使用以确定未来结果的算法和技术,用于预测、优化、预报和模拟等许多用途。作为大数据时代的核心内容,预测分析已在商业和社会中得到广泛应用。随着越来越多的数据被记录和整理,未来预测分析必定会成为所有领域的关键技术。

1. 预测分析的作用

预测分析和假设情况分析可帮助用户评审和权衡潜在决策的影响力,用来分析历史模式和概率,以预测未来业绩并采取预防措施。其主要作用包括:

(1)决策管理。决策管理是用来优化并自动化业务决策的一种卓有成效的成熟方法。

决策管理通过预测分析让组织能够在制定决策以前有所行动,以便预测哪些行动在将来最有可能获得成功,优化成果并解决特定的业务问题。

决策管理包括管理自动化决策设计和部署的各个方面,供组织管理者与客户、员工和供应商的交互。从本质上讲,决策管理使优化的决策成为企业业务流程的一部分。由于闭环系统不断将有价值的反馈纳入到决策制定过程中,所以,对于希望对变化的环境做出即时反应并最大化每个决策的组织来说,它是非常理想的方法。

当今世界,竞争的最大挑战之一是组织如何在决策制定过程中更好地利用数据。可用于企业以及由企业生成的数据量非常高且以惊人的速度增长,而与此同时,基于此数据制定决策的时间段却非常短,且有日益缩短的趋势。虽然业务经理可能可以利用大量报告和仪表板来监控业务环境,但是使用此信息来指导业务流程和客户互动的关键步骤通常是手动的,因而不能及时响应变化的环境。希望获得竞争优势的组织必须寻找更好的方式。

决策管理使用决策流程框架和分析来优化并自动化决策,通常专注于大批量决策并使用基于规则和基于分析模型的应用程序实现决策。对于传统上使用历史数据和静态信息作为业务决策基础的组织来说,这是一个突破性的进展。

(2)滚动预测。预测是定期更新对未来绩效的当前观点,以反映新的或变化中的信息的过程,是基于分析当前和历史数据来决定未来趋势的过程。为应对这一需求,许多公司正在逐步采用滚动预测方法。

7×24 小时的业务运营影响造就了一个持续而又瞬息万变的环境,风险、波动和不确定性持续不断。并且,任何经济动荡都具有近乎实时的深远影响。毫无疑问,对于这种变化感受最深的是CFO(财务总监)和财务部门。虽然业务战略、产品定位、运营时间和产品线改进的决策可能是在财务部门外部做出,但制定这些决策的基础是财务团队使用绩效报告和预测提供的关键数据和分析。具有前瞻性的财务团队意识到传统的战略预测不能完成这一任务,他们正在迅速采用更加动态的、滚动的和基于驱动因子的方法。

在这种环境中,预测变为一个极其重要的管理过程。为了抓住正确的机遇,为了满足投资者的要求,以及在风险出现时对其进行识别,很关键的一点就是深入了解潜在的未来发展,管理不能再依赖于传统的管理工具。在应对过程中,越来越多的企业已经或者正准备从静态预测模型转型到一个利用滚动时间范围的预测模型。

采取滚动预测的公司往往有更高的预测精度,更快的循环时间,更好的业务参与度和更多明智的决策制定。滚动预测可以对业务绩效进行前瞻性预测,为未来计划周期提供一个基线,捕获变化带来的长期影响。与静态年度预测相比,滚动预测能够在觉察到业务决策制定的时间点得到定期更新,并减轻财务团队巨大的行政负担。

(3)预测分析与自适应管理。稳定、持续变化的工业时代已经远去,现在是一个不可预测、非持续变化的信息时代。未来还将变得更加无法预测,企业员工需要具备更高技能,创新的步伐将进一步加快,价格将会更低,顾客将具有更多发言权。

为了应对这些变化,CFO(财务总监)们需要一个能让各级经理快速做出明智决策的系统。他们必须将年度计划周期替换为更加常规的业务审核,通过滚动预测提供支持,让经理能够看到趋势和模式,在竞争对手之前取得突破,在产品与市场方面做出更明智决策。具体来说,CFO 需要通过持续计划周期进行管理,让滚动预测成为主要的管理工具,每天和每周报告关键指标。同时需要注意使用滚动预测改进短期可见性,并将预测作为管理手段,而不是度量方法。

2. 行业应用举例

(1)预测分析帮助制造业高效维护运营并更好地控制成本。

一直以来,制造业面临的挑战是在生产优质商品的同时在每一步流程中优化资源。多年来,制造商已经制定了一系列成熟的方法来控制质量、管理供应链和维护设备。如今,面对着持续的成本控制工作,工厂管理人员、维护工程师和质量控制的监督执行人员都希望知道如何在维持质量标准的同时避免昂贵的非计划停机时间或设备故障,以及如何控制维护、修理和大修业务的人力和库存成本。此外,财务和客户服务部门的管理人员,以及最终的高管级别的管理人员,与生产流程能否很好地交付成品息息相关。

(2)犯罪预测与预防,预测分析利用先进的分析技术营造安全的公共环境。

为确保公共安全,执法人员一直主要依靠个人直觉和可用信息来完成任务。为了能够更加智慧地工作,许多警务组织正在充分合理地利用他们获得和存储的结构化信息(如犯罪和罪犯数据)和非结构化信息(在沟通和监督过程中取得的影音资料)。通过汇总、分析这些庞大的数据,得出的信息不仅有助于了解过去发生的情况,还能够帮助预测将来可能发生的事件。

利用历史犯罪事件、档案资料、地图和类型学以及诱发因素(如天气)和触发事件(如假期或发薪日)等数据,警务人员将可以:确定暴力犯罪频繁发生的区域;将地区性或全国性流氓团伙活动与本地事件进行匹配;剖析犯罪行为以发现相似点,将犯罪行为与有犯罪记录的罪犯挂钩;找出最可能诱发暴力犯罪的条件,预测将来可能发生这些犯罪活动的时间和地点;确定重新犯罪的可能性。

(3)预测分析帮助电信运营商更深入了解客户。

受技术和法规要求的推动,以及基于互联网的通信服务提供商和模式的新型生态系统的出现,电信提供商要想获得新的价值来源,需要对业务模式做出根本性的转变,并且必须有能力将战略资产和客户关系与旨在抓住新市场机遇的创新相结合。预测和管理变革的能力将是未来电信服务提供商的关键能力。

7.1.2 数据具有内在预测性

大部分数据的堆积都不是为了预测,但预测分析系统能从这些庞大的数据中学到预测未来的能力,正如人们可以从自己的经历中汲取经验教训。

数据最激动人心的不是其数量,而是其增长速度。我们会敬畏数据的庞大数量,今天的数据必然比昨天多。但规模是相对的,而不是绝对的。数据规模并不重要,重要的是其膨胀速度。

世上万物均有关联,这在数据中也有反映。例如:

- 你的购买行为与你的消费历史、在线习惯、支付方式以及社会交往人群相关。数据能从这些因素中预测出消费者的行为。
- 你的身体健康状况与生命选择和环境有关,因此数据能通过小区以及家庭规模等信息来预测你的健康状态。
- 你对工作的满意程度与你的工资水平、表现评定以及升职情况相关,而数据则能反映这些现实。
- 经济行为与人类情感相关,因此数据也将反映这种关系。

数据科学家通过预测分析系统不断地从数据堆中找到规律。如果将数据整合在一起,尽管你不知道自己将从这些数据里发现什么,你至少能通过观测解读数据语言来发现某些内在联系。数据效应就是这么简单。

预测常常是从小处入手。预测分析是从预测变量开始的,这是对个人单一值的评测。近期性就是一个常见的变量,表示某人最近一次购物、最近一次犯罪或最近一次发病到现在的时间,近期值越接近现在,观察对象再次采取行动的概率就越高。许多模型的应用都是从近期表现最积极的人群开始的,无论是试图建立联系、开展犯罪调查还是进行医疗诊断。

与此相似,频率——描述某人做出相同行为的次数的常见且富有成效的指标。如果有人此前经常做某事,那么他再次做这件事的概率就会很高。实际上,预测就是根据人的过去行为来预见其未来行为。因此,预测分析模型不仅要靠那些枯燥的基本人口数据,例如住址、性别等,而且也要涵盖近期性、频率、购买行为、经济行为以及电话和上网等产品使用习惯之类的行为预测变量。这些行为通常是最有价值的,因为我们要预测的就是未来是否还会出现这些行为,这就是通过行为来预测行为的过程。正如哲学家萨特所言:"人的自我由其行为决定。"

预测分析系统会综合考虑数十项甚至数百项预测变量。你要把个人的全部已知数据都输入系统,然后等着系统运转。系统内综合考量这些因素的核心学习技术正是科学的魔力所在。

7.1.3 定量分析与定性分析

定量分析与定性分析都是一种数据分析技术。其中,定量分析专注于量化从数据中发现的模式和关联。基于统计实践,这项技术涉及分析大量从数据集中所得的观测结果。因为样本容量极大,其结果可以被推广,在整个数据集中都适用。定量分析结果是绝对数值型的,因此可以被用在数值比较上。例如,对于冰激凌销量的定量分析可能发现:温度上升 5 度,冰激凌销量提升 15% 。

定性分析专注于用语言描述不同数据的质量。与定量分析相对比,定性分析涉及分析相对小而深入的样本。由于样本很小,这些分析结果不能被适用于整个数据集中。它们也不能测量数值或用于数值比较。例如,冰激凌销量分析可能揭示了五月份销量图不像六月份一样高。分析结果仅仅说明了"不像它一样高",而并未提供数字偏差。定性分析的结果是描述性的,即用语言对关系的描述,这个定性结果不能适用于整个数据集。

7.1.4　数据挖掘

数据挖掘,也叫做数据发现,是一种针对大型数据集的数据分析的特殊形式。当提到与大数据的关系时,数据挖掘通常指的是自动的、基于软件技术的、筛选海量数据集来识别模式和趋势的技术。特别是为了识别以前未知的模式,数据挖掘涉及提取数据中的隐藏或未知模式。数据挖掘形成了预测分析和商务智能的基础。

所谓链接挖掘(Link Mining),是对 SNS(社会性网络软件)、网页之间的链接结构、邮件的收发件关系、论文的引用关系等各种网络中的相互联系进行分析的一种挖掘技术。特别是最近,这种技术被应用在 SNS 中,如"你可能认识的人"推荐功能,以及用于找到影响力较大的风云人物。

SNS 是一个采用分布式技术,通俗地说是依据六度理论①(见图 7-4),采用点对点技术,构建的下一代基于个人的网络基础软件。SNS 通过分布式软件编程,将现在分散在每个人的设备上的 CPU、硬盘、带宽进行统筹安排,并赋予这些相对服务器来说很渺小的设备更强大的能力。这些能力包括:计算速度,通信速度,存储空间。

图 7-4　SNS

① 六度理论:是指任何一个陌生人之间所间隔的人不会超过六个,也就是说,最多通过六个人你就能够认识任何一个陌生人。

在互联网中,PC、智能手机都没有强大的计算及带宽资源,它们依靠网络服务器才能浏览发布信息。如果将每个设备的计算及带宽资源进行重新分配与共享,这些设备就有可能具备比那些服务器更为强大的能力。这就是分布计算理论诞生的根源,是 SNS 技术诞生的理论基础。

7.1.5 统计分析

统计分析用以数学公式为手段的统计方法来分析数据。统计方法大多是定量的,但也可以是定性的。这种分析通常通过概述来描述数据集,比如提供与数据集相关的统计数据的平均值、中位数或众数。它也可以被用于推断数据集中的模式和关系,例如回归性分析和相关性分析。

1. A/B 测试

A/B 测试,也被称为分割测试或木桶测试,是指在网站优化的过程中,同时提供多个版本(如版本 A 和版本 B,见图 7-5),并对各自的好评程度进行测试的方法。每个版本中的页面内容、设计、布局、文案等要素都有所不同,通过对比实际的点击量和转化率,就可以判断哪一个更加优秀。

A/B 测试根据预先定义的标准,比较一个元素的两个版本以确定哪个版本更好。这个元素可以有多种类型,它可以是具体内容,例如网页,或者是提供的产品或者服务,例如电子产品的交易。现有元素版本叫做控制版本,反之改良的版本叫做处理版本。两个版本同时进行一项实验,记录观察结果来确定哪个版本更成功。

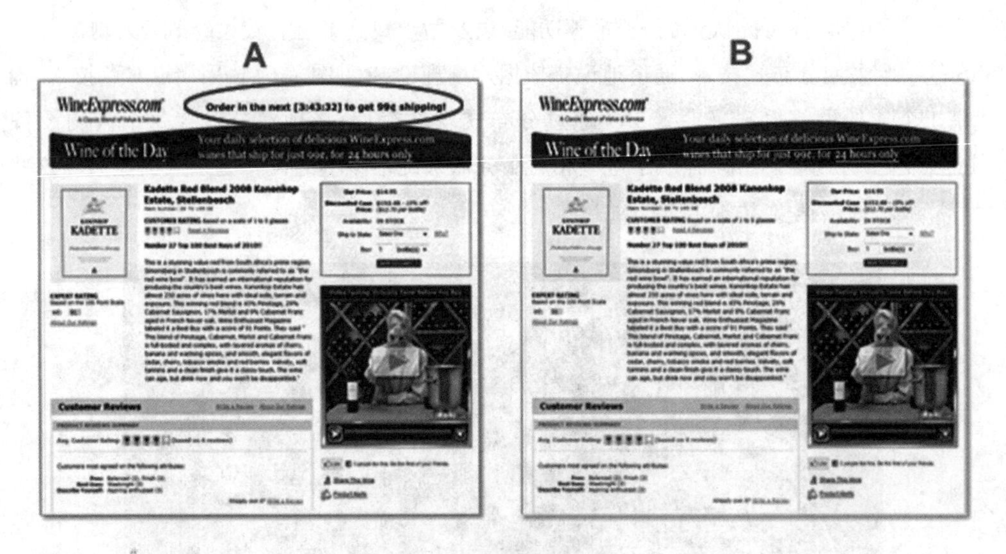

图 7-5 A/B 测试

尽管 A/B 测试几乎适用于任何领域,它最常被用于市场营销。通常,目的是用增加销量的目标来测量人类行为。例如,为了确定 A 公司网站上冰激凌广告可能的最好布局,使用两个不同版本的广告。版本 A 是现存的广告(控制版本),版本 B 的布局被做了轻微的调整(处理版本)。然后将两个版本同时呈献给不同的用户:

- A 版本给 A 组
- B 版本给 B 组

结果分析揭示了相比于 A 版本的广告,B 版本的广告促进了更多的销量。

在其他领域，如科学领域，目标可能仅仅是观察哪个版本运行得更好，用来提升流程或产品。A/B测试适用的样例问题可以为：

- 新版药物比旧版更好吗？
- 用户会对邮件或电子邮件发送的广告有更好的反响吗？
- 网站新设计的首页会产生更多的用户流量吗？

虽然都是大数据，但传感器数据和SNS数据，在各自数据的获取方法和分析方法上是有所区别的。SNS需要从用户发布的庞大文本数据中提炼出自己所需要的信息，并通过文本挖掘和语义检索等技术，由机器对用户要表达的意图进行自动分析。

在支撑大数据的技术中，虽然Hadoop、分析型数据库等基础技术是不容忽视的，但即便这些技术对提高处理的速度做出了很大的贡献，仅靠其本身并不能产生商业上的价值。从在商业上利用大数据的角度来看，像自然语言处理、语义技术、统计分析等，能够从个别数据总结出有用信息的技术，也需要重视起来。

2. 相关性分析

相关性分析是一种用来确定两个变量是否互相有关系的技术。如果发现它们有关，下一步是确定它们之间是什么关系。例如，变量B无论何时增长，变量A都会增长，更进一步，我们可能会探究变量A与变量B的关系到底如何，这就意味着我们也想分析变量A增长与变量B增长的相关程度。

利用相关性分析可以帮助形成对数据集的理解，并且发现可以帮助解释一个现象的关联。因此相关性分析常被用来做数据挖掘，也就是识别数据集中变量之间的关系来发现模式和异常。这可以揭示数据集的本质或现象的原因。

当两个变量被认为有关时，基于线性关系它们保持一致。这就意味着当一个变量改变，另一个变量也会恒定地成比例地改变。相关性用一个-1到+1之间的十进制数来表示，它也被叫做相关系数。当数字从-1到0或从+1到0改变时，关系程度由强变弱。

图7-6描述了+1的相关性，表明两个变量之间呈正相关关系。

图7-7描述了0的相关性，表明两个变量之间没有关系。

图7-8描述了-1的相关性，表明两个变量之间呈负相关关系。

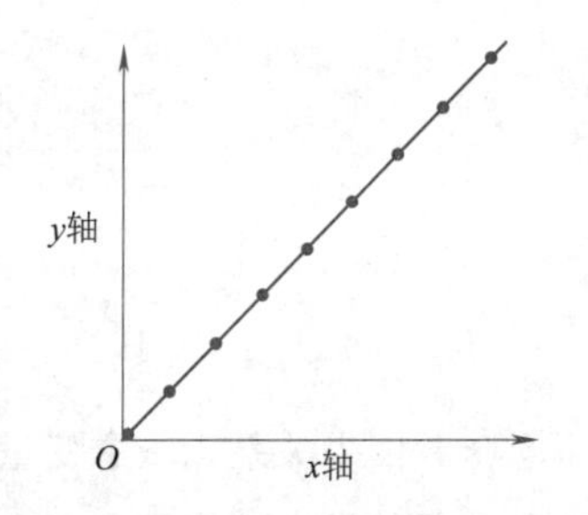

图7-6　当一个变量增大，另一个也增大，反之亦然

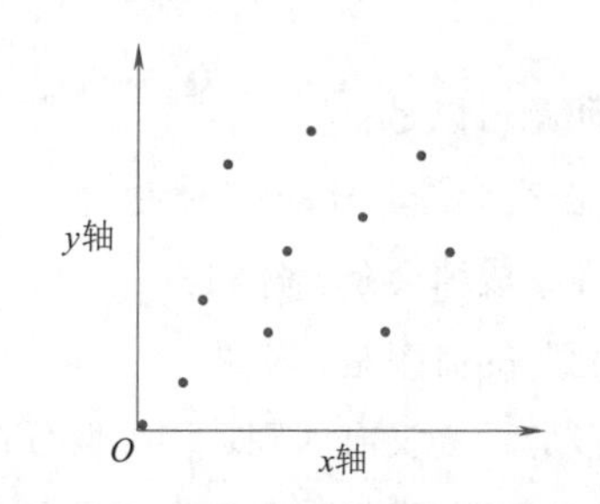

图7-7　当一个变量增大，另一个保持不变或者无规律地增大或者减少

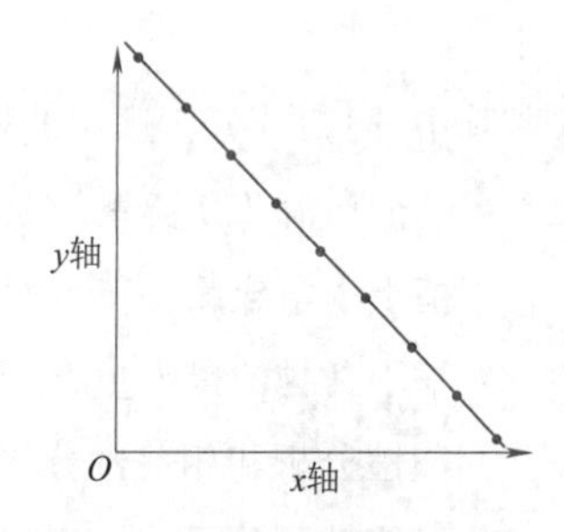

图7-8　当一个变量增大，另一个减小，反之亦然

例如，经理们认为冰激凌商店需要在天气热的时候存储更多的冰激凌，但是不知道要多存多少。为了确定天气和冰激凌销量之间是否存在关系，分析师首先对出售的冰激凌数量和温度记录用了相关性分析，

得出的值为 +0.75,表明两者之间确实存在正相关,这种关系表明当温度升高时,冰激凌卖得更好。

相关性分析适用的样例问题可以是:

- 离大海的距离远近会影响一个城市的温度高低吗?
- 在小学表现好的学生在高中也会同样表现很好吗?
- 肥胖症和过度饮食有怎样的关联?

3. 回归性分析

回归性分析技术旨在探寻在一个数据集内一个因变量与自变量的关系。在一个示例场景中,回归性分析可以帮助确定温度(自变量)和作物产量(因变量)之间存在的关系类型。利用此项技术帮助确定自变量变化时因变量的值如何变化。例如,当自变量增加,因变量是否会增加?如果是,增加是线性的还是非线性的?为了决定冰激凌店要多备多少库存,分析师通过插入温度值来进行回归性分析。将这些基于天气预报的值作为自变量,将冰激凌出售量作为因变量。分析师发现温度每上升5度,就需要15%的附加库存。

多个自变量可以同时被测试。然而,在这种情况下,只有一个自变量可能改变,其他的保持不变。回归性分析可以帮助更好地理解一个现象是什么以及现象是怎么发生的。它也可以用来预测因变量的值。

如图7-9所示,线性回归表示一个恒定的变化速率。

如图7-10所示,非线性回归表示一个可变的变化速率。

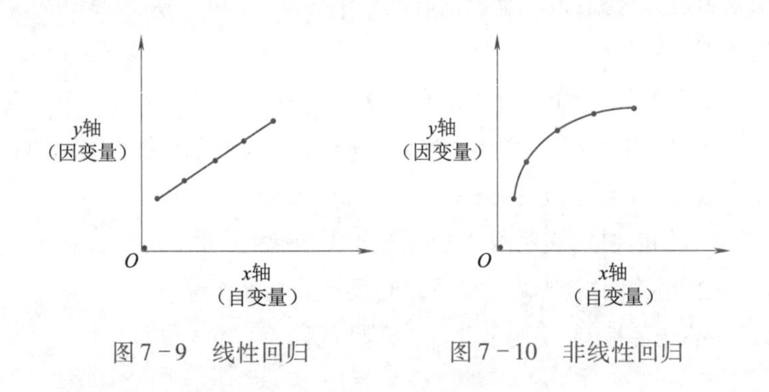

图7-9 线性回归　　图7-10 非线性回归

其中,回归性分析适用的样例问题可以是:

- 一个离海250英里的城市的温度会是怎样的?
- 基于小学成绩,一个学生的高中成绩会是怎样的?
- 基于食物的摄入量,一个人肥胖的概率是怎样的?

回归性分析和相关性分析相互联系,而又有区别。相关性分析并不意味着因果关系。一个变量的变化可能并不是另一个变量变化的原因,虽然两者可能同时变化。这种情况的发生可能是由于未知的第三变量,也被称为混杂因子。相关性假设这两个变量是独立的。

然而,回归性分析适用于之前已经被识别作为自变量和因变量的变量,并且意味着变量之间有一定程度的因果关系。可能是直接或间接的因果关系。在大数据中,相关性分析可以首先让用户发现关系的存在。回归性分析可以用于进一步探索关系并且基于自变量的值来预测因变量的值。

【作 业】

1. 大数据分析结合了(　　)。
   A. 传统统计数据分析方法和现代统计数据分析方法
   B. 传统统计数据分析方法和计算分析方法
   C. 现代统计学方法和计算分析方法
   D. 传统计算分析方法和现代计算分析方法
2. 大数据时代下,作为其核心,预测分析已在商业和社会中得到广泛应用。预测分析是一种(　　)解决方案,可在结构化和非结构化数据中使用以确定未来结果的算法和技术,用于预测、优化、预报和模拟等许多用途。
   A. 存储和计算　　B. 统计或数据挖掘
   C. 数值计算和分析　　D. 数值分析和计算处理
3. 预测分析和假设情况分析可帮助用户评审和权衡(　　)的影响力,用来分析历史模式和概率,以预测未来业绩并采取预防措施。
   A. 资源运用　　B. 潜在风险　　C. 经济价值　　D. 潜在决策
4. 下列(　　)不是预测分析的主要作用。
   A. 决策管理　　B. 滚动预测　　C. 成本计算　　D. 自适应管理
5. 大部分数据的堆积都不是为了(　　),但分析系统能从这些庞大的数据中学到预测未来的能力,正如人们可以从自己的经历中汲取经验教训那样。
   A. 预测　　B. 计算　　C. 处理　　D. 存储
6. 如果将数据整合在一起,尽管你不知道自己将从这些数据里发现什么,但至少能通过观测解读数据语言来发现某些(　　),这就是数据效应。
   A. 外在联系　　B. 内在联系　　C. 逻辑联系　　D. 物理联系
7. 预测分析模型不仅要靠基本人口数据,例如住址、性别等,而且也要涵盖近期性、频率、购买行为、经济行为以及电话和上网等产品使用习惯之类的(　　)变量。
   A. 行为预测　　B. 生活预测　　C. 经济预测　　D. 动作预测
8. 定量分析专注于量化从数据中发现的模式和关联,这项技术涉及分析大量从数据集中所得的观测结果,其结果是(　　)的。
   A. 相对字符型　　B. 相对数值型　　C. 绝对字符型　　D. 绝对数值型
9. 定性分析专注于用(　　)描述不同数据的质量。与定量分析相对比,定性分析涉及分析相对小而深入的样本,其分析结果不能被适用于整个数据集中,也不能测量数值或用于数值比较。
   A. 数字　　B. 符号　　C. 语言　　D. 字符
10. 数据挖掘,也叫做数据发现,是一种针对大型数据集的数据分析的特殊形式。当提到与大数据的关系时,数据挖掘通常指的是(　　),它涉及提取数据中的隐藏或未知模式。
    A. 自动的、基于软件技术的、筛选海量数据集来识别模式和趋势的技术
    B. 手工的、基于统计算法来计算分析的技术

C. 自动的、基于随机小样本分析、筛选批量数据集来识别趋势的技术

D. 基于手工方式、发挥计算者智慧的识别模式和趋势的技术

11. A/B 测试是指在网站优化的过程中，根据预先定义的标准，提供（　　）并对其好评程度进行测试的方法。

A. 一个版本　　B. 多个版本　　C. 一个或多个版本　　D. 单个测试样本

12. 下列（　　）不属于 A/B 测试。

A. 新版药物比旧版更好吗

B. 用户会对邮件或电子邮件发送的广告有更好的反响吗

C. 这项研究有较好的经济价值和社会效应吗

D. 网站新设计的首页会产生更多的用户流量吗

13. 相关性分析是一种用来确定（　　）的技术。如果发现它们有关，下一步是确定它们之间是什么关系。

A. 两个变量是否相互独立　　B. 两个变量是否互相有关系

C. 多个数据集是否相互独立　　D. 多个数据集是否相互有关系

14. 回归性分析技术旨在探寻在一个数据集内一个（　　）有着怎样的关系。

A. 外部变量和内部变量　　B. 小数据变量和大数据变量

C. 组织变量和社会变量　　D. 因变量与自变量

15. 在大数据分析中，（　　）分析可以首先让用户发现关系的存在，（　　）分析可以用于进一步探索关系并且基于自变量的值来预测因变量的值。

A. 相关性，回归性　　B. 回归性，相关性

C. 相关性，复杂性　　D. 复杂性，回归性

16. SNS（社会性网络软件）是一个依据（　　），采用（　　）构建的下一代基于个人的网络基础软件。

A. 计算理论，电子技术　　B. 六度理论，点对点技术

C. AI 理论，通信技术　　D. 工程理论，OA 技术

实训操作　大数据准备度自我评分表

所谓 DELTTA 模式，即通过数据（data）、企业（enterprise）、领导团队（leadership）、目标（target）、技术（technology）、分析（analysis）这样一些元素分析，来判断组织在内部建立数据分析的能力。

1. 企业开展大数据应用的记录分析

《大数据准备度自我评分表》可用于判断企业（组织、机构）是否做好了实施大数据计划的准备。它根据 DELTTA 模式，每个因子有 5 个问题，每个问题的回答都分成 5 个等级，即非常不同意、有些不同意、普通、有些同意和非常同意。

除非有什么原因需要特别看重某些问题或领域，否则直接计算每项因子的平均得分，以求出该因子的得分。也可以再把各因子的得分再结合起来，求出准备度的总得分。

用于评估大数据准备度的问题集适用于全公司或特定事业单位，应该要由熟悉全公司或该部门

如何面对大数据的人来回答这些问题。

请记录(或假设)你所服务的企业的基本情况:

企业名称:____

主要业务:____

企业规模:□ 大型企业　　　□ 中型企业　　　□ 小型企业

请在表7-1中为你所在企业开展大数据应用进行自我评分,并从中体会开展大数据应用与分析需要做的必要准备。

表7-1　大数据准备度自我评分表

评价指标		分析测评结果					备注
		非常同意	有些同意	普通	有些不同意	非常不同意	
资　料							
1	能取得极庞大的未结构化或快速变动的数据供分析之用						
2	会把来自多个内部来源的数据结合到数据仓库或数据超市,以利取用						
3	会整合内外部数据,借以对事业环境做有价值的分析						
4	对于所分析的数据会维持一致的定义与标准						
5	使用者、决策者,以及产品开发人员,都信任我们数据的品质						
企　业							
6	会运用结合了大数据与传统数据分析的手法实现组织目标						
7	组织的管理团队可确保事业单位与部门携手合作,为组织决定大数据及数据分析的有限顺序						
8	会安排一个让数据科学家与数据分析专家能够在组织内学习与分享能力的环境						
9	大数据及数据分析活动与基础架构,将有充足资金及其他资源的支持,用于打造我们需要的技能						
10	会与网络同伴、顾客及事业生态系统中的其他成员合作,共享大数据内容与应用						
领导团队							
11	高层主管会定期思考大数据与数据分析可能为公司带来的机会						
12	高层主管会要求事业单位与部门领导者,在决策与事业流程中运用大数据与数据分析						
13	高层主管会利用大数据与数据分析引导策略性与战略性决策						
14	组织中基层管理者会利用大数据与数据分析引导决策						

续表

评价指标		分析测评结果					备注
		非常同意	有些同意	普通	有些不同意	非常不同意	
15	高层管理者会指导与审核建置大数据资产（数据、人才、软硬件）的优先次序及建置过程						
目标							
16	大数据活动会优先用来掌握有助于与竞争对手差异化、潜在价值高的机会						
17	我们认为，运用大数据发展新产品与新服务业是一种创新程序						
18	会评估流程、策略与市场，以找出在公司内部运用大数据与数据分析的机会						
19	经常实施数据驱动的实验，以收集事业中哪些部分运作得顺利，哪些部分运作得不顺利的数据						
20	会在数据分析与数据的辅助下评价现有决策，以评估为结构化的新数据是否能提供更好的模式						
技术							
21	已探索并行运算方法（如 Hadoop），或已用它来处理大数据						
22	善于在说明事业议题或决策时使用数据可视化手段						
23	已探索过以云端服务处理数据或进行数据分析，或是已实际这么做						
24	已探索过用开源软件处理大数据与数据分析，或是已实际这么做						
25	已探索过用于处理未结构化数据（或文字、视频或图片）的工具，或是已实际采用						
数据分析人员与数据科学家							
26	有足够的数据科学与数据分析人才，帮助实现数据分析的目标						
27	数据科学家与数据分析专家在关键决策与数据驱动的创新上提供的意见，受到高层管理者的信任						
28	数据科学家与数据分析专家能了解大数据与数据分析要应用在哪些事业范畴与程序上						
29	数据科学家、量化分析师与数据管理专家，能有效以团队合作方式发展大数据与数据分析计划						
30	公司内部对员工设有培养数据科学与数据分析技能的课程（无论是内部课程或与外面的组织合作开设）						
合计							

说明："非常同意"5 分，"有些同意"4 分，余类推。全表满分为 150 分，你的测评总分为：__________分。

请记录：

根据《大数据准备度自我评分表》的分析判断，你认为所调查的企业（组织、机构）是否已经做好了实施大数据计划的准备。请具体分析之。

答：____

____

____

2. 实训总结

____

____

____

____

3. 教师实训评价

____

____

任务 7.2 数据的内在预测性

导读案例 英国脱欧：精英主义的历史性溃败

2016 年 6 月 23 日英国举行脱欧公投。英国脱欧冲击波震动世界，对于世界上绝大多数人，这个结果是意料之外的。没有多少人会想到，一个打破现有世界秩序的大事就这么发生了。而其中对此事最感到震惊的，当属精英阶层，英国人就不必说了，就连在美国的《纽约时报》，其知名的精英读者群体，留言也是一片哀嚎。不少人相信，这次投票的意义将会非常深远，人们正在见证一次历史的拐点。没错，英国脱欧，有可能是精英主义走向历史性溃败的拐点。

1. 复盘：看一眼投票地图，就明白为何英国脱欧是精英主义的失败

英国脱欧有多让人意外？博彩市场的动静最能说明问题。在公投结果变得清晰前的 5 个小时，即刚开票左右的时候，博彩公司开出的赔率还显示“留欧派”有高达 96% 的可能性赢得公投，几个小时后，下注留欧的人赔得精光。金融市场的剧烈动荡同样也反映了脱欧多么违背了市场人士的预期，当脱欧消息变得明朗之后，英镑瞬间暴跌 9% 至数十年来的历史低位，真是一个超级炸弹。

毫无疑问，不管是伦敦的金融操盘手还是股市的庄家，都属于精英阶层，他们本身的意愿大多数都是倾向于留欧。但涉及钱的事可不会简单感情用事，只能说他们潜意识里的乐观倾向让他们误判了，只要看两幅选举地图，就能明白精英阶层所在的留欧派为何会输得这么惨。

图 7－11 反映了各个选区的投票结果。截取的地图排除了支持留欧的苏格兰和北爱尔兰地区，反映的是英国南部的公投情况，越是红色的地区脱离欧盟的愿望越强烈，越是蓝色的地区越愿意留在欧盟。地图反映的信息非常明显——在英国南部，绝大部分地区都愿意脱欧，留欧派集中在少数几个大城市，伦敦、曼彻斯特、利物浦、加的夫，这些都是精英阶层的聚集地。特别是伦敦的核心区，

人们尤其不愿脱离欧盟，同样还包括高等学府所在的牛津地区。

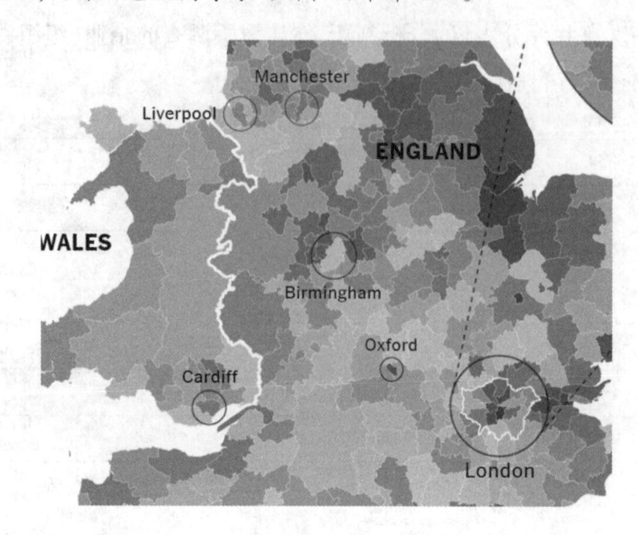

图 7－11　英国脱欧公投选举地图局部，颜色越红越支持脱欧，越蓝越支持留欧

图 7－12 反映了不同选区的投票率，颜色越深的地区投票率越高，越浅投票率越低，几个红圈所在的位置就是前一幅图里的几个大城市。这个图说明的信息也很明显——小地方的投票意愿，比精英所在的大城市强烈。

这两张图很能够说明为什么留欧派输了——粗略地形容就是，精英人士未能说服平民大众，平民大众脱欧的热情，也胜过了精英人士留欧的热情。这两张图也能解释为何金融市场和博彩市场都输了，因为市场人士基本都是伦敦人，只看得到伦敦情况的话，谁都会以为脱欧只是个玩笑。

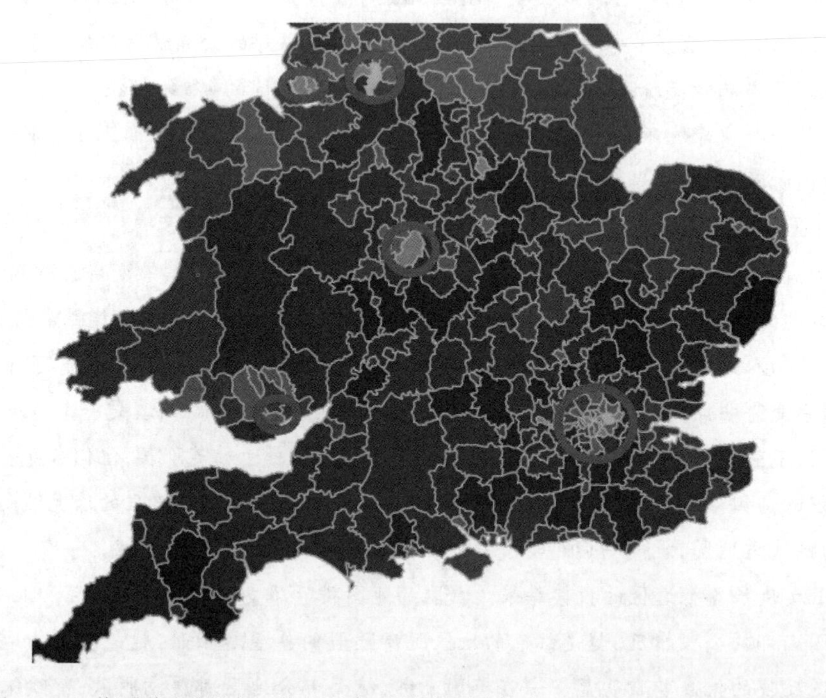

图 7－12　英国脱欧公投各地的投票率，越深投票率越高，红圈所在是英国的主要城市

然而玩笑成真了，当卡梅伦在演说中声称公投结果反映了英国人的意志时，恐怕心里非常苦涩——这结果不是大多数伦敦人的意志，不是大多数精英人士的意志。要知道，民意调查显示，有83%的英国科学家反对脱欧；英国经济学家中，有90%认为脱欧会损害英国经济，多数也都抱着反对脱欧的观点。

2. 这次公投也是代议制民主这种精英主义体制的失败

英国公投让世人震惊的结果，也引发了关于公投这种民主形式的讨论。问题非常明显：英国的两个主要政党，保守党和工党——两党在2015年大选中合计占据了英国下议院650席中的563席——都没有把脱欧作为政党纲领，结果在脱欧这个单一问题上，留欧派输掉了公投。那么，到底是公投制度有问题还是大选制度有问题？

很多政治学者指出，公投这种直接民主形式存在很多弊端，这是事实。西方政治制度的精髓是代议制民主，即人们选出自己信任的代表，组成政府和国会，让他们来对各个事项做出决策。一般认为代议制民主是精英主义与民主结合的典范，然而为什么这种制度在脱欧这样的重大问题上却反映不了多数民众的意志？英国前首相托尼·布莱尔在公投结果出来后，意味深长地说——“在这一天，人民成了政府”。

这次英国公投反映出的巨大制度矛盾，并不是问题首次浮现。拿美国来说，美国国会在民调中满意度长期在10%上下徘徊，多达80%美国人都持不满意的态度（见图7-13），但在历次国会选举中，依然都是差不多的人当选。换句话说，美国现在的选举无法选出让民众满意的代表，议会的决策也往往跟民意完全不符。美国这次大选推出的两个候选人特朗普和希拉里，都是被讨厌胜过被欢迎，却依然成为了理所当然的候选人。不少人相信，一旦美国人有机会在单一问题上公投，他们会做出与精英人士相反的选择。

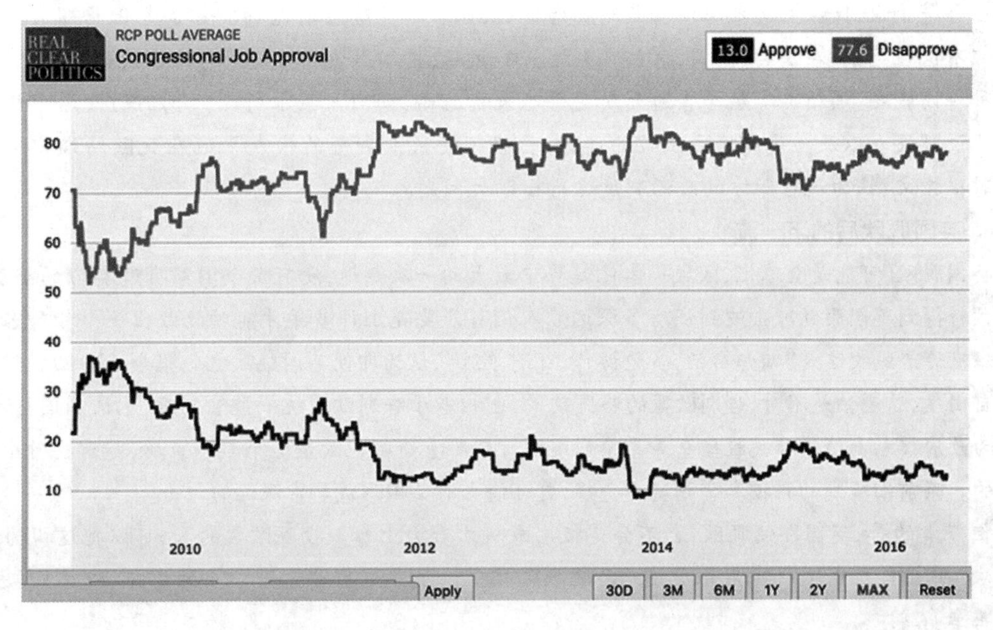

图7-13 美国国会民调满意度长期只有1成多些，不满意度长期高达近8成

（数据来自RealClearPolitics）

那么把一切事务都交给公投？害处也是显而易见的，绝大多数人对国家大事的考虑并不深远，着眼点往往只在自身，许多人也许只有在英国脱离欧盟后，才真正意识到离开意味着多么艰难，而这种艰难是在公投之前就被宣传了无数次，然而在真正遇上之前很有可能是无法体会到的。也许很多英国人现在就感到后悔了，脱欧消息出来后，很多全球性的精英科技公司都在考虑要不要继续在伦敦设置欧洲总部，一些著名银行则表示要把雇员迁到巴黎。这些事实明显严重损害了英国的国家实力，甚至损害了未来，投脱欧票的人真的都了解这些事实吗？了解事实代表的意义吗？也许他们会后悔，甚至感到害怕。民意大反转近些年就有过例子，例如马英九，2012 年连任时还高票当选，结果当选后两个月民望就断崖式下跌，就任仪式时民众满意度才 20%，再过几月只剩下 10% 左右，那么当初为何要选他？

英国脱欧，这是代议制民主这种精英主义体制的一次标志性溃败，陷入了困境，而又找不到替代方案。

3. 精英主义的失败，很大程度上是自找的

按诺贝尔经济学奖得主、著名评论家克鲁格曼的说法，留在欧盟与脱离欧盟相比，是一个“坏”与“更坏”之间的选择。布鲁塞尔在英国人心中的形象，是一架充满陈腐气息的官僚机器，在不断剥削英国人，却又解决不了任何现实问题，比如最为关键的移民问题，在经济问题上表现也不好，欧债危机让多国陷入泥潭，英国人一直在庆幸没有加入欧元区。

是的，如果布鲁塞尔的精英能够带领欧洲这架老爷车快速前进，解决该解决的问题，那一切都不在话下。但当这架老爷车跑不起来的时候，精英们就要被各种怀疑和指责了，英国人对伦敦的精英也是同样的态度。而且，民众大多数更关心与自己切身利益有关的问题，至于欧盟作为一个了不起的组织为人权、环境保护、气候变化做出了多少了不起的贡献。对不起，英国乡下的选民们很难有切身体会。

往更深了说，民粹主义之所以在欧洲变得盛行，也与精英阶层未能解决贫富分化问题有极大的关系。不仅在英国，在法国、德国、荷兰都有这样的问题，更不用说相对欠发达的东欧国家。

种种因素之下，精英阶层与普通大众变得越来越疏离，如同布莱尔所说，“我们的政治中枢已经失去了说服民众以及与民众建立纽带的能力，已经不是民众期望的代表”，他在脱欧结果出来后在纽约时报撰文，认为现在西方的政治制度运行出了大问题。

4. 英国脱欧后的下一波

英国脱欧，可能是全球化、区域一体化趋势中最大的一次倒退，没有哪个国家有过类似的经历，也没人预料得到英国脱欧冲击波到底有多深远。人们可能要花上许多年才能对此做出一个相对客观的评价。有论者鼓吹这是“回归自治、多边协作、百舸争流”，认为即便英国脱欧也无损今后与欧盟经贸往来的自由度，这恐怕是不对，告别欧盟的移民政策，也相当于告别欧盟统一监管制度、承认别国标准、禁止人为政府援助和消除非关税壁垒等等系列规则。想要重新拥抱欧盟这个单一市场，是需要付出巨大代价的。而前面提到的科技和金融实力受损，更可能会对英国形成非常深远的打击。

但万幸的是，英国即便脱欧，也不会是极左或极右势力上台。投脱欧票的人，可以把这视为国家的一次“重新自我发现”，视为大英荣光与骄傲的恢复。虽然这有些自欺欺人的意味，但总比极端主义上台要好多了。

其他欧洲国家就不一样了，有很多极端主义正在努力获取政权。这些极端主义如果获取政权，很有可能会意味全球化、一体化的全面倒退，甚至欧盟解体都不是不可能。这也同时表示人类通过交流与合作取得的许多重大文明成果，面临着挑战。

2016，也许这个世界正在见证历史。

5. 结语

面对英国脱欧的冲击波，忧心忡忡的布莱尔给了全世界一个建议：中间派必须恢复自己在政治上的吸引力，重新找到分析和解决世界面临的问题的能力，这些问题正引发着世人的怒火。如果做不到，欧洲将会变成各种极端思潮的实验场——这些轻率的行为不是毁灭自己，就是让世界变得更加分裂。

（资料来源：丁阳，腾讯评论-今日话题，第3567期2017-7-25）

阅读上文，请思考、分析并简单记录：

（1）英国公投脱欧，为什么当时金融市场和博彩公司都看走眼了？请简单阐述之。

答：______________________________

____

____

____

____

（2）英国头欧公投，表现出精英主义的溃败，人们认为这"在很大程度上是自找的，解决问题需要非常深刻的反思"。为什么这么说？请说说你的看法。

答：______________________________

____

____

____

____

（3）表现英国公投脱欧的一些大数据可视化图片很好地反映了这么一个大事件。图7－11与图7－12你读懂了吗？你对大数据可视化以及大数据可视化技术有什么认识？

答：______________________________

____

____

____

____

（4）请简单描述你所知道的上一周发生的国际、国内或者身边的大事。

答：______________________________

____

____

____

____

任务描述

(1)通过学习,熟悉大数据分析技术的创新应用,理解机器学习、语义分析等前沿技术,熟悉人工智能技术在数据挖掘等大数据分析中的应用。

(2)熟悉视觉分析的数据分析方法,了解视觉分析的主要应用类型。

(3)熟悉情感分析这种特殊的文本分析方法,了解自然语言语境中的文本分析。

知识准备 数据的内在预测能力

机器学习(Machine Learning,ML)是一门涉及概率论、统计学、逼近论、凸分析、算法复杂度理论等多领域的交叉学科,专门研究计算机怎样模拟或实现人类的学习行为,以获取新的知识或技能,重新组织已有的知识结构使之不断改善自身的性能。机器学习是人工智能的核心,是使计算机具有智能的根本途径,其应用遍及人工智能的各个领域,它主要使用归纳、综合而不是演绎。

在类似于大数据的任何快速发展的领域中,存在着很多的创新机会。例如,对于一个给定的分析问题,如何最好地结合统计学和计算方法。统计学技术通常是探索性数据分析的优选,之后利用在一个数据集上通过统计学研究获得的启示,使得计算技术得以应用。由此,从批处理到实时的转换带来了其他的挑战,例如实时技术需要利用高效的计算算法。

找到最佳方法去平衡分析结果的准确性和算法运行的时间是一个挑战。在很多情况下,估值法是有效的。从存储的角度来看,用到了 RAM、固态硬盘和硬盘驱动器的多层存储解决方案可以提供短期灵活性以及具有长期的、高效持久储存的实时分析能力。从长远来看,一个组织将会以两种不同的速度来操作大数据分析引擎:当流数据到来时进行处理,或将数据进行批量分析,通过数据的累计来寻找模式和趋势。

7.2.1 机器学习

人类善于发现数据中的模式与关系,不幸的是,我们不能快速地处理大量的数据。另一方面,机器非常善于迅速处理大量数据,但它们得知道怎么做。如果人类知识可以和机器的处理速度相结合,机器就可以处理大量数据而不需要人类干涉。这就是机器学习的基本概念。

机器学习已经有了十分广泛的应用,例如:数据挖掘、计算机视觉、自然语言处理、生物特征识别、搜索引擎、医学诊断、检测信用卡欺诈、证券市场分析、DNA 序列测序、语音和手写识别、战略游戏和机器人运用,其中很多都属于大数据分析技术的应用范畴。

下面,我们通过一些类型的机器学习技术来探究机器学习以及它与数据挖掘的关系。

1. 分类(有监督的机器学习)

分类是一种有监督的机器学习,它将数据分为相关的、以前学习过的类别。它包括两个步骤:

(1)将已经被分类或者有标号的训练数据给系统,这样就可以形成一个对不同类别的理解。

(2)将未知或者相似数据给系统来分类,基于训练数据形成的理解,算法会分类无标号数据。

这项技术的常见应用是过滤垃圾邮件。值得一提的是,分类技术可以对两个或者两个以上的类别进行分类。如图 7-14 所示,在一个简化的分类过程中,在训练时将有标号的数据给机器,使其建立对分类的理解,然后将未标号的数据给机器,使它进行自我分类。

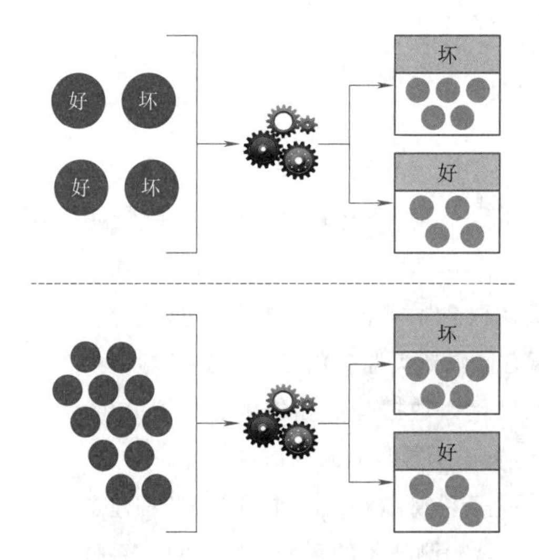

图7－14　机器学习可以用来自动分类数据集

例如,银行想找出哪些客户可能会拖欠贷款。基于历史数据编制一个训练数据集,其中包含标记的曾经拖欠贷款的顾客样例和不曾拖欠贷款的顾客样例。将这样的训练数据给分类算法,使之形成对"好"或"坏"顾客的认识。最终,将这种认识作用于新的未加标签的客户数据,来发现一个给定的客户属于哪个类。

分类适用的样例问题可以是:

- 基于其他申请是否被接受或者被拒绝,申请人的信用卡申请是否应该被接受?
- 基于已知的水果蔬菜样例,西红柿是水果还是蔬菜?
- 病人的药检结果是否表示有心脏病的风险?

2. 聚类(无监督的机器学习)

聚类是一种无监督的学习技术,通过这项技术,数据被分割成不同的组,这样在每组中数据有相似的性质。聚类不需要先学习类别。相反,类别是基于分组数据产生的。数据如何成组取决于用什么类型的算法,每个算法都有不同的技术来确定聚类。

聚类常用在数据挖掘上来理解一个给定数据集的性质。在形成理解之后,分类可以被用来更好地预测相似但却是全新或未见过的数据。

聚类可以被用在未知文件的分类,以及通过将具有相似行为的顾客分组的个性化市场营销策略上。图7－15所示的散点图描述了可视化表示的聚类。

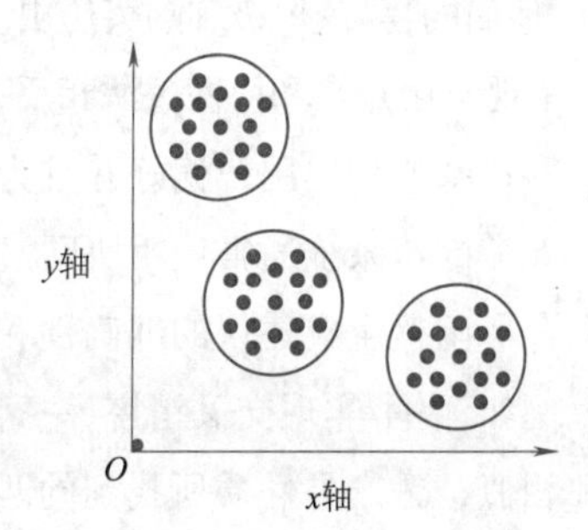

图7－15　散点图总结了聚类的结果

例如,基于已有的顾客记录档案,一个银行想要给现有顾客介绍很多新的金融产品。分析师用聚类将顾客分类至多组中。然后给每组介绍最适合这个组整体特征的一个或多个金融产品。

聚类适用的样例问题可以是:

- 根据树之间的相似性,存在多少种树?
- 根据相似的购买记录,存在多少组顾客?
- 根据病毒的特性,它们的不同分组是什么?

3. 异常检测

异常检测是指在给定数据集中,发现明显不同于其他数据或与其他数据不一致的数据的过程。这种机器学习技术被用来识别反常、异常和偏差,它们可以是有利的,例如机会,也可能是不利的,例如风险。

异常检测与分类和聚类的概念紧密相关,虽然它的算法专注于寻找不同值。它可以基于有监督或无监督的学习。异常检测的应用包括欺诈检测、医疗诊断、网络数据分析和传感器数据分析。图 7-16所示的散点图直观地突出了异常值的数据点。

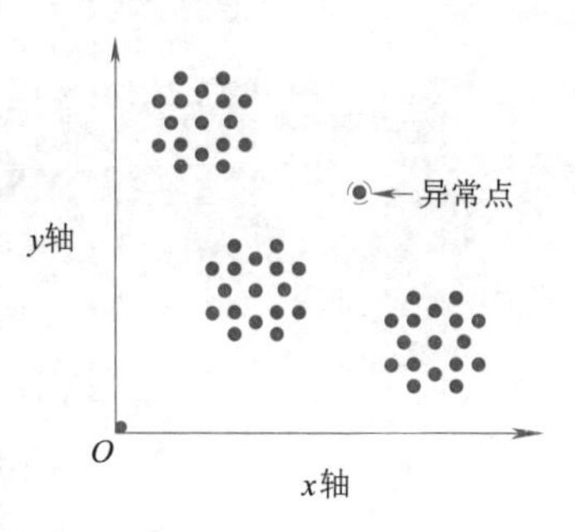

图 7-16 散点图突出异常点

例如,为了查明一笔交易是否涉嫌欺诈,银行的 IT 团队构建了一个基于有监督的学习使用异常检测技术的系统。首先将一系列已知的欺诈交易送给异常检测算法。在系统训练后,将未知交易送给异常检测算法来预测他们是否欺诈。

异常检测适用的样例问题可以是:

- 运动员使用过提高成绩的药物吗?
- 在训练数据集中,有没有被错误地识别为水果或蔬菜的数据集用于分类任务?
- 有没有特定的病菌对药物不起反应?

4. 过滤

过滤是自动从项目池中寻找有关项目的过程。项目可以基于用户行为或通过匹配多个用户的行为被过滤。过滤常用的媒介是推荐系统。通常过滤的主要方法是协同过滤和内容过滤。

协同过滤是一项基于联合或合并用户过去行为与他人行为的过滤技术。目标用户过去的行为,包括他们的喜好、评级和购买历史等,会被和相似用户的行为所联合。基于用户行为的相似性,项目被过滤给目标用户。协同过滤仅依靠用户行为的相似性。它需要大量用户行为数据来准确地过滤项目。这是一个大数定律应用的例子。

内容过滤是一项专注于用户和项目之间相似性的过滤技术。基于用户以前的行为创造用户文件,例如,他们的喜好、评级和购买历史。用户文件与不同项目性质之间所确定的相似性可以使项目被过滤并呈现给用户。和协同过滤相反,内容过滤仅致力于用户个体偏好,而并不需要其他用户数据。

推荐系统预测用户偏好并且为用户产生相应建议。建议一般关于推荐项目,例如电影、书本、网页和人。推荐系统通常使用协同过滤或内容过滤来产生建议。它也可能基于协同过滤和内容过滤的混合来调整生成建议的准确性和有效性。

例如,为了实现交叉销售,一家银行构建了使用内容过滤的推荐系统。基于顾客购买的金融产品和相似金融产品性质所找到的匹配,推荐系统自动推荐客户可能感兴趣的潜在金融产品。

过滤适用的样例问题可以是:

- 怎样仅显示用户感兴趣的新闻文章?

- 基于度假者的旅行史，可以向其推荐哪个旅游景点？
- 基于当前的个人资料，可以推荐哪些新用户做他的朋友？

7.2.2 语义分析

在不同的语境下，文本或语音数据的片段可以携带不同的含义，而一个完整的句子可能会保留它的意义，即使结构不同。为了使机器能提取有价值的信息，文本或语音数据需要像被人理解一样被机器所理解。语义分析是从文本和语音数据中提取有意义的信息的实践。

1. 自然语言处理

自然语言处理是计算机科学领域与人工智能领域中的一个重要方向，是一门融语言学、计算机科学、数学于一体的科学。自然语言处理过程是计算机像人类一样自然地理解人类的文字和语言的能力。这允许计算机执行各种有用的任务，例如全文搜索。自然语言处理研究能实现人与计算机之间用自然语言进行有效通信的各种理论和方法。因此，这一领域的研究将涉及自然语言，即人们日常使用的语言，所以它与语言学的研究有着密切的联系，但又有重要的区别。自然语言处理并不是一般地研究自然语言，而在于研制能有效地实现自然语言通信的计算机系统，特别是其中的软件系统。具体来说，包括将句子分解为单词的语素分析、统计各单词出现频率的频度分析、理解文章含义并造句的理解等。

例如，为了提高客户服务的质量，冰激凌公司启用了自然语言处理将客户电话转换为文本数据，之后从中挖掘客户经常不满的原因。

不同于硬编码所需学习规则，有监督或无监督的机器学习被用在发展计算机理解自然语言上。总的来说，计算机的学习数据越多，它就越能正确地解码人类文字和语音。自然语言处理包括文本和语音识别。对语音识别，系统尝试着理解语音然后行动，例如转录文本。

自然语言处理适用的样例问题可以是：

- 怎样开发一个自动电话交换系统，使它可以正确识别来电者的口头语言？
- 如何自动识别语法错误？
- 如何设计一个可以正确理解英语不同口音的系统？

自然语言处理的应用领域十分广泛，如从大量文本数据中提炼出有用信息的文本挖掘，以及利用文本挖掘对社交媒体上商品和服务的评价进行分析等。智能手机 iPhone 中的语音助手 Siri 就是自然语言处理的一个应用。

用自然语言与计算机进行通信，既有明显的实际意义，同时也有重要的理论意义：人们可以用自己最习惯的语言来使用计算机，而无须再花大量的时间和精力去学习不很自然的各种计算机语言；人们也可通过它进一步了解人类的语言能力和智能的机制。

实现人机间自然语言通信意味着要使计算机既能理解自然语言文本的意义，也能以自然语言文本来表达给定的意图、思想等。前者称为自然语言理解，后者称为自然语言生成。因此，自然语言处理大体包括了自然语言理解和自然语言生成两个部分。

无论实现自然语言理解还是自然语言生成，都远不如人们原来想象的那么简单。从现有的理论和技术现状看，通用的、高质量的自然语言处理系统，仍然是较长期的努力目标，但是针对一定的应用，具有相当自然语言处理能力的实用系统已经出现,有些已商品化,甚至开始产业化。典型的例子有:多语种数据库和专家系统的自然语言接口、各种机器翻译系统、全文信息检索系统、自动文摘系统等。

2. 文本分析

相比于结构化的文本,非结构化的文本通常更难分析与搜索。文本分析是专门通过数据挖掘、机器学习和自然语言处理技术去发掘非结构化文本价值的分析文本的应用。文本分析实质上提供了发现,而不仅仅是搜索文本的能力。通过基于文本的数据中获得的有用的启示,可以帮助企业从大量的文本中对信息进行全面地理解。

文本分析的基本原则是:将非结构化的文本转化为可以搜索和分析的数据。由于电子文件数量巨大,电子邮件、社交媒体文章和日志文件增加,企业十分需要利用从半结构化和非结构化数据中提取有价值的信息。只分析结构化数据可能导致企业遗漏节约成本或商务扩展机会。

文本分析应用包括文档分类和搜索,以及通过从 CRM 系统中提取的数据来建立客户视角的360°视图。

文本分析通常包括两步:

(1)解析文档中的文本提取:

- 专有名词——人,团体,地点,公司。
- 基于实体的模式——社会保险号,邮政编码。
- 概念——抽象的实体表示。
- 事实——实体之间的关系。

(2)用这些提取的实体和事实对文档进行分类。

基于实体之间存在关系的类型,提取的信息可以用来执行上下文特定的实体搜索。图 7-17 简单描述了文本分析。

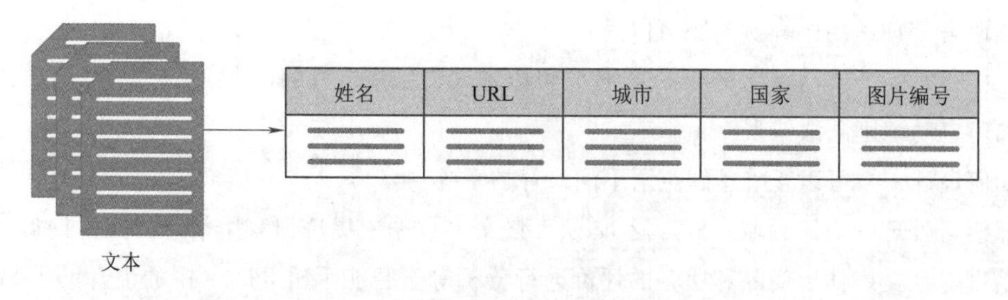

图 7-17　使用语义规则,从文本文件中提取并组织实体,以便它们可以被搜索

文本分析适用的样例问题可以是:

- 如何根据网页的内容来进行网站分类?
- 我怎样才能找到包含我学习内容的相关书籍?
- 怎样才能识别包含有保密信息的公司合同?

3. 语义检索

语义检索是指在知识组织的基础上,从知识库中检索出知识的过程,是一种基于知识组织体系,能够实现知识关联和概念语义检索的智能化的检索方式。与将单词视为符号来进行检索的关键词检索不同,语义检索通过文章内各语素之间的关联性来分析语言的含义,从而提高精确度。

语义检索具有两个显著特征:一是基于某种具有语义模型的知识组织体系,这是实现语义检索的前提与基础,语义检索则是基于知识组织体系的结果;二是对资源对象进行基于元数据的语义标注,元数据是知识组织系统的语义基础,只有经过元数据描述与标注的资源才具有长期利用的价值。以知识组织体系为基础,并以此对资源进行语义标注,才能实现语义检索。

语义检索模型集成各类知识对象和信息对象,融合各种智能与非智能理论、方法与技术,实现语义检索,例如基于知识结构的检索、基于知识内容的检索、基于专家启发式的语义检索、基于知识导航的智能浏览检索和分布式多维检索。语义检索常用的检索模型有分类检索模型、多维认知检索模型、分布式检索模型等。分类检索模型利用事物之间最本质的关系来组织资源对象,具有语义继承性,揭示资源对象的等级关系、参照关系等,充分表达用户的多维组合需求信息。多维认知检索模型的理论基础是人工神经网络,它模拟人脑的结构,将信息资源组织为语义网络结构,利用学习机制和动态反馈技术,不断完善检索结果。分布式检索模型综合利用多种技术,评价信息资源与用户需求的相关性,在相关性高的知识库或数据库中执行检索,然后输出与用户需求相关、有效的检索结果。

语义检索系统中,除提供关键词实现主题检索外,还结合自然语言处理和知识表示语言,表示各种结构化、半结构化和非结构化信息,提供多途径和多功能的检索,自然语言处理技术是提高检索效率的有效途径之一。自然语言理解是计算机科学在人工智能方面的一个极富挑战性的课题,其任务是建立一种能够模仿人脑去理解问题、分析问题并回答自然语言提问的计算机模型。从实用性的角度来说,我们所需要的是计算机能实现基本的人机会话、寓意理解或自动文摘等语言处理功能,还需要使用汉语分词技术、短语分词技术、同义词处理技术等。

语义检索是基于"知识"的搜索,即利用机器学习、人工智能等模拟或扩展人的认识思维,提高信息内容的相关性。语义检索具有明显的优势:检索机制和界面的设计均体现"面向用户"的思想,即用户可以根据自己的需求及其变化,灵活地选择理想的检索策略与技术;语义检索能主动学习用户的知识,主动向用户提供个性化的服务:综合应用各种分析、处理和智能技术,既能满足用户的现实信息需求,又能向用户提供潜在内容知识,全面提高检索效率。

语义检索的显示方式取决于资源的组织方式,知识组织是对概念关联的组织,所以语义检索显示的应是反映知识内容和概念关联的知识网络(或称知识地图),是对已获取的知识以及知识之间的关系的可视化描述。语义检索的呈现结果应该是以可视化形式展现知识层次的网状结构,便于用户循着知识网络方便地获取知识。

7.2.3 视觉分析

视觉分析是一种数据分析,指的是对数据进行图形表示来开启或增强视觉感知。相比于文本,人类可以迅速理解图像并得出结论,基于这个前提,视觉分析成为大数据领域的勘探工具。目标是用图形表示来开发对分析数据的更深入的理解。特别是它有助于识别及强调隐藏的模式、关联和异常。视觉分析也和探索性分析有直接关系,因为它鼓励从不同的角度形成问题。

视觉分析的主要类型包括:热点图、时间序列图、网络图、空间数据制图等。

1. 热点图

对表达模式,从部分-整体关系的数据组成和数据的地理分布来说,热点图是有效的视觉分析技术，它能促进识别感兴趣的领域，发现数据集内的极（最大或最小）值。

例如，为了确定冰激凌销量最好和最差的地方，使用热点图来绘制冰激凌销量数据。绿色是用来标识表现最好的地区，而红色是用来标识表现最差的地区。

热点图本身是一个可视化的、颜色编码的数据值表示。每个值是根据其本身的类型和坐落的范围而给定的一种颜色。例如，热点图将值 0 ~ 3 分配给黑色，4 ~ 6 分配给浅灰色，7 ~ 10 分配给深灰色。热点图可以是图表或地图形式的。图表代表一个值的矩阵，在其中每个网格都是按照值分配的不同颜色，如图 7 – 18 所示。通过使用不同颜色嵌套的矩形，表示不同等级值。

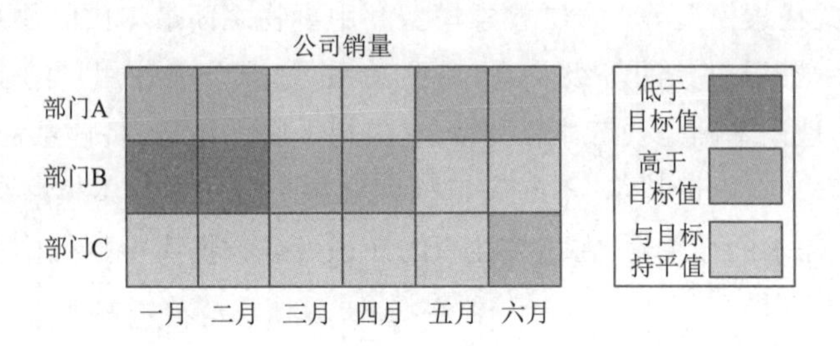

图 7 – 18　表格热点图描绘了一个公司三个部门在六个月内的销量

如图 7 – 19 所示，用地图表示地理测量，通过它，不同的地区根据同一主题用不同的颜色或阴影表示。地图以各地区颜色/阴影的深浅来表示同一主题的程度深浅，而不是单纯地将整个地区涂上色或以阴影覆盖。

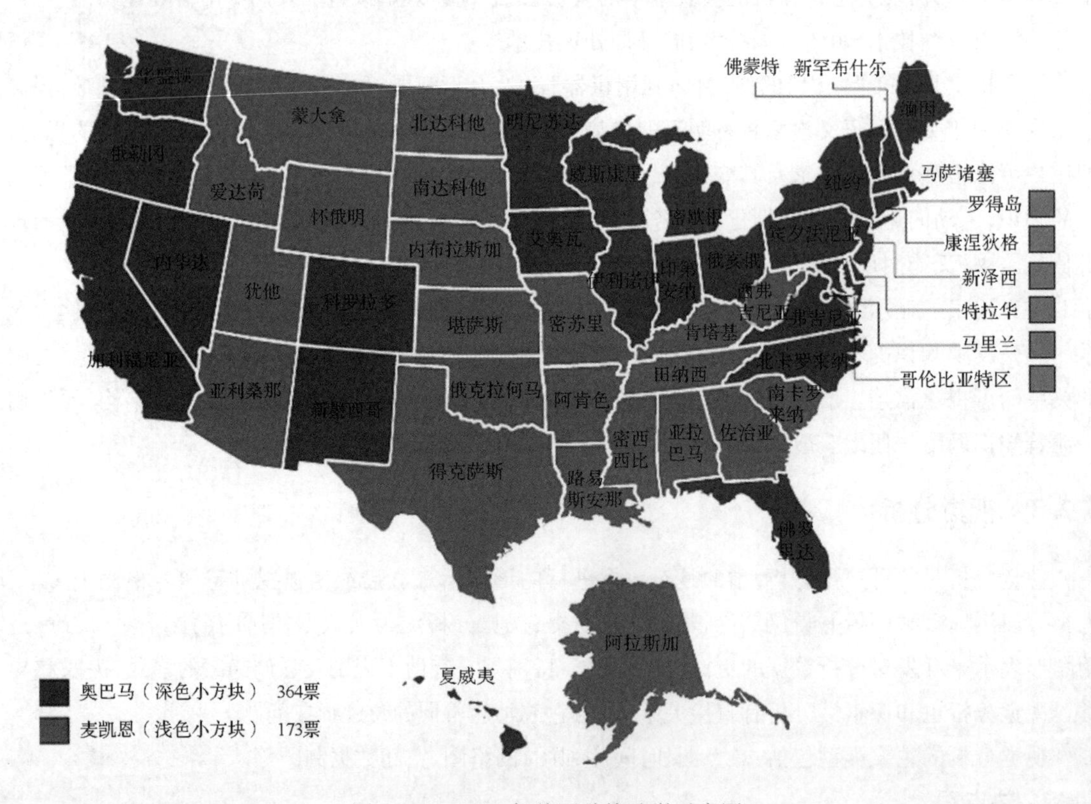

图 7 – 19　2008 年美国总统选举示意图

视觉分析适用的样例问题可以是：

- 怎样才能从视觉上识别有关世界各地多个城市碳排放量的模式？
- 怎样才能看到不同癌症的模式与不同人种的关联？
- 怎样根据球员的长处和弱点来分析他们的表现？

2. 时间序列图

时间序列图可以分析在固定时间间隔记录的数据。这种分析充分利用了时间序列，这是一个按时间排序的、在固定时间间隔记录的值的集合。例如一个包含每月月末记录的销售图的时间序列。

时间序列分析有助于发现数据随时间变化的模式。一旦确定，这个模式可以用于未来的预测。例如，为了确定季度销售模式，每月按时间顺序绘制冰激凌销售图，它会进一步帮助预测下月销售图。

通过识别数据集中的长期趋势、季节性周期模式和不规则短期变化，时间序列分析通常用来做预测。不像其他类型的分析，时间序列分析用时间作为比较变量，且数据的收集总是依赖于时间。

时间序列图通常用折线图表示，x 轴表示时间，y 轴记录数据值（见图 7－13）。

时间序列图适用的样例问题可以为：

- 基于历史产量数据，农民应该期望多少产量？
- 未来 5 年预期人口上涨是多少？
- 当前销量的下降是一次性地发生还是会有规律地发生？

3. 网络图

在视觉分析中，一个网络图描绘互相连接的实体。一个实体可以是一个人，一个团体，或者其他商业领域的物品，例如产品。实体之间可能是直接连接，也可能是间接连接。有些连接可能是单方面的，所以反向遍历是不可能的。

网络分析是一种侧重于分析网络内实体关系的技术。它包括将实体作为结点，用边连接结点。有专门的网络分析的方法，如：

- 路径优化。
- 社交网络分析。
- 传播预测，比如一种传染性疾病的传播。

基于冰激凌销量的网络分析中路径优化应用是这样一个简单的例子：有些冰激凌店的经理经常抱怨卡车从中央仓库到遥远地区的商店的运输时间。天热的时候，从中央仓库运到偏远地区的冰激凌会化掉，无法销售。为了最小化运输时间，用网络分析来寻找中央仓库与遥远的商店直接最短路径。

如图 7－20 中所示，社交网络图也是社交网络分析的一个简单的例子。

- 小明有许多朋友，大成只有一个朋友。
- 社交网络分析结果显示大成可能会和小明和小文做朋友，因为他们有共同的好友国庆。

网络图适用的样例问题可以是：

- 在一大群用户中如何才能确定影响力？
- 两个个体通过一个祖先的长链而彼此相关吗？

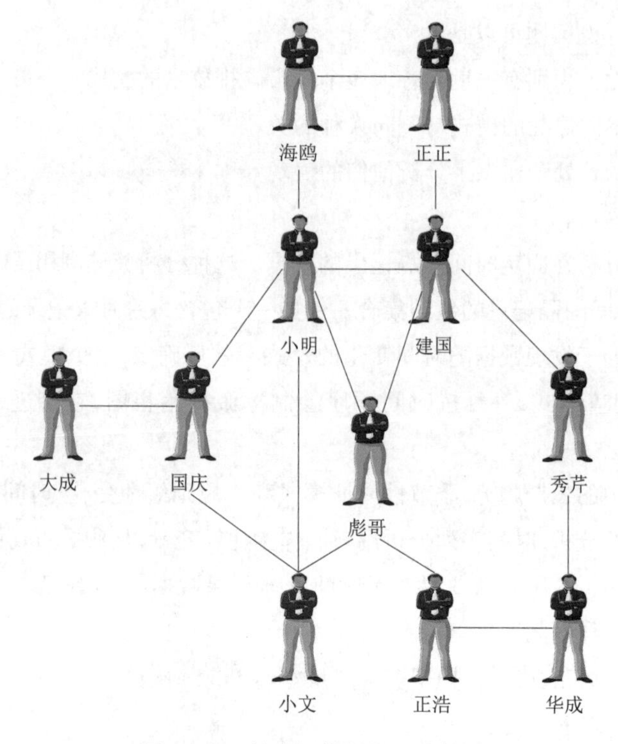

图 7-20　社交网络图的一个例子

- 如何在大量的蛋白质之间的相互作用中确定反应模式？

4. 空间数据制图

空间或地理空间数据通常用来识别单个实体的地理位置，然后将其绘图。空间数据分析专注于分析基于地点的数据，从而寻找实体间不同地理关系和模式。

空间数据通过地理信息系统（GIS）被操控，它利用经纬坐标将空间数据绘制在图上。GIS 提供工具使空间数据能够互动探索。例如，测量两点之间的距离或用确定的距离半径来画圆确定一个区域。随着基于地点的数据的不断增长的可用性，例如传感器和社交媒体数据，可以通过分析空间数据洞察位置。

例如，企业策划扩张更多的冰激凌店，要求两个店铺间隔不得小于 5 千米，以避免出现两店竞争的状况。空间数据用来绘制现存店铺位置，然后确定新店铺的最佳位置，距离现有店铺至少 5 千米远。

空间数据分析的应用包括操作和物流优化，环境科学和基础设施规划。空间数据分析的输入数据可以包含精确的地址（如经纬度），或者可以计算位置的信息（如邮政编码和 IP 地址）。

此外，空间数据分析可以用来确定落在一个实体的确定半径内的实体数量。例如，一个超市用空间分析进行有针对性的营销，其位置是从用户的社交媒体信息中提取的，根据用户是否接近店铺来试着提供个性化服务。

空间数据图适用的样例问题可以是：

- 由于公路扩建工程，多少房屋会受影响？
- 用户到超市有多远的距离？

- 基于从一个区域内很多取样地点取出的数据，一种矿物的最高和最低浓度在哪里？

7.2.4 情感分析

情感分析是一种特殊的文本分析，它侧重于确定个人的偏见或情绪。通过对自然语言语境中的文本进行分析，来判断作者的态度。情感分析不仅提供关于个人感觉的信息，也提供感觉的强度。此信息可以被整合到决策阶段。常见的情感分析包括识别客户的满意或不满，测试产品的成功与失败和发现新趋势。

例如，一个冰激凌公司会想了解哪种口味的冰激凌最受小孩欢迎。仅有销量数据并不提供此信息，因为消费冰激凌的小孩并不一定是冰激凌的买家。情感分析从存档客户在冰激凌公司网站留下的反馈来提取信息，尤其是关于小孩对于特定口味偏好的信息。

情感分析适用的样例问题可以是：

- 如何测量客户对产品新包装的反应？
- 哪个选手最可能成为歌唱比赛的赢家？
- 顾客的流失量可以用社交媒体的评论来衡量吗？

1. 数据情感和情感数据

情感和行为是交互的。周围的事物影响着你，决定了你的情感。如果你的客户取消了订单，你会感到失望。反过来说，你的情感也会影响行为。你现在心情愉快，因此决定再给修理工一次机会来修好你的车。

情感有时并不在预测分析所考虑的范畴内。因为情感是变幻不定的因素，无法像事实或数据那样被轻易记录在表格中。情感主观且转瞬即逝。诚然，情感是人的一种重要的状态，但情感的微妙使得大部分科学都无法对其展开研究。

1）从博客观察集体情感

2009年，伊利诺伊大学的两位科学家试图将两个看似并不相关的科研领域联系起来，以求发现集体情感和集体行为之间的内在关系。他们不仅要观测个体的情感，还要观测集体情感，即人类作为整体所共有的情感。从事这项宏大研究的就是当时还在攻读博士学位的埃里克·吉尔伯特以及他的导师卡里·卡拉哈里奥斯。他们希望能实现重大科研突破，因为人们从来不知该如何解读人类整体情感。

此外，埃里克和卡里还想从真实世界人类的自发行为中去观测集体情感，而不仅仅是在实验室里做实验。那么，应该从哪些方面去观测这些集体情感？脑电波和传感器显然不合适。一种可能性是，我们的文章和对话会反映我们的情感。但报纸杂志上的文章主题可能太狭隘，在情感上也缺乏连贯性。为此，他们将目光集中在另一个公共资源上：博客。

博客记载了我们的各种情感。互联网上兴起的博客浪潮将此前私密、内省的日记写作变成了公开的情感披露。很多人在博客上自由表达自己的情感，没有预先的议程设置，也没有后续的编辑限制。每天互联网上大约会增添86.4万篇新的博客，作者在博客中袒露着各类情感，或疾呼，或痛楚，或狂喜，或惊奇，或愤怒，在互联网上自愿吐露自己的心声。从某种意义上说，博客的情感也代表着普罗大众的情感，因此，我们可以从博客上读到人类的整体情感。

2)预测分析博客中的情绪

在设计如何记录博客中的情绪时,两位科学家选择了恐惧和焦虑两种情绪。在所有情绪中,焦虑对人们的行为有很重要的影响。心理学研究指出:恐惧会让人规避风险,而镇静则能让人自如行事。恐惧会让人以保守姿态采取后撤行为,不敢轻易涉险。

要想记录这些情感,第一步就是要发现博客中的焦虑情绪。要想研发出能探测到焦虑情绪的预测分析系统,首先就要有充分的含有焦虑情绪的博客样本,这将为预测模型的研发提供所需的数据,帮助区分哪些博客中蕴含着焦虑情绪,哪些博客中蕴含着镇静情绪。

埃里克和卡里决定从博客网站 LiveJournal[①] 入手,在这家网站上,作者发表博文之后,可从 132 项"情绪"选项中选择文章的对应标签(可参考图 7-21 所示的 QQ 的情绪图标),这些情绪包括愤怒、忙碌、醉酒、轻佻、饥渴以及劳累等。如果每次作者都能输入情绪标签,那么他就能获得若干情绪图标,这是代表某种情绪的有趣的表情符号。例如,"害怕"的表情符号就是惊恐的表情和睁大双眼。有了这些情绪标签后,内容各异的博客就与作者的情感构建了联系。语言是模糊和间接的情感表达方式,而我们通常都无法直接看到作者的主观内在情感。

图 7-21　QQ 的情绪图标

两位研究者以从 2004 年开始的 60 万篇博客为研究对象,从中选择那些被作者打上"焦虑""担忧""紧张""害怕"标签的文章,大约有 1.3 万篇,有这些标签的文章被认定是在表达焦虑情绪。这些文章被当作样本,并在此基础上建立了预测模型,由此来预测某博客是否在表达焦虑情绪。

大部分在 LiveJournal 上发表的博客都没有对应的情绪标签,其他网站发表的博客也大都没有情绪标签,因此需要研发出预测模型来探知人类博客中的情感。大部分博客都不会直接谈论情感,因此只能通过博主所写的内容来分析推导出其主观情感。预测模型就是要发挥这样的分析作用。与其他预测模型一样,博客情绪预测模型的主要功能也是对那些此前没有经过分析的文章给出焦虑情绪分数。

这次,预测模型应对的是复杂多变的人类语言,为此,焦虑情绪预测模型的预测流程相对要简单和直接一些,即看文章里是否出现某些关键词,然后加以运算。这些预测模型并不是要完全理解博客的内容。例如,预测模型的某项参考指标是看博客内容里表达焦虑的词汇,例如"紧张""害怕"

---

① LiveJournal 是一个综合型 SNS 交友 网站,有论坛、博客等功能,由 Brad Fitzpatrick 始建于 1999 年 4 月 15 日,其最初目的是为了与同学保持联系,之后发展为大型网络社区平台,是网友聚集的好地方,支持多国语言,而在英语国家最为流行,美国拥有其最多用户。

“面试”“医院”等，以及文章里面是否缺乏那些非焦虑博客中常见的词汇，例如“太好了”“真棒”“爱”等。

尽管焦虑情绪预测模型并不能做到尽善尽美，但至少这样的模型可大致分析出集体情感。它每天只能发现28% ~32%的焦虑情绪文章，但假设某天表达焦虑情绪的博客忽然比前一天翻了一倍，那么这一变化就不会被忽略。对那些被打上了焦虑情绪标签的博客，其识别是相对精确的，将非焦虑文章错认为焦虑文章的差错率仅在3% ~6%之间。

埃里克和卡里根据当天蕴含焦虑情绪的博客数量的变化得出了焦虑指数，该指数大致上衡量了当天大众的焦虑程度。通过这种方法，人类整体情绪被视为一项可观测的指标，这两位研究者研发的系统通过解读大众的焦虑而得以反映集体情绪。有时，我们会相对镇静和放松；有时，我们则变得很焦虑。

LiveJoumal网站作为大众的焦虑指数数据来源是合适的。卡里和埃里克说，这家博客网站“是公认的公共空间，人们在上面记录自己的个人思想和日常生活”。这家网站并不针对某些特定群体，而是向“从家庭主妇到高中学生”等各类人群开放。

继埃里克和卡里的研究后，很多后续研究都显示了人类集体情绪是如何波动的。例如，印第安纳大学的研究人员研发了一套相似的通过考察关键词观测情绪的系统，通过“镇静-焦虑”（与焦虑指数相似，但增加了镇静指数。例如，指数为正表示镇静，指数为负则表示焦虑）以及“幸福-痛苦”指数来描绘公众情绪。图7-22就是根据推特上的内容所画出的2008年10~12月期间大众情绪波动图。该图显示，我们会在狂喜与绝望之间摇摆，这些剧烈波动的曲线表明，我们是高度情绪化的。这段时间包括了美国总统大选和感恩节等重要日子，当选举日投票结束后，我们开始变得镇静，而感恩节当天，我们的幸福指数骤然飙升。

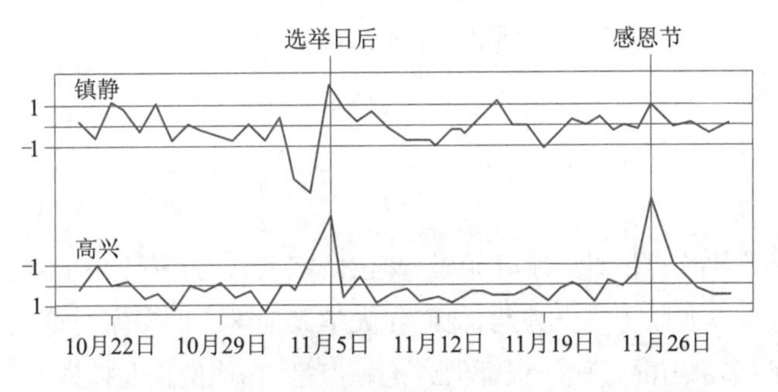

图7-22 2008年10~12月(美国)大众情绪波动图

但这种只针对几个重点日子的研究显然是不够的。尽管埃里克和卡里的焦虑指数很有创新性，但这并不能证明该指数的价值，也无法获得研究界广泛的认可。如果焦虑指数无法印证其价值，那么它可能会随着时间的推移而被湮没，为此，埃里克和卡里进行了进一步研究，要证明这个衡量我们主观情绪的指数与现实世界的实践存在客观联系。否则，我们就无法真正证明该系统成功把握了人类的集体情绪，那么，该研究项目的价值仅仅是“形成了一堆数字而已”。

3)影响情绪的重要因素——金钱

埃里克和卡里将希望押在了情绪的重要影响因素上：金钱。显然，金钱足以影响我们的情绪。钱是衡量人过得如何的重要标准，因此，为何不观察我们的情感与财务状况之间的紧密关系呢？

1972 年的一个经典心理学实验表明,哪怕我们在公用电话亭发现有一块钱余额可用,我们的心理也会产生莫大的满足感,进而使得幸福感陡增。无论如何,金钱与情感之间肯定存在某种联系,这将给埃里克和卡里的研究提供充分的证明。

股市是验证焦虑指数的理想场所(见图 7-23)。只有真正看到人们采取了集体行动,我们才能验证集体情绪指标确实有效,经济活动将是观测社会整体乐观和悲观情绪起伏的重要标准。除了科学意义上的验证之外,这项预测还带来了充满诱惑的应用前景:股市预测。如果集体情感能够影响到后续的股票走势,那么通过剖析博客中的大众情绪将有助于预测股价,这种新型的预测模型有可能带来巨额的财富。

图 7-23　股市是验证焦虑指数的理想场所

埃里克和卡里继续深入研究。埃里克选择了 2008 年几个月内的美国标准普尔股指[①](美国股市的晴雨表)的每日收盘值,看看在这短短几个月中,股指的无序涨跌是否与相同时期内焦虑指数的涨跌走势吻合。

要想证明焦虑指数的效力很难。刚开始时,两位研究者认为,只要一个月就能获得肯定结论,但他们无数次的尝试都以失败而告终。为此,他们与大学其他学科的专家讨论,包括数学、统计学和经济学的同事,他们也跟华尔街的金融工程师们讨论。但是,在他们正在摸索前行的科学领域,没有人能为他们指点迷津。卡里说:“我们在黑暗中摸索了很长时间,当时并没有任何公认的研究方法。”经过一年半的尝试和挫折后,埃里克和卡里还是得不出结论。他们没有获取确凿的证据来证明其猜想。

这样的实验要耗费许多资源,埃里克和卡里也开始对研究项目的可行性提出了质疑。此时,他们必须思考何时放弃项目并将损失控制在一定范围内。即便整体理论成立,大众情绪确实能影响到

① 标准·普尔 500 指数是由标准·普尔公司 1957 年开始编制的。最初由 425 种工业股票、15 种铁路股票和 60 种公用事业股票组成。从 1976 年 7 月 1 日开始,其成分股改由 400 种工业股票、20 种运输业股票、40 种公用事业股票和 40 种金融业股票组成。与道·琼斯工业平均股票指数相比,标准·普尔 500 指数具有采样面广、代表性强、精确度高、连续性好等特点,被普遍认为是一种理想的股票指数期货合约的标的。

股市,那么焦虑指数是否能精确跟踪大众情绪的波动呢?

但新的希望又开始出现。当他们重新观察这些数据时,忽然又想到了新的方法。

4)情感的因果关系

埃里克·吉尔伯特和卡里·卡拉哈里奥斯想要证明的是博客与大众情感是否存在联系,而不是探究这两者之间是否存在因果关系。“显然,我们不是在寻找因果关系。”他们在发表的某篇研究文章中写道。他们不需要去建立因果关系,他们想要证明的仅仅是焦虑指数每日波动与经济活动日常起落之间存在某种联系。如果这种联系存在,那就足以证明,焦虑指数能够反映现实而不是纯粹的主观臆想。为了寻求这种抽象联系,埃里克和卡里打破了常规。

2. 焦虑指数与标普500指数

在普通的研究项目中,如果要证明两个事物之间存在联系,首先要假定两者之间存在某种确定的关系。有人认为埃里克和卡里的研究缺乏“可接受的研究方法”,很难证明这种联系是真实的。当研究领域从个体的心理活动转向人类集体的情感变化时,摆在我们面前的是各种可能存在的因果关系。是艺术反映了现实,还是现实反映了艺术?博客反映了世界现象,还是推动了世界现象?人类的整体情感如何强化升级?情感是否会像涟漪那样在人群间传递?在谈到集体心理时,弗洛伊德曾说:“组建团队最为明显也是最为重要的后果就是每个成员的‘情感升华与强化’。”2008年,哈佛大学和其他一些研究机构的研究证明了这个观点,因为幸福感可以像“传染病”那样在社交网站上蔓延。那么,博客中所表现出来的焦虑是否会影响到股市呢?

埃里克和卡里的研究没有预先设定任何假设。尽管集体心理和情绪具有不可捉摸的复杂性,但这两位研究人员也接受了宽泛的假设,即焦虑象征着经济无活力。如果投资者某天感到焦虑,那么他所采取的策略就是利用套现来抵御市场波动,当投资者重新变得冷静自信时,他就会愿意承担风险而选择买入。买入越多,股价越高,标普500指数也就越高。

但从某种意义上说,情绪与股价之间的关系变幻莫测,令人着迷。大千世界中的芸芸众生认为,情绪和行动之间、人与人之间以及表达情感者和最终行动者之间存在着因果关系。数据显示,这些因果关系会相互作用,我们可通过预测技术来发现数据中隐藏的规律。

埃里克和卡里做了无数的尝试,但需要验证的内容实在是太复杂了。如果说公众的焦虑情绪指数确实能预测股价,那么它能提前多久预测到呢?公众的焦虑情绪需要多少天才会对经济产生影响?大家应该在晚一天还是晚一个月来看待焦虑对股价的影响呢?影响到底会表现在哪里呢,是市场总的运行趋势还是股市绝对值或交易量呢?最初的发现让这两位研究者欲罢不能,但他们又无法得出清晰的结论。实验的结果并不足以支持他们得出结论。

直到某天他们将数据视图化之后,其研究才出现了转机。通过图表,肉眼立刻发现其中存在的预测模型。请看图7-24中焦虑指数和标普500指数的走势对照。其中,焦虑指数(虚线)和标普500指数走势(实线)交错产生了诸多的菱形空间。焦虑指数大概落后两天。

这两条线呈犬牙状交错,由此产生了诸多的菱形方格。这些菱形方格之所以会出现,是因为当一条线上升时,另一条线会下降,两者仿佛互成镜像。这种对立构成了两者关系可预测性的重要依据,原因有二:

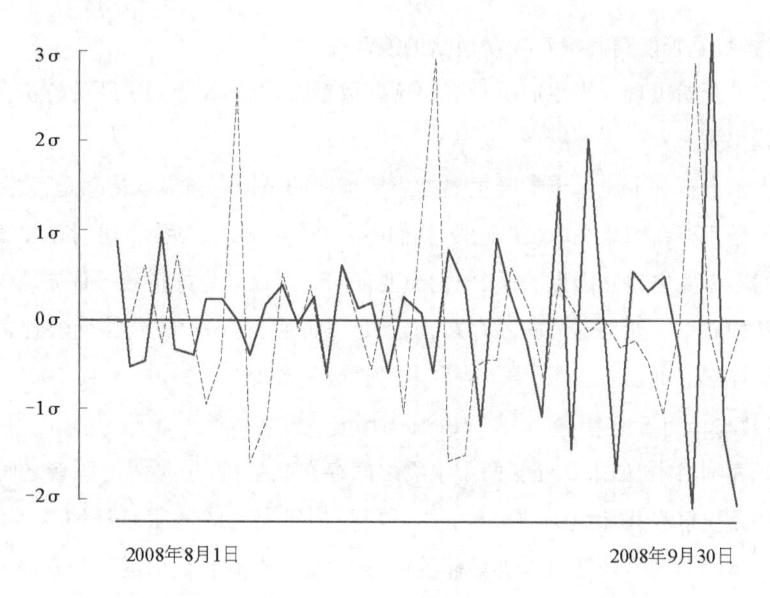

图7-24 焦虑指数与标普500指数的走势对照

(1)用虚线表示的焦虑指数与标普500指数呈反相关关系。“焦虑程度越高,对市场的负面影响越大。”

(2)在此图像中,用虚线表示的焦虑指数是以两天为单位的,因此其走势是在对应的标普500指数走势的两天之前,由此可预见市场的走势。

通过移动这些重复部分的时间轴,再通过调整设置,埃里克和卡里可用视图化的方式查看其他时间段是否存在相似的菱形方格,这些方格中就有可能蕴含着预测模型。上面的菱形方格并不完全规范,但两条线所呈现的反相关关系依然存在,这就为预测提供了基础。

调整这些菱形方格的关键是对情感形成正确解读。尤其需要指出的是,情感强度都是相对的,正是它的变化让我们发现了其中的规律。焦虑指数并不是指焦虑水平的绝对值,而是从第一天到第二天的整体焦虑变化程度。当博主们的焦虑情绪增多时该指数就会上涨;当博主们的焦虑情绪减少时该指数就会下跌。焦虑指数是从含焦虑情绪和不含焦虑情绪的博客中获取的。

计算焦虑指数指的是“引发焦虑”的运算,但这种运算相对简单,即选定同一批文章,观测其在第一天中表现出的焦虑情绪和在第二天中表现出的焦虑情绪。

3. 验证情感和被验证的情感

尽管直观图形让人们进一步理解了这种假设关系,但它并不能证明这种假设是成立的。接下来,埃里克和卡里要“正式测试焦虑、恐惧和担忧……与股市之间的关系”。他们计算了2008年174个交易日的焦虑指数并查看了这段时间LiveJournal网站上超过2 000万篇博客,然后将每日的博客所表现出的情绪与当天的标普500指数进行对照。然后,他们用诺贝尔经济学奖获得者克莱夫·格兰杰研发的模型进行预测关系统计测试。

结果证明,这一假设是正确的!其研究表明,通过公众情绪可预测股市走势。埃里克和卡里极其兴奋,立刻将此发现写成了论文,提交给某大会:“焦虑情绪的增加……预示着标普500指数的下降”(见图7-25)。

图7-25 情感与股市行情

统计测试发现,焦虑指数“具有与股市相关的新型预测信息”。这说明,焦虑指数具有创新性、独创性和预测性,该指数更能预测股价的走势而不是去分析股市变动的原因。此外,该指数还能帮助人们通过近期市场活动来预测未来市场走势,由此也进一步证明了该指数的创新性。

这不是预测标普500指数的具体涨跌,而是预测其变动的速率(是加速上涨还是加速下跌)。对此,研究人员指出,焦虑可让股价减缓上涨,却可让其加速下跌。

这个发现具有开创性的意义,因为人们第一次确立了大众情绪与经济之间的关系。事实上,其创新意义远超于此,这是在集体情感状态与可测量行动之间建立了科学关系,是历史上人们首次从随机自发的人类行为中总结出可测量的大众情感指标,它使这一领域的研究跨出了实验室的门槛而走入了现实世界。

情绪是会下金蛋的鹅,大众情绪的波动影响着股市的走势,但股市却无法影响大众情绪。在这里,并不存在“鸡生蛋、蛋生鸡”的繁复关系。当埃里克和卡里试着通过股市表现来判断大众情绪时,他们发现,这种反向的对应关系并不成立。他们完全找不着规律。或许经济活动只是影响大众情绪的诸多因素之一,而大众情绪却能在很大程度上决定经济活动。它们之间只存在单向关系。

4. 情绪指标影响金融市场

埃里克和卡里发现,最关心他们研究成果的并不是学术圈的同行,而是那些正在对冲基金[①]工作或准备创立对冲基金的人。股市交易员对此发现垂涎三尺,有些人甚至开始在他们的研究基础上构建和拓展交易系统。越来越多的人意识到,必须要掌握博客等互联网文本中所隐含的情绪和动机,对于投资决策者而言,这与传统的经济指标几乎同样重要(见图7-26)。

图7-26 情绪影响股市

小型新锐投资公司 AlphaGenius 的首席执行官

① 对冲基金:采用对冲交易手段的基金,也称避险基金或套期保值基金。是指金融期货和金融期权等金融衍生工具与金融工具结合后以营利为目的的金融基金。它是投资基金的一种形式,意为“风险对冲过的基金”。

兰迪·萨夫曾在2012年旧金山文本分析世界大会上表示:"我们将'情绪'视为一种资产,与外国市场、债券和黄金市场类似。"他说,自己的公司"每天都在关注数以千计的推特发言和互联网评论,来发现某证券品种是否出现了买入或卖出信号。如果这些信号显示某证券价格波动超过了合理区间,那么我们就会马上交易"。另一家对冲基金公司"德温特资本市场"则公开了所有依据公众情绪进行投资的举措,荷兰公司SNTMNT(听上去就是"情绪")则为所有人提供了基于推特上的公众情绪来进行交易的API(应用程序界面)。

实际上,现实生活中并没有公开的充分证据表明,通过情绪就能精准预测市场并大发其财。焦虑指数的预测性在2008年得到了验证,但2008年正是金融危机深化、经济状况恶化的特殊年份。因此,在其他年份,博客上可能不会出现那么多关于经济的、表现出某种情绪的文章。关于对冲基金通过把握大众情绪取得成功的故事,我们虽然常有耳闻,但这些故事往往都语焉不详。

在埃里克和卡里之后,许多研究都宣称能精准预测市场走势,但这些论断都有待科学验证和观察。而且,这一模式也不见得会持续下去。正如某投资公司在谈到风险时经常说的,"过去的投资表现并不是对未来收益的担保",因此我们从来不能完全保证历史模式必然会重现。

金融界似乎一直都在绞尽脑汁地寻找赚钱良方,因此任何包含预测性信息的创新源泉都不会逃过其法眼。"情绪数据"的非凡之处决定了其应用价值空间。只有当指标具有预测性,并且不在既有的数据来源内,它才能改善预测效果。这样的优势足以带来上百万美元的收益。

焦虑指数预示着不可遏制的潮流:性质不同的各类数据,其数量在不断膨胀,而各组织机构正努力创新,从中汲取精华。正如其他数据来源一样,要想充分利用其预测功能,那么情绪指标也必须配合其他来源的数据使用。预测分析就仿佛是一个面缸,所有的原材料都必须经过充分"搅拌"后才能改善决策。要想实现这一目标,我们必须应对最核心的科学挑战:将各种数据流有序地结合起来,以此改善决策。

7.2.5 神经网络

大数据带给我们的无论从内容丰富程度还是详细程度上看都将超过从前,从而有可能让我们的视野宽度与学习速度实现突破。用麦克森公司管理层的话来说,大数据可以让"一切潜在机会无所遁形"。

人工神经网络(Neural Network)是由大量处理单元(或称神经元)互联组成的非线性、自适应信息处理系统。它是在现代神经科学研究成果的基础上提出的,试图通过模拟大脑神经网络处理、记忆信息的方式进行信息处理。文字识别、语音识别等模式识别领域适合应用神经网络,此外,在信用、贷款的风险管理、信用欺诈监测等领域也得到了广泛的应用。人工神经网络具有四个基本特征:

(1)非线性:非线性关系是自然界的普遍特性。大脑的智慧就是一种非线性现象。人工神经元处于激活或抑制二种不同的状态,这种行为在数学上表现为一种非线性关系。具有阈值的神经元构成的网络具有更好的性能,可以提高容错性和存储容量。

(2)非局限性:一个神经网络通常由多个神经元广泛连接而成。一个系统的整体行为不仅取决于单个神经元的特征,而且可能主要由单元之间的相互作用、相互连接所决定。通过单元之间的大量连接模拟大脑的非局限性。联想记忆是非局限性的典型例子。

(3)非常定性:人工神经网络具有自适应、自组织、自学习能力。神经网络不但处理的信息可以有各种变化,而且在处理信息的同时,非线性动力系统本身也在不断变化。经常采用迭代过程描写动力系统的演化过程。

(4)非凸性:一个系统的演化方向,在一定条件下将取决于某个特定的状态函数。例如能量函数,它的极值相应于系统比较稳定的状态。非凸性是指这种函数有多个极值,故系统具有多个较稳定的平衡态,这将导致系统演化的多样性。

人工神经网络是并行分布式系统,采用了与传统人工智能和信息处理技术完全不同的机理,克服了传统的基于逻辑符号的人工智能在处理直觉、非结构化信息方面的缺陷,具有自适应、自组织和实时学习的特点。

人工神经网络中,神经元处理单元可表示不同的对象,例如特征、字母、概念,或者一些有意义的抽象模式。网络中处理单元的类型分为三类:输入单元、输出单元和隐单元(见图 7 -27)。

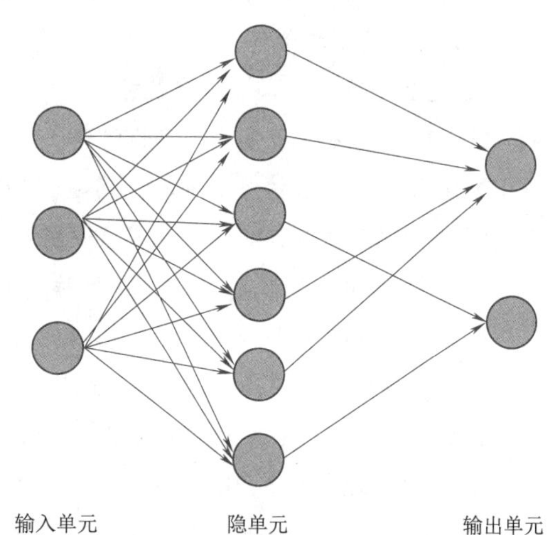

图 7 -27　神经网络

输入单元接受外部世界的信号与数据;输出单元实现系统处理结果的输出;隐单元是处在输入和输出单元之间,不能由系统外部观察的单元。神经元间的连接权值反映了单元间的连接强度,信息的表示和处理体现在网络处理单元的连接关系中。人工神经网络是一种非程序化、适应性、大脑风格的信息处理 ,其本质是通过网络的变换和动力学行为得到一种并行分布式的信息处理功能,并在不同程度和层次上模仿人脑神经系统的信息处理功能。它是涉及神经科学、思维科学、人工智能、计算机科学等多个领域的交叉学科。

【作　业】

1. (　　)通常是探索性数据分析的优选,之后利用在一个数据集上通过统计学研究获得的启示,使得计算技术得以应用。

   A. 数值分析　　　　B. 计算数学

   C. Python　　　　D. 统计学技术

2. 从长远来看,一个组织将会以两种不同的速度来操作大数据分析引擎:(　　),通过数据的累计来寻找模式和趋势。

   A. 当流数据到来时进行处理,或将数据进行批量分析

   B. 当数据到来时进行处理,或将流数据进行批量分析

   C. 当流数据到来时进行存储,或将数据进行实时分析

   D. 当大数据到来时进行处理,或针对小数据进行分析

3. 人类善于发现数据中的(　　),但不能快速地处理大量的数据。另一方面,机器非常善于迅速处理大量数据,但它们得知道怎么做。如果人类知识可以和机器的处理速度相结合,机器就可以处理大量数据而不需要人类干涉。这就是机器学习的基本概念。

A. 大小与数量　　B. 模式与规律

C. 模式与关系　　D. 数量与关系

4. 分类是一种(　　)的机器学习,它将数据分为相关的、以前学习过的类别。这项技术的常见应用是过滤垃圾邮件。

A. 完全自动　　B. 有监督　　C. 无监督　　D. 无须控制

5. 下列(　　)不属于分类适用的问题。

A. 考虑一项正在探索的非典型问题(创新问题)是否有解

B. 基于其他申请是否被接受或者被拒绝,申请人的信用卡申请是否应该被接受

C. 基于已知的水果蔬菜样例,西红柿是水果还是蔬菜

D. 病人的药检结果是否表示有心脏病的风险

6. 聚类是一种(　　)的学习技术,通过这项技术,数据被分割成不同的组,每组中的数据有相似的性质。类别是基于分组数据产生的,数据如何成组取决于用什么类型的算法。

A. 手工处理　　B. 有控制　　C. 有监督　　D. 无监督

7. 聚类常用在(　　)上来理解一个给定数据集的性质。在形成理解之后,分类可以被用来更好地预测相似但却是全新或未见过的数据。

A. 自动计算　　B. 程序设计　　C. 数据挖掘　　D. 数值分析

8. 异常检测是指在给定数据集中,发现明显不同于其他数据或与其他数据不一致的数据的过程。这种机器学习技术被用来识别反常、异常和偏差,它们可以是(　　)的,例如机会,也可能是(　　)的,例如风险。

A. 无价值,有价值　　B. 有利,不利

C. 不利,有利　　D. 有价值,无价值

9. 过滤是自动从项目池中寻找有关项目的过程。项目可以基于用户行为或通过匹配多个用户的行为被过滤。通常过滤的主要方法是(　　)。

A. 完全过滤和不完全过滤　　B. 数值过滤和字符过滤

C. 自动过滤和手动过滤　　D. 协同过滤和内容过滤

10. 在不同语境下,文本或语音数据片段可以携带不同含义,而一个完整句子可能会保留它的意义,即使结构不同。语义分析是从文本和语音数据中由(　　)提取有意义的信息的实践。

A. 机器　　B. 人工　　C. 数据挖掘　　D. 数值分析

11. 自然语言处理是计算机科学领域与人工智能领域中的一个重要方向,是一门融语言学、计算机科学、数学于一体的科学,其处理过程是(　　)

A. 人类像计算机一样自然地理解世界各国语言的能力

B. 人类像计算机一样自然地理解程序设计语言的能力

C. 计算机像人类一样自然地理解人类的文字和语言的能力

D. 计算机像人类一样自然地理解程序设计语言的能力

12. 文本分析是专门通过数据挖掘、机器学习和自然语言处理技术去发掘(　　)文本价值的分析文本的应用。文本分析实质上提供了发现，而不仅仅是搜索文本的能力。

A. 自然语言　　B. 非结构化　　C. 结构化　　D. 字符与数值

13. 语义检索是指在(　　)组织的基础上，从知识库中检索出知识的过程，是一种基于这个体系，能够实现知识关联和概念语义检索的智能化的检索方式。

A. 网络　　B. 信息　　C. 字符　　D. 知识

14. 视觉分析是一种数据分析，指的是对数据进行(　　)来开启或增强视觉感知。相比于文本，人类可以迅速理解图像并得出结论，因此，视觉分析成为大数据领域的勘探工具。

A. 数值计算　　B. 文化虚拟　　C. 图形表示　　D. 字符表示

15. 下列(　　)不是视觉分析的合适问题。

A. 怎样才能得到经济增长的最佳指数值

B. 怎样才能从视觉上识别有关世界各地多个城市碳排放量的模式

C. 怎样才能看到不同癌症的模式与不同人种的关联

D. 怎样根据球员的长处和弱点来分析他们的表现

16. 时间序列图可以分析在固定时间间隔记录的数据，它通常用(　　)图表示，x 轴表示时间，y 轴记录数据值。

A. 圆饼　　B. 折线　　C. 热区　　D. 直方

17. 在视觉分析中，网络分析是一种侧重于分析网络内实体关系的技术。一个网络图描绘互相连接的(　　)，它可以是一个人，一个团体，或者其他商业领域的物品，例如产品。

A. 物体　　B. 人体　　C. 实体　　D. 虚体

18. 空间或地理空间数据通常用来识别单个实体的(　　)，然后将其绘图。空间数据分析专注于分析基于地点的数据，从而寻找实体间不同地理关系和模式。

A. 自然位置　　B. 空间位置　　C. 社交位置　　D. 地理位置

19. 情感分析是一种特殊的文本分析，它侧重于确定个人的(　　)。通过对自然语言语境中的文本进行分析，来判断作者的态度。

A. 高兴与难过　　B. 看法与见解　　C. 偏见或情绪　　D. 兴奋与沮丧

20. 人工神经网络是由大量处理单元(或称神经元)互联组成的(　　)、自适应信息处理系统。它是在现代神经科学研究成果的基础上提出的，试图通过模拟大脑神经网络处理、记忆信息的方式进行信息处理。

A. 非线性　　B. 线性　　C. 块状　　D. 条状

实训操作　熟悉 ETI 企业 IT 团队采用的大数据分析技术

1. 案例分析

ETI 企业目前同时使用定性分析和定量分析。精算师通过不同统计技术的应用进行定量分析，例如概率、平均值、标准偏差和风险评估的分布。另一方面，承保阶段使用定性分析，其中一个单一的应用程序进行了详细筛选，从而得到风险水平低、中或高的想法。然后，索赔评估阶段分析提交的索赔，为确定此声明是否为欺诈提供参考。现阶段，ETI 企业的分析师不执行过度的数据挖掘。相反，他们大部分的努力都面向通过 EDW 的数据执行商务智能。

IT 团队和分析师用了广泛的分析技术发现欺诈交易，这是大数据分析周期中的一部分。

（1）相关性分析。目前值得一提的是，大量欺诈保险索赔发生在刚刚购买保险之后。为了验证它，相关性分析被应用在保险的年份与欺诈索赔的数目。-0.80 的结果显示两个变量之间确实存在关系：随着保险时间增长，欺诈的数目减少。

（2）回归性分析。基于上文的发现，分析师想要找到基于保险年份，多少欺诈索赔被提交。因为这个信息将会帮助他们决定提交的索赔是骗保欺诈的概率。相应地，回归性分析技术设定保险年份为自变量，欺诈保险索赔为因变量。

（3）时间序列图。分析师想查明欺诈索赔是否与时间有关。他们对是否存在欺诈索赔数目增加的特定时期尤其感兴趣。基于每周记录的欺诈索赔数目，产生过去 5 年欺诈索赔的时间序列。时间序列图的分析能够揭示一个季节性的趋势，在假期之前，欺诈索赔增加，一直到夏天结束。这些结果表明消费者为了有资金度过假期而进行欺诈索赔，或在假期之后，他们通过骗保来升级他们的电子产品以及其他物品。分析师还发现一些短期的不规则的变化，仔细观察后，发现它们和灾难有关，例如洪水、暴风。长期趋势显示欺诈索赔数目在未来很有可能增加。

（4）聚类。虽然欺诈索赔并不一样，但分析师对查明欺诈索赔之间的相似性很有兴趣。基于很多性质，如客户年龄、保险时间、性别、曾经索赔数目和索赔频率，聚类技术被用于聚合不同的欺诈索赔。

（5）分类。在分析结果利用阶段，利用分类分析技术开发模型来区分合法索赔和欺诈索赔。为此，首先使用历史索赔数据集来训练该模型，在这个过程中，每个索赔都被标上合法或欺诈的标号。一旦训练完毕，模型上线使用，新提交、未标号的索赔将被分类为合法的或欺诈性的。

请分析并记录：

（1）请填空：ETI 企业目前同时使用的分析手段是：①________________和②________________。精算师通过________________进行①，________________。另一方面，承保阶段使用②，其中一个单一的应用程序进行了详细筛选，从而得到________________。然后，索赔评估阶段分析提交的索赔，为确定此声明是否为欺诈提供参考。

（2）IT 团队和分析师用了广泛的分析技术来发现欺诈交易，这些分析技术是：

①________________：作用是：____。

②________________：作用是：____。

③______________________:作用是:____

____

____。

④______________________:作用是:____

____

____。

⑤______________________:作用是:____

____

____。

2. 实训总结

____

____

____

____

3. 教师实训评价

____

____

任务 7.3　大数据分析的生命周期

导读案例　摩拜单车 96 小时“生死”博弈

2018 年 3 月 31 日下午,共享单车明星公司摩拜(见图 7－28)的全体董事会董事和观察员们,收到摩拜单车董事长李斌的邀请,参加了一次决定摩拜未来前途和命运的董事会。

图 7－28　共享单车——摩拜

李斌，生于1974年，是上市公司易车网的创始人和新能源电动车明星公司——蔚来汽车的创始人。摩拜单车源于他的一个灵感，2015年底到2016年上半年，他先后邀请了当时正在经营一个汽车类新媒体的胡玮炜，以及刚从优步中国上海地区总经理位置上离职的王晓峰，分别出任公司的总裁和CEO，李斌本人出资成为摩拜单车的早期天使投资人，出任公司董事长，与胡玮炜和王晓峰组成了摩拜单车最早的创始团队。

接下来的两年，摩拜单车迅速成为数代巅峰上的明星科技公司之一。尤其在2016年下半年网约车大战随着滴滴和优步中国的合并而偃旗息鼓之后，以摩拜和ofo为代表的颜色不同的共享单车一夜之间布满中国城市的街头巷陌，一度被誉为中国的"新四大发明"。

而两年的时间过去了，当网约车大战随着美团的闪电战再起硝烟之时，几乎所有共享单车玩家们都开始重新经历生与死的拷问，甚至不可逃避地被卷入了更深的利益格局漩涡。

在这样的氛围下，这次由李斌召集的摩拜董事会以在场参会与电话会议接入同时进行的方式召开了。之前的摩拜单车董事会，也都是由李斌召集。

在董事会上，大部分董事和观察员第一次听到了"美团收购摩拜单车"的动议，整体作价27亿美元，包含一部分摩拜的债务，收购以现金购买股权和授予美团相应价值股权的方式进行。

一些董事和观察员感到意外，之前他们有人听说过美团在跟摩拜谈投资的事儿，更多人听说了滴滴联合软银投资摩拜的版本。但美团以27亿美元的含债价格整体吃下摩拜的方案，他们从没想到和听说过。

但并不是所有董事都感到意外。除了董事长李斌之外，代表腾讯的董事李朝晖和代表愉悦资本的董事刘二海，也都不觉得意外。他们表示同意这一方案。

目前，腾讯持有摩拜单车超过20%的股权，是外部第一大股东；A轮和B轮投资者愉悦资本持有摩拜超过6%的股份，是外部第二大股东。腾讯和愉悦资本同时也是李斌另一家公司——蔚来汽车的投资方；而愉悦资本创始合伙人刘二海在联想投资供职期间曾投资李斌的早期创办的公司易车网，并通过易车网赚了不少钱。而李斌本人至今仍持有摩拜单车超过8%的股权，加上腾讯和愉悦资本，占有的摩拜股权比例超过35%。

这在最终的股东大会决策中，是一个决定性的票盘。即便是在董事会表决中，对其他董事和观察员的影响也不容小觑。不过，仍有一些董事和观察员有不同的看法，很多人觉得价格偏低——甚至低于前两轮的估值。一些董事代表表示兹事体大，需与基金的主管合伙人商议确定，也有一些董事和观察员代表直接表达了异议。

熊猫资本的合伙人李论直接发问：还有没有其他替代的方案？摩拜单车联合创始人、CEO王晓峰表示有。他说，滴滴确实给出了一个口头的offer，与软银联合投资10亿美元，公司估值可以维系在45亿美元，比27亿美元的价格要高不少。但这个提议当场被腾讯的董事代表李朝晖挡住了。他说腾讯不会同意这样的方案。董事长李斌也表示：这个offer还只是一个口头offer，就先不要谈了。于是现场又只剩下了被美团收购这一个方案。

创新工场的观察员代表是汪华，他似乎略有不满地在会上发问：是不是我们只能以这样的条件，接受这么最后的一个方案了？

事实确乎如此。可以被拿出来谈判的,似乎不包括发起收购方是谁、整体价格这样的原则性问题,只剩下了具体的操作和执行细节。而快速抛出美团收购的动议,放在大环境背景下,其实并不让人意外。

共享单车厂家的命运迎来了集体的拐点:挪用用户的押金几乎成了各家公司的"通病",非此不能缓解烧钱带来的现金流高度紧张。小蓝单车已经倒下了,小黄车 ofo 与滴滴的控制权之争悬而未决,引入阿里巴巴投资的事扑朔迷离,索性以单车资产为抵押向阿里巴巴借了一笔钱。摩拜也很久没有融资的消息传出了,而据报道,它平均一个月亏损近3亿元人民币。

现在对任何幸存玩家来说最重要的使命是:如何在市场"钱荒"来袭的大环境下,尽快找到接下来的活命钱,或者直接为公司的股东和创始团队找到条出路。

另一个快速祭出收购摩拜的变量不来自共享单车,来自阿里巴巴和饿了么。在阿里巴巴95亿美元并购饿了么的交易尘埃落定之时,一场围绕着新零售与线下商业的升级版对决不可避免:在这场对决中,美团站到了腾讯的前线,如果腾讯需要毕其功于一役支持一家公司的话,它毫无疑问地是体量够大、发展够猛且尚未上市的美团,而在商业上已捉襟见肘但仍拥有入口和流量价值的摩拜单车,最适合的出路就是被装进美团里。

所以,任何其他选择都是次要和不安全的选择:滴滴与美团已成水火,滴滴在 ofo 的交易上也与阿里巴巴过从甚密;而软银——它在资本运作的谱系中,显然与阿里巴巴的渊源更深。

因此,没有别的选择。

在短暂的几轮交锋之后,一些董事接受了这一方案,包括红杉中国、高瓴资本、华平投资和 TPG 等。其中红杉同时是美团和摩拜等股东,高瓴资本与腾讯关系密切。上述机构各自在摩拜持有超过5%的股份,一旦与腾讯、愉悦资本和董事长李斌站到了一起,天平向哪个方向倾斜,可想而知。另一些董事和观察员一度试图博弈一下,但最终经过基金内部沟通,决定在董事会投下赞成票。当晚,祥峰投资和创新工场等机构都原则上同意了这个收购案。

收购的最终方案对重要的董事和股东——特别是C轮之后的股东做出了倾斜。摩拜的创始团队——包括李斌、胡玮炜、王晓峰和摩拜单车 CTO 夏一平都将只收获现金,没有美团的股权。而美团的股权将需要"补偿"给C轮之后的机构股东。熊猫资本的创始合伙人李论对这个方案没有松口,与他平时都在上海的摩拜单车 CEO 王晓峰也没有松口。但无论如何,在会议结束的3月31日晚到4月1日凌晨,摩拜董事会通过美团收购的动议,已经成了"潮水的方向"。

据悉,接下来的一天,摩拜单车董事长李斌与一些虽已投下赞成票,但态度不甚坚定的董事和观察员私下里单独沟通,确保他们的决定不再反复。

几乎同时,4月2日,财联社和财新网便曝出了"美团即将收购摩拜"的消息。很多董事会和观察员席位之外的小股东,第一次通过媒体知道了摩拜即将以27亿美元现金和美团等值股权的方式,被美团拿下的消息。一边是股东们纷至沓来的微信和电话,一边是主要董事和观察员的态度已经大致明确。接下来,要想避免再生变数,只能尽快召开股东大会,公布决议,完成交易。

4月3日,向所有股东发出了当晚在北京召开股东大会的通知。如果严格地按照公司章程约定,股东大会应该提前数日发出通知,而不是临时通知。一些身在外地的机构股东代表赶紧订机票赶往北京,有的人直到当晚会议准备召开的时候还在飞机上。

4 月 3 日下午,董事们开始陆续收到摩拜单车聘请的律师事务所发出来的多达数百页的法律文件,需要他们的签字确认。

与此同时,晚上股东大会的法律文件和资料也已经准备好,一旦股东大会通过决议,收购交易可以即刻生效。而召开股东全体大会的地点,正是摩拜单车聘请的律师事务所的办公场所。

摩拜 CEO 王晓峰和 CTO 夏一平到了会议现场,总裁胡玮炜电话接入了会议。美团创始人王兴没有到场,也没有参加会议,王兴的夫人郭万怀接入了电话会议,她负责的家族基金是摩拜 C + 轮投资方,也是摩拜的股东代表。

事实上,对绝大多数“闻讯赶来”的小股东机构代表来说,他们的投票分量已经不那么重要,持有较多股权的机构和公司已经达成了共识,左右了潮水的方向。而一旦股东大会三分之二的股权数背后的股东投了赞成票,即行生效。即便如此,仍有一些小股东投了反对票,还有股东先投了反对票,然后观察现场的形势,又改成了赞同票。

一直持反对态度,倾向于支持 CEO 王晓峰建议的熊猫资本合伙人李论,在股东大会的投票环节仍坚持投了反对票。摩拜管理层的三个核心人物——CEO 王晓峰和 CTO 夏一平,都投了反对票,二人占摩拜股权比例不到 15% 。总裁胡炜炜投了赞成票,占股权比例超过 8% 。

4 月 4 日零时刚过,股东大会通过了美团以 27 亿美元收购摩拜单车的决议。

20 分钟后,媒体的相关报道铺天盖地。王晓峰“管理团队一直希望独立发展,但在中国创业绕不过巨头”的股东大会总结陈词,被媒体广泛引用后,成了这场交易的最后注脚。

2018 年 4 月 4 日中午,正当媒体和公众对这场收购交易讨论正酣之时,摩拜单车在开曼群岛的母公司,已经启动了注销程序。下午,参与摩拜投资的机构,陆续开始收到美团的打款。

一切就这么结束了。

(资料来源:品玩-王仙客,腾讯网)

阅读上文,请思考、分析并简单记录:

(1) 鼎盛时期的共享单车甚至被人们誉为是中国的“新四大发明”之一,这应该是一项极高的社会荣誉。如今你怎么看“共享单车”,你认为共享单车的未来是什么?

答:______________________________

____

____

____

____

(2) 作为共享单车明星公司的摩拜,你认为他们创立之初的“初心”(愿景)会是什么?

答:______________________________

____

____

____

(3)请对共享单车企业进行分析,想一想他们背后的大数据故事。进一步地,共享汽车呢?共享经济呢?

答:____

____

____

____

____

(4)请简单描述你所知道的上一周发生的国际、国内或者身边的大事。

答:____

____

____

____

____

任务描述

(1)熟悉大数据分析生命周期的九个阶段,即商业案例评估、数据标识、数据获取与过滤、数据提取、数据验证与清理、数据聚合与表示、数据分析、数据可视化和分析结果的使用。

(2)通过案例企业ETI的分析,体验大数据分析周期在企业大数据应用中的实践。

知识准备

从组织上讲,采用大数据会改变商业分析的途径。

大数据分析的生命周期从大数据项目商业案例的创立开始,到保证分析结果部署在组织中并最大化地创造价值时结束。在数据识别、获取、过滤、提取、清理和聚合过程中有许多的步骤,这些都是在数据分析之前所必需的。生命周期的执行需要让组织内培养或者雇佣新的具有相关能力的人。

由于被处理数据的容量、速率和多样性的特点,大数据分析不同于传统的数据分析。为了处理大数据分析需求的多样性,需要一步步地使用采集、处理、分析和重用数据等方法。大数据分析生命周期可以组织和管理与大数据分析相关的任务和活动。从大数据的采用和规划的角度来看,除了生命周期以外,还必须考虑数据分析团队的培训、教育、工具和人员配备的问题。

大数据分析的生命周期可以分为九个阶段(见图7-29)。

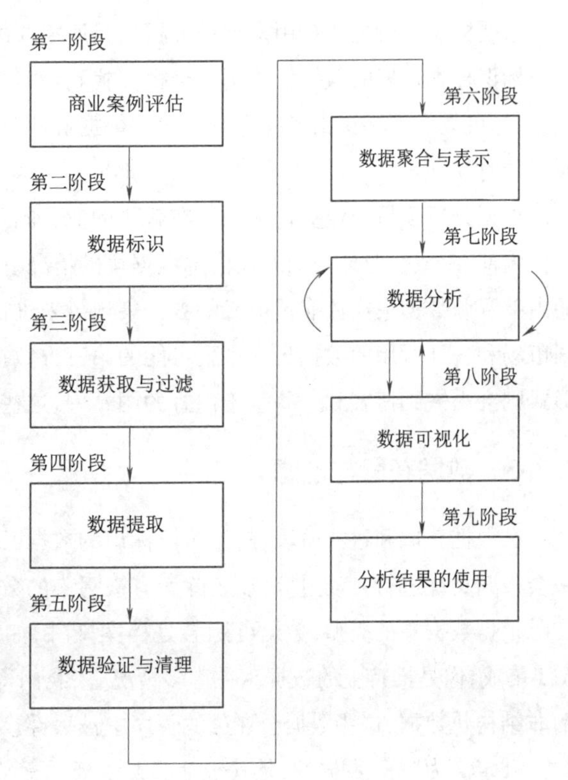

图7-29　大数据分析生命周期的九个阶段

7.3.1 商业案例评估

每一个大数据分析生命周期都必须起始于一个被很好定义的商业案例,这个商业案例有着清晰的执行分析的理由、动机和目标。在商业案例分析阶段中,一个商业案例应该在着手分析任务之前被创建、评估和改进。

大数据分析商业案例的评估能够帮助决策者了解需要使用哪些商业资源,需要面临哪些挑战。另外,在这个环节中深入区分关键绩效指标能够更好地明确分析结果的评估标准和评估路线。如果关键绩效指标不容易获取,则需要努力使这个分析项目变得SMART,即specific(具体的)、Measurable(可衡量的)、Attainable(可实现的)、Relevant(相关的)和Timely(及时的)。

基于商业案例中记录的商业需求,我们可以确定定位的商业问题是否是真正的大数据问题。为此,这个商务问题必须直接与一个或多个大数据的特点相关,这些特点主要包括数据量大、周转迅速、种类众多。

同样还要注意的是,本阶段的另一个结果是确定执行这个分析项目的基本预算。任何如工具、硬件、培训等需要购买的东西都要提前确定以保证我们可以对预期投入和最终实现目标所产生的收益进行衡量。比起能够反复使用前期投入的后期迭代,大数据分析生命周期的初始迭代需要更多的前期投入在大数据技术、产品和训练上。

7.3.2 数据标识

数据标识阶段主要是用来标识分析项目所需要的数据集和所需的资源。

标识种类众多的数据资源可能会提高找到隐藏模式和相互关系的可能性。例如,为了提供洞察能力,尽可能多地标识出各种类型的相关数据资源非常有用,尤其是当我们探索的目标并不是那么明确的时候。

根据分析项目的业务范围和正在解决的业务问题的性质,我们需要的数据集和它们的源可能是企业内部和/或企业外部的。在内部数据集的情况下,像是数据集市和操作系统等一系列可供使用的内部资源数据集往往靠预定义的数据集规范来进行收集和匹配。在外部数据集的情况下,像是数据市场和公开可用的数据集一系列可能的第三方数据提供者的数据集会被收集。一些外部数据的形式则会内嵌到博客和一些基于内容的网站中,这些数据需要通过自动化工具来获取。

7.3.3 数据获取与过滤

在数据获取和过滤阶段,前一阶段标识的数据已经从所有的数据资源中获取到。这些数据接下来会被归类并进行自动过滤,以去除所有被污染的数据和对分析对象毫无价值的数据。

根据数据集的类型,数据可能会是档案文件,如从第三方数据提供者处购入的数据;可能需要API集成,像是推特上的数据。在许多情况下,我们得到的数据常常是并不相关的数据,特别是外部的非结构化数据,这些数据会在过滤程序中被丢弃。

被定义为“坏”数据的,是其包括遗失或毫无意义的值或是无效的数据类型。但是,被一种分析过程过滤掉的数据集还有可能对于另一种不同类型的分析过程具有价值。因此,在执行过滤之前存储一份原文拷贝是个不错的选择。为了节省存储空间,我们可以对原文拷贝进行压缩。

内部数据或外部数据在生成或进入企业边界后都需要继续保存。为了满足批处理分析的要求,数据必须在分析之前存储在磁盘中。而在实时分析时,数据需要先进行分析然后再存储在磁盘中。

如图 7-30 所示,元数据会通过自动化操作添加到来自内部和外部的数据资源中来改善分类和查询。扩充的元数据例子主要包括数据集的大小和结构、资源信息、日期、创建或收集的时间、特定语言的信息等。确保元数据能够被机器读取并传送到数据分析的下一个阶段是至关重要的,这能够帮助我们在贯穿大数据分析的生命周期中保留数据的起源信息,保证数据的精确性和高质量。

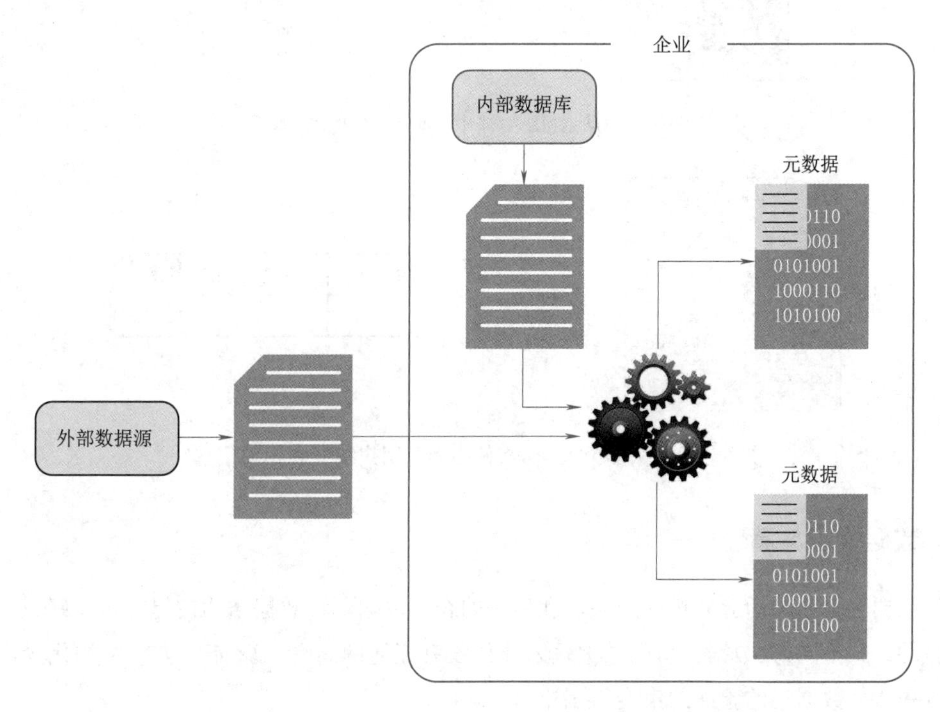

图 7-30　元数据从内部资源和外部资源中添加到数据中

7.3.4　数据提取

为分析而输入的一些数据可能会与大数据解决方案产生格式上的不兼容,这样的数据往往来自于外部资源。数据提取阶段主要是要提取不同的数据,并将其转化为大数据解决方案中可用于数据分析的格式。

需要提取和转化的程度取决于分析的类型和大数据解决方案的能力。例如,如果相关的大数据解决方案已经能够直接加工文件,那么从有限的文本数据(如网络服务器日志文件)中提取需要的域,可能就不必要了。类似的,如果大数据解决方案可以直接以本地格式读取文稿的话,对于需要总览整个文稿的文本分析而言,文本的提取过程就会简化许多。

图 7-31 显示了从没有更多转化需求的 XML 文档中对注释和内嵌用户 ID 的提取。

图 7-32 显示了从单个 JSON 字段中提取用户的经纬度坐标。为了满足大数据解决方案的需求,将数据分为两个不同的域,这就需要做进一步的数据转化。

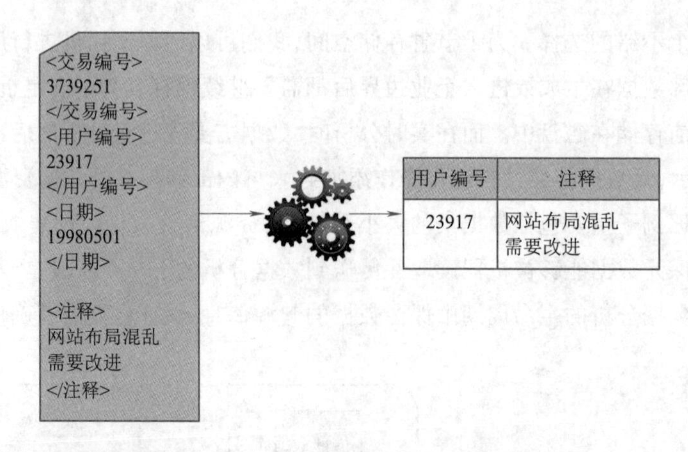

图 7－31　从 XML 文档中提取注释和用户编号

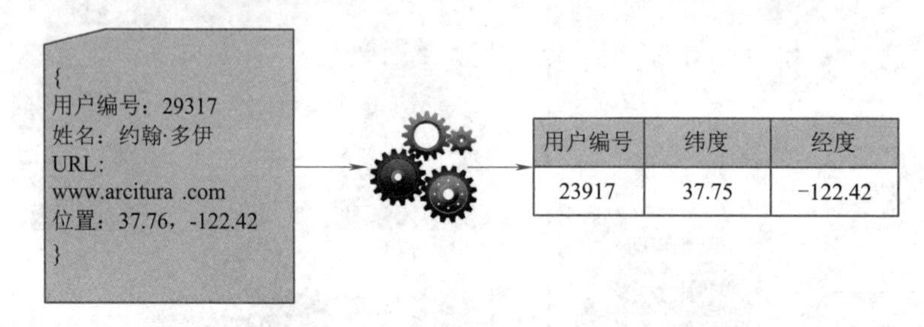

图 7－32　从单个 JSON 文件中提取用户编号和相关信息

7.3.5　数据验证与清理

无效数据会歪曲和伪造分析的结果。和传统的企业数据那种数据结构被提前定义好、数据也被提前校验的方式不同,大数据分析的数据输入往往没有任何的参考和验证来进行结构化操作,其复杂性会进一步使数据集的验证约束变得困难。

数据验证和清理阶段是为了整合验证规则并移除已知的无效数据。大数据经常会从不同的数据集中接收到冗余的数据。这些冗余数据往往会为了整合验证字段、填充无效数据而被用来探索有联系的数据集。数据验证会被用来检验具有内在联系的数据集,填充遗失的有效数据。

对于批处理分析,数据验证与抽取可以通过离线 ETL(抽取转换加载)来执行。对于实时分析,则需要一个更加复杂的在内存中的系统来对从资源中得到的数据进行处理,在确认问题数据的准确性和质量时,来源信息往往扮演着十分重要的角色。有的时候,看起来无效的数据(见图 7－33)可能在其他隐藏模式和趋势中具有价值,在新的模式中可能有意义。

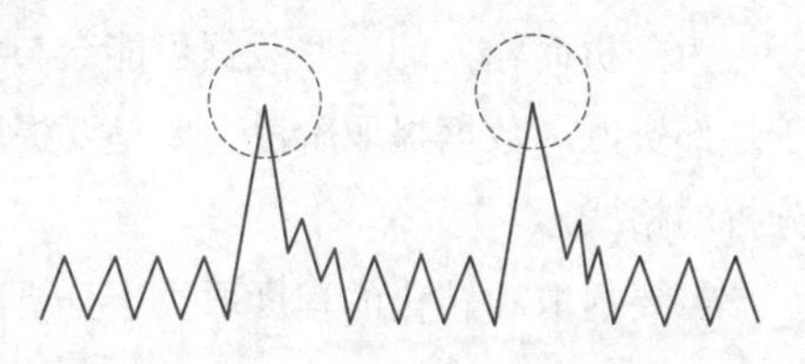

图 7－33　无效数据的存在造成了一个峰值

7.3.6　数据聚合与表示

数据可以在多个数据集中传播,这要求这些数据集通过相同的域被连接在一起,就像日期和

ID。在其他情况下，相同的数据域可能会出现在不同的数据集中，如出生日期。无论哪种方式都需要对数据进行核对的方法或者需要确定表示正确值的数据集。

数据聚合和表示阶段是专门为了将多个数据集进行聚合，从而获得一个统一的视图。在这个阶段会因为以下两种不同情况变得复杂：

- 数据结构——尽管数据格式是相同的，数据模型则可能不同。
- 语义——在两个不同的数据集中具有不同标记的值可能表示同样的内容，比如“姓”和“姓氏”。

通过大数据解决方案处理的大量数据能够使数据聚合变成一个时间和劳动密集型的操作。调和这些差异需要的是可以自动执行的无须人工干预的复杂逻辑。

在此阶段，需要考虑未来的数据分析需求，以帮助数据的可重用性。是否需要对数据进行聚合，了解同样的数据能以不同形式来存储十分重要。一种形式可能比另一种更适合特定的分析类型。例如，如果需要访问个别数据字段，以 BLOB(binary large object，二进制大对象)[①]存储的数据就会变得没有多大的用处。

由大数据解决方案进行标准化的数据结构可以作为一个标准的共同特征被用于一系列的分析技术和项目。这可能需要建立一个像非结构化数据库一样的中央标准分析仓库(见图7-34)。

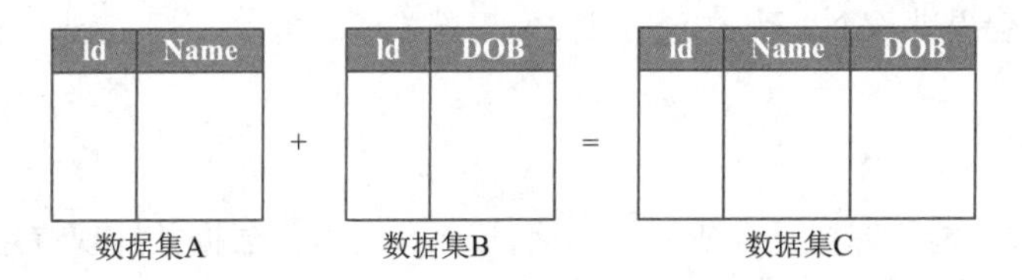

图7-34 使用ID域聚集两个数据域的简单例子

图7-35展示了存储在两种不同格式中的相同数据块。数据集A包含所需的数据块，但是由于它是BLOB的一部分而不容易访问。数据集B包含有相同的以列为基础来存存储的数据块，使得每个字段都被单独查询到。

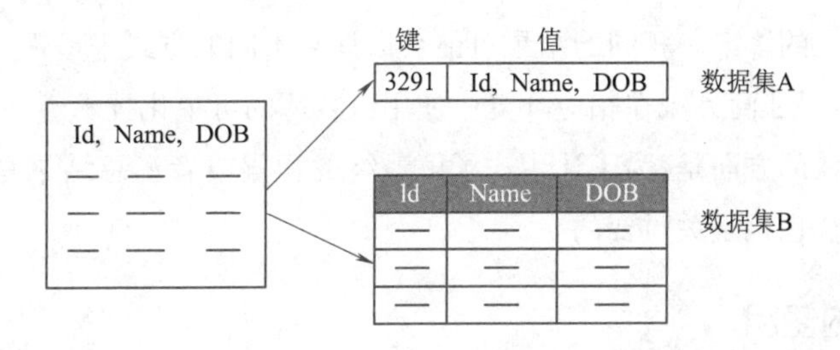

图7-35 数据集A和B能通过大数据解决方案结合起来创建一个标准化的数据结构

① BLOB是一个可以存储二进制文件的容器。在计算机中，BLOB常常是数据库中用来存储二进制文件的字段类型。BLOB是一个大文件，典型的BLOB是一张图片或一个声音文件，由于它们的尺寸，必须使用特殊的方式来处理(例如上传、下载或者存放到一个数据库)。在MySQL中，BLOB是个类型系列，例如TinyBlob等。

7.3.7 数据分析

数据分析阶段致力于执行实际的分析任务,通常会涉及一种或多种类型的数据分析。在这个阶段,数据可以自然迭代,尤其是在数据分析是探索性分析的情况下,分析过程会一直重复,直到适当的模式或者相关性被发现。

根据所需的分析结果的类型,这个阶段可以被尽可能地简化为查询数据集以实现用于比较的聚合。另一方面,它可以结合数据挖掘和复杂统计分析技术来发现各种模式和异常,或是生成一个统计或是数学模型来描述变量关系。

数据分析可以分为验证分析和探索分析两类,后者常常与数据挖掘相联系。

验证性数据分析是一种演绎方法,即先提出被调查的现象的原因,这种被提出的原因或者假说称为一个假设。接下来使用数据分析以验证和反驳这个假设,并为这些具体的问题提供明确的答案。我们常常会使用数据采样技术,意料之外的发现或异常经常会被忽略,因为预定的原因是一个假设。

探索性数据分析是一种与数据挖掘紧密结合的归纳法。在这个过程中没有假想的或是预定的假设产生。相反,数据会通过分析探索来发展一种对于现象起因的理解。尽管它可能无法提供明确的答案,但这种方法会提供一个大致的方向以便发现模式或异常。

7.3.8 数据可视化

如果只有分析师才能解释数据分析结果的话,那么分析海量数据并发现有用的见解的能力就没有什么价值了。

数据可视化阶段致力于使用数据可视化技术和工具,并通过图形表示有效的分析结果。为了从分析中获取价值并在随后拥有从第八阶段向第七阶段提供反馈的能力,商务用户必须充分理解数据分析的结果。

完成数据可视化阶段得到的结果能够为用户提供执行可视化分析的能力,这能够让用户去发现一些未曾预估到的问题的答案。相同的结果可能会以许多不同的方式来呈现,这会影响最终结果的解释。因此,重要的是保证商务域在相应环境中使用最合适的可视化技术。

另一个必须要记住的方面是:为了让用户了解最终的积累或者汇总结果是如何产生的,提供一种相对简单的统计方法也是至关重要的。

7.3.9 分析结果的使用

大数据分析结果可以用来为商业使用者提供商业决策支持,使用图表之类的工具,可以为使用者提供更多使用这些分析结果的机会。在分析结果的使用阶段,致力于确定如何以及在哪里处理分析数据能保证产出更大的价值。

基于要解决的分析问题本身的性质,分析结果很有可能会产生对被分析的数据内部一些模式和关系有着新的看法的“模型”。这个模型可能看起来会比较像一些数据公式和规则的集合。它们可以用来改进商业进程的逻辑和应用系统的逻辑。它们也可以作为新的系统或者软件的基础。

在这个阶段常常会被探索的领域主要有以下几种：

- 企业系统的输入——数据分析的结果可以自动或者手动地输入到企业系统中，用来改进系统的行为模式。例如，在线商店可以通过处理用户关系分析结果来改进产品推荐方式。新的模型可以在现有的企业系统或是在新系统的基础上改善操作逻辑。
- 商务进程优化——在数据分析过程中识别出的模式、关系和异常能够用来改善商务进程。例如作为供应链的一部分整合运输线路。模型也有机会能够改善商务流程逻辑。
- 警报——数据分析的结果可以作为现有警报的输入或者是新警报的基础。例如，可以创建通过电子邮件或者短信的警报来提醒用户采取纠正措施。

【作　业】

1. 大数据分析的生命周期从大数据项目商业案例的创立开始，到保证分析结果部署在组织中并最大化地创造了价值时结束。在数据(　　)过程中有许多的步骤，这些都是在数据分析之前所必需的。

   A. 识别、获取、过滤、提取、清理和聚合　　B. 打印、计算、过滤、提取、清理和聚合

   C. 统计、计算、过滤、存储、清理和聚合　　D. 存储、提取、统计、计算、分析和打印

2. 由于被处理数据的容量、速率和多样性的特点，大数据分析不同于传统的数据分析。数据分析生命周期可以(　　)与大数据分析相关的任务和活动。

   A. 收集和整理　　B. 组织和管理　　C. 分析和处理　　D. 打印和存储

3. 每一个大数据分析生命周期都必须起始于一个被很好定义的(　　)，它应该在着手分析任务之前被创建、评估和改进，并且有着清晰的执行分析的理由、动机和目标。

   A. 商业计划　　B. 社会目标　　C. 盈利方针　　D. 商业案例

4. 在大数据分析商业案例的评估中，如果关键绩效指标不容易获取，则需要努力使这个分析项目变得SMART，即(　　)。

   A. 实际的、大胆的、有价值的、可分析的

   B. 有风险的、有机会的、能实现的和有价值的

   C. 具体的、可衡量的、可实现的、相关的和及时的

   D. 有理想的、有价值的、有前途的和能实现的

5. 大数据分析的生命周期可以分为九个阶段，但以下(　　)不是其中的阶段之一。

   A. 商业案例评估　　B. 数值计算

   C. 数据获取与过滤　　D. 数据提取

6. 大数据分析的生命周期可以分为九个阶段，但以下(　　)不是其中的阶段之一。

   A. 数据删减　　B. 数据聚合与表示

   C. 数据分析　　D. 数据可视化

7. 大数据分析的生命周期可以分为九个阶段，但以下(　　)不是其中的阶段之一。

   A. 数据标识　　B. 数据验证与清理

C. 分析结果的使用　　　　D. 数据打印

8. 数据标识阶段主要是用来标识分析项目所需要的数据集和所需的资源。标识种类众多的数据资源可能会提高找到(　　)的可能性。

A. 数据获取和数据打印　　　　B. 算法分析和打印模式

C. 隐藏模式和相互关系　　　　D. 隐藏价值和潜在商机

9. 在数据获取和过滤阶段,从所有的数据资源中获取到的所需要的数据接下来会被(　　)并进行自动过滤,以去除掉所有被污染的数据和对于分析对象毫无价值的数据。

A. 整理　　B. 归类　　C. 打印　　D. 处理

10. 数据提取阶段主要是要提取不同的数据,并将其转化为大数据解决方案中可用于(　　)的格式。需要提取和转化的程度取决于分析的类型和大数据解决方案的能力。

A. 数据分析　　B. 打印输出　　C. 数据存储　　D. 数据整合

11. 大数据分析的数据输入往往没有任何的参考和验证来进行结构化操作,其复杂性会进一步使数据集的验证约束变得困难。数据验证和清理阶段是为了(　　)并移除任何已知的无效数据。

A. 完善数据结构　　　　B. 建立存储结构

C. 整合验证规则　　　　D. 充实合理数据

12. 数据聚合和表示阶段是专门为了将(　　)进行聚合,从而获得一个统一的视图。

A. 关键数据集　　B. 离散数据　　C. 单个数据集　　D. 多个数据集

13. 数据分析阶段致力于执行实际的分析任务,通常会涉及一种或多种类型的数据分析。在这个阶段,尤其是在探索性分析的情况下,分析过程会(　　)。

A. 重复进行,直到数据被清零

B. 循环进行,直到人为终止

C. 自然迭代,直到适当的模式或者相关性被发现

D. 一次完成,分析结果被打印和存储

14. 数据可视化阶段致力于由使用者使用(　　)技术和工具,并通过图形表示有效的分析结果。

A. 图形设计　　B. 数据可视化　　C. Photoshop　　D. 数字媒体

15. 大数据分析结果可以用来为商业使用者提供商业决策支持,为使用者提供更多使用这些分析结果的机会。分析结果的使用阶段致力于确定(　　)分析数据能保证产出更大的价值。

A. 如何以及在哪里处理　　　　B. 怎样以及什么时候

C. 是否以及怎样　　　　D. 如何打印以及存储

实训操作　ETI企业所经历的大数据分析生命周期

1. 案例分析

ETI的技术团队相信,大数据是解决他们当前所有问题的法宝。但是,经过培训的技术人员指出,大数据的不同之处只是在于采用了一个不同的技术平台。此外,为了确保大数据采用的成功,有

一系列的因素需要考虑。因此，为了确保商务相关的因素被正确理解，IT团队与技术经理必须在一起完成一份可行性报告。在这个早期阶段，相关的商务人员会进一步创建一个有助于减少管理人员预期和实际交付结果之间差距的环境。

一种普遍的理解认为，大数据是面向商务的，能够帮助企业达成目标。大数据技术能够存储和处理大量非结构化的数据，并结合多个数据集帮助企业了解风险。因此，这些公司希望可以通过接纳低风险申请人成为用户从而尽量减少损失。同样的，ETI还希望这些技术可以通过发现用户的非结构化的行为数据和用户的反常行为来避免欺诈性索赔，进一步减少损失。

培训大数据领域技术团队的决定为ETI采用大数据做好了准备。这个团队相信自己已经拥有了处理大数据项目的技能。早期识别和分类的数据使团队处于一个能够决定所需技术的有利地位。企业管理部门在早期的参与也为此提供了自己的理解。将来出现了任何的新兴商业需求，他们都可以预计到使用大数据解决方案会产生的变化。

在这个初始阶段，只有很少的一部分如社交媒体和普查数据等外部数据被确定。为了购入第三方提供的数据，管理人员会提供充足的预算。在隐私方面，商业用户一般会对获取相关客户的其他数据保持一定的警惕，因为这会引起客户的不信任。但是，这同时也是一种激励驱动机制，是一种可以让用户认同和信任的自我介绍，例如，较低的保费能够很好地吸引到客户。考虑到安全问题时，IT团队认为为了确保大数据解决方案中的数据有着标准化、基于角色的、有着完善的访问控制机制，需要投入更多的精力进行开发。对于开源数据库而言，存储非关系型数据尤为重要。

尽管商业用户对于使用非结构化数据进行深度分析十分兴奋，但是他们对于能够多大程度上相信这些结果的问题也十分关心。对于涉及第三方提供的数据的分析，IT团队认为应该使用一个框架用来存储和更新每个被存储和使用的数据集的元数据，这样才能保证数据源在任何时候都能保存起来，让处理结果可以重新回溯到数据资源。

ETI现在的目标包括解决争议问题、发现欺诈性问题。这些目标的实现需要一套能够及时提供结果的解决方案。但是，他们并没有预期到，实时数据分析的支持也是十分必要的。IT团队认为基于开源大数据技术实现一套基于批处理的大数据管理系统就能够满足要求。

ETI现有的IT基础设施主要由相对较老的网络标准组成。同样的，大多数的服务器由于处理器速度、磁盘容量和磁盘速度等技术规格决定了它们并不能提供最佳的数据处理性能。因此，在设计和构建大数据解决方案前，必须对当前的IT设施进行更新升级。

商务团队和IT团队都认为大数据管理框架十分必要，它不仅可以规范不同数据源的使用，也完全符合任何数据隐私相关的法规。此外，为了让数据分析针对于商务应用，确保能够产生有意义的分析结果，项目决定采用包含有商务个体关系的迭代数据分析。例如，在分析如何“提高客户保留率”的情况下，市场和销售团队可以被包含在数据分析进程中作为数据集的选择，这样才能保证只有数据集中的相关属性能被采用。此后，商务团队能够在分析结果的解释和适用性方面提供有价值的反馈。

在云计算方面，IT团队认为系统中没有云计算模块，团队也没有云技术相关的技能。出于现实和一些安全性方面的考虑，IT团队决定建立一套内部部署的大数据解决方案，他们认为他们内部的CRM(用户关系管理)系统未来可以替代一些基于云的、软件服务CRM解决方案。

请分析并记录：

(1) ETI 企业的技术团队中有人认为："大数据的不同之处只是在于采用了一个不同的技术平台"，你同意这样的观点吗？为什么？

答：____

____

____

____

(2) 一种普遍的理解认为，大数据技术能够存储和处理大量非结构化的数据，并结合多个数据集帮助企业了解风险。因此，ETI 希望这些技术可以通过发现用户的非结构化的行为数据和用户的反常行为来避免欺诈性索赔，进一步减少损失。你认为大数据技术能够满足 ETI 企业的类似需求吗？为什么？

答：____

____

____

____

(3) ETI 企业传统的数据分析一般是依据内部数据来完成的。在大数据时代，我们要重视外部数据的运用。在这方面，ETI 企业的大数据技术团队有哪些考虑（提示：例如预算、隐私、IT 基础设施升级等）？

答：____

____

____

____

____

2. 大数据分析的生命周期

ETI 的大数据进程已经到了 IT 团队需要评估所需技能、管理部门认识到大数据解决方案可以给商业目标提供潜在收益的阶段了。首席执行官与主管们也跃跃欲试想要看看大数据的效果。作为回应，IT 团队与管理团队一起开始了企业的第一个大数据项目。在完成整体评估之后，"检测欺诈索赔"目标被作为第一个大数据解决方案。接下来，团队会逐步落实大数据解决方案的生命周期以实现这个目标。

(1) 商业案例评估。执行"检测欺诈索赔"的大数据分析，直接对应于金钱损失的减少进而执行完整的业务支持。尽管欺诈性行为出现在 ETI 的四个业务部门，但是出于使分析项目不断推进的考虑，大数据分析的范围仅仅限定于建筑领域的欺诈识别。

ETI 为个人和商业客户提供建筑和财产保险。尽管保险诈骗需要投机取巧、精心组织，但是欺诈和夸大事实的伺机诈骗还是出现在大多数案例中。为了衡量大数据解决方案的诈骗检测是否成功，关键性技术指标被设置为 15%。

考虑到团队的预算问题，团队决定将预算最大的一部分放在新的适合大数据解决方案环境的基础设施上。他们意识到他们将通过使用开源技术来实现批处理操作，因此他们并不认为在工具上需要投入太多。然而，当他们考虑到广泛的大数据生命周期，团队成员认为他们应该为附加数据鉴别和净化的工具以及更新的数据可视化技术投入一些预算。计算完这些费用后，成本效益分析表明，如果能够达到欺诈检测的目标KPI，大数据解决方案的投入就能够得到回报。作为分析的结果，团队认为利用大数据增强数据分析可以使商务案例更加健壮。

(2)数据标识。有一系列的内部和外部数据集需要进行标识。内部数据包括策略数据、保险申请文件、索赔数据、理赔人记录、事件照片、呼叫中心客服记录和电子邮件。外部数据包括社交媒体数据（推特的更新信息）、天气预报、地理信息数据（GIS）和普查数据等。几乎所有的数据集都回顾了过去5年的时间。索赔数据由多个域组成，其中一个域用来指定历史索赔数据是欺诈数据还是合法数据。

(3)数据获取与过滤。策略数据包含在策略管理系统中，索赔数据、事件图片和理赔人记录存在索赔管理系统中。保险申请文档则包含在文件管理系统中。理赔人记录内嵌在索赔数据中。因此需要一个单独的进程来进行提取。呼叫中心客服记录和电子邮件则包含在客户关系管理系统中。

该数据集的其他部分是从第三方数据提供者处获取。所有数据集的原始版本的压缩副本被存储在磁盘上。从数据源的角度来看，以下的元数据可以用来跟踪捕获每个数据集的谱系：数据集的名称、来源、大小、格式、校验值、获取日期和记录编号。对推特的订阅数据和气象报告里数据质量的快速检查表明，这些记录的4%到5%是被污染的数据。因此，需要建立两个批处理数据过滤进程来消除被污染的数据。

(4)数据提取。IT团队认为为了提取出所需的域，一些数据集需要进行预处理。例如，推文数据格式是JSON格式。为了分析推文数据，用户ID、时间戳和推文文本这几个域，需要进行提取并转换为表格格式。进一步，天气数据集是层级格式（XML）格式，因此像是时间戳、温度预报、风速预报、风向预报、降雪预报和洪水预警等域也需要提取和保存为表格格式。

(5)数据验证与清理。为了保证成本的落实，ETI现在采用免费的天气和普查数据，这些数据并不保证百分之百的准确。因此，这些数据需要进行验证与清理。基于现有的出版的域的信息，团队能够检验提取出域的拼写错误和任何数据类型与数据范围不正确的数据。有一个确定的规则，如果记录中包含一些有意义的信息，即使它的一些字段可能包含无效的数据，也不会删除这条记录。

(6)数据聚合与表示。为了进行有意义的数据分析，技术团队决定连接一些策略数据、索赔数据和呼叫中心客服记录到一个单独的数据集中，这个数据集本质是一个能够通过查询获取每个域的数据集。这个数据集不仅能够帮助团队正确完成识别欺诈性索赔的数据分析任务，还能够为其他的分析任务，如风险评估、索赔快速处理等任务提供帮助。结果数据集会被存储到一个非结构化数据库中。

(7)数据分析。在这个阶段，如果数据分析没有采用正确的工具来识别欺诈性索赔，IT团队会干涉数据分析的过程。为了能够识别出欺诈性索赔，首先需要找出欺诈性索赔和合理索赔的区别。因此，必须要进行探索性分析。作为整体分析的一部分，在第8章讨论的一些技术会被应用到分析过程中。这一阶段会重复多次，直到得到最终的结果，因为仅仅一次并不足以分析出欺诈性索赔与合法索赔之间的不同。作为这个过程的一部分，没有直接显示出欺诈性索赔的字段往往会被舍弃，而展示出欺诈性索赔特性的字段则会被保留或者加入。

(8)数据可视化。这个团队得到了一些有趣的发现,现在需要将结果展示给精算师、担保人和理赔人。不同的可视化方式使用不同的条形图、折线图和散点图。散点图可以使用不同的因素来分析多组欺诈性索赔和合法索赔,如客户年龄、合同年限、索赔数量和索赔价值等。

(9)分析结果的使用。基于数据分析的结果,担保人和索赔受理者现在可以理解欺诈性索赔的性质。但是,为了使数据分析工作产生实实在在的收益,必须创建一个基于机器学习技术的模型,这个模型接下来能够合并到现有的理赔处理系统中用来标记欺诈性索赔。

请分析并记录:

ETI的大数据进程已经得到了有效的推动。因此,IT团队与管理团队一起开始了企业的第一个大数据项目。请简单阐述这是一个什么项目,你认为作为ETI企业的第一个大数据项目,这个目标可行吗?

答:

请具体简单描述大数据分析生命周期各个阶段的执行内容:

(1)商业案例评估。

答:

(2)数据标识。

答:

(3)数据获取与过滤。

答:

(4)数据提取。

答:

（5）数据验证与清理。

答：

（6）数据聚合与表示。

答：

（7）数据分析。

答：

（8）数据可视化。

答：

（9）分析结果的使用。

答：

3. 实训总结

4. 教师实训评价

项目8

大数据在云端

任务8.1 熟悉云时代背景下的大数据

导读案例 亚马逊,数据在云端

市场上有两种并行趋势。首先,数据量在不断增长。现在越来越多的数据以照片、推文、点“赞”以及电子邮件的形式出现;这些数据又有与之相联系的其他数据;机器生成的数据则以状态更新及其他信息的形式存在,而其他信息包括源自服务器、汽车、飞机、移动电话等设备的信息。结果,处理所有这些数据的复杂性也随之升高。更多的数据意味着它们需要进行整合、理解以及提炼,也意味着数据安全及数据隐私方面存在更高的风险。在过去,公司将内部数据(例如销售数据)和外部数据(例如品牌情绪或市场研究数字)区别对待,现在则希望将这些数据进行整合,以利用由此产生的洞察分析。

其次,企业正将计算和处理的环节转移到云中。这就意味着不必购买硬件和软件,只需将之安装到自己的数据中心,然后对基础设施进行维护,企业就可以在网上获得想要的功能。软营模式(Software as a Service, SaaS)公司 Salesforce.com 开创了在网上以“无软件”模式为客户关系管理(CRM)应用程序交付的先例。这家公司随后建立了一个服务生态系统,以补充其核心的 CRM 解决方案。

与此同时,亚马逊也为必要的基础设施铺平了道路——使用亚马逊 Web 服务(AWS)在云中计算和存储。亚马逊在2003年推出了 AWS, 希望从 Amazon.com 商店运行所需的基础设施上获利。然后,亚马逊继续增加其按需基础设施服务,让开发商迅速带来新的服务器、存储器及数据库。亚马逊也引进了特定的大数据服务,其中包括 Amazon MapReduce(一项开源 Hadoop-MapReduce 服务的亚马逊云版本)以及 Amazon RedShift(一项数据仓库按需解决方案)。亚马逊预计该方案每年每太字节(terabyte)的成本仅为1 000美元——不到公司一般内部部署数据仓库花费的1/10,换言之,通常公司每年每太字节的成本超过1万美元。同时,亚马逊公司提供的在线备份服务 Amazon Glacier 提供低成本数字归档服务,该服务每月每千兆字节的费用仅为0.01美元,约合每年每太字节120美元。

和其他供应商相比,亚马逊有两大优势。第一,它具有非常著名的消费者品牌;第二,它也从支持网站 Amazon. com 而获得的规模经济以及其基础设施服务的其他广泛客户中受益。虽然其他一些著名公司也提供云基础设施,包括谷歌及其谷歌云平台,还有微软及其 Windows Azure,但亚马逊已为此铺平了道路,并以 AWS 占据了有利位置。

所有这些云服务胜过传统服务的优势在于,顾客只为使用的东西消费。这尤其对创业公司有利,它们可以避免高昂的先期投入,而这通常涉及购买、部署、管理服务器和存储基础设施。

AWS 让世人见证了其惊人的增长速度。这项服务在 2012 年为公司财政收入增添了约 150 亿美元。截至 2012 年 6 月,亚马逊简单存储服务 Simple Storage Service(S3)的存储量超过 1 万亿太字节,每秒新增存储量超过 4 万。而在 2006 年年末,当时的存储量还仅为 290 亿太字节,到 2010 年年末为 2 620 亿太字节。像 Netflix、Dropbox 这样的公司就在 AWS 上经营业务。之后亚马逊继续拓展其按需基础设施服务,增加了 IP 路由选择、电子邮件发送以及大量与大数据相关的服务。亚马逊也和一个合作伙伴的生态系统合作,为他们提供基础设施产品。因此,任何新出现的基础设施创业公司想要构建公共云产品,要做的很可能就是:想办法与亚马逊合作,或者期待公司创造出有竞争力的产品。

阅读上文,请思考、分析并简单记录:

(1)亚马逊既是非常著名的消费者品牌,又是云计算基础设施服务供应商,你了解其中的关系吗?

答:____

____

____

____

(2)亚马逊提供的主要的云计算服务是什么?

答:____

____

____

(3)还有哪些著名的国际化企业在向社会提供云计算服务?

答:____

____

____

____

____

(4)请简单描述你所知道的上一周发生的国际、国内或者身边的大事。

答:____

____

____

____

____

____

任务描述

(1)了解大数据基础设施的基本概念。

(2)了解虚拟化的重要思想,了解计算虚拟化、存储虚拟化和网络虚拟化的具体内容。

(3)了解云计算的基本思想和主要内容,了解云计算与大数据的关系。

知识准备　大数据的云技术

所谓基础设施,是指在 IT 环境中,为具体应用提供计算、存储、互联、管理等基础功能的软硬件系统。在信息技术发展的早期,IT 基础设施往往由一系列昂贵的,经过特殊设计的软硬件设备组成,存储容量非常有限,系统之间也没有高效的数据交换通道,应用软件直接运行在硬件平台上。在这种环境中,用户不容易、也没有必要去区分哪些部分属于基础设施,哪些部分是应用软件。然而,随着对新应用的需求不断涌现,IT 基础设施发生了翻天覆地的变化。

8.1.1　云端大数据

摩尔定律在过去的几十年书写了奇迹,并且这个奇迹还在延续。在这个奇迹的背后,是越来越廉价、越来越高效的计算能力。有了强大的计算能力,人类可以处理更为庞大的数据,而这又带来对存储的需求。再之后,就需要把并行计算的理论搬上台面,更大限度地挖掘 IT 基础设施的潜力。于是,网络也蓬勃发展起来。由于硬件已经变得前所未有的复杂,专门管理硬件资源、为上层应用提供运行环境的系统软件也顺应历史潮流,迅速发展壮大。

基于大规模数据的系列应用正在悄然推动着 IT 基础设施的发展,尤其是大数据对海量、高速存储的需求。为了对大规模数据进行有效的计算,必须最大限度地利用计算和网络资源。计算虚拟化和网络虚拟化要对分布式、异构的计算、存储、网络资源进行有效的管理。

1. 什么是云计算

所谓“云计算”(Cloud Computing,见图 8－1),是一种基于互联网的计算方式,通过这种方式,共享的软硬件资源和信息可以按需求提供给计算机和其他设备。云计算为我们提供了跨地域、高可靠、按需付费、所见即所得、快速部署等能力,这些都是长期以来 IT 行业所追寻的。随着云计算的发展,大数据正成为云计算面临的一个重大考验,云计算能够为一份大数据解决方案提供三项必不可少的材料:外部数据集、可扩展性处理能力和大容量存储。

云是网络、互联网的一种比喻说法。过去在图中往往用云来表示电信网,后来也用来表示互联网和底层基础设施的抽象。云计算是继 20 世纪 80 年代大型计算机到客户端-服务器的大转变之后的又一种巨变。用户不再需要了解“云”中基础设施的细节,不必具有相应的专业知识,也无须直接进行控制。云计算描述了一种基于互联网的新的 IT 服务增加、使用和交付模式,通常涉及通过互联网来提供动态易扩展,而且经常是虚拟化的资源,它意味着计算能力也可作为一种商品通过互联网进行流通。

Wiki(维基)对云计算的定义是:云计算是一种通过因特网以服务的方式提供动态可伸缩的虚拟化的资源的计算模式。

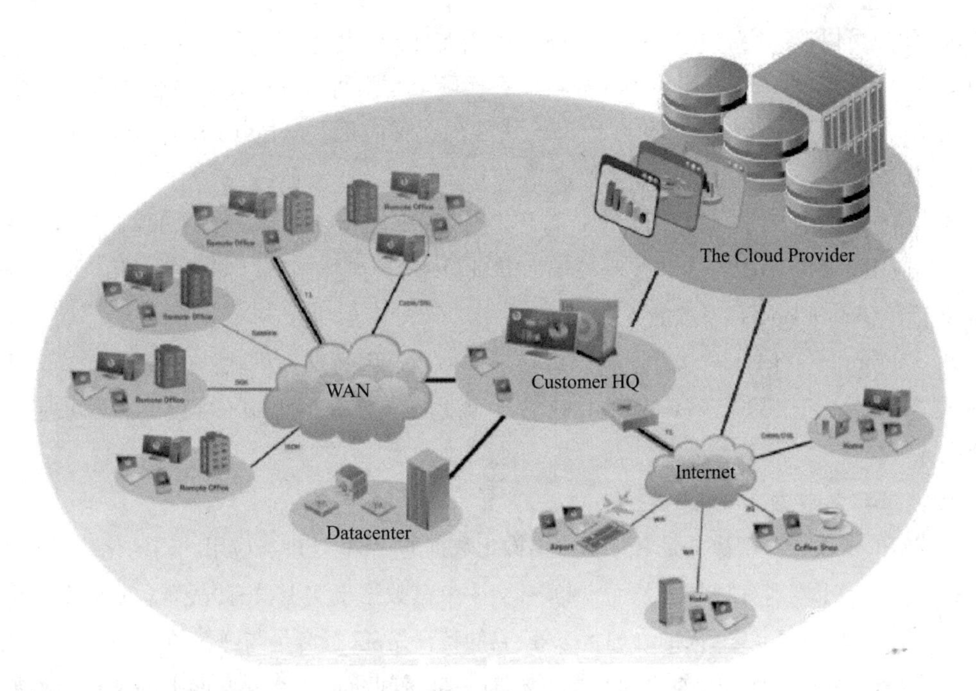

图8-1 云计算

美国国家标准与技术研究院(NIST)的定义是:云计算是一种按使用量付费的模式,这种模式提供可用的、便捷的、按需的网络访问,进入可配置的计算资源共享池(资源包括网络、服务器、存储、应用软件、服务),这些资源能够被快速提供,只需投入很少的管理工作,或与服务供应商进行很少的交互。

云计算是分布式计算(Distributed Computing)、并行计算(Parallel Computing)、效用计算(Utility Computing)、网络存储(Network Storage Technologies)、虚拟化(Virtualization)、负载均衡(Load Balance)等传统计算机和网络技术发展融合的产物。

2. 云计算的服务形式

云计算按照服务的组织、交付方式的不同,有公有云、私有云、混合云之分。公有云向所有人提供服务,典型的公有云提供商是亚马逊,人们可以用相对低廉的价格方便地使用亚马逊EC2的虚拟主机服务。私有云往往只针对特定客户群提供服务,比如一个企业内部IT可以在自己的数据中心搭建私有云,并向企业内部提供服务。目前也有部分企业整合了内部私有云和公有云,统一交付云服务,这就是混合云。

云计算包括以下几个层次的服务:基础设施即服务(IaaS),平台即服务(PaaS)和软件即服务(SaaS)。这里,分层体系架构意义上的"层次"IaaS、PaaS和SaaS分别在基础设施层、软件开放运行平台层和应用软件层实现。

IaaS(Infrastructure as a Service,基础设施即服务):消费者通过因特网可以从完善的计算机基础设施获得服务。

IaaS通过网络向用户提供计算机(物理机和虚拟机)、存储空间、网络连接、负载均衡和防火墙等基本计算资源;用户在此基础上部署和运行各种软件,包括操作系统和应用程序。例如,通过亚马逊的 AWS,用户可以按需定制所要的虚拟主机和块存储等,在线配置和管理这些资源。

PaaS(Platform as a Service,平台即服务):PaaS 实际上是指将软件研发的平台作为一种服务,以 SaaS 的模式提交给用户。因此,PaaS 也是 SaaS 模式的一种应用。但是,PaaS 的出现可以加快 SaaS 的发展,尤其是加快 SaaS 应用的开发速度。

平台通常包括操作系统、编程语言的运行环境、数据库和 Web 服务器,用户在此平台上部署和运行自己的应用。用户不能管理和控制底层的基础设施,只能控制自己部署的应用。目前常见的 PaaS 提供商有 CloudFoundry、谷歌的 GAE 等。

SaaS(Software as a Service,软件即服务):它是一种通过因特网提供软件的模式,用户无须购买软件,而是向提供商租用基于 Web 的软件,来管理企业经营活动,例如邮件服务、数据处理服务、财务管理服务等。

3. 云计算与大数据

信息技术的发展主要解决的是云计算中结构化数据的存储、处理与应用。结构化数据的特征是"逻辑性强",每个"因"都有"果"。然而,现实社会中大量数据事实上没有"显现"的因果关系,如一个时刻的交通堵塞、天气状态、人的心理状态等,它的特征是随时、海量与弹性的,如一个突变天气分析会有几百个 PB 数据。而一个社会事件如乔布斯去世瞬间所产生在互联网上的数据(微博、纪念文章、视频等)也是突然爆发出来的。

传统的计算机设计与软件都是以解决结构化数据为主,对"非结构"要求一种新的计算架构。互联网时代,尤其是社交网络、电子商务与移动通信把人类社会带入一个以"PB"为单位的结构与非结构数据信息的新时代,它就是"大数据"(Big Data)时代。

云计算和大数据在很大程度上是相辅相成的,最大的不同在于:云计算是你在做的事情,而大数据是你所拥有的东西。以云计算为基础的信息存储、分享和挖掘手段为知识生产提供了工具,而通过对大数据分析、预测会使得决策更加精准,两者相得益彰。从另一个角度讲,云计算是一种 IT 理念、技术架构和标准,而云计算也不可避免地会产生大量的数据。所以说,大数据技术与云计算的发展密切相关,大型的云计算应用不可或缺的就是数据中心的建设,大数据技术是云计算技术的延伸。

大数据为云计算大规模与分布式的计算能力提供了应用的空间,解决了传统计算机无法解决的问题。国内有很多电商企业,用小型机和 Oracle 公司对抗了好几年,并请了全国最牛的 Oracle 专家不停地优化其 Oracle 和小型机,初期发展可能很快,但是后来由于数据量激增,业务开始受到严重影响,一个典型的例子就是某网上商城之前发生的大规模访问请求宕机事件,因此他们开始逐渐放弃了 Oracle 或者 MS-SQL,并逐渐转向 MySQL x86 的分布式架构。目前的基本计算单元常常是普通的 x86 服务器,它们组成了一个大的云,而未来的云计算单元里可能有独立的存储单元、计算单元、协调单元,总体的效率会更高。

海量的数据需要足够的存储来容纳它,快速、低廉价格、绿色的数据中心部署成为关键。谷歌、脸书、Rackspace 等公司都纷纷建设新一代的数据中心,大部分都采用更高效、节能、订制化的云服务器,用于大数据存储、挖掘和云计算业务。

数据中心正在成为新时代知识经济的基础设施。从海量数据中提取有价值的信息,数据分析使数据变得更有意义,并将影响政府、金融、零售、娱乐、媒体等各个领域,带来革命性的变化。

4. 云基础设施

大数据解决方案的构架离不开云计算的支撑。支撑大数据及云计算的底层原则是一样的，即规模化、自动化、资源配置、自愈性，这些都是底层的技术原则。也可以说，大数据是构建在云计算基础架构之上的应用形式，因此它很难独立于云计算架构而存在。云计算下的海量存储、计算虚拟化、网络虚拟化、云安全及云平台就像支撑大数据这座大楼的钢筋水泥。只有好的云基础架构支持，大数据才能立起来，站得更高。

虚拟化(Virtualization)是云计算所有要素中最基本，也是最核心的组成部分。和云计算在最近几年才出现不同，虚拟化技术的发展其实已经走过了半个多世纪。在虚拟化技术的发展初期，IBM是主力军，它把虚拟化技术用在了大型机领域。1964 年，IBM 设计了名为 CP-40 的新型操作系统，实现了虚拟内存和虚拟机。到 1965 年，IBM 推出了 System/360 Model 67(见图 8 - 2)和 TSS 分时共享系统(Time Sharing System)，允许很多远程用户共享同一高性能计算设备的使用时间。1972 年，IBM 发布了用于创建灵活大型主机的虚拟机技术，实现了根据动态需求快速而有效地使用各种资源的效果。作为对大型机进行逻辑分区以形成若干独立虚拟机的一种方式，这些分区允许大型机进行“多任务处理”——同时运行多个应用程序和进程。由于当时大型机是十分昂贵的资源，虚拟化技术起到了提高投资利用率的作用。

图 8 - 2　IBM System/360

利用虚拟化技术，允许在一台主机上运行多个操作系统，让用户尽可能地充分利用昂贵的大型机资源。其后，虚拟化技术从大型机延伸到 UNIX 小型机领域，HP、SUN(已被 Oracle 收购)及 IBM 都将虚拟化技术应用到其小型机中。

1998 年，VMware 公司成立，这是在 x86 虚拟化技术发展史上很重要的一个里程碑。VMware 发布的第一款虚拟化产品 VMware Virtual Platform，通过运行在 Windows NT 上的 VMware 来启动 Windows 95，开启了虚拟化在 x86 服务器上的应用。

相比于大型机和小型机，x86 服务器和虚拟化技术并不是兼容得很好。但是 VMware 针对 x86 平台研发的虚拟化技术不仅克服了虚拟化技术层面的种种挑战，其提供的 VMware Infrastructure 更是极大地方便了虚拟机的创建和管理。VMware 对虚拟化技术的研究，开创了虚拟化技术的 x86 时代,在很长一段时间内,服务器虚拟化市场都是 VMware 一枝独秀。

虚拟化技术中最核心的部分分别是计算虚拟化、存储虚拟化和网络虚拟化。

8.1.2 计算虚拟化

计算虚拟化,又称平台虚拟化或服务器虚拟化,它的核心思想是使在一个物理计算机上同时运行多个操作系统成为可能。在虚拟化世界中,我们通常把提供虚拟化能力的物理计算机称为宿主机(Host machine),而把在虚拟化环境中运行的计算机称为客户机(Guest machine)。宿主机和客户机虽然运行在同样的硬件上,但是它们在逻辑上却是完全隔离的。

这些虚拟计算机(以及物理计算机)在逻辑上是完全隔离的,拥有各自独立的软、硬件环境。讨论计算虚拟化,所涉及的计算机仅包含构成一个最小计算单位所需的部件,其中包括处理器(CPU)和内存,不包含任何可选的外接设备(例如,主板、硬盘、网卡、显卡、声卡等)。

计算虚拟化是大数据处理不可缺少的支撑技术,其作用体现在提高设备利用率、提高系统可靠性、解决计算单元管理问题等方面。将大数据应用运行在虚拟化平台上,可以充分享受虚拟化带来的管理红利。例如,虚拟化可以支持对虚拟机的快照(Snapshot)操作,从而使得备份和恢复变得更加简单、透明和高效。此外,虚拟机还可以根据需要动态迁移到其他物理机上,这一特性可以让大数据应用享受高可靠性和容错性。

虚拟机(Virtual Machine,VM)是对物理计算机功能的一种软件模拟(部分或完全的),其中的虚拟设备在硬件细节上可以独立于物理设备。虚拟机的实现目标通常是可以在其中不经修改地运行那些原本为物理计算机设计的程序。通常情况下,多台虚拟机可以共存于一台物理机上,以期获得更高的资源使用率以及降低整体的费用。虚拟机之间是互相独立、完全隔离的。

虚拟机管理器(虚拟机管理程序,Virtual Machine Monitor,VMM),通常又称为 Hypervisor,是在宿主机上提供虚拟机创建和运行管理的软件系统或固件。Hypervisor 可以归纳为两个类型:原生的 Hypervisor 和托管的 Hypervisor。前者直接运行在硬件上去管理硬件和虚拟机,常见的有 XenServer、KVM、VMware ESX/ESXi 和微软的 Hyper-V。后者则运行在常规的操作系统上,作为第二层的管理软件存在,而客户机相对硬件来说则是在第三层运行,常见的有 VMware Workstation 和 Virtual Box。

8.1.3 存储虚拟化

关于大数据,最容易想到的便是其数据量之庞大,如何高效地保存和管理这些海量数据是存储面临的首要问题。此外,大数据还有诸如种类结构不一、数据源杂多、增长速度快、存取形式和应用需求多样化等特点。

存储虚拟化最通俗的理解就是对一个或者多个存储硬件资源进行抽象,提供统一的、更有效率的全面存储服务。从用户的角度来说,存储虚拟化就像一个存储的大池子,用户看不到,也不需要看到后面的磁盘、磁带,也不必关心数据是通过哪条路径存储到硬件上的。

存储虚拟化有两大分类:块虚拟化(Block virtualization)和文件虚拟化(File virtualization)。块虚拟化就是将不同结构的物理存储抽象成统一的逻辑存储。这种抽象和隔离可以让存储系统的管理员为终端用户提供更灵活的服务。文件虚拟化则是帮助用户,使其在一个多结点的分布式存储环境中,再也不用关心文件的具体物理存储位置了。

1. 传统存储系统时代

计算机的外部存储系统如果从 1956 年 IBM 造出第一块硬盘算起,发展至今已经有半个多世纪了。在这半个多世纪里,存储介质和存储系统都取得了很大的发展和进步。当时,IBM 为 RAMAC 305 系统造出的第一块硬盘只有 5 MB 的容量,而成本却高达 50 000 美元,平均每 MB 存储需要 10 000美元。而现在的硬盘容量可高达几个 TB,成本则降至差不多 8 美分/GB。

目前传统存储系统主要的三种架构,包括 DAS NAS 和 SAN。

(1)DAS(Direct-Attached Storage,直连式存储)。顾名思义,这是一种通过总线适配器直接将硬盘等存储介质连接到主机上的存储方式,在存储设备和主机之间通常没有任何网络设备的参与。可以说 DAS 是最原始、最基本的存储架构方式,在个人计算机、服务器上也最为常见。DAS 的优势在于架构简单、成本低廉、读写效率高等;缺点是容量有限、难于共享,从而容易形成“信息孤岛”。

(2)NAS(Network-Attached Storage,网络存储系统)。NAS 是一种提供文件级别访问接口的网络存储系统,通常采用 NFS、SMB/CIFS 等网络文件共享协议进行文件存取。NAS 支持多客户端同时访问,为服务器提供了大容量的集中式存储,从而也方便了服务器间的数据共享。

(3)SAN(Storage Area Network,存储区域网络)。通过光纤交换机等高速网络设备在服务器和磁盘阵列等存储设备间搭设专门的存储网络,从而提供高性能的存储系统。

SAN 与 NAS 的基本区别,在于其提供块(block)级别的访问接口,一般并不同时提供一个文件系统。通常情况下,服务器需要通过 SCSI 等访问协议将 SAN 存储映射为本地磁盘,在其上创建文件系统后进行使用。目前主流的企业级 NAS 或 SAN 存储产品一般都可以提供 TB 级的存储容量,当然,高端的存储产品也可以提供高达几个 PB 的存储容量。

2. 大数据时代的新挑战

相对于传统的存储系统,大数据存储一般与上层的应用系统结合得更紧密。很多新兴的大数据存储都是专门为特定的大数据应用设计和开发的,比如专门用来存放大量图片或者小文件的在线存储,或者支持实时事务的高性能存储等。因此,不同的应用场景,其底层大数据存储的特点也不尽相同(见图 8-3)。但是,结合当前主流的大数据存储系统,可以总结出如下一些基本特点:

图 8-3 存储系统

(1)大容量及高可扩展性。大数据的主要来源包括社交网站、个人信息、科学研究数据、在线事务、系统日志以及传感和监控数据等。各种应用系统源源不断地产生着大量数据,尤其是社交类网站的兴起,更加快了数据增长的速度。大数据一般可达到几个 PB 甚至 EB 级的信息量,传统的 NAS 或 SAN 存储一般很难达到这个级别的存储容量。因此,除了巨大的存储容量外,大数据存储还必须拥有一定的可扩容能力。扩容包括 Scale-up 和 Scale-out 两种方式。鉴于前者扩容能力有限且成本一般较高,因此能够提供 Scale-out 能力的大数据存储已经成为主流趋势。

(2)高可用性。对于大数据应用和服务来说,数据是其价值所在。因此,存储系统的可用性至关重要。平均无故障时间(MTTF)和平均维修时间(MTTR)是衡量存储系统可用性的两个主要指标。传统存储系统一般采用 RAID、数据通道冗余等方式保证数据的高可用性和高可靠性。除了这些传统的技术手段外,大数据存储还会采用其他一些技术。比如:分布式存储系统中多采用简单明了的多副本来实现数据冗余;针对 RAID 导致的数据冗余率过高或者大容量磁盘的修复时间过长等问题,近年来学术界和工业界研究或采用了其他的编码方式。

(3)高性能。在考量大数据存储性能时,吞吐率、延时和 IOPS 是其中几个较为重要的指标。对于一些实时事务分析系统,存储的响应速度至关重要;而在其他一些大数据应用场景中,每秒处理的事务数则可能是最重要的影响因素。大数据存储系统的设计往往需要在大容量、高可扩展性、高可用性和高性能等特性间做出一个权衡。

(4)安全性。大数据具有巨大的潜在商业价值,这也是大数据分析和数据挖掘兴起的重要原因之一。因此,数据安全对于企业来说至关重要。数据的安全性体现在存储如何保证数据完整性和持久化等方面。在云计算、云存储行业风生水起的大背景下,如何在多租户环境中保护好用户隐私和数据安全成了大数据存储面临的一个亟待解决的新挑战。

(5)自管理和自修复。随着数据量的增加和数据结构的多样化,大数据存储的系统架构也变得更加复杂,管理和维护便成了一大难题。这个问题在分布式存储中尤其突出。因此,能够实现自我管理、监测及自我修复将成为大数据存储系统的重要特性之一。

(6)成本。大数据存储系统的成本包括存储成本、使用成本和维护成本等。如何有效降低单位存储给企业带来的成本问题,在大数据背景下显得极为重要。如果大数据存储的成本降不下来,将会让很多中小型企业在大数据掘金浪潮中望洋兴叹。

(7)访问接口的多样化。同一份数据可能会被多个部门、用户或者应用来访问、处理和分析。不同的应用系统由于业务不同可能会采用不同的数据访问方式。因此,大数据存储系统需要提供多种接口来支持不同的应用系统。

3. 云存储

云存储是由第三方运营商提供的在线存储系统,比如面向个人用户的在线网盘和面向企业的文件、块或对象存储系统等。云存储的运营商负责数据中心的部署、运营和维护等工作,将数据存储包装成为服务的形式提供给客户。云存储作为云计算的延伸和重要组件之一,提供了“按需分配、按量计费”的数据存储服务。因此,云存储的用户不需要搭建自己的数据中心和基础架构,也不需要关心底层存储系统的管理和维护等工作,并可以根据其业务需求动态地扩大或减小其对存储容量的需求。

云存储通过运营商来集中、统一地部署和管理存储系统，降低了数据存储的成本，从而也降低了大数据行业的准入门槛，为中小型企业进军大数据行业提供了可能性。比如，著名的在线文件存储服务提供商 Dropbox，就是基于 AWS(Amazon Web Scrvices)提供的在线存储系统 S3 创立起来的。在云存储兴起之前，创办类似于 Dropbox 这样的初创公司几乎不可能。

云存储背后使用的存储系统其实多是采用分布式架构，而云存储因其更多新的应用场景，在设计上也遇到了新的问题和需求。比如，云存储在管理系统和访问接口上大都需要解决如何支持多租户的访问方式，而多租户环境下就无可避免地要解决诸如安全、性能隔离等一系列问题。另外，云存储和云计算一样，都需要解决的一个共同难题就是关于信任(Trust)问题——如何从技术上保证企业的业务数据放在第三方存储服务提供商平台上的隐私和安全，这的确是一个必须解决的技术挑战。

将存储作为服务的形式提供给用户，云存储在访问接口上一般都会秉承简洁易用的特性。比如，亚马逊的 S3 存储通过标准的 HTTP 协议、简单的 REST 接口存取数据，用户分别通过 Get、Put、Delete 等 HTTP 方法进行数据块的获取、存放和删除等操作。出于操作简便方面的考虑，亚马逊 S3 服务并不提供修改或者重命名等操作；同时，亚马逊 S3 服务也并不提供复杂的数据目录结构，而仅仅提供非常简单的层级关系；用户可以创建一个自己的数据桶(bucket)，而所有的数据则直接存储在这个 bucket 中。另外，云存储还需要解决用户分享的问题。亚马逊 S3 存储中的数据直接通过唯一的 URL 进行访问和标识，因此，只要其他用户经过授权便可以通过数据的 URL 进行访问了。

存储虚拟化是云存储的一个重要的技术基础，是通过抽象和封装底层存储系统的物理特性，将多个互相隔离的存储系统统一化为一个抽象的资源池的技术。通过存储虚拟化技术，云存储可以实现很多新的特性。比如，用户数据在逻辑上的隔离、存储空间的精简配置等。

4. 大数据存储的其他需求

大数据存储的其他需求包括：

1)去重(Deduplication)

数据快速增长是数据中心最大的挑战。显而易见，爆炸式的数据增长会消耗巨大的存储空间，迫使数据提供商去购买更多的存储，然而却未必能赶上数据的增长速度。这里有几个相关问题值得考虑：产生的数据是不是都被生产系统循环使用？如果不是，是不是可以把这些数据放到廉价的存储系统中？怎么让数据备份消耗的存储更低？怎么让备份的时间更快？数据备份后能保存的时间有多久(物理介质原因)？备份后的数据能不能正常取出？

数据去重大概可以分为基于文件级别的去重和基于数据块级别的去重。一般来讲，数据切成 chunk 有两种分类：定长(Fixed size)和变长(Variable size)。所谓定长就是把一个接收到的数据流或者文件按照相同的大小切分，每个 chunk 都有一个独立的“指纹”。从实现角度来讲，定长文件的切片实现和管理比较简单，但是数据去重的比率较低。这是容易理解的，因为每个 chunk 在文件中都有固定的偏移。但是在最坏情况下，如果这个文件在文件开始新增加或者减少一个字符，将导致所有 chunk 的“指纹”发生变化。最差结果是：备份两个仅差一个字符的文件，导致重复数据删除率等于零。这个显然是不可接受的。为此，变长 chunk 技术应运而生，它不是简单地根据文件偏移来划分 chunk，而是根据“anchor”(某个标记)来对数据分片。由于找的是特殊的标记，而不是数据的偏移,因此能完美地解决定长 chunk 中由于数据偏移略有变化而导致的低数据去重比率。

2)分层存储(Tiered Storage)

众所周知,性能好的存储介质往往价格也很高。如何通过组合高性能、高成本的小容量存储介质和低性能、低成本的大容量存储介质,使其达到性能、价格、容量及功能上的最大优化,这是一个经典的存储问题了。比如,计算机系统上通过从外部存储(比如硬盘等)到内存、缓存等一系列存储介质组成的存储金字塔,很好地解决了 CPU 的数据访问瓶颈问题。分层存储是存储系统领域试图解决类似问题的一个技术手段。近年来,各种新存储介质的诞生,给存储系统带来了新的希望,尤其是 Flash 和 SSD(Solid-State Drive)存储技术的成熟及其量化生产,使其在存储产品中得到越来越广泛的使用。然而,企业存储,尤其是大数据存储,全部使用 SSD 作为存储介质,其成本依然是个大问题。

为了能够更好地发挥新的存储介质在读、写性能上的优势,同时将存储的总体成本控制在可接受的范围之内,分层存储系统便应运而生。分层存储系统集 SSD 和硬盘等存储媒介于一体,通过智能监控和分析数据的访问“热度”,将不同热度的数据自动适时地动态迁移到不同的存储介质上。经常被访问的数据将被迁移到读、写性能好的 SSD 存储上,不常被访问的数据则会被存放在性能一般且价格低廉的硬盘矩阵上。这样,分层存储系统在保证不增加太多成本的前提下,大大地提高了存储系统的读、写性能。

8.1.4 网络虚拟化

网络虚拟化,简单来讲是指把逻辑网络从底层的物理网络分离开来,包括网卡的虚拟化、网络的虚拟接入技术、覆盖网络交换,以及软件定义的网络等。这个概念的产生已经比较久了,VLAN、VPN、VPLS 等都可以归为网络虚拟化的技术。近年来,云计算的浪潮席卷 IT 界。几乎所有的 IT 基础构架都在朝着云的方向发展。在云计算的发展中,虚拟化技术一直是重要的推动因素。作为基础构架,服务器和存储的虚拟化已经发展得有声有色,而同作为基础构架的网络却还是一直沿用老的套路。在这种环境下,网络确实期待一次变革,使之更加符合云计算和互联网发展的需求。

在云计算的大环境下,网络虚拟化的定义没有变,但是其包含的内容却大大增加了(例如动态性、多租户模式等)。网络虚拟化涉及的技术范围相当宽泛,包括网卡的虚拟化、虚拟交换技术、网络虚拟接入技术、覆盖网络交换,以及软件定义的网络,等等。

1. 网卡虚拟化

多个虚拟机共享服务器中的物理网卡,需要一种机制既能保证 I/O 的效率,又能保证多个虚拟机对物理网卡共享使用。I/O 虚拟化的出现就是为了解决这类问题。I/O 虚拟化包括了从 CPU 到设备的一揽子解决方案。

从 CPU 的角度看,要解决虚拟机访问物理网卡等 I/O 设备的性能问题,能做的就是直接支持虚拟机内存到物理网卡的 DMA 操作。Intel 的 VT-d 技术及 AMD 的 IOMMU 技术通过 DMA Remapping 机制来解决这个问题。DMA Remapping 机制主要解决了两个问题:一方面,为每个 VM 创建了一个 DMA 保护域并实现了安全的隔离;另一方面,提供一种机制是将虚拟机的物理地址翻译为物理机的物理地址。

从虚拟机对网卡等设备访问角度看,传统虚拟化的方案是虚拟机通过 Hypervisor 来共享地访问一个物理网卡,Hypervisor需要处理多虚拟机对设备的并发访问和隔离等。具体的实现方式是通过软件模拟多个虚拟网卡(完全独立于物理网卡),所有的操作都在CPU与内存中进行。这样的方案满足了多租户模式的需求,但是牺牲了整体的性能,因为Hypervisor很容易形成一个性能瓶颈。为了提高性能,一种做法是虚拟机绕过Hypervisor直接操作物理网卡,这种做法通常称为PCI pass through,VMware、XEN和KVM都支持这种技术。但这种做法的问题是虚拟机通常需要独占一个PCI插槽,不是一个完整的解决方案,成本较高且扩展性不足。

最新的解决方案是物理设备(如网卡)直接对上层操作系统或Hypervisor提供虚拟化的功能,一个以太网卡可以对上层软件提供多个独立的虚拟的PCIe设备并提供虚拟通道来实现并发访问;这些虚拟设备拥有各自独立的总线地址,从而可以提供对虚拟机I/O的DMA支持。这样一来,CPU得以从繁重的I/O中解放出来,能够更加专注于核心的计算任务(例如大数据分析)。这种方法也是业界主流的做法和发展方向,目前已经形成了标准。

2. 虚拟交换机

在虚拟化的早期阶段,由于物理网卡并不具备为多个虚拟机服务的能力,为了将同一物理机上的多台虚拟机接入网络,引入了一个虚拟交换机(Virtual Switch)的概念。通常也称为软件交换机,以区别于硬件实现的网络交换机。虚拟机通过虚拟网卡接入到虚拟交换机,然后通过物理网卡外连到外部交换机,从而实现了外部网络接入,例如VMware vSwitch(见图8-4)就属于这一类技术。

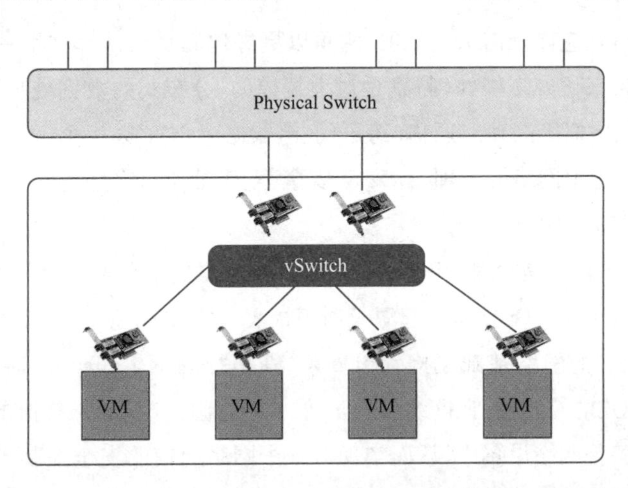

图8-4 VMware vSwitch结构图

这样的解决方案也带来一系列的问题。首先,一个很大的顾虑就是性能问题,因为所有的网络交换都必须通过软件模拟。研究表明:一个接入10~15台虚拟机的软件交换机,通常需要消耗10%~15%的主机计算能力;随着虚拟机数量的增长,性能问题无疑将更加严重。其次,由于虚拟交换机工作在二层,无形中也使得二层子网的规模变得更大。更大的子网意味着更大的广播域,对性能和管理来说都是不小的挑战。最后,由于越来越多的网络数据交换在虚拟交换机内进行,传统的网络监控和安全管理工具无法对其进行管理,也意味着管理和安全的复杂性大大增加了。

3. 接入层的虚拟化

在传统的服务器虚拟化方案中,从虚拟机的虚拟网卡发出的数据包在经过服务器的物理网卡传送到外部网络的上联交换机后,虚拟机的标识信息被屏蔽掉了,上联交换机只能感知从某个服务器的物理网卡流出的所有流量,而无法感知服务器内某个虚拟机的流量,这样就不能从传统网络设备层面来保证服务质量和安全隔离。虚拟接入要解决的问题是要把虚拟机的网络流量纳入传统网络交换设备的管理之中,需要对虚拟机的流量做标识。

4. 覆盖网络虚拟化

虚拟网络并不是全新的概念,事实上我们熟知的 VLAN 就是一种已有的方案。VLAN 的作用是在一个大的物理二层网络里划分出多个互相隔离的虚拟三层网络,这个方案在传统的数据中心网络中得到了广泛的应用。这里就引出了虚拟网络的第一个需求:隔离。VLAN 虽然很好地解决了这个需求,然而由于内在的缺陷,VLAN 无法满足第二个需求,即可扩展性(支持数量庞大的虚拟网络)。随着云计算的兴起,一个数据中心需要支持上百万的用户,每个用户需要的子网可能也不止一个。在这样的需求背景下,VLAN 已经远远不敷使用,需要重新思考虚拟网络的设计与实现。当虚拟数据中心开始普及后,其本身的一些特性也带来对网络新的需求。物理机的位置一般是相对固定的,虚拟化方案的一个很大的特性在于虚拟机可以迁移。当迁移发生在不同网络、不同数据中心之间时,对网络产生了新的要求,比如需要保证虚拟机的 IP 在迁移前后不发生改变,需要保证虚拟机内运行的应用程序在迁移后仍可以跨越网络和数据中心进行通信等。这又引出了虚拟网络的第三个需求:支持动态迁移。

覆盖网络虚拟化就是应以上需求而生的,它可以更好地满足云计算和下一代数据中心的需求,它为用户虚拟化应用带来了许多好处(特别是对大规模的、分布式的数据处理),包括:① 虚拟网络的动态创建与分配;② 虚拟机的动态迁移(跨子网、跨数据中心);③ 一个虚拟网络可以跨多个数据中心;④ 将物理网络与虚拟网络的管理分离;⑤ 安全(逻辑抽象与完全隔离)。

5. 软件定义的网络(SDN)

OpenFlow 和 SDN 尽管不是专门为网络虚拟化而生,但是它们带来的标准化和灵活性却给网络虚拟化的发展带来无限可能。OpenFlow 起源于斯坦福大学的 Clean Slate 项目组,其目的是要重新发明因特网,旨在改变现有的网络基础架构。2006 年,斯坦福的学生 Martin Casado 领导的 Ethane 项目,试图通过一个集中式的控制器,让网络管理员可以方便地定义基于网络流的安全控制策略,并将这些安全策略应用到各种网络设备中,从而实现对整个网络通信的安全控制。受此项目启发,研究人员发现如果将传统网络设备的数据转发(Data plane)和路由控制(Control plane)两个功能模块相分离,通过集中式的控制器(Controller)以标准化的接口对各种网络设备进行管理和配置,这将为网络资源的设计、管理和使用提供更多的可能性,从而更容易推动网络的革新与发展。

OpenFlow 可能的应用场景包括:① 校园网络中对实验性通信协议的支持;② 网络管理和访问控制;③ 网络隔离和 VLAN;④ 基于 Wi-Fi 的移动网络;⑤ 非 IP 网络;⑥ 基于网络包的处理。

6. 对大数据处理的意义

相对于普通应用,大数据的分析与处理对网络有着更高的要求,涉及从带宽到延时,从吞吐率到负载均衡,以及可靠性、服务质量控制等方方面面。同时随着越来越多的大数据应用部署到云计算平台中,对虚拟网络的管理需求就越来越高。首先,网络接入设备虚拟化的发展,在保证多租户服务模式的前提下,还能同时兼顾高性能与低延时、低 CPU 占用率。其次,接入层的虚拟化保证了虚拟机在整个网络中的可见性,使得基于虚拟机粒度(或大数据应用粒度)的服务质量控制成为可能。覆盖网络的虚拟化,一方面使得大数据应用能够得到有效的网络隔离,更好地保证了数据通信的安全;另一方面也使得应用的动态迁移更加便捷,保证了应用的性能和可靠性。软件定义的网络更是从全局的视角来重新管理和规划网络资源,使得整体的网络资源利用率得到优化利用。总之,网络虚拟化技术通过对性能、可靠性和资源优化利用的贡献,间接提高了大数据系统的可靠性和运行效率。

8.1.5 数据即服务

数据即服务(Data as a Service,DaaS)是一个跨越大数据基础设施和应用的领域。过去的公司一般先获得大数据集,然后再使用——通常难以获得当前数据或从互联网上得到即时数据。但是现在,出现了各种各样的数据即服务供应商,例如邓白氏公司为金融、地址以及其他形式的数据提供网络编程接口,费埃哲公司(FICO)提供财务信息,推特为其推文提供访问权限等。

1. 数据应用

这样的数据源允许他人在其基础上建立有趣的应用程序,而这些应用程序可以用于准确预测总统选举结果,或了解消费者对品牌的感觉。也有公司提供垂直式、具体的数据即服务,例如在线数据拍卖平台 BlueKai 公司提供与消费者资料相关的数据,交通驾驶服务系统供应商 Inrix 公司提供交通数据,律商联讯公司提供法律数据等。

2. 数据清理

使用大数据的领域中,最乏味的大概就是数据清理和集成了,它却十分关键。内部和外部数据以各种格式存储,并且还包括错误和重复的记录。这样的数据需要经常清理才可以使用(或是实现多个数据源一起使用)。像企业数据集成解决方案提供商 Informatica 这样的公司早就在这个领域里发挥作用了。

就最简单的水平而言,数据清理涉及的任务包括删除重复记录和使地址字段正常化。展望未来,数据清理很可能成为一项基于云计算的服务。

3. 数据保密

随着我们将更多的数据转移到云中,并将自己的信息更多地公布到网上,人们对于数据保密的关注也与日俱增。尽管匿名数据往往无保密性可言,但据一项研究显示,分析师们能够看到电影观赏的匿名数据,并通过评价用户张贴在互联网电影数据库上的影评,来确定哪位用户观看了哪部电影。在最近几个月里,脸书已经加强了对用户分享信息的控制。

在未来,可能出现这样的大数据应用程序:不仅让我们自己决定分享何种数据,也帮助我们了解分享个人信息背后的隐藏含义——无论那些信息对我们是否进行了个人识别。

8.1.6 云的挑战

当然,许多人仍然对能否利用公共云基础设施持有怀疑。过去,这项服务一直存在着三个潜在问题:

- 企业觉得这项服务不安全。内部基础设施被认为更有保障。

• 许多大供应商根本不提供软件的互联网/云版本。公司必须购买硬件,自行运行软件或者雇用第三方做这件事。

• 难以将大量数据从内部系统中提取出来,存入云中。

虽然第一个挑战对于某些政府机构来说确实存在,但确有从事云存储服务的企业证实他们能安全存储许多公司的机密数据,网上提供的越来越多的类似应用程序也正逐渐为企业所接受。

许多专家认为,对于真正的海量数据来说,源于公司内部部署的数据仍会保存在原处,源于云中的数据也是如此。但是随着越来越多的业务线应用程序在网上实现应用,也会有越来越多的数据在云中生成,并保存在云中。

借助大数据,公司获得了许多其他优势:他们花费在维护和部署硬件和软件上的时间变少了,可以按需进行扩张。如果有公司需要扩大计算资源或存储量,就不需要耗费数月时间,而只是分秒之间的事情。有了网上的应用程序,其最新版本一经开放用户就可以立刻使用了。虽然公司的花费受其选择的公共云供应商控制,但云供应商之间的竞争不断推动价格下降,顾客也依赖这些供应商提供可靠的服务。

在计算虚拟化、存储虚拟化和网络虚拟化解决了云计算的基本问题之后,如何提高云计算的安全性,成为云计算中一个重要课题。

云计算在数据安全方面引入的新问题,譬如在云计算基础架构服务层(IaaS),主要有:① 新的安全问题,诸如信任问题(特指租客和云服务商之间),多租客之间的资源隔离问题;② 对已有的安全攻击,IaaS 是否更容易被攻击?或者存在新的技术方法去避免这些攻击。

安全问题中的信任和隔离问题,源于云计算的新模型。在云计算基础架构层,虚拟化技术由于在资源整合、利用、管理等方面的优势,成为 IaaS 中不可缺少的一部分。一般来讲,管理计算资源的不再是操作系统,取而代之的是虚拟机监控器(Virtual Machine Monitor,VMM)。由于资源使用者和管理者角色的分离,衍生出 IaaS 使用者和 IaaS 提供者之间的信任问题。云资源的使用者称为云租户,比如,一个小型公司租赁了亚马逊的 EC2 服务(主要指虚拟机),并在 EC2 上搭建了一个网站,那么这个公司就是亚马逊 EC2 的租户,而使用网站的用户只是这个小公司的客户。由于资源不由租客完全控制,那么租客就有疑问:怎么确定租赁的资源仅仅为我所用,而不被其他租客或者云管理员非法使用,导致数据的丢失或者泄露。可见,数据隐私保护是非常重要的。

隐私保护、数据备份、灾难恢复、病毒防范、多点服务、数据加密、虚拟机隔离等,这些都是云安全的研究课题。

【作　业】

1. 所谓基础设施,是指在 IT 环境中,为具体应用提供(　　)等基础功能的软硬件系统。随着对新应用的需求不断涌现,IT 基础设施发生了翻天覆地的变化。

A. 录入、修改、删除、查询　　B. 输入、更新、处理、输出

C. 上网、搜索、浏览、打印　　D. 计算、存储、互联、管理

2. 所谓“云计算”是一种基于(　　)的计算方式，通过这种方式，共享的软硬件资源和信息可以按需求提供给计算机和其他设备。

A. 互联网　　B. 内联网　　C. 外联网　　D. 物联网

3. 云是网络、互联网的一种比喻说法。云计算为我们提供了(　　)、所见即所得、快速部署等能力，这些都是长期以来IT行业所追寻的。随着云计算的发展，大数据正成为云计算面临的一个重大考验。

A. 跨地域　　B. 高可靠　　C. 按需付费　　D. A、B、C

4. 云计算是分布式计算、并行计算、效用计算、(　　)等计算机和网络技术发展融合的产物。

A. B、C与D　　B. 网络存储　　C. 虚拟化　　D. 负载均衡

5. 云计算按照服务的组织、交付方式的不同，有公有云、私有云、混合云之分。下列(　　)不是云计算所包括的服务。

A. IaaS　　B. PaaS　　C. DaaS　　D. SaaS

6. 云计算是一种IT理念、技术架构和标准，而云计算也不可避免地会产生大量的数据。所以说，大数据技术与云计算的发展(　　)，大型的云计算应用不可或缺的就是数据中心的建设，大数据技术是云计算技术的延伸。

A. 比肩并列　　B. 密切相关　　C. 没有交集　　D. 同一回事

7. 大数据解决方案的构架离不开云计算的支撑。支撑大数据及云计算的底层原则是一样的，但以下(　　)不是其底层的技术原则。

A. 专业化　　B. 规模化　　C. 资源配置　　D. 自愈性

8. 虚拟化是云计算所有要素中(　　)的组成部分。

A. 最先进，也是最高端　　B. 最基本，也是最普通

C. 最新，也是最重要　　D. 最基本，也是最核心

9. 以下(　　)不是虚拟化技术中最核心的部分。

A. 计算虚拟化　　B. 存储虚拟化　　C. 分析虚拟化　　D. 网络虚拟化

10. 计算虚拟化，又称平台虚拟化或服务器虚拟化，它的核心思想是使在一个物理计算机(宿主机)上可以同时运行(　　)，即宿主机。宿主机和客户机虽然运行在同样的硬件上，但是它们在逻辑上却是完全隔离的。

A. 多个Office软件　　B. 多个操作系统

C. 多个打印机　　D. 同时运行多个CPU(核)

11. 计算虚拟化是大数据处理不可缺少的支撑技术，但以下(　　)不是计算虚拟化的作用之一。将大数据应用运行在虚拟化平台上，可以充分享受虚拟化带来的管理红利。

A. 提高设备利用率　　B. 提高系统可靠性

C. 提高设备存储能力　　D. 解决计算单元管理问题

12. 存储虚拟化最通俗的理解就是对一个或者多个存储硬件资源进行抽象，提供统一的、更有效率的全面存储服务，虚拟存储对用户来说是(　　)。

A. 透明的　　B. 半透明的　　C. 结构清晰的　　D. 路径清晰的

13. 很多新兴的大数据存储都是专门为特定的大数据应用设计和开发的。下列(　　)不是当前主流大数据存储系统的基本特点。

A. 大容量及高可扩展性　　B. 高可用性

C. 自管理和自修复　　D. 易感染病毒

14. 云存储是由第三方运营商提供的(　　)存储系统,比如面向个人用户的在线网盘和面向企业的文件、块或对象存储系统等。作为云计算的延伸和重要组件之一,云存储提供了“按需分配、按量计费”的数据存储服务。

A. 离线　　B. 在线　　C. 脱机　　D. 优盘

15. 存储虚拟化是云存储的一个重要的技术基础,是通过(　　)底层存储系统的物理特性,将多个互相隔离的存储系统统一化为一个抽象的资源池的技术。

A. 抽象与具象　　B. 封装与固化　　C. 抽象和封装　　D. 开放与固化

16. 网络虚拟化,是指把(　　)从底层的(　　)分离开来,包括网卡的虚拟化、网络的虚拟接入技术、覆盖网络交换,以及软件定义的网络等。

A. 逻辑网络,物理网络　　B. 物理网络,逻辑网络

C. 内部网络,外部网络　　D. 国内网络,国际网络

17. 大数据的分析与处理对网络有着更高的要求,涉及方方面面,但以下(　　)不是其中之一。网络虚拟化技术通过对性能、可靠性和资源优化利用的贡献,间接提高了大数据系统的可靠性和运行效率。

A. 带宽　　B. 延时　　C. 吞吐率　　D. 租金

18. DaaS 指的是(　　)。

A. 直接服务　　B. 数据即服务　　C. 连接即服务　　D. 直接软件

19. 在计算虚拟化、存储虚拟化和网络虚拟化解决了云计算的基本问题之后,如何提高云计算的(　　),成为云计算中一个重要课题。

A. 安全性　　B. 经济性　　C. 可靠性　　D. 可操作性

实训操作　熟悉云端大数据的基础设施

1. 概念理解

(1)查阅相关文献资料,为“云计算”给出一个权威性的定义:

答:______________________________

____

____

这个定义的来源是:______________________________

(2)请简述云计算的三种服务形式:

答:

IaaS:______________________________

____

PaaS：

SaaS：

(3)请结合课文和相关文献资料,简述:什么是虚拟化技术?

答:

(4)PaaS(平台即服务)是云计算中最为重要的一个类型,请简述 PaaS 的三个主要特点:

答:

①

②

③

(5)请结合课文和相关文献资料,简述:什么是"云存储"?

答:

(6)请结合课文和相关文献资料,简述:网络虚拟化对大数据处理的意义。

答:

2. 实训总结

____

____

____

3. 教师实训评价

____

____

任务 8.2　把握大数据发展的未来

导读案例　智能大数据分析成热点

2012 年,“大数据”一词开始大热,几年来,已经在商业、工业、交通、医疗、社会管理等多方面有了应用,如今,已经少有人讲重要性,更多是应用、技术以及最底层的算法。

有专家曾经对大数据发展做过预测,共有 10 个方面。

首先就是结合智能计算的大数据分析成为热点,包括大数据与神经计算、深度学习、语义计算以及人工智能其他相关技术结合,成为大数据分析领域的热点。

第二点是数据科学将带动多学科融合,但是数据科学作为新兴的学科,其学科基础问题体系尚不明朗,数据科学自身的发展尚未成体系。

第三是跨学科领域交叉的数据融合分析与应用将成为今后大数据分析应用发展的重大趋势。大数据技术发展的目标是应用落地,因此大数据研究不能仅仅局限于计算技术本身。

大数据将与物联网、移动互联、云计算、社会计算等热点技术领域相互交叉融合,产生很多综合性应用。近年来计算机和信息技术发展的趋势是,前端更前伸,后端更强大。物联网与移动计算加强了与物理世界和人的融合,大数据和云计算加强了后端的数据存储管理和计算能力。今后,这几个热点技术领域将相互交叉融合,产生很多综合性应用。

此外,十大趋势还包括:大数据多样化处理模式与软硬件基础设施逐步夯实;大数据的安全和隐私问题持续令人担忧;新的计算模式将取得突破;各种可视化技术和工具提升大数据分析;大数据技术课程体系建设和人才培养是需要高度关注的问题;开源系统将成为大数据领域的主流技术和系统选择。

对于大数据研究的难点,很多人把数据公开列在第一位。对于政府部门的难点在于公开的尺度,另外是否有能力把数据用好。而指望商业公司拿出数据,不现实,因为这些数据的获得是商业公司的投入。

另外,大数据人才也是一个重要问题。现在的问题是既对行业熟悉,又能融合创新的顶级人才稀少。现在要让企业和研究者明白一点,数据不是在谁手中,谁就有优势,而是要大家一起研究,融合跨界研究,数据才会产生财富。

阅读上文,请思考、分析并简单记录:

(1)你认为文中预测的大数据发展的10个方面,哪些方面已经实现了?哪些方面尚未实现?

答:______

(2)对于大数据,如今“已经少有人讲重要性,更多是应用、技术以及最底层的算法”,那么,应用的热点是什么?请简述之。

答:______

(3)文中称,“对于大数据研究的难点,很多人把数据公开列在第一位”,你是否同意这样的观点?为什么?

答:______

(4)请简单描述你所知道的上一周发生的国际、国内或者身边的大事。

答:______

任务描述

(1)了解新兴学科——数据科学的基础知识和主要内容。

(2)熟悉数据工作者的技能要求、素质要求、知识结构和培养途径。

(3)认识“数据开放”的重要意义,重视隐私保护和信息安全。

(4)认识投身大数据时代的积极意义,做大数据的先行者。

知识准备 数据科学的发展

每当提及“数据科学”(data science),人们总会联想到另一个含义相近的名词——“商务智能”(BI)。而测量尺度和关键绩效指标(KPI)通常是在联机分析处理模式(OLAP)中定义,使得商务智能报表的内容能够基于已定义的衡量标准。

商务智能的典型技术和数据类型包括:

- 标准和满足特定需求的报表、信息面板、警报、查询及细节。
- 结构化数据、传统数据源、易操作的数据集。

另一方面,数据科学可以简单地理解为预测分析和数据挖掘,是统计分析和机器学习技术的结合,用于获取数据中的推断和洞察力。相关方法包括回归分析、关联规则(比如市场购物篮分析)、优化技术和仿真(比如蒙特卡罗仿真用于构建场景结果)。

数据科学的典型技术和数据类型包括:

- 优化模型、预测模型、预报、统计分析。
- 结构化/非结构化数据、多种类型数据源、超大数据集。

商务智能和数据科学都是企业所需要的,用于应对不断出现的各种商业挑战。商务智能和数据科学有不同的定位和范畴,商务智能更关注于过去的旧数据,其结果是业价值相对较低;而数据科学更着眼于新数据和对未来的预测,其商业价值相对更高。但是,它们并不存在一个明确的划分,只是各有偏重而已。

8.2.1 数据科学

大数据需要数据科学,数据科学要做到的不仅是存储和管理,更重要的是预测式的分析(比如如果这样做,会发生什么)。数据学科是统计学的论证,真正利用到统计学的力量,只有这样才能够从数据中获得经验和未来方向的指导。但是,数据科学并非简单的统计学,需要新的应用、新的平台和新的数据观,而不仅是现有的、传统的基础架构与软件平台。

通常,数据科学的实践需要三个一般领域的技能,即:商业洞察、计算机技术/编程和统计学/数学。而另一方面,不同的工作对象,具体技能集合会有所不同。为探索数据科学家应该具有的职业技能,多个研究项目进行了不同的探索,综合得出数据科学从业人员相关的25项技能(见表8-1)。

表8-1 数据科学从业人员相关的25项技能

技能领域	技能详情
商业	1. 产品设计和开发 2. 项目管理 3. 商业开发 4. 预算 5. 管理和兼容性(例如:安全性)
技术	6. 处理非结构化数据(例如:NoSQL) 7. 管理结构化数据(例如:SQL、JSON、XML) 8. 自然语言处理(NLP)和文本挖掘 9. 机器学习(例如:决策树、神经网络、支持向量机、聚类) 10. 大数据和分布式数据(例如:Hadoop、Map/Reduce、Spark)
数学 & 建模	11. 最优化(例如:线性、整数、凸优化、全局) 12. 数学(例如:线性代数、实变分析、微积分) 13. 图模型(例如:社会网络) 14. 算法(例如:计算复杂性、计算科学理论)和仿真(例如:离散、基于 agent、连续) 15. 贝叶斯统计(例如:马尔科夫链蒙特卡罗方法)

续上表

技能领域	技能详情
编程	16. 系统管理(例如:UNIX)和设计 17. 数据库管理(例如:MySQL、NoSQL) 18. 云管理 19. 后端编程(例如:Java/Rails/Objective C) 20. 前端编程(例如:JavaScript, HTML, CSS)
统计	21. 数据管理(例如:重编码、去重复项、整合单个数据源、网络抓取) 22. 数据挖掘(例如:R, Python, SPSS, SAS)和可视化(例如:图形、地图、基于 Web 的数据可视化)工具 23. 统计学和统计建模(例如:一般线性模型、ANOVA、MANOVA、时空数据分析、地理信息系统) 24. 科学/科学方法(例如:实验设计、研究设计) 25. 沟通(例如:分享结果、写作/发表、展示、博客)

* 被访者要求指出他们对上述 25 项技能有多熟悉,使用这样的量表:不知道(0),略知(20),新手(40),熟练(60),非常熟练(80),专家(100)。

1. 数据科学技能和熟练程度

表 8－1 中列出的这 25 项技能,反映了通常与数据科学家相关的技能集合。在进行针对数据科学家的调查中,调查者要求数据专业人员指出他们在 25 项不同数据科学技能上的熟练程度。

研究中,选择“中等了解”水平作为数据专业人员拥有该技能的标准。“中等了解”说明一个数据专业人员能够按照要求完成任务,并且通常不需要他人的帮助。

这项研究数据基于 620 名被访的数据专业人士,具备某种技能的百分比反映了他在该技能上至少中等熟练程度的被访问者比例职位角色,即:商业经理 =250;开发人员 =222;创意人员 =221;研究人员 =353。

2. 重要数据科学技能

以拥有该技能的数据专业人员百分比对表 8－1 的 25 项技能进行排序。分析表明,所有数据专业人员中最常见的数据科学十大技能是:

- 统计－沟通(87%)
- 技术－处理结构化数据(75%)
- 数学 & 建模－数学(71%)
- 商业－项目管理(71%)
- 统计－数据挖掘和可视化工具(71%)
- 统计－科学/科学方法(65%)
- 统计－数据管理(65%)
- 商业－产品设计和开发(59%)
- 统计－统计学和统计建模(59%)
- 商业－商业开发(53%)

许多重要的数据科学技能都属于统计领域:所有的五项与统计相关的技能都出现在前 10 项中,

包括沟通、数据挖掘和可视化工具、科学/科学方法，以及统计学和统计建模；另外，与商业洞察力相关的三项技能出现在前10，包括项目管理、产品设计和开发；而没有编程技能出现在前10中。

3. 因职业角色而异的十大技能

下面，我们按不同的职业角色（商业经理、开发人员、创意人员、研究人员）来看看他们的十大技能。分析中指出了对于每个职业角色的数据专业人士所拥有每项技能的频率。可以看到，一些重要数据科学技能在不同角色中是通用的。这包括沟通、管理结构化数据、数学、项目管理、数据挖掘和可视化工具、数据管理、产品设计和开发。然而，除了这些相似之处还有相当大的差异。

（1）商业经理：那些认为自己是商业经理（尤其是领导者、商务人士和企业家）的数据专业人士中的十大数据科学技能是：

- 统计－沟通（91%）
- 商业－项目管理（86%）
- 商业－商业开发（77%）
- 技术－处理结构化数据（74%）
- 商业－预算（71%）
- 商业－产品设计和开发（70%）
- 数学 & 建模－数学（65%）
- 统计－数据管理（64%）
- 统计－数据挖掘和可视化工具（64%）
- 商业－管理和兼容性（61%）

只与商业经理相关的重要技能毫无疑问的是商业领域的。这些技能包括商业开发、预算、管理和兼容性。

（2）开发人员：那些认为自己是开发工作者（尤其是开发者和工程师）的数据专业人士中的十大数据科学技能是：

- 技术－管理结构化数据（91%）
- 统计－沟通（85%）
- 统计－数据挖掘和可视化工具（76%）
- 商业－产品设计（75%）
- 数学 & 建模－数学（75%）
- 统计－数据管理（75%）
- 商业－项目管理（74%）
- 编程－数据库管理（73%）
- 编程－后端编程（70%）
- 编程－系统管理（65%）

只与开发者相关的技能是技术和编程。这些重要的技能包括后端编程、系统管理以及数据库管理。虽然这些数据专业人员具备这些技能，但是他们中只有少数人拥有那些在大数据世界中很重要的，更加技术化、更加依赖编程的技能。例如，少于一半人掌握云管理（42%），大数据和分布式数据

(48%)和 NLP 以及文本挖掘(42%)。思考这些百分比是否会随着更多数据科学项目的毕业生开始就业而上升。

(3)创意人员:那些认为自己是创意工作者(尤其是艺术家和黑客)的数据专业人士中的十大数据科学技能是:

- 统计 – 沟通(87%)
- 技术 – 处理结构化数据(79%)
- 商业 – 项目管理(77%)
- 统计 – 数据挖掘和可视化工具(77%)
- 数学 & 建模 – 数学(75%)
- 商业 – 产品设计和开发(68%)
- 统计 – 科学/科学方法(68%)
- 统计 – 数据管理(67%)
- 统计 – 统计学和统计建模(63%)
- 商业 – 商业开发(58%)

这里并没有指针对创意人员的重要技能。事实上,他们的重要数据科学技能列表与那些研究者紧密匹配,十项中有八项一致。

(4)研究人员:那些认为自己是研究工作者(尤其是研究员、科学家和统计学家)的数据专业人士中的十大数据科学技能是:

- 统计 – 沟通(90%)
- 统计 – 数据挖掘和可视化工具(81%)
- 数学 & 建模 – 数学(80%)
- 统计 – 科学/科学方法(78%)
- 统计 – 统计学和统计建模(75%)
- 技术 – 处理结构化数据(73%)
- 统计 – 数据管理(69%)
- 商业 – 项目管理(68%)
- 技术 – 机器学习(58%)
- 数学 – 最优化(56%)

研究人员的重要数据科学技能主要在统计领域。另外,只在研究工作者上体现的重要数据科学技能是高度定量性质,包括机器学习和最优化。

4. 按职业角色的重要技能

上述研究所列举的重要数据科学技能取决于你正在考虑成为哪种类型的数据专业人员。虽然一些技能看起来在不同专业人士间通用(尤其是沟通、处理结构化数据、数学、项目管理、数据挖掘和可视化工具、数据管理,以及产品设计和开发),但是其他数据科学技能对特定领域也有独特之处。开发人员的重要技能包含编程技能,研究人员则包含数学相关的技能,当然商业经理的重要技能包含商业相关的技能。

这些结果对数据专业人员感兴趣的领域和他们的招聘者及组织都有影响。数据专业人员可以使用结果来了解不同类型工作需要具备的技能种类。如果你有较强的统计能力,你可能会寻找一个有较强研究成分的工作。

8.2.2 数据科学家与数据工作者

通常,企业自身业务所产生的数据、政府公开的统计数据,还有与数据聚合商等其他公司结成的战略联盟等,通过这些渠道就可以获得业务上所需的数据。

从技术方面来看,硬盘价格下降,NoSQL 数据库等技术的出现,使得和过去相比,大量数据能够以廉价高效的方式进行存储。此外,像 Hadoop 这样能够在通用性服务器上工作的分布式处理技术的出现,也使得对庞大的非结构化数据进行统计处理的工作比以往更快速且更廉价。

然而,就算所拥有的工具再完美,工具本身是不可能让数据产生价值的。事实上,我们还需要能够运用这些工具的专门人才,他们能够从堆积如山的大量数据中找到金矿,并将数据的价值以易懂的形式传达给决策者,最终得以在业务上实现,具备这些技能的人才就是数据科学家(data scientist)和数据工作者。

数据科学家很可能是如今最热门的头衔之一,他们是数据科学行业的高层人才。数据科学家会利用最新的科技手段处理原始数据,进行必要的分析,并以一种信息化的方式将获得的知识展示给他的同事。

1. 大数据生态系统中的关键角色

大数据的出现,催生了新的数据生态系统。为了提供有效的数据服务,它需要 3 种典型角色。表 8-2 介绍了这 3 种角色,以及每种角色具有代表性的专业人员举例。

表 8-2 新数据生态系统中的 3 种关键角色

角 色	描 述	专业人员举例
深度分析人才	通过定量学科(例如数学、统计学和机器学习)高等训练的人员:精通技术,具有非常强的分析技能和处理原始数据、非结构化数据的综合能力,熟悉大规模复杂分析技术	数据科学家、统计学家、经济学家、数学家
数据理解专业人员	具有统计学和/或机器学习基本知识的人员:知道如何定义使用先进分析方法可以解决的关键问题	金融分析师、市场研究分析师、生命科学家、运营经理、业务和职能经理
技术和数据的使能者	提供专业技术用于支持分析型项目的人员:技能包括计算机程序设计和数据库管理	计算机程序员、数据库管理员、计算机系统分析师

典型的分析型项目需要多种角色。值得注意的是,数据科学家自身结合了多种以前被分离的技能,成为一个单一的角色。以前是不同的人用于一个项目的各个方面,比如,有的人去应对业务线上的终端用户,另外的具有技术和定量专长的人去解决分析问题。数据科学家是这些方面的结合体,有助于提供连续性的分析过程。

对数据科学家的关注,源于大家逐步认识到,谷歌、亚马逊、脸书等公司成功的背后,存在着这样的一批专业人才。这些互联网公司对于大量数据不是仅进行存储而已,而是将其变为有价值的金矿——例如,搜索结果、定向广告、准确的商品推荐、可能认识的好友列表等。

数据科学是一个很久之前就存在的词汇，但数据科学家却是几年前突然出现的一个新词。关于这个词的起源说法不一，其中在《数据之美》（Toby Segaran、Jeff Hammerbacher 编著）一书中，对于脸书的数据科学家，有如下叙述：

"在脸书，我们发现传统的头衔如商业分析师、统计学家、工程师和研究科学家都不能确切地定义我们团队的角色。该角色的工作是变化多样的：在任意给定的一天，团队的一个成员可以用Python实现一个多阶段的处理管道流、设计假设检验、用工具 R 在数据样本上执行回归测试、在Hadoop上为数据密集型产品或服务设计和实现算法，或者把我们分析的结果以清晰简洁的方式展示给企业的其他成员。为了掌握完成这多方面任务需要的技术，我们创造了'数据科学家'这种角色。"

仅仅在几年前，数据科学家还不是一个正式确定的职业，然而很快，这个职业就已经被誉为"今后 10 年 IT 行业最重要的人才"了。

谷歌首席经济学家、加州大学伯克利分校教授哈尔·范里安在 2008 年 10 月与麦肯锡总监 James Manyika 先生的对话中，曾经讲过下面一段话。

"我总是说，在未来 10 年里，最有意思的工作将是统计学家。人们都认为我在开玩笑。但是，过去谁能想到计算机工程师会成为 20 世纪 90 年代最有趣的工作？在未来 10 年里，获取数据——以便能理解它、处理它、从中提取价值、使其形象化、传送它——的能力将成为一种极其重要的技能，不仅在专业层面上是这样，而且在教育层面（包括对中小学生、高中生和大学生的教育）也是如此。由于如今我们已真正拥有实质上免费的和无所不在的数据，因此，与此互补的稀缺要素是理解这些数据并从中提取价值的能力。"

范里安教授在当初的对话中使用的是 statisticians（统计学家）一词，虽然当时他没有使用数据科学家这个词，但这里所指的，正是现在我们所讨论的数据科学家。

数据科学家的关键活动包括：

- 将商业挑战构建成数据分析问题。
- 在大数据上设计、实现和部署统计模型和数据挖掘方法。
- 获取有助于引领可操作建议的洞察力。

2. 数据科学家所需的技能

数据科学家这一职业并没有固定的定义，但大体上指的是这样的人才："是指运用统计分析、机器学习、分布式处理等技术，从大量数据中提取出对业务有意义的信息，以易懂的形式传达给决策者，并创造出新的数据运用服务的人才。"

数据科学家所需的技能如下。

（1）计算机科学。一般来说，数据科学家大多要求具备编程、计算机科学相关的专业背景。简单来说，就是对处理大数据所必需的 Hadoop、Mahout 等大规模并行处理技术与机器学习相关的技能。

（2）数学、统计、数据挖掘等。除了数学、统计方面的素养之外，还需要具备使用 SPSS、SAS 等主流统计分析软件的技能。其中，面向统计分析的开源编程语言及其运行环境 R 最近备受瞩目。R 的强项不仅在于其包含了丰富的统计分析库，而且具备将结果可视化的高品质图表生成功能，并可以通过简单的命令来运行。此外,它还具备称为 CRAN(The Comprehensive R Archive Network)的包扩展机制,通过导入扩展包就可以使用标准状态下所不支持的函数和数据集。

(3)数据可视化。信息的质量很大程度上依赖于其表达方式。对数字罗列所组成的数据中所包含的意义进行分析,开发 Web 原型,使用外部 API 将图表、地图等其他服务统一起来,从而使分析结果可视化,这是对于数据科学家来说十分重要的技能之一。

将数据与设计相结合,让晦涩难懂的信息以易懂的形式进行图形化展现的信息图正受到越来越多的关注,这也是数据可视化的手法之一(见图 8-5)。

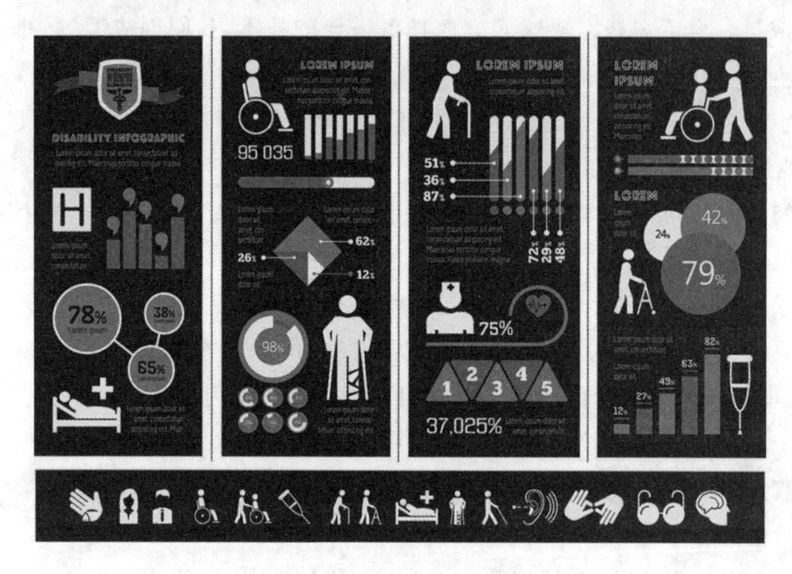

图 8-5　信息图的示例

作为参考,下面节选了脸书和推特的数据科学家招聘启事。对于现实中的企业需要怎样的技能,这则启事应该可以为大家提供一些更实际的体会。

脸书招聘数据科学家

脸书计划为数据科学团队招聘数据科学家。应聘该岗位的人,将担任软件工程师、量化研究员的工作。理想的候选人应对在线社交网络的研究有浓厚兴趣,能够找出创造最佳产品过程中所遇到的课题,并对解决这些课题拥有热情。

职务内容

- 确定重要的产品课题,并与产品工程团队密切合作寻求解决方案。
- 通过对数据运用合适的统计技术来解决课题。
- 将结论传达给产品经理和工程师。
- 推进新数据的收集以及对现有数据源的改良。对产品的实验结果进行分析和解读。
- 找到测量、实验的最佳实践方法,传达给产品工程团队。

必要条件

- 相关技术领域的硕士或博士学位,或者具备 4 年以上相关工作经验。

- 对使用定量手段解决分析性课题拥有丰富的经验。
- 能够轻松操作和分析来自各方的、复杂且大量的多维数据。
- 对实证性研究以及解决数据相关的难题拥有极大的热情。
- 能对各种精度级别的结果采用灵活的分析手段。
- 具备以实际、准确且可行的方法传达复杂定量分析的能力。
- 至少熟练掌握一种脚本语言，如 Python、PHP 等。
- 精通关系型数据库和 SQL。
- 对 R、MATLAB、SAS 等分析工具具备专业知识。
- 具备处理大量数据集的经验，以及使用 MapReduce、Hadoop、Hive 等分布式计算工具的经验。

推特招聘数据科学家（负责增加用户数量）

关于业务内容

推特计划招聘能够为增加其用户数提供信息和方向、具备行动力和高超技能的人才。应聘者需要具备统计和建模方面的专业背景，以及大规模数据集处理方面的丰富经验。

我们期待应聘者所具有的判断力能够在多个层面上决定推特产品群的方向。

职责

- 使用 Hadoop、Pig 编写 MapReduce 格式的数据分析。
- 能够针对临时数据挖掘流程和标准数据挖掘流程编写复杂的 SQL 查询。
- 能够使用 SQL、Pig、脚本语言、统计软件包编写代码。
- 以口头及书面形式对分析结果进行总结并做出报告。
- 每天对数 TB 规模、10 亿条以上事务级别的大规模结构化及非结构化数据进行处理。

必要条件

- 计算机科学、数学、统计学的硕士学位或者同等的经验。
- 2 年以上数据分析经验。
- 大规模数据集及 Hadoop 等 MapReduce 架构方面的经验。
- 脚本语言及正则表达式等方面的经验。
- 对离散数学、统计、概率方面感兴趣。
- 将业务需求映射到工程系统方面的经验。

3. 数据科学家所需的素质

仅仅四、五年前，对数据科学家的需求还仅限于谷歌、亚马逊等互联网企业中。然而在最近，重视数据分析的企业，无论是哪个行业，都在积极招募数据科学家。

通常，数据科学家所需要具备的素质有以下这些：

（1）沟通能力：即便从大数据中得到了有用的信息，但如果无法将其在业务上实现的话，其价值就会大打折扣。为此，面对缺乏数据分析知识的业务部门员工以及经营管理层，将数据分析的结果有效传达给他们的能力是非常重要的。

（2）创业精神：以世界上尚不存在的数据为中心创造新型服务的创业精神，也是数据科学家所必需的一个重要素质。谷歌、亚马逊、脸书等通过数据催生出新型服务的企业，都是通过对庞大的数据到底能创造出怎样的服务进行艰苦的探索才获得成功的。

(3)好奇心:庞大的数据背后到底隐藏着什么,要找出答案需要很强的好奇心。除此之外,成功的数据科学家都有一个共同点,即并非局限于艺术、技术、医疗、自然科学等特定领域,而是对各个领域都拥有旺盛的好奇心。通过对不同领域数据的整合和分析,就有可能发现以前从未发现过的有价值的观点。

美国的数据科学家大多拥有丰富的从业经历,如实验物理学家、计算机化学家、海洋学家,甚至是神经外科医生等。也许有人认为这是人才流动性高的美国所特有的现象,但其实在中国,也出现了一些积极招募不同职业背景人才的企业,这样的局面距离我们已经不再遥远。

数据科学家需要具备广泛的技能和素质,因此预计这一职位将会陷入供不应求的状态。麦肯锡全球研究院(MGI)的一项研究调查表明:

首先,三分之二的参加者认为数据科学家供不应求。这一点与前面提到的麦肯锡的报告是相同的。

对于新的数据科学家供给来源,有三分之一的人期待“计算机科学专业的学生”,排名第一,而另一方面,期待现有商务智能专家的却只有12%,这一结果比较出人意料(见图8-6)。也就是说,大部分人认为,现在的商务智能专家无法满足对数据科学家的需求。

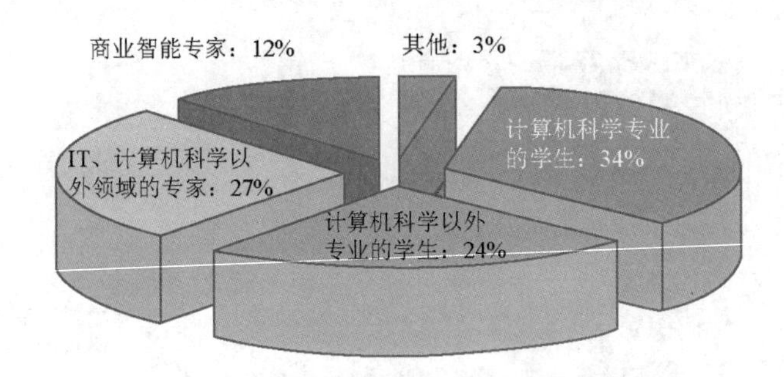

图8-6 数据科学家人才新的供给来源

数据科学家与商务智能专家之间的区别在于,从包括公司外部数据在内的数据获取阶段,一直到基于数据最终产生业务上的决策,数据科学家大多会深入数据的整个生命周期。这一过程中也包括对数据的过滤、系统化、可视化等工作(见图8-7)。

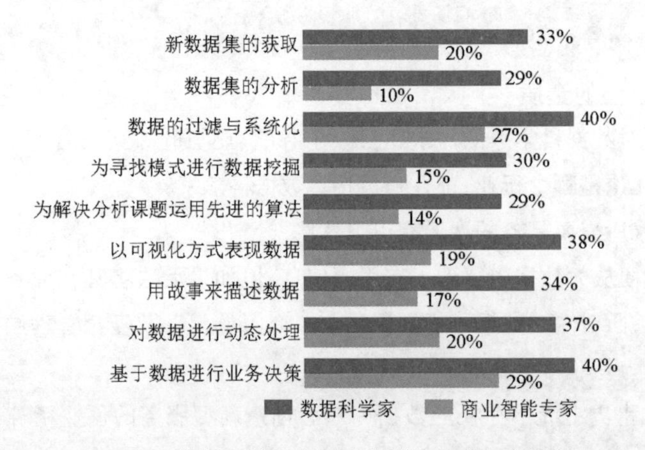

图8-7 数据科学家参与了数据的整个生命周期

关于数据科学家与商务智能专家的专业背景，有一些重要的调查结果。数据科学家大多学习计算机科学、工程学、自然科学等专业，而商务智能专家则大多学习商业专业（见图 8－8）。而且，和商务智能专家相比，数据科学家中拥有硕士和博士学位的人数也比较多（见图 8－9）。

BI专家大多学习商业专业，而数据科学家则大多学习计算机科学、自然科学、工程学等专业

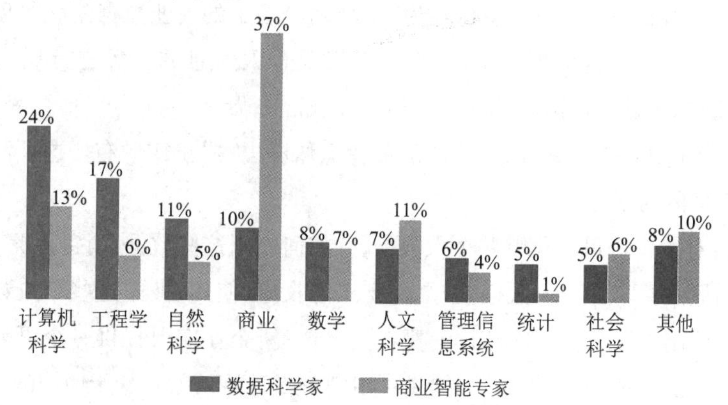

图 8－8　商务智能专家与数据科学家在大学专业上的对比

数据科学家中有40%拥有硕士或博士学位，相比之下，商业智能专家中这一比例为13%。

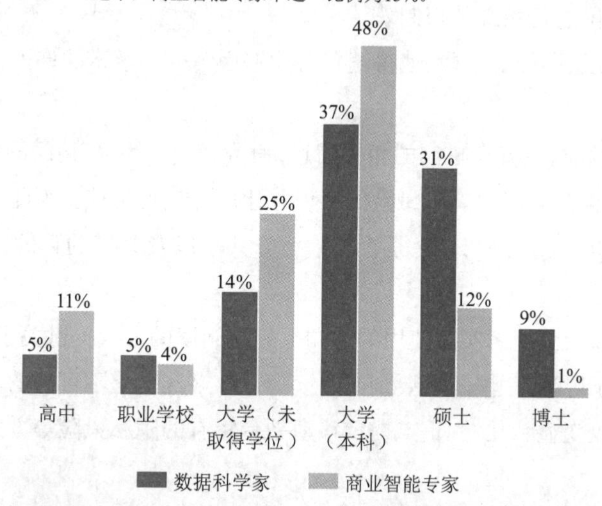

图 8－9　商务智能专家与数据科学家在学位上的对比

8.2.3　隐私权与安全性

事实上，在数据集上进行分析会透露出一些组织或者个人的机密信息，将一些个别看起来毫无危险性的信息聚合起来进行分析也能够揭示一些隐私信息，这会导致一些有意或无意的隐私数据的泄露。

要在业务中对大数据进行运用，就不可避免地会遇到隐私问题。对 Web 上的用户个人信息、行为记录等进行收集，在未经用户许可的情况下将数据转让给广告商等第三方，这样的经营者现在真不少见，因此各国都围绕着 Web 上行为记录的收集展开了激烈的讨论与立法。

涉及个人信息及个人相关信息的经营者，需要在确定使用目的的基础上事先征得用户同意，并

在使用目的发生变化时，以易懂的形式进行告知，这种对透明度的确保今后应该会愈发受到重视。

解决这些隐私问题需要对数据积累的本质和数据隐私管理有深刻的理解，同时也要使用一些数据标记化和匿名化技术。例如，在一定周期内收集的类似于汽车 GPS（全球定位系统）日志或者智能仪表的数据等遥测数据能够透露个人位置和日常习惯。

2010 年 12 月，美国商务部发表了一份题为“互联网经济中的商业数据隐私与创新：动态政策框架”的长达 88 页的报告。在这份报告指出，为了对线上个人信息的收集进行规范，需要出台一部“隐私权法案”，在隐私问题上对国内外的相关利益方进行协调。

受这份报告的影响，2012 年 2 月 23 日，“消费者隐私权法案”正式颁布。这项法案中，对消费者的权利进行了如下具体的规定。

（1）个人控制：对于企业可收集哪些个人数据，并如何使用这些数据，消费者拥有控制权。

对于消费者和他人共享的个人数据，以及企业如何收集、使用、披露这些个人数据，企业必须向消费者提供适当的控制手段。为了能够让消费者做出选择，企业需要提供一个可反映企业收集、使用、披露个人数据的规模、范围、敏感性，并提供可由消费者进行访问且易于使用的机制。

例如，通过收集搜索引擎的使用记录、广告的浏览记录、社交网络的使用记录等数据，就有可能生成包含个人敏感信息的档案。因此，企业需要提供一种简单且醒目的形式，使得消费者能够对个人数据的使用和公开范围进行精细的控制。

此外，企业还必须提供同样的手段，使得消费者能够撤销曾经承诺的许可，或者对承诺的范围进行限定。

（2）透明度：对于隐私权及安全机制的相关信息，消费者拥有知情、访问的权利。

前者的价值在于加深消费者对隐私风险的认识并让风险变得可控。为此，对于所收集的个人数据及其必要性、使用目的、预计删除日期、是否与第三方共享以及共享的目的，企业必须向消费者进行明确说明。

此外，企业还必须以在消费者实际使用的终端上容易阅读的形式提供关于隐私政策的告知。特别是在移动终端上，由于屏幕尺寸较小，要全文阅读隐私政策几乎是不可能的。因此，必须要考虑到移动终端的特点，采取改变显示尺寸、重点提示移动平台特有的隐私风险等方式，对最重要的信息予以显示。

（3）尊重背景：消费者有权期望企业按照与自己提供数据时的背景相符的形式对个人信息进行收集、使用和披露。

这是要求企业在收集个人数据时必须有特定的目的，企业对个人数据的使用必须仅限于该特定目的的范畴，即基于 FIPP（公平信息行为原则）的声明。

从基本原则上说，企业在使用个人数据时，应当仅限于与消费者披露个人数据时的背景相符的目的。另一方面，也应该考虑到，在某些情况下，对个人数据的使用和披露可能与当初收集数据时所设想的目的不同，而这可能成为为消费者带来好处的创新之源。在这样的情况下，必须用比最开始收集数据时更加透明、醒目的方式来将新的目的告知消费者，并由消费者来选择是允许还是拒绝。

（4）安全：消费者有权要求个人数据得到安全保障且负责任地被使用。

企业必须对个人数据相关的隐私及安全风险进行评估，并对数据遗失、非法访问和使用、损坏、篡改、不合适的披露等风险维持可控、合理的防御手段。

(5)访问与准确性:由于数据敏感性,或者当数据的不准确可能对消费者带来不良影响时,消费者有权以适当的方式对数据进行访问,以及提出修正、删除、限制使用等要求。

企业在确定消费者对数据的访问、修正、删除等手段时,需要考虑所收集的个人数据的规模、范围、敏感性,以及对消费者造成经济上、物理上损害的可能性等。

(6)限定范围收集:对于企业所收集和持有的个人数据,消费者有权设置合理限制。

企业必须遵循第(3)条"尊重背景"的原则,在目的明确的前提下对必需的个人数据进行收集。此外,除非需要履行法律义务,否则当不再需要时,必须对个人数据进行安全销毁,或者对这些数据进行身份不可识别处理。

(7)说明责任:消费者有权将个人数据交给为遵守"消费者隐私权法案"且具备适当保障措施的企业。

企业必须保证员工遵守这些原则,为此,必须根据上述原则对涉及个人数据的员工进行培训,并定期评估执行情况。在有必要的情况下,还必须进行审计。

在上述 7 项权利中,对于准备运用大数据的经营者来说,第(3)条"尊重背景"是尤为重要的一条。例如,如果将在线广告商以更个性化的广告投放为目的收集的个人数据,用于招聘、信用调查、保险资格审查等目的的话,就会产生问题。

此外,脸书等社交网络服务中的个人档案和活动等信息,如果用于脸书自身的服务改善以及新服务的开发是没有问题的。但是,如果要对第三方提供这些信息,则必须以醒目易懂的形式对用户进行告知,并让用户有权拒绝向第三方披露信息。

另一方面,在面临访问控制和数据安全的问题时,大数据的解决方案往往不像传统企业级解决方案那样具有很好的健壮性。大数据安全主要涉及使用用户认证和授权机制保证数据网络和数据仓库足够安全。

大数据安全还包含了为不同类别的用户创立不同的数据访问级别。例如,与传统的关系型数据库管理系统不同,非关系型数据库往往不会提供健壮的内置安全机制。相反,它们依赖于简单的基于 HTTP 的 API,这些 API 使用明文进行数据交换,这会使数据更容易遭受网络攻击。

8.2.4 连接开放数据

"Raw DATA Now!"(马上给我原始数据!)

在 2009 年 2 月美国加利福尼亚州长滩市举行的 TED(Technology Entertainment Design)大会上,曾提出万维网方案、被誉为"WWW 之父"的英国计算机科学家蒂姆·伯纳斯-李(Tim Berners - Lee)爵士,面对会场中众多的听众,喊出了上面的这句话。

1. LOD 运动

"WWW 之父"蒂姆·伯纳斯-李爵士所提出的,将数据公开并连接起来,以对社会产生巨大价值为目的进行共享,被称为 LOD(Linked Open Data,连接开放数据,见图 8 - 10)。LOD 倡导将国家及地方政府等公职机构所拥有的统计数据、地理信息数据、生命科学等科学数据开放出来(Open Data),并相互连接(Link),以为社会整体带来巨大价值为目的进行共享。LOD 与倡导积极公开政府信息及公民参与行政的"政府公开"运动紧密相连,正不断在世界各国政府中推广开来。

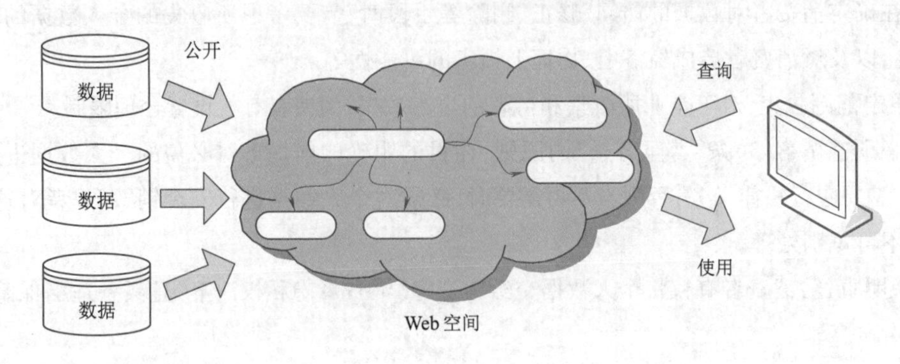

图 8-10 LOD 的概念

针对政府机构抱着数据不放而拒绝公开的状况,蒂姆·伯纳斯-李强烈呼吁:"请把未经任何加工的原始数据交给我们。我们想要的正是这些数据。希望公开原始数据。"随即,他在演讲中继续谈道:"从工作到娱乐,数据存在于我们生活的各个角落。然而,数据产生地的数量并不重要,更重要的是将数据连接起来。通过将数据相互连接,就可以获得在传统文档网络中所无法获得的力量。这其中会产生出巨大的力量。如果你们认为这个构想很不错,那么现在正是开始行动的时候了。"

所谓"传统文档网络中所无法获得的",意思是说,传统的 Web 是以人类参与为前提的,而通过计算机进行自动化信息处理还相对落后。例如,HTML 中所描述的信息,对人类是容易理解的,但对于计算机来说,处理起来就比较费力。LOD 的前提是,利用 Web 的现有架构,采用计算机容易处理的机器可读(machine readable)格式来进行信息的共享。

蒂姆·伯纳斯-李的设想是,"如果任何数据都可以在 Web 上公开,人们便可以使用这些数据实现过去所未曾想象过的壮举"。

在 2010 年举办的"TED 大学"中,蒂姆·伯纳斯-李以"'Raw DATA Now!'的呼吁已经传达给全世界的人"为题,介绍了一些实例。

例如,英国政府成员 Paul Clark 在政府开设的博客中写道:

"我们有自行车事故发生地点的原始统计数据。"

随后,仅仅过了两天,英国报纸《泰晤士报》(创办于 1785 年的世界上最古老的报纸)就在其在线版 Times Online 上,利用这些原始数据和地图数据相结合开发了相应的服务并公开发布。

2010 年 1 月,在海地共和国发生里氏 7 级大地震之际,"Raw DATA Now!"的精神也得以发扬。利用世界最大的商用卫星图像供应商 GeoEye 公司公开的高分辨率卫星图像,全世界的志愿者用 OpenStreetMap(OSM——一个可以自由使用、带有编辑功能的协作型世界地图制作项目,可以理解为维基百科的地图版)制作了标明难民营路线的详细地图。

2. 对政府公开的影响

促进人们公开所拥有的数据,并将它们连接起来,从而对社会整体产生巨大价值的 LOD 运动,渐渐开始对政府公开(Open Government)产生影响。所谓政府公开,就是利用互联网的交互性,促进政府信息的积极公开以及公民对行政的参与。

奥巴马总统就任后，美国联邦政府在2009年1月发表的总统备忘录中，提出“透明公开的政府”，以Transparency（透明度）、Participation（公民参与）、Collaboration（政府间合作及官民合作）为基本的三个原则，要求各政府机关建立透明、开放、和谐的政府形象。在这三个原则中，作为Transparency（透明度）的具体实现，就是建立了一个向公民提供国情、环境、经济状况等联邦政府机关所拥有的各种数据的网站Data. gov。

Data. gov基于“政府数据是公民资产”这一思路，将联邦政府机关拥有的原始数据（Raw Data Catalog）以目录形式公开提供。2009年5月刚开始时只有区区47组数据，而到2012年5月其公开的数据量已经扩大到约39万组。

从所提供的数据数量上可以看出，Data. gov的特征在于其公开了跨政府部门的非常多种多样的数据（截至2012年5月，共有172个政府机关公开了数据）。例如，交通部公开了对主要航空公司国内航线到达准点率的统计数据Airline On-Time Performance and Causes of Flight Delays（航空公司准点率和晚点原因），其中包括起飞机场、到达机场、计划起飞时间、实际起飞时间、计划到达时间、实际到达时间、航班名称、进入跑道时间、飞行时间等详细数据。

此外，美国国防部也公开了陆军、海军、空军等各军队的人员构成数据，如人种（白人、黑人、亚洲人、美国印第安人、夏威夷原住民等）、性别等，自公开以来在下载总数排行榜上排名第6位，是最受欢迎的数据之一。

公开的数据还包括美国联邦政府以宣言形式约定要执行的措施的进展情况，例如，根据“联邦政府到2015年计划将运行中的数据中心数量削减40%”这一约定，数据中心的关闭情况等数据也进行了公开。

普通公民和组织都可以下载这些公开的数据，并自由地进行加工、分析。因此，Data. gov中并不只有数据，还公开了一些民间开发的应用程序。

美国政府将其所拥有的数据中能够公开的部分积极进行公开，作为其平台的Data. gov不仅服务于国内，还有很多来自国外的访问。根据2011年11月的统计，来自邻国加拿大的访问量达2 155次居首位，日本以微弱的差距排名第2（2 027次），第3位是印度（1 987次），接下来分别是英国、德国、俄罗斯和法国（见图8－11）。可以看出，日本对这些数据也表现出了浓厚的兴趣。

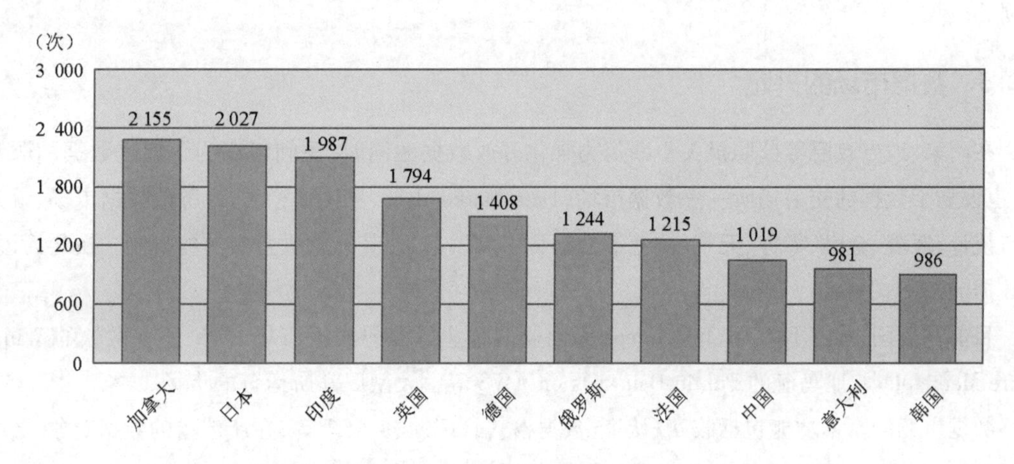

图8－11　Data. gov来自国外的访问量（前10位）

英国政府也从2010年1月起开始在Data. gov. uk上公开政府所拥有的数据。Data. gov. uk是由LOD的发起人蒂姆·伯纳斯-李亲自监督的项目,公民可以对犯罪、交通、教育等政府拥有的数据(不包括个人数据)进行访问。该项目一开始就公开了约2 500组大量的数据,到2012年5月时其数量超过了8 400组,项目开始后的两年间增加了3倍多。

与此同时,对这些数据进行运用的应用程序也正在开发。例如,可查询1995年起至今的住宅价格记录的Our Property,通过智能手机在地图上显示最近药房的UK Pharmacy,报告道路上的坑洞和危险的Fin That Hole等,现在已经公开了约200个整合型应用程序。

3. 利用开放数据的创业型公司

The Climate Corporation公司的业务是向农民销售综合气候保险。所谓综合气候保险,就是农民为了预防恶劣气候所造成的农作物减产而购买的一种保险。该公司通过美国农业部公开的过去60年的农作物收获量数据,与数据量达到14 TB的以2平方英里(约合5. 2平方千米)为单位进行统计的土壤数据,以及政府在全国100万个地点安装的多普勒雷达所扫描的气候信息相结合,对玉米、大豆、冬小麦的收获量进行预测。

所有这些数据都是可以免费获取的,因此是否能够从这些数据中催生出有魅力的商品和服务才是关键。该公司的两位创始人都来自Google,其中一位曾负责过分布式计算。此外,该公司60名员工中,有12名拥有环境科学和应用数据方面的博士学位,聚集了一大批能够用数据来解决现实问题的人才。

此外,该公司还自称"世界上屈指可数的MapReduce驾驭者",他们是利用亚马逊的云计算服务来处理政府所公开的庞大数据的。

有用的数据、具备高超技术的人才,再加上能够廉价完成庞大数据处理的计算环境,该公司将这些条件结合起来,对土壤、水体、气温等条件对农作物收成产生的影响进行分析,从而催生出了气候保险这一商品。该公司的CEO David Friedberg先生,面对《纽约时报》关于今后业务扩大方面的提问,给出了这样的回答:

"只要能够长期获取高质量的数据,无论是加拿大还是巴西,在任何地方都能够提供我们的服务。不过,就目前来看,我们认为在其他国家还不能够免费获取像美国政府所提供的这样高品质的数据。"

8.2.5 数据市场的兴起

在国家、地方政府等公职机关不断努力强化开放数据的同时,民间组织为了促进数据的顺利流通,也设立了数据的交易场所——数据市场(Data Marketplace,见图8-12)。所谓数据市场,就是将人口统计、环境、金融、零售、天气、体育等数据集中到一起,使其能够进行交易的机制。换句话说,就是数据的一站式商店。

目前在美国,除了Factual、Infochimps等创业型企业运营的数据市场之外,还有微软的Windows Azure Marketplace、亚马逊的Public Data Sets on AWS等由大型厂商所运营的市场。

数据市场的基本功能包括收费、认证、数据格式管理、服务管理等,在所涉猎的数据对象、数据丰富程度、收费模式、数据模型、查询语言、数据工具等方面则各有不同。

图8-12 数据市场

各家运营数据市场的公司都没有确立一个明确的商业模式,不过这些公司都设计了各自不同的收益模型。例如,Factual 和 Infochimps 都试图建立依靠数据集本身来获得收益的商业模式,所提供的数据除了从合作伙伴企业征集外,自己也会通过网页抓取来收集。

另一方面,微软的 Windows Azure Marketplace 和亚马逊的 Public Data Sets on AWS 则不期望通过数据使用费本身来获得收益。由于这两家公司都是在各自运营的云计算平台上提供数据的,因此在云端工作的应用程序可以很容易地集成数据市场中的数据,从而提升了应用的价值,并通过收取云计算平台的使用费来获得收益。他们所提供的数据不是自己收集的,而是由合作伙伴企业提供的。

从数据市场的性质上看,其数据量必然随着时间的推移而不断增长。因此,作为支撑的基础架构必须拥有足够的可扩放性。当数据调用集中时,需要足够承受大量访问的可用性。微软和亚马逊通过运用云计算来平稳运营数据市场的服务,从结果上看,相当于展现了自身云计算平台的坚固性。

特别是微软,通过提供数据市场,也可以拉动 Office(Excel)、SharePoint、Visual Studio 等产品的销售额。正如苹果通过 iTunes 大幅提升 iPod 的销量一样,由于能够容易地导入和运用 Windows Azure Marketplace 中的数据,上述产品群的销售增长也很值得期待。

未来的发展趋势,应该是将 LOD(Linked Open Data)与数据市场的思路进行融合,从而确保数据市场之间的兼容性。

8.2.6 将原创数据变为增值数据

无论是与其他公司结成联盟,还是利用数据聚合商,如果自己的公司拥有原创数据的话,接下来就可以通过与其他公司的数据进行整合,来催生出新的附加价值,从而升华成为增值数据(premium data)。这样能够产生相乘的放大效果,这也是大数据运用的真正价值之一。

选择什么公司的数据与自己公司的原创数据整合,这需要想象力。在自己公司内部认为已经没什么用的数据,对于其他公司来说,很可能就是求之不得的宝贝。例如,耐克提供了一款面向 iPhone 的慢跑应用 Nike + GPS(见图8-13)。它可以通过使用 GPS 在地图上记录跑步的路线,将这些数据匿名化并进行统计,就可以找出跑步者最喜欢的路线。在体育用品店看来,这样的数据在讨论门店选址计划上是非常有效的。此外,在考虑具备淋浴、储物柜功能的收费休息区以及自动售货机的设置地点、售货品种时，这样的数据也是非常有用的。

图 8－13 Nike + GPS

对于拥有原创数据的企业和数据聚合商来说，不应该将目光局限在自己的行业中，而应该以更加开阔的视野来制定数据运用的战略。

8.2.7 大数据未来展望

大数据是继云计算、移动互联网之后，信息技术领域的又一大热门话题。根据预测，大数据将继续以每年 40% 的速度持续增加（见图 8－14），而大数据所带来的市场规模也将以每年翻一番的速度增长。有关大数据的话题也逐渐从讨论大数据相关的概念，转移到研究从业务和应用出发如何让大数据真正实现其所蕴含的价值。大数据无疑给众多的 IT 企业带来了新的成长机会，同时也带来了前所未有的挑战。

随着数据量的持续增大，学术界和工业界都在关注着大数据的发展，探索新的大数据技术、开发新的工具和服务，努力将“信息过载”转换成“信息优势”。大数据将跟移动计算和云计算一起成为信息领域企业所“必须有”的竞争力。如何应对大数据所带来的挑战，如何抓住机会真正实现大数据的价值，将是未来信息领域持续关注的课题，并同时会带来信息领域里诸多方面的突破性发展。

1. 大数据存储和管理

随着数据量的迅猛增加，如何有效地存储和管理不同来源、不同标准、不同结构、不同实时性要求的大数据已经成为信息领域的一大课题。

早期 IDC 的一项研究报告中就预测 2012 年到 2020 年，新增的存储总量将增长 8 倍，但是仍比 2020 年数字世界规模的 1/4 还小。因此，在数字内容总量和有效数字存储空间之间就有了一个日益增大的缺口。虽然大数据的特点之一是价值稀疏，然而因为种种原因这些数据还是具有保留价值。因此采用什么样的存储技术和策略来解决大数据存储问题将是未来必须要解决的问题之一。

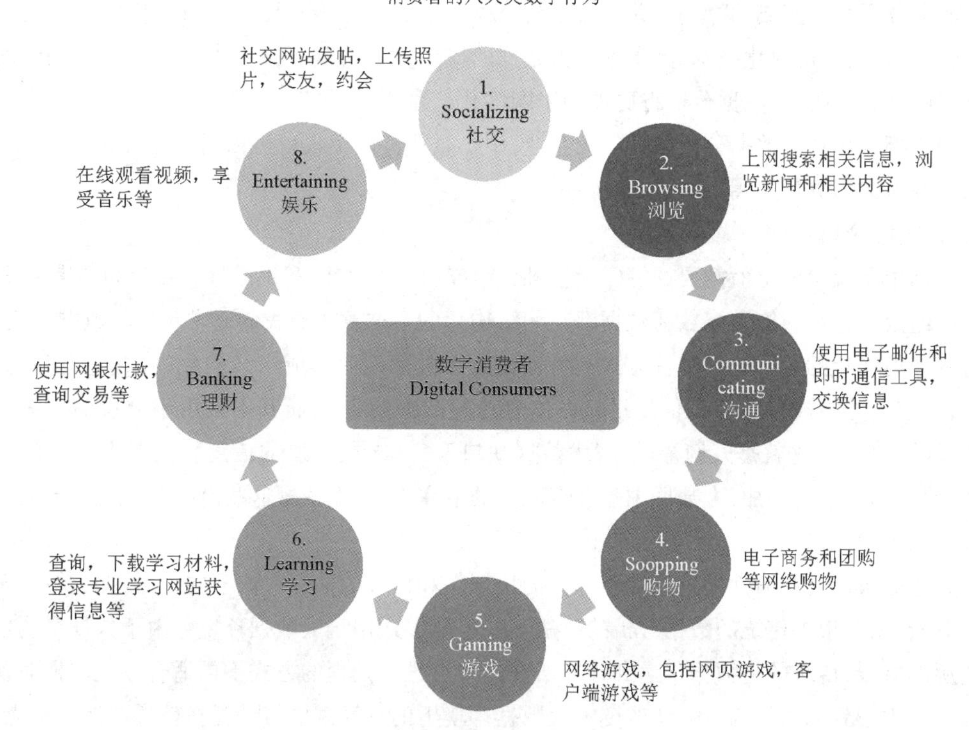

图 8-14 消费者的数字行为

首先，数据去重和数据压缩技术要有所突破。IDC 的数据表明将近 75% 的数字世界是副本，也就是说只有 25% 的数据是独一无二的。当然副本在很多情况下是必须存在的，例如，各种法律法规通常要求多个副本的存在，多副本也是提高系统可靠性的一种有效方法。即便如此，还是有很多由于副本而造成数据冗余。降低副本是提高存储效率和降低存储成本的一个首选领域。

另外，大数据对存储系统的可扩展性要求极高。一个好的大数据存储架构必须具备出色的横向可扩展能力，从而使得系统的存储力可以随着存储量需求的增加而线性增加。

2. 传统 IT 系统到大数据系统的过渡

大数据的有用性毋庸置疑，问题的关键是如何能够开发出经济实用的大数据应用解决方案，使得用户能够利用手中掌握的各种数据，揭示数据中所存在的价值，从而带来在市场上的竞争优势。这里面使用大数据的代价和大数据可用性是尤为关键的两个问题。

首先是代价：如果为了实现大数据的价值，需要用户重新搭建一套从硬件到软件的全新 IT 系统，这样的代价对于多数客户来说都难以接受。更可行的方案是在现有的数据平台的基础上，做渐进式的改进，逐渐使现有的 IT 系统具备处理和分析大数据的能力。例如，在现有的 IT 平台上加入大数据的组件（如 Hadoop、MapReduce、R 等），在现有的商业智能的平台上引入一些大数据分析的工具，来实现大数据分析功能。要实现上述功能，现有的数据库系统和 Hadoop 的无缝连接将是非常关键的技术。使得现有的基于关系数据库的系统、工具和知识体系能够方便地迁移到 Hadoop 生态系统中，这就要求关系数据库的查询能够直接在 Hadoop 文件系统上进行而不是通过中间步骤（如外部表的方式）来实现。

其次是可用性：大数据的根本是要为用户带来新的价值，而通常这些用户是各个职能部门的业务人员而非数据科学家或 IT 专家，所以大数据分析的平民化尤为重要。大数据科研人员要和业务人员密切合作，借助可视化技术等，真正使大数据的应用做到直观、易用，为客户带来可操作的洞察和可度量的结果。同时，数据分析将更加趋于网络化。基于云计算的分析即服务，使得大数据分析不再局限于拥有昂贵的数据分析能力的大企业，中小企业甚至个人也可以通过购买数据分析服务的方式来开发大数据分析应用。

3. 大数据分析

大数据中所蕴含的价值需要挖掘。而这种大海捞针的工作极富挑战性。数字世界是由各种类型的数据组成的，然而，绝大多数新数据都是非结构化的。这意味着我们通常对这些数据知之甚少，除非这些非结构化的数据通过某种方式被特征化或者被标记而形成半结构化的数据。依照最粗略的估算，数字世界中被“标记”的信息量只占信息总量的大约 3%，而其中被用于分析的却只占整个数字总量的 0.5%。这就是人们常说的“大数据缺口”——未被开发的信息。虽然大数据的价值稀疏，但随着数据总量的增加，大数据中蕴含着巨大的潜在价值，而挖掘这些潜在的价值需要大量的投入和技术的突破。

大数据分析需要革命性的理论和新算法的出现。和传统的抽样方法不同，大数据分析是全数据的聚合分析，因此很多传统的数据分析的算法不一定能够适用于大数据环境。由于数据量的巨大和网络资源的有限，传统的将数据传送到计算所在的地点进行处理的方式不再适合。大数据时代呼唤由以计算为中心到以数据为中心的改变。大数据环境下的计算需要将计算在就近数据的地点完成，然后再把结果汇总到中心结点，最大限度地减少数据移动。大数据分析必须是分布式与并行化兼顾的系统架构。然而，目前常用的数据分析的算法并不都能够被并行化，需要研究和开发适合大数据环境的新的算法。

为了实现全数据分析从而能够发掘出新的有价值的洞察力，要求大数据分析系统能够综合分析大量且多种类型的数据。这就要求大数据系统要能够把结构化数据的方法、工具和新兴的非结构化数据的方法和工具有机地结合。新的系统要兼备大规模并行处理数据库的高效率，同时又具有 Hadoop平台高扩展性的特点（见图 8－15）。

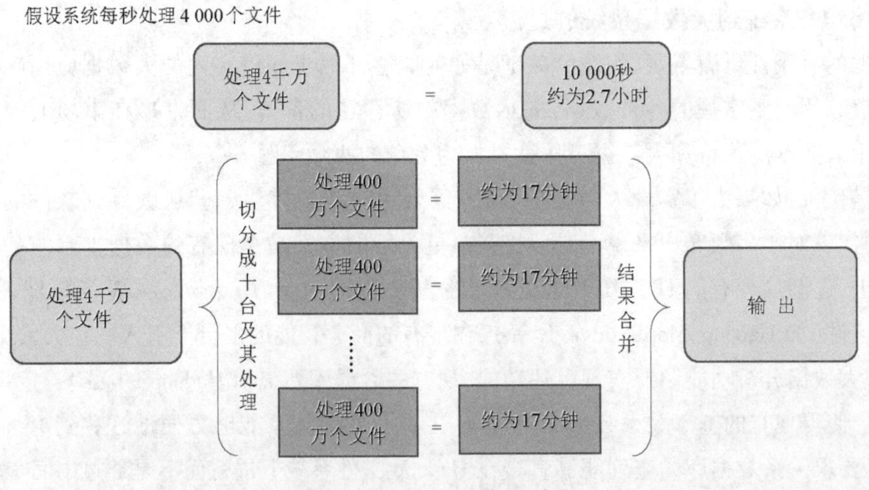

图 8－15 Hadoop 处理原理

许多大数据应用需要实时的数据分析能力,因此提高数据分析的效率和速度是大数据分析的又一挑战。为此人们在这方面做了很多尝试,例如,并行计算、内存数据库等。很显然,只靠内存数据库的方法来提高数据分析速度不太可行。成本是其中的一个关键因素,虽然内存的价格按每 18 个月降低 30% 左右的速度降低,但数据的增长速度更快,以每 18 个月 40% 的速度增长。

云计算是提高大数据分析能力的一个可行的方案。云计算和大数据相互依存共同发展,云计算为大数据提供弹性可扩展的存储和高效的数据并行处理能力,大数据则为云计算提供了新的商业价值。

4. 大数据安全

大数据给信息安全带来了新的挑战(见图 8-16)。随着云计算,社交网络和移动互联网的兴起,对数据存储的安全性要求也随之增加。互联网给人们的生活带来了方便,与此同时也使得个人信息的保护变得更加困难。各种在线应用中共享数据的比例在增大。这种大量的数据共享的一个潜在问题就是信息安全。近些年,信息安全技术发展迅速,然而企图破坏和规避信息保护的技术和工具也在发展,各种网络犯罪的手段更加不易追踪和防范。

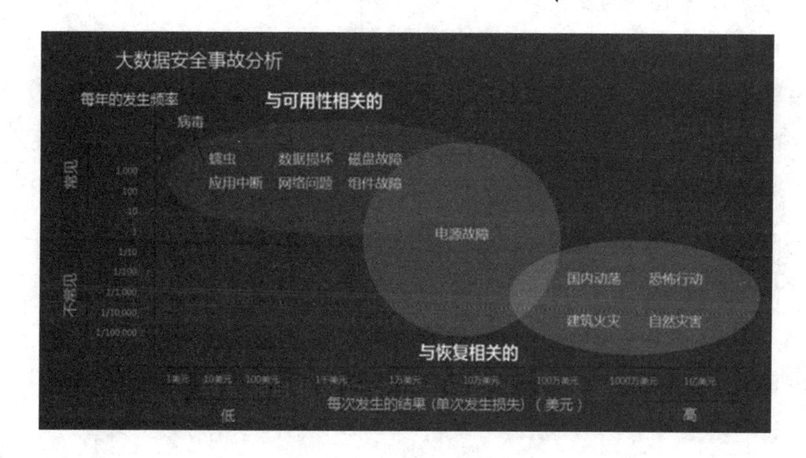

图 8-16 大数据安全分析

信息安全的另一方面是管理。在加强技术保护的同时,加强全民的信息安全意识,完善信息安全的政策和流程也是至关重要的。即使技术再先进,如果企业的员工忽视公司的信息安全政策,例如没有备份应该备份的数据,没有及时更新安全软件等,即使有先进的技术保障,也不能保证企业信息万无一失。

大数据时代信息安全需要更完备的信息安全标准。例如,如何规范电子商务中客户信息的管理,保障客户信息的安全,在大数据时代提出了新的要求。客户的身份数据、购买记录等如果和其他社交网络中客户的行为与记录放在一起进行综合分析,可能会造成意想不到的信息泄露。什么样的个人信息可以保留,什么组织和机构可以有权利保存、收集和汇总私人信息,这都需要制定详尽的信息管理法规,并由各部门参与协调从而切实保证客户的信息安全。另一方面,大数据也为数据安全带来了新的技术突破的可能。通过大数据分析的方法,实现信息安全策略的动态调整,从而更好地提高信息安全措施的实时性和完备性。

【作　业】

1. 商务智能和数据科学都是企业所需要的。数据科学可以简单地理解为预测分析和数据挖掘,是统计分析和机器学习技术的结合,用于获取数据中的推断和洞察力。以下(　　)不是数据科学的相关方法。

A. 回归分析　　B. 关联规则

C. 网格分析　　D. 仿真

2. 数据科学的典型技术不包括(　　)。

A. 冰点分析　　B. 优化模型

C. 预测模型　　D. 统计分析

3. 商务智能更关注于过去的旧数据,其结果是商业价值相对较低;而数据科学更着眼于(　　),其商业价值相对更高。

A. 在对旧数据提炼后综合新数据　　B. 对旧数据的深度提炼

C. 新旧数据的综合　　D. 新数据和对未来的预测

4. 数据科学并不是简单应用统计学,不仅是现有的、传统的基础架构与软件平台,而是需要新的应用、新的平台和新的(　　)。

A. 认知观　　B. 数据观

C. 哲学观　　D. 体验观

5. 通常,数据科学的实践需要三个一般领域的技能,下列(　　)不是其中之一。

A. 商业洞察　　B. 计算机技术/编程

C. 博弈论和决策论　　D. 统计学/数学

6. 在数据科学领域中,开发人员的重要技能包含(　　)相关的技能,研究人员则包含(　　)相关的技能,当然商业经理的重要技能包含(　　)相关的技能。

A. 硬件、电子、管理　　B. 工程、物理、运筹学

C. 编程、电子、运筹学　　D. 编程、数学、商业

7. 就算所拥有的工具再完美,工具本身是不可能让数据产生价值的。事实上,我们还需要能够运用这些工具的专门人才,即(　　),他们能够从堆积如山的大量数据中找到金矿,并将数据的价值以易懂的形式传达给决策者,最终得以在业务上实现。

A. 数据科学家　　B. 高级程序员

C. 软件工程师　　D. 网络工程师

8. 大数据的出现催生了新的数据生态系统。为了提供有效的数据服务,但下列(　　)不是它需要的典型人才。

A. 深度分析人才　　B. 数据理解专业人员

C. 网络维护资深工程师　　D. 技术和数据的使能者

9. 下列(　　)不是数据科学家的关键活动。

A. 将商业挑战构建成数据分析问题

B. 对计算机应用项目进行深度盈利分析

C. 在大数据上设计、实现和部署统计模型和数据挖掘方法

D. 获取有助于引领可操作建议的洞察力

10. 数据科学家这一职业大体上是指这样的人才:“是指运用(　　)等技术,从大量数据中提取出对业务有意义的信息,以易懂的形式传达给决策者,并创造出新的数据运用服务的人才。”

A. B、C 和 D　　　　B. 统计分析

C. 机器学习　　　　D. 分布式处理

11. 数据科学家需要具备很多优秀素质,但下面(　　)不属于这个方面。

A. 沟通能力　　　　B. 创业精神

C. 娱乐心　　　　D. 好奇心

12. “消费者隐私权法案”对消费者的权利做了具体规定,即(　　)。

A. 个人控制、透明度、尊重背景

B. 安全、访问与准确性、限定范围收集

C. 说明责任

D. A、B 和 C

13. 无论是与其他公司结成联盟,还是利用数据聚合商,如果自己的公司拥有(　　),就可以通过与其他公司的数据进行整合,来催生出新的附加价值,以产生相乘的放大效果。这也是大数据运用的真正价值之一。

A. 分析数据　　　　B. 原创数据

C. 增值数据　　　　D. 综合数据

14. 大数据是继云计算、移动互联网之后,信息技术领域的又一大热门话题。大数据的未来课题包括(　　)。

A. 大数据存储和管理　　　　B. 传统 IT 系统到大数据系统的过渡

C. 大数据分析和大数据安全　　　　D. A、B 和 C

实训操作　ETI 企业的大数据之旅

1. 数据科学技能自我评估

请记录:你认为自己更接近于下列哪种职业角色:

☐ 商业经理　　☐ 开发人员　　☐ 创意人员　　☐ 研究人员

参考表 8-1,请根据所列举的 25 项数据科学技能,客观地给自己做一个评估,在表 8-3 的对应栏目中合适的项下打“√”。

表 8-3　数据科学中 25 项技能自我评估

技能领域	技能详情	评估结果					
		专家	非常熟练	熟练	新手	略知	不知道
商业	1. 产品设计和开发						
	2. 项目管理						
	3. 商业开发						
	4. 预算						
	5. 管理和兼容性						
技术	6. 处理非结构化数据						
	7. 管理结构化数据						
	8. 自然语言处理(NLP)和文本挖掘						
	9. 机器学习						
	10. 大数据和分布式数据						
数学 & 建模	11. 最优化						
	12. 数学						
	13. 图模型						
	14. 算法和仿真						
	15. 贝叶斯统计						
编程	16. 系统管理和设计						
	17. 数据库管理						
	18. 云管理						
	19. 后端编程						
	20. 前端编程						
统计	21. 数据管理						
	22. 数据挖掘和可视化工具						
	23. 统计学和统计建模						
	24. 科学/科学方法						
	25. 沟通						

说明:不知道(0),略知(20),新手(40),熟悉(60),非常熟悉(80),专家(100)。你的评估总分是:＿＿＿＿＿＿分。

2. 案例企业总结

现在,案例 ETI 企业已经成功开发了“欺诈索赔探测”解决方法,它给 IT 团队在大数据存储和分析领域提供了经验和信心。更重要的是,他们明白他们所实现的只是高级管理建立的关键目标的一部分,很多项目仍旧需要完成:完善新保险申请的风险评估,实行灾难管理以减少灾难相关的索赔,通过提供更有效的索赔处理和个性化的保险政策,最终实现全面的合规性来减少客户流失。

明白“成功孕育成功”,公司创新经理需要在待办项目中考虑优先处理的项目。通知 IT 团队他们下一步将要解决现存的导致索赔进程缓慢的效率问题。虽然 IT 团队正忙着学习大数据知识来为欺诈探测提供解决方法,创新经理组织了一个商业分析师团队,记录和分析这些索赔业务处理流程。这些过程模型将用于驱动一个将要用 BPMS 实施的自动化项目。创新经理选择了这个作为下一个目标,因为他们想从欺诈探测模型中产生最大价值。当它在过程自动化框架内部被调用时就会实现,这将允许训练数据的进一步集合,推动有监督的机器学习方法逐步完善,使索赔分类为合法或欺诈。

实现流程自动化的另一个优点是工作本身的标准化。如果理赔审查员都要强制遵循相同的索赔处理程序,客户服务的差异应该下降,这将会帮助 ETI 企业的顾客极大地获取信心,他们的索赔将会被正确地处理。虽然这是非直接的收益,但是这使人认识到一个事实,正是通过 ETI 企业的商业处理,使顾客感受到了他们与 ETI 企业之间关系的价值。虽然 BPMS 本身并不是一个大数据计划,它会产生巨大数量的数据,像与端对端处理时间相关的、个人活动的停留时间和个体员工处理索赔的业务量。这些数据可以被收集、挖掘以发现有趣的关系,尤其是当与客户数据相结合时。

知道客户流失程度是否与索赔处理时间有关是很有价值的。如果是,一个回归模型会被开发来预测哪些客户有流失的危险,然后提前让客户服务人员主动联系他们。

通过组织反应的测定与分析建立一个良性循环的管理行动,ETI 企业正在由此寻求日常操作的提升。管理团队发现视组织为有机体而不是机器很有用。这种观点允许一种标准的转移,不仅鼓励内部数据的深层分析,也需要实现吸收外部数据。ETI 企业曾经不得不尴尬地承认他们最初用 OLTP 系统的描述性分析来管理企业。现在,更广泛的视角分析和商务智能使得他们更有效地使用 EDW(企业级数据仓库)和 OLAP(联机分析处理)功能。实际上,ETI 企业有能力去检查客户的根基,无论是海洋、航天还是房地产业务,这使得公司确定很多用户对轮船、飞机和高端豪华酒店有单独的保险。这样的洞察能力开辟了新的营销策略和客户的销售机会。

此外,ETI 企业的前景看上去很光明,因为公司启用了数据驱动决策。既然体验到了诊断性和预测性分析的好处,公司管理层正考虑使用规范性分析来实现风险规避的目标。ETI 企业逐渐地利用大数据作为手段来使商业与 IT 保持一致,这些都带来了难以置信的好处。ETI 企业的执行团队一致认为大数据是一件大事,随着 ETI 企业恢复盈利,他们希望股东也会有同样的想法。

请分析并记录:

(1)本书在第一个“实训操作”环节中就引入了实训案例企业 ETI,我们介绍了 ETI 企业的现状、问题以及诉求。ETI 企业在应用大数据的旅程中不断进步,已经成功开发了“欺诈索赔探测”解决方法。请回顾,你是否了解这个过程,你认为大数据技术的应用给 ETI 企业的 IT 团队在大数据存储和分析领域提供了经验和信心吗?为什么?

答:____

____

____

____

“成功孕育成功”,公司创新经理提出的优先考虑处理的项目是什么？在这个新项目上,企业的愿景什么是？你认为 IT 团队在“欺诈索赔探测”项目中积累的经验可以运用在新项目上吗？为什么？

答:______________________________

(2)现在,ETI 企业的管理团队不仅鼓励内部数据的深层分析,也积极实现吸收外部数据。ETI 企业曾经不得不尴尬地承认他们最初用 OLTP 系统的描述性分析来管理企业。现在,更广泛的视角分析和商务智能使得他们更有效地使用 EDW(企业级数据仓库)和 OLAP(联机分析处理)功能。你如何认识 ETI 企业发生的这样的变化？请简述你的想法。

答:______________________________

结论:随着 ETI 企业恢复盈利,ETI 企业的执行团队一致认为大数据是一件大事。ETI 企业的前景看上去很光明,因为公司启用了数据驱动决策。既然体验到了诊断性和预测性分析的好处,公司管理层正考虑使用规范性分析来实现风险规避的目标。ETI 企业逐渐地利用大数据作为手段来使商业与 IT 保持一致,这些都带来了难以置信的好处。

【课程学习与实训总结】

1. 课程与实训的基本内容

至此,我们顺利完成了“大数据导论”课程的教学任务以及相关的全部实训操作。为巩固通过学习实训所了解和掌握的知识和技术,请就此做一个系统的总结。由于篇幅有限,如果书中预留的空白不够,请另外附纸张粘贴在边上。

(1)本学期完成的“大数据导论”学习与实训操作主要有(请根据实际完成的情况填写):

项目 1:主要内容是:______________________________

项目 2:主要内容是:______________________________

项目 3:主要内容是:______________________________

项目4:主要内容是:________________

____

____

项目5:主要内容是:________________

____

____

项目6:主要内容是:________________

____

____

项目7:主要内容是:________________

____

____

项目8:主要内容是:________________

____

____

(2)请回顾并简述:通过学习与实训,你初步了解了哪些有关大数据技术与应用的重要概念(至少3项):

①名称:________________

简述:________________

____

____

____

②名称:________________

简述:________________

____

____

____

③名称:________________

简述:________________

____

____

____

④名称:________________

简述:________________

____

____

____

⑤名称：

简述：

2. 实训的基本评价

(1)在全部实训操作中，你印象最深，或者相比较而言你认为最有价值的是：

①

你的理由是：

②

你的理由是：

(2)在所有实训操作中，你认为应该得到加强的是：

①

你的理由是：

②

你的理由是：

(3)对于本课程和本书的实训内容，你认为应该改进的其他意见和建议是：

3. 课程学习能力测评

请根据你在本课程中的学习情况，客观地在大数据知识方面对自己做一个能力测评，在表8-4的“测评结果”栏中合适的项下打“√”。

4. 大数据导论学习与实训总结

5. 教师对学习与实训总结的评价

____

____

____

____

____

____

____

表 8-4 课程学习能力测评

关键能力	评价指标	测评结果					备注
		很好	较好	一般	勉强	较差	
课程基础内容	1. 了解本课程的知识体系、理论基础及其发展						
	2. 熟悉大数据技术与应用的基本概念						
	3. 熟悉大数据时代思维变革						
	4. 熟悉大数据的典型导读案例						
	5. 了解大数据应用的主要行业						
商业动机与驱动力	6. 理解大数据方法的商业动机						
	7. 熟悉大数据方法的规划考虑						
	8. 熟悉大数据商务智能						
大数据技术	9. 熟悉大数据存储与存储技术						
	10. 熟悉 NoSQL 与 NewSQL						
	11. 熟悉大数据处理技术						
	12. 了解大数据技术架构与 Hadoop 应用基础						
	13. 熟悉大数据预测分析						
	14. 熟悉大数据分析生命周期						
	15. 了解机器学习、视觉分析法						
云端大数据	16. 了解云计算与虚拟化技术						
	17. 了解数据科学,熟悉数据科学家的基本要求						
	18. 了解大数据未来发展						
解决问题与创新	19. 掌握通过网络提高专业能力、丰富专业知识的学习方法						
	20. 能根据现有的知识与技能创新地提出有价值的观点						

说明:“很好”5 分,“较好”4 分,余类推。全表满分为 100 分,你的测评总分为:__________分。

附　　录

附录 A　部分习题与实训参考答案

任务 1.1

1. B　2. D　3. A　4. B　5. B　6. D　7. A　8. C　9. B　10. D

任务 1.2

1. A　2. A　3. C　4. B　5. C　6. D　7. A　8. D　9. A　10. C
11. B

任务 2.1

1. B　2. C　3. A　4. C　5. D　6. D　7. C　8. A　9. B　10. C

任务 2.2

1. A　2. C　3. B　4. D　5. B　6. C　7. A　8. B　9. D　10. A
11. C

任务 2.3

1. B　2. A　3. C　4. D　5. C　6. B　7. D　8. A　9. B　10. A

任务 3.1

1. D　2. B　3. A　4. B　5. A　6. B　7. C　8. D　9. B　10. D

任务 3.2

1. D　2. C　3. A　4. B　5. A　6. B　7. B　8. D　9. A　10. C
11. B

任务 4.1

1. C　2. A　3. C　4. D　5. A　6. C　7. D　8. B　9. A　10. A
11. C

任务4.2

1. A　2. C　3. B　4. D　5. C　6. A　7. D　8. B　9. C　10. A

任务4.3

1. C　2. A　3. B　4. D　5. C　6. B　7. A　8. D　9. B　10. C
11. A　12. D　13. B

任务5.1

1. C　2. B　3. A　4. B　5. D　6. A　7. B　8. A　9. C　10. B
11. D　12. A　13. C　14. C　15. D　16. A　17. C　18. B　19. D　20. A

任务5.2

1. A　2. C　3. B　4. D　5. A　6. C　7. B　8. A　9. B　10. C
11. A　12. D　13. B　14. D　15. C　16. A　17. A

任务6.1

1. B　2. A　3. C　4. D　5. C　6. A　7. B　8. C　9. D　10. A
11. B　12. C　13. A　14. D　15. B　16. A

任务7.1

1. B　2. B　3. D　4. C　5. A　6. B　7. A　8. D　9. C　10. A
11. B　12. C　13. B　14. D　15. A　16. B

任务7.2

1. D　2. A　3. C　4. B　5. A　6. D　7. C　8. B　9. D　10. A
11. C　12. B　13. D　14. C　15. A　16. B　17. C　18. D　19. C　20. A

任务7.3

1. A　2. B　3. D　4. C　5. B　6. A　7. D　8. C　9. B　10. A
11. C　12. D　13. C　14. B　15. A

任务8.1

1. D　2. A　3. D　4. A　5. C　6. B　7. A　8. D　9. C　10. B
11. C　12. A　13. D　14. B　15. C　16. A　17. D　18. B　19. A

任务8.2

1. C　2. A　3. D　4. B　5. C　6. D　7. A　8. C　9. B　10. A
11. C　12. D　13. B　14. D

参考文献

[1] 周苏. 大数据导论[M]. 北京:清华大学出版社,2016.

[2] [美] 托马斯·埃尔. 大数据导论[M]. 彭智勇,译. 北京:机械工业出版社,2017.

[3] 周苏. 大数据可视化[M]. 北京:清华大学出版社,2016.

[4] 周苏. 大数据可视化技术[M]. 北京:清华大学出版社,2016.

[5] 周苏. 大数据·技术与应用[M]. 北京:机械工业出版社,2016.

[6] 周苏. 大数据及其可视化[M]. 北京:中国铁道出版社,2017.

[7] 周苏. 大数据可视化[M]. 北京:机械工业出版社,2017.

[8] [美] 大卫·芬雷布. 大数据云图:如何在大数据时代寻找下一个大机遇[M]. 盛杨燕,译. 杭州:浙江人民出版社,2014.

[9] [美] SIMON P. 大数据应用:商业案例实践[M]. 漆晨曦,张淑芳,译. 北京:人民邮电出版社,2014.

[10] [日] 野村综合研究所 城田真琴. 大数据的冲击[M]. 周自恒,译. 北京:人民邮电出版社,2013.

[11] [英] 维克托·迈尔-舍恩伯格,肯尼思·库克耶. 大数据时代[M]. 盛杨燕,周涛,译. 杭州:浙江人民出版社,2013.

[12] [美] 伊恩·艾瑞斯. 大数据思维与决策[M],宫相真,译. 北京:人民邮电出版社,2014.

[13] [美] 汤姆斯·戴文波特. 大数据@工作力[M]. 江裕真,译. 台北:远见天下文化出版股份有限公司,2014.

[14] [美] MAISEL L S, COKINS G. 大数据预测分析:决策优化与绩效提升[M]. 北京:人民邮电出版社,2014.

[15] [英] MCCANDLESS D. 信息之美[M]. 温思玮,译. 北京:电子工业出版社,2012.

[16] [美]邱南森. 数据之美:一本书学会可视化设计[M]. 张伸,译. 北京:中国人民大学出版社,2014.

[17] [美] 埃里克·西格尔. 大数据预测:告诉你谁会点击、购买、死去或撒谎[M]. 周昕,译. 北京:中信出版社,2014.

[18][美] 史蒂夫·洛尔. 大数据主义[M]. 胡小锐,朱胜超,译. 北京:中信出版集团,2015.

[19][美] FRANKS B. 驾驭大数据[M]. 黄海,车皓阳,王悦,等译. 北京:人民邮电出版社,2013.

重 印 说 明

《大数据导论》(ISBN:978-7-113-24907-6)于2018年10月在我社出版,得到了用书院校的支持和厚爱,历经7次重印。历次重印时,我社均根据用书院校教学反馈和作者意见对相关内容进行了勘误。本次重印时,书中导读案例模块所采用的数据依然沿用出版时的统计结果,重印时未做修改。

中国铁道出版社有限公司

2022年7月